Inhalt

Danksagung und Vorwort

Mein Dank geht an **Jona**, **Nicola** und **Pedro**, an **meine Familie** und **Freunde** und **alle beteiligten Kollegen**, die auch in diesem Buch wieder herausragende Arbeit geleistet haben.

Außerdem geht mein Dank an die beiden Kolleginnen, **Stefanie Große Boes** (heute **Hecker**) und **Tanja Kaseric** (heute **Honka**), die ein großartiges „Trainer-Kit" herausgebracht und eine ganz wunderbare Idee damit verwirklicht haben. Es war mir eine große Freude, die Fortsetzung hierzu zu erstellen.

Ich möchte allen Kolleginnen und Kollegen, die meiner Einladung gefolgt sind, an diesem Buch mitzuwirken, ausdrücklich für ihre hervorragenden Beiträge danken.

Und mein Dank gilt erneut und immer wieder **Ralf Muskatewitz** vom **Verlag managerSeminare** – mein langjähriger, hoch kompetenter Verleger und unterstützender Partner in der Welt der „Buchgeburt".
Der Verlag managerSeminare zeichnet sich für mich wie kein anderer Fachbuchverlag dadurch aus, dass komplexe Inhalte durch die Form der Darstellung in Klarheit und Übersichtlichkeit und der leichten Lesbarkeit aufbereitet werden, die ein Erfolgsgarant für die Verständlichkeit der angebotenen Wissens ist.

Dieses Buch ist eine Fundgrube an hilfreichen Theorien, Modellen und Methoden, die das Repertoire des heutigen Trainers anreichern, auffrischen und vertiefen.

Anja Machado de Sousa Leão

Worum geht es in Trainer-Kit Reloaded?

Im Jahr 2006 erschien im Verlag managerSeminare mit „Trainer-Kit" ein überaus hilfreiches Kompakt-Kompendium, in dem die beiden Autorinnen Stefanie Große Boes (heute: Hecker) und Tanja Kaseric (Honka) wesentliche Trainingstheorien, Modelle und Methoden der aktuellen Trainingswelt sehr strukturiert, anschaulich und leicht verständlich zusammengestellt haben. Damit ist den beiden Kolleginnen ein ausgesprochen exzellentes Werk gelungen. Ich selbst habe es, genau dem Gedanken der beiden Kolleginnen folgend, oft und gerne mitgeführt. Als Zusatz- und Auffrischungsfundus nutze ich es gerne zur Vorbereitung auf bestimmte Einheiten und halte es für den Fall einer speziellen Fragestellung griffbereit.

Die Frage des Verlags, ob ich interessiert sei an der Herausgabe eines Fortsetzungswerkes zu „Trainer-Kit" hat mich sehr gefreut, jedoch auch mit ein wenig Sorge erfüllt, inwieweit ich dem wunderbaren Gedanken meiner Vorgängerinnen überhaupt eine angemessene Fortsetzung hinzufügen kann. Letztlich motiviert hat mich, dass dieses großartige Buch einfach eine Fortsetzung verdient und dass es so viele weitere, hilfreiche Themen gibt, die für uns Trainer, Coachs oder Berater erkenntnisreich sind, sodass meine Freude, die Herausforderung anzunehmen, überwogen hat.

Wie sein Vorgänger ist auch dieses Werk ein Kompakt-Kompendium für wichtige Trainingstheorien, Methoden und Modelle inklusive vieler praktischer Anwendungsmethoden und Übungen. Es sind einige neue Schwerpunkte entstanden, die im ersten Werk noch nicht enthalten waren (Coaching, Change, Team und Kreativität). Bekannte Schwerpunkte (wie etwa Führung, Stress, Konflikt) wurden durch neue Formate ergänzt – und es stehen diesmal nicht nur Modelle im Fokus, sondern auch die Beschreibung von wesentlichen Denkschulen, die Darstellung von Beratungsformaten sowie von wesentlichen Prozessen und Hintergründen, wie sie für moderne Trainings- und Beratungsformate sehr hilfreich geworden sind. Ebenfalls haben alle beitragenden Kolleginnen und Kollegen ein hohes Gewicht auf die Zusammentragung erklärender Theorien, Hintergründe und Fakten gelegt, angereichert um Anwendungsideen und um eine visuelle Darstellung zur Erzeugung schneller Verständlichkeit.

Wir hoffen, dass Ihnen auch in diesem Buch Theorien und Methoden begegnen, die Sie zum Erproben ermutigen, neugierig machen und veranlassen, in weitere Vertiefungen zu gehen oder auch bereits Vorhandenes noch einmal aufzufrischen und um gute Ideen anzureichern.

Die Benennung der männlichen oder weiblichen Form haben wir der Wahl der Autorinnen und Autoren überlassen bzw. aus Gründen der Lesefreundlichkeit darauf verzichtet, die Doppelformen aufzuführen. Gleichwohl gilt unser ganzer Respekt allen Kolleginnen, Trainerinnen, Teilnehmerinnen und Kundinnen.

Und nun bleibt nur noch, Ihnen, den Leserinnen und Lesern, viel Vergnügen und großen Anwendungserfolg mithilfe des Buches „Trainer-Kit Reloaded" zu wünschen.

Anja Leão & alle beitraggebenden Kolleginnen und Kollegen

Die Struktur der Beiträge

Zu insgesamt sieben Schwerpunktthemen

- Coaching
- Change
- Führung
- Stressmanagement
- Konfliktklärung
- Team
- Kreativität

sind Beiträge zusammengefasst, die Sie in der Inhaltsangabe sehen können. Jeder Beitrag funktioniert autark, ohne dafür das gesamte Buch lesen zu müssen. Auch ist es möglich, bei Bedarf immer wieder unter einem der Schwerpunkte nachzuforschen, wenn gezielt gesucht wird. Zur Suche nach speziellen Themen und Schwierigkeitsgraden können Sie alternativ auch die Schnellfinder-Matrix auf S. 13 f. nutzen.

Jedem Schwerpunktthema ist am Kapitelstart eine kurze Zusammenfassung der Beiträge zur Orientierung vorangestellt. Die Struktur aller Beiträge ist gleich:

Ziel

Hier wird das Ziel der Theorie, der Methode oder des Modells kurz einführend erklärt und verständlich gemacht, wozu dieser Beitrag dienen darf.

Kontext

Im Kontext sind weitere Themengebiete als Schlagworte aufgeführt, in deren Zusammenhang der Beitrag außerdem zur Anwendung kommen kann bzw. welchem Kontext er zur Erklärung dienen kann.

Theorie

Im Theorieteil beschreiben die Autoren zunächst Hintergrund und Theorie der Beiträge, um den Hintergrund schnell erfassen und in die eigene Traineranwendung bringen zu können. Dieser Teil soll auch dazu dienen, eigenen Teilnehmern in einer Veranstaltung fundiert und gleichzeitig kompakt Rede und Antwort stehen zu können. Geht es auch noch tiefer? Oft ja! Ist dies gewöhnlich in Seminaren angemessen oder auch sinnvoll? Meist nicht! Daher erhalten Sie mit der angebotenen Theorie fundierte Hintergründe, die umfangreich sind, ohne den Rahmen zu sprengen. Die hier vorgestellten Modelle können jedoch im Bedarfsfall und je nach Veranstaltung natürlich auch weiter vertieft werden.

Anwendung

Auf diesen ersten Teil, der die Theorie erklärt, folgt ein zweiter Teil, der Vorschläge für die praktische Umsetzung in die Seminar- oder Coachingpraxis macht. Jedem Praxisteil vorangestellt ist eine Flipchart-Darstellung mit einem Kurzüberblick.

Zu diesen Vorschlägen werden praktische Einführungen, Erklärungen und Übungen angeboten, wie Sie vorgehen können, wenn Sie den theoretischen Überblick erklären und anwenden möchten. Alle Beiträge stammen aus der gelebten und angewandten Trainer-, Moderatoren-, Mediatoren- oder Coaching-Praxis aller beteiligten Autoren und sind vielfach erprobt. Zeitangaben sind als Orientierung gedacht, nicht als Minutentaktung. Außerdem bitten wir zu berücksichtigen, dass eine Seminarzeitangabe zugunsten eines guten Arbeitsprozesses immer angepasst werden darf, wenn z.B. die Gruppe an einem wichtigen Thema diskutiert und dieses weiter vertiefen möchte. Daher empfehlen wir, jedes geplante Konzept zeitlich anzupassen, um dem Bedarf einer Gruppe zu entsprechen. Wo es sinnvoll ist, sind auch Visualisierungen angeboten, die Sie übernehmen oder als Anregung weiterentwickeln können.

Kommentar

Im Kommentar werden, wo hilfreich, von den jeweiligen Autoren Hinweise entweder im Hinblick auf Erläuterungen oder auch auf Sensibilitäten für Teilnehmer oder Ähnliches gegeben.

Technische Hinweise

Hier finden sich Ergänzungen zu benötigten Materialien, Raumanforderungen, Ausstattungen etc.

Querverweise

Unter der Rubrik „Querverweise“ finden Sie Empfehlungen, welche weiteren Beiträge in diesem Buch in guter Verbindung zu dem aktuellen Beitrag stehen und sinnvoll kombinierbar bzw. aufbauend sein könnten.

Weiterführende Literatur

Auch dieses Buch kann lediglich einen Überblick anbieten, die meisten der Beiträge entstammen dem Hintergrund-Know-how aus fundierten Gesamtwerken. Daher werden unter dieser Rubrik die Empfehlungen zur weiteren Vertiefung angeboten bzw. die im Text zitierten Quellen angegeben. Darüber hinaus eignen sich die Literaturangaben auch, interessierten Teilnehmern weitere Empfehlungen anzubieten, wenn diese in Ihrer Veranstaltung neugierig geworden sind.

Hintergrund zum Urheber

Im letzten Absatz der jeweiligen Beiträge sind Hintergrundinformationen zu den jeweiligen Urhebern, Begründern oder Entwicklern der Theorien, Modelle oder Methoden zusammengetragen worden, wie die Entstehungsgeschichte und Daten aus dem Leben des jeweiligen Urhebers. Hier sei ergänzt, dass die Informationen nach bestem Wissen und Recherche zusammengetragen worden sind.

Download-Hinweis

Dieses Symbol weist auf ergänzende Online-Ressourcen hin, die Ihnen zum Download zur Verfügung stehen. Den Link zu den Download-Ressourcen finden Sie in der inneren Umschlagklappe.

Schnellfinder

Bereich	einfach – anspruchsvoll	Seite
Feedback-Techniken	Die vier Schritte der Gewaltfreien Kommunikation	233
	Reflecting Team	298
Gesetzmäßigkeiten sozialer Interaktion	Systemische Gesetzmäßigkeiten	250
	Interkulturelles Coaching	53
	Das SCARF-Modell	102
Mitarbeiter fördern und motivieren	Mentoring	166
	Transformationale Führung	135
	Managerial Coaching	146
	Leadership by Coaching Principles	65
Perspektiven wechseln und Ideen entwickeln	Walt-Disney-Strategie	316
	Denkhut-Methode	309
	„Jigsaw“ und das Modell der vier Ecken	333
	Das Wertequadrat	260
	Das Tetralemma	325
	Presencing	176
Phasenmodelle	Teamentwicklungsuhr	277
	Der Burnout-Teufelskreis	200
	8-Phasen-Modell im Change	90
Prozesse planen	Das GROW-Modell	17
	Interventionsarchitektur im Change	111
	Design von Veränderungsaktivitäten	124

Bereich	einfach anspruchsvoll	Seite
Selbstreflexion und Sensibilisierung	Inner Game und STOP	156
	Positive Psychologie	221
	Die vier Schritte der Gewaltfreien Kommunikation	233
	Grundannahmen des NLP	267
	Das Innere Team	287
	Grundhaltungen nach Berne	241
	Das Wertequadrat	260
	Interkulturelles Coaching	53
	Der Burnout-Teufelskreis	200
	Presencing	176
	Lösungsorientiertes Kurzzeit-Coaching	41
	Managerial Coaching	146
	Leadership by Coaching Principles	65
	Das Modell der Inneren Antreiber	210
	Das SCARF-Modell	102
	Einführung in das Thema „Stress und Burnout"	189
	Das Tetralemma	325
Strukturiert Lernen	Triple Loop Learning	77
Zielklärung	SMARTe Ziele	29
	Das GROW-Modell	17
	Lösungsorientiertes Kurzzeit-Coaching	41
	Das Tetralemma	325

Kapitel I

Coaching

Folgende Beiträge finden Sie im Kapitel *Coaching*

Das GROW-Modell

von Anja Leão

Ziel

In diesem Beitrag wird ein Modell angeboten, das im Coaching sehr hilfreich ist – das „GROW-Modell" dient als Auftragsklärungs- und Verlaufsmodell zu Beginn und im Prozess des Coachings. Als kompaktes Basismodell ist es weder aus dem Coaching-Bereich, noch aus Beratung, Prozessbegleitung oder auch der heutigen, modernen Führung wegzudenken.

Kontext

- Führung
- Teamcoaching
- Problemlösung
- Kreativität
- Coaching
- Konflikte, Krisen
- Motivation
- Zukunftsgestaltung

Theorie

Für den Ablauf von Coaching-Sitzungen bietet das GROW-Modell des Coachs Sir John Whitmore eine praxisnahe Anleitung. Es ist eines der bekanntesten und praxisbewährtesten Coaching-Modelle und hilft einem Coach, seine Sitzungen gemeinsam mit dem Coachee strukturiert zu gestalten.

Der Entwickler, Sir John Withmore selbst, sagte, er sei erstaunt, dass dieses Modell so erfolgreich geworden ist, denn er empfinde es als eher „simplizistisch". Vielleicht hat gerade das den Erfolg dieses Modells ausgemacht. Außerdem wies er darauf hin, dass es in dem Modell nicht dogmatisch und stur darum geht, die Reihenfolge des GROW einzuhalten, sondern dessen Schwerpunkte mit Blick auf den Prozess zu behandeln, es sei natürlich möglich und oft auch sinnvoll, zunächst ein Verständnis für „die heutige Realität" zu erhalten, bevor man darangehe, mit dem Coachee Ziele zu vereinbaren.

Das GROW-Modell besteht aus einer Abfolge von Fragen zu vier Bereichen:

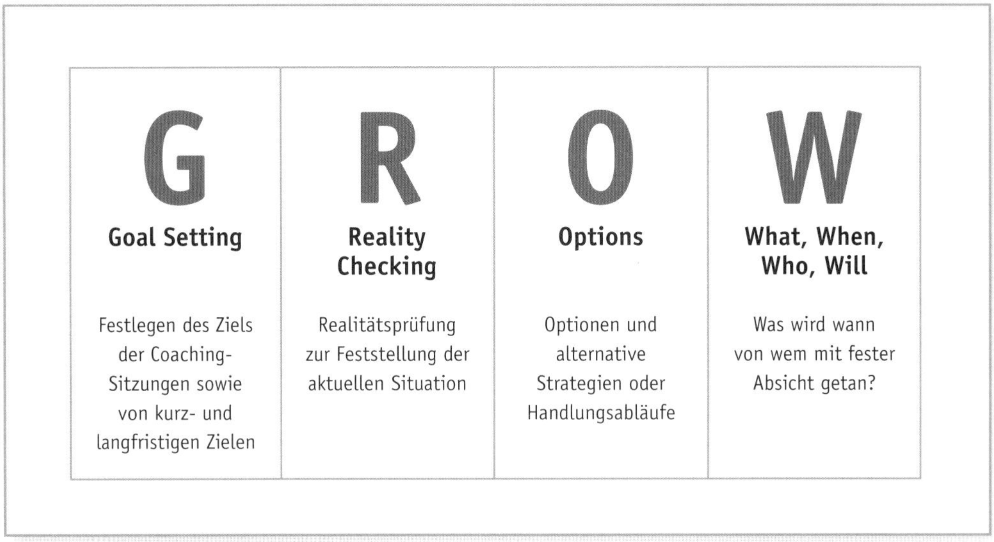

Abb.: Das GROW-Modell

G = GOAL Setting – Ziel setzen

Zu Beginn des gesamten Coaching-Prozesses sowie auch bei jeder einzelnen Coaching-Sitzung werden die Ziele des Coachings festgelegt. Die Aufgabe des Coachs ist es, die Ziele für den gesamten Coaching-Prozess bzw. auch für die jeweilige Sitzung so konkret wie möglich zu formulieren und dabei sicherzustellen, dass die vereinbarten Ziele vom Klienten selbst initiiert, beeinflusst und erreicht werden können.

Bei der Vereinbarung von Coaching-Zielen ist es wichtig, klare Kriterien zu beachten. Das Modell der „SMARTEn Ziele“ fasst diese Aspekte übersichtlich zusammen, hier auf einem Flipchart dargestellt. (Mehr dazu im Beitrag SMARTe Ziele, siehe S. 29). Die Formulierung von SMARTen Zielen ist hilfreich, da im Coaching die Ziele gerade anfangs oft noch nebulös oder auch immens anspruchsvoll und im Zweifel in einer einzelnen Sitzung gar nicht final bearbeitbar sind.

R = Reality Checking – Realität prüfen

Wenn Coach und Klient gemeinsam ein Ziel festgelegt haben, wird im Folgenden die momentane Situation analysiert. Das heißt, der Coach versucht herauszufinden, wie der Klient die momentane Realität wahrnimmt und was er gegebenenfalls bereits unternommen hat, um mit der Situation oder dem Problem umzugehen. Der Coach sollte bei der Realitätsprüfung möglichst objektiv, unvoreingenommen und beschreibend statt beurteilend vorgehen.

Die Klärung der Realität dient vor allem dazu, die momentane Situation und den Kontext des Themas oder des Problems zu verstehen. Es gilt, sie zu beschreiben, sie in die richtigen Relationen zu setzen und zu überprüfen, welche Handlungen gegebenenfalls bereits erfolgt sind, um das Problem zu beheben, bzw. auch zu sehen, welche Handlungen möglicherweise zum Problem beigetragen haben. Bei der Analyse der Ausgangssituation wird der Coach auch darauf achten, wie die Körperhaltung, Gestik, Mimik, Atmung, Haut, Stimme und Tonlage des Coachees sind und welche Schlüsselworte, Beschreibungen und Assoziationen der Klient verwendet. Diese Merkmale können zusätzlichen Aufschluss darüber geben, ob es hintergründig unbewusste oder ungesagte weitere Themen gibt.

O = Options – Alternativen finden

In diesem Schritt werden verschiedene Optionen oder Alternativen mit dem Coachee zur Lösungsfindung herausgearbeitet, diskutiert und sortiert. Das kann durch diverse Kreativitätstechniken, wie z.B. mit einem Brainstorming, stattfinden. Beim Finden von Optionen und alternativen Strategien ist es für den Coach besonders wichtig, nicht für den Coachee Ideen zu entwickeln oder es besser zu wissen, sondern darauf zu achten, dass der Gecoachte mögliche Optionen selbst entwickelt. Der Coach bietet dabei Hilfe zum Finden einer eigenen, besten Lösung.

Wenn der Coachee eine für den Coach extrem wichtige Alternativoption gar nicht erkennt, kann der Coach die Regel *„3-4 zu 1"* anwenden: Erst, wenn der Coachee mindestens drei bis vier eigene Optionen erarbeitet hat und auch auf keine weiteren mehr kommt, kann der Coach eine ergänzende Option anbieten. Die Auswahl der besten Option entscheidet jedoch ausschließlich der Coachee.

W = Will – Wille, Commitment entwickeln

Basierend auf den vorangegangenen drei Schritten, entwickelt der Coach mit dem Klienten in der abschließenden Phase die Frage, was nun hilfreich zu tun ist. Entscheidungen werden getroffen und idealerweise wird ein Aktionsplan aufgestellt. Der Gecoachte behält dabei stets die Wahlfreiheit bezüglich der zu verwirklichenden Ziele.

Den persönlichen Willen des Klienten, das Ziel zu erreichen, kann der Coach mit einer Skalierungsfrage auf einer Skala von eins bis zehn abfragen: *„Wie sicher sind Sie, dass Sie die vereinbarten Handlungen auch ausführen werden?"* Nach Whitmore machen Bewertungen unter acht eine Zielerreichung unwahrscheinlich. Mehr dazu: „Lösungsorientiertes Kurzzeit-Coaching", siehe S. 41.

Zum Abschluss fasst der Coach mit dem Klienten noch einmal zusammen, welche Handlungsschritte vereinbart wurden und vergewissert sich, dass der Klient damit alles erfasst hat, was zur Problemlösung hilfreich war.

Anwendung

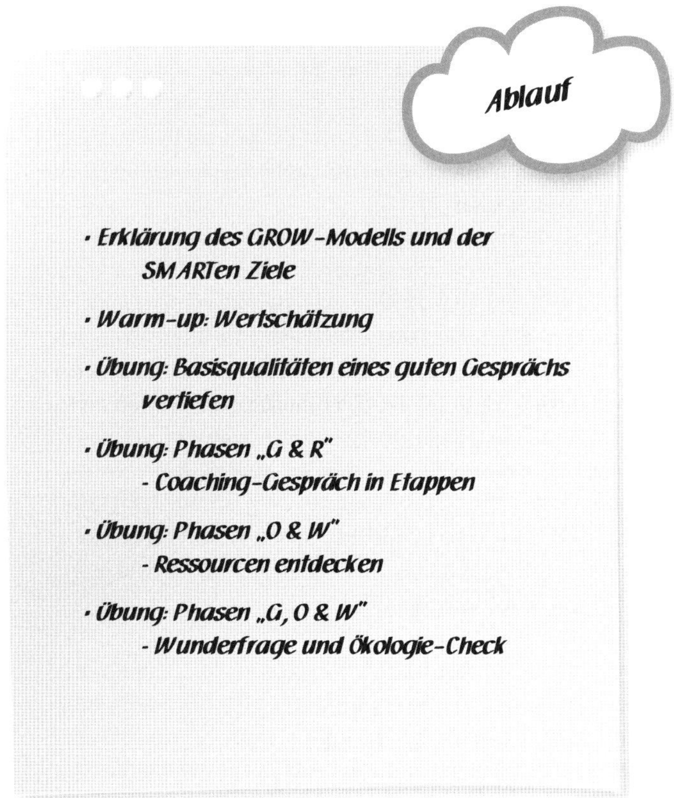

Für die Anwendungen gehen wir davon aus, dass Sie einen Workshop moderieren, in dem Teilnehmern das GROW-Modell sowie die Formulierung von SMARTen Zielen im Coaching vermittelt und dann praxisgerecht geübt werden sollen.

Erklärung GROW-Modell und SMARTe Ziele

Zunächst ist es für die Praxisanwendung hilfreich, das GROW-Modell inklusive der Formulierung von „SMARTen“ Zielen zu vermitteln (siehe „SMARTe Ziele“, S. 29). Hierzu ein Bild, das die Verbindung der beiden Modelle veranschaulicht. Zunächst erklären Sie das GROW-Modell mit seinen Abkürzungen sowie im Überblick das Modell der SMARTen Ziele. Danach empfiehlt sich zunächst ein Warm-up mithilfe der ersten beiden Übungen.

Warm-up: Wertschätzung

Steigen Sie mit einer Kernkompetenz des guten Coachs ein, nämlich „einer Wertschätzungsübung“. Nur wer seinen Coachee wertschätzen kann, kann auch Stärkung erzeugen. Hierzu finden sich Dreier- oder Vierergruppen zusammen, die jeweils pro Person zwei Minuten lang formulieren, was sie an dieser Person alles faszinierend, großartig, begeisternd finden. Sollten die Teilnehmer sich noch nicht kennen, dann formulieren sie die Gedanken, die sie hatten, als sie sich zuallererst gesehen haben. Das heißt, A bekommt von je zwei bis drei Personen nacheinander über zwei Minuten Feedback, dann B, dann C und schließlich D. Die Feedback empfangende Person darf nichts anderes als zuhören und es genießen und aushalten. Kommentare sind verboten. Jeweils nach zwei Minuten wird gewechselt.

Abb.: Flipchart zur Erklärung des Modells und Flipchart als Hilfestellung beim Warm-up „Wertschätzung“ (unten)

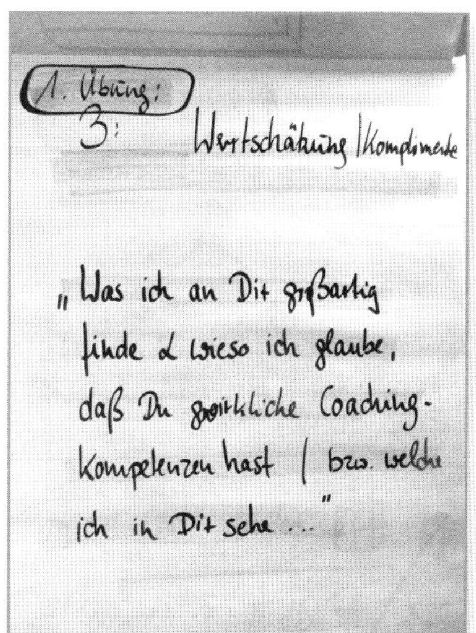

Werten Sie im Plenum aus, wie die wertschätzenden Rückmeldungen gewirkt haben. Wie war es für die Beteiligten, Wertschätzung zu verteilen bzw. sie zu erhalten? Bereits diese Erfahrung ist oft schon tief beeindruckend, denn wir sind im täglichen Sprachgebrauch eher selten gewohnt, Komplimente und Wertschätzung zu verteilen und noch weniger, sie auch zu erhalten. Gleichzeitig ist es für die meisten Menschen ein sehr stärkendes Gefühl und hilft, die Perspektive auf sich selbst zu verändern. Denn möglicherweise haben wir uns selbst so noch gar nicht gesehen oder nicht für so beeindruckend gehalten. Dann wird besprochen, wieso diese Kompetenz für die Arbeit als Coach so wichtig ist.

Übung: Basisqualitäten eines guten Gesprächs vertiefen

In der folgenden Übung handelt es sich ebenfalls um eine vorbereitende Übung auf das eigentliche Coaching-Gespräch, in dem es darum geht, die Basisgesprächsqualitäten eines guten Dialogs zu vertiefen, zu verinnerlichen und sich darauf zu sensibilisieren:

- Aktives Zuhören
- Empathisches Zuhören/Rogern
- Paraphrasieren
- Qualifiziertes Nachfragen
- Verbale und nonverbale Körpersignale aufnehmen und spiegeln
- Das „Geschenk", den „Diamanten" im Gesprächsinhalt finden – den Kern, um den es dem Erzählenden insbesondere geht.

Insbesondere der letzte Teil, das „Geschenk" bzw. der „Diamant" gehört zu den Sensibilisierungen im Gespräch, die besonderes Training benötigen, da sie ein normales Gespräch von einem tieferen Coaching-Gespräch unterscheiden. Und die Frage in dieser Aufgabe ist: Erkennt der Coach in einem Gesprächsanteil von wenigen Minuten, wo die ein bis drei elementaren Themen liegen, um die es eigentlich für den Coachee geht?!

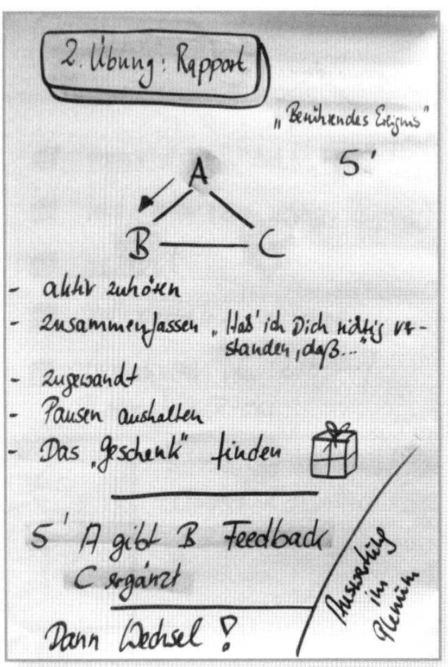

Abb.: Flipchart erklärt das Vorgehen im Dreier-Team

Arbeiten Sie im Dreier-Team (A = Coachee, B = Coach, C = Beobachter und Feedback-Geber; danach Wechsel, bis jeder einmal Coach war). Person A berichtet in zwei bis fünf Minuten von einem besonders berührenden, schönen oder begeisternden Ereignis. Die Aufgabe von Person B ist, gut zuzuhören, zusammenzufassen und im Rapport mit dem Erzähler zu sein. B soll als Coach die „Geschenke" identifizieren, also das für den Erzähler Berührende, Begeisternde. Die Aufgabe von Person C ist, diesen Prozess zu beobachten. In der Auswertung gibt zuerst B an A eine Rückmeldung darüber, was er verstanden hat. Ideal ist, wenn A rückmelden kann, dass er sich in seinem Erzählten hundertprozentig verstanden fühlt. Dann gibt C seine Beobachtungen als Feedback an B weiter: Wie ist es B gelungen, aktiv und emphatisch zuzuhören und das Wesentliche zu erfassen? Danach wird gewechselt.

Bevor alle im Plenum wieder zusammenkommen, fassen die Teilnehmer der Kleingruppe ihre wichtigsten Erkenntnisse noch einmal zusammen.

Übung: Phasen „G & R" – Coaching-Gespräch in Etappen

Die folgende Aufgabe wird ebenfalls wieder im Dreier-Team durchgeführt. A ist der Klient, B ist der Coach und C ist Beobachter, der nach der Übung Feedback gibt über das, was B großartig gemacht hat und wo es noch Lernhinweise gibt. Später wird durchgewechselt.

Die Aufgabe von B ist es, nachdem A das Coaching-Ziel (siehe Aufgabe aus den Übungen 2 und 3 im Beitrag „SMARTe Ziele", S. 29) benannt hat, sicherzustellen, dass dieses SMART formuliert ist.

Auch muss er als Coach eine gute Vorstellung von der geschilderten Situation haben. Der Coach nutzt insbesondere alle verbalen und nonverbalen Gesprächsqualitäten, um in einen guten Rapport mit dem Klienten zu kommen und das Coaching-Ziel zu finalisieren. Solange das nicht klar ist, macht kein nächster Schritt im Coaching Sinn.

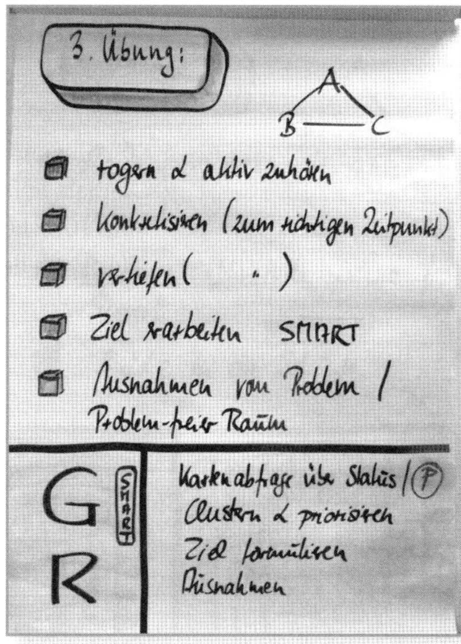

Abb.: Flipchart zur Übung „Coaching-Gespräch in Etappen"

Als Hilfsmittel zur Realitätsklärung dienen dem Coach realitätsbezogene Fragen:

- Was ist bisher geschehen?
- Was wurde schon konkret unternommen?
- Welche Ergebnisse hat dies erbracht/was hat schon geholfen?
- Was geschieht jetzt?
- Wer ist alles beteiligt?
- Was war bei dem bereits Unternommenen erfolgreich, was weniger?
- Was könnte eine Lösung behindern?
- Wer könnte verlieren bzw. kein Interesse an der Lösungsfindung haben, wenn die Situation sich verbessern würde?

Nehmen wir an, der Klient hat das Ziel in etwa so formuliert: *„Ich möchte insbesondere eine schwierige Präsentationssituationen durchdenken und vorbereiten, vor der ich mich fürchte und überlegen, was ich am besten im Umgang mit dieser oder ähnlichen Situationen tun kann."*

Dann ist für den Coach zunächst wichtig, zu verstehen, was der Coachee vor und während der Präsentation alles selbst beeinflussen kann und woran er selbst erkennen könnte, dass er schwierige Situationen dieser Art besser bewältigt als bisher. Auch kann es eine gute Idee sein, zu verstehen, wovor genau sich der Coachee fürchtet und was er glaubt, was alles passieren könnte.

Im nächsten Schritt fragt B, was der Coachee bereits alles getan hat, um seine Situation zu verbessern und was insbesondere hilfreich gewesen ist (vgl. „Lösungsorientiertes Kurzzeit-Coaching", S. 41). Er fragt z.B., in welchen Präsentationssituationen der Coachee sich sicherer fühlt. Beide arbeiten heraus, was er dort genau anders macht, dass es besser funktioniert als zu vorangegangenen Zeiten. Hier liegen die Ressourcen und Stärken des Coachees, die ihm gegebenenfalls selbst noch gar nicht bewusst sind. Wenn der Coachee durch passende Fragestellungen seine vorhandenen Stärken erkennt, ist schon sehr viel erreicht.

Beispielfrage Coach: *„Gibt es Situationen, in denen es Ihnen deutlich besser gelingt, ruhig und gelassen zu präsentieren, als in der, vor der Sie sich momentan fürchten? Wenn ja, dann erzählen Sie mir doch einmal genauer, wie Sie das dort hinbekommen, dass Sie ruhig und gelassen sind und wie sich die Situation ansonsten unterscheidet, sodass wir dazu ebenfalls schauen können, was Hilfreiches getan werden kann."*

In aller Regel ist es so, dass der Coachee eine ganze Reihe von Unterschieden ausmachen kann, sowohl in den eigenen Verhaltensweisen als auch in seinem Umfeld. Diese können weiter betrachtet werden.

Beispielantwort Coachee: *„Als Vorsitzender des Heimat- und Geschichtsvereins präsentiere ich ständig und ich fühle mich sehr souverän. Ich habe auch das Gefühl, die Beteiligten kommen aus Eigeninteresse. Ich bin sehr gut vorbereitet und fange immer mit einem peppigen Einstieg an – und es sind Beteiligte da, die ich kenne und persönlich mag."*

In dieser Erklärung sind ganz viele wunderbare „Diamanten" für den Coach enthalten, an denen er weiter ansetzen kann:

- *„Ich fühle mich souverän." – „Wie genau kriegen Sie das hin?"*
- *„Beteiligte kommen aus Eigeninteresse." – „Woher wissen Sie das? Was genau ist es, was Ihnen bei diesem Gedanken hilft? Wie könnten Sie feststellen, dass auch die Beteiligten bei Ihrer Unternehmenspräsentation aus Eigeninteresse kommen? Wie kommen Sie darauf, dass es dort nicht so sein könnte? Wie könnten Sie das Eigeninteresse der Zuhörer im Unternehmen verstärken bzw. schon vor Beginn befördern?"*
- *„Ich bin sehr gut vorbereitet." – „Großartig, wie genau machen Sie das? Was genau machen Sie dafür? Was hilft Ihnen, peppig einzusteigen und was tun Sie da genau?"*
- *„Ich kenne und mag die Beteiligten." – „Wen kennen und mögen Sie denn in der Präsentation, die kommen wird und wie können Sie das noch mehr nutzen, damit diese Kollegen Sie stärken?"*

Übung: Phasen „O & W“ – Ressourcen entdecken

In den Phasen „Option“ und „Will“ sind folgende Fragen des Coachs an den Coachee hilfreich:

- Was werden Sie tun?
- Wann werden Sie es tun?
- Was wird Ihnen helfen, aktiv zu werden, wenn Sie nach dieser Sitzung zurückkehren (an den Arbeitsplatz/nach Hause ...)?
- Wie wird die Handlung zum gewünschten Ziel führen und woran werden Sie es merken?
- Auf welche Hindernisse könnten Sie stoßen? (Hier werden mögliche Probleme identifiziert, die zum Abbruch der Zielerreichung führen oder als Vorwand dazu dienen könnten. Gegebenenfalls ergeben sich hierbei auch ergänzende Themen für das Coaching.)
- Wer sollte von dem Plan wissen?
- Wie und wann werden Sie von wem Unterstützung erhalten?
- Welchen Preis hat es bestenfalls und schlechtestenfalls, das Ziel jetzt anzugehen? Ist es der Preis wert, sich jetzt auf den Weg in die Umsetzung zu begeben? (Preisfrage = Ökologie-Check) – bzw.: Was ist der Preis, in der momentanen Situation weiter zu verharren?

In dieser Übung geht es zunächst darum, dem Coachee zu helfen, eigene Möglichkeiten zu entwickeln, wie er die Situation besser bewältigen kann und auch bewusster anzuwenden, was als Stärken und Fähigkeiten bereits vorhanden ist. Die Frage an den Coachee, wer in seinem Umfeld gegebenenfalls ergänzend hilfreich und unterstützend sein kann, kann hier besonders nützlich sein.

Im Anschluss an die Erkundung der Ressourcen besprechen beide, was nun zur Umsetzung praktisch angegangen wird und wie der Coachee sicherstellt, dass er entdeckte und sinnvolle, gute Ideen in die Umsetzung bringen kann = „Brücke in die Zukunft“. Auch diese Übung wird im Dreier-Team durchgeführt, d.h., einer ist Coach, einer Coachee und einer beobachtet und gibt dem Coach später Rückmeldung darüber, wie er diese Coaching-Phase gemeistert hat und wo es noch einen freundlichen Lernhinweis gibt.

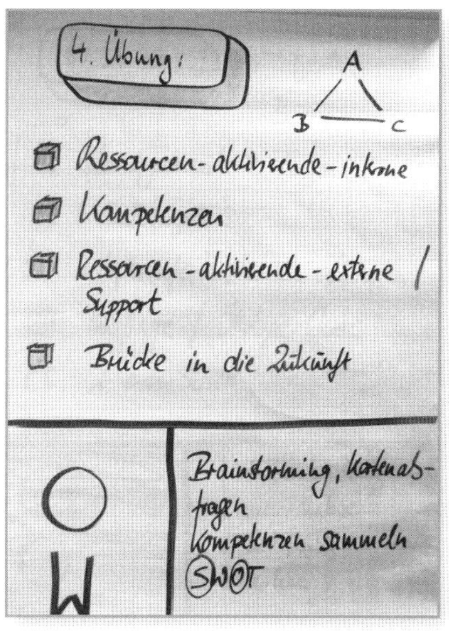

Abb.: Flipchart zur Unterstützung der Entdeckung von Ressourcen

Übung: Phasen „G, O & W" – Wunderfrage und Ökologie-Check/ Preisfrage

In dieser Übung, ebenfalls wieder im Dreier-Team, darf es noch einmal um zwei Übungsschwerpunkte gehen:

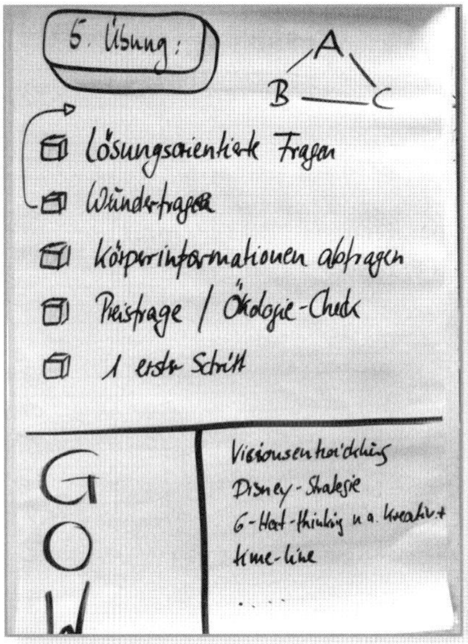

Abb.: Flipchart zum Abfrage-Check

▶ **Wunderfrage**

Die Übung der „Wunderfrage" kann alternativ genutzt werden, um den Coachee seinen „problemfreien Raum" oder auch „Möglichkeitenraum" entdecken zu lassen bzw. herauszufinden, welche Stärken, Fähigkeiten und Ressourcen der Coachee hat, die er sich bisher vielleicht nicht gestattet hat. *„Stellen Sie sich nur einmal für einen Moment vor, Sie würden heute Abend ins Bett gehen, so wie Sie das immer tun, und einschlafen. Am kommenden Morgen wachen Sie auf und stellen fest: Ein Wunder ist geschehen! Das, was Sie sich wünschen, ist bereits eingetreten. Was genau wäre das Wunder, woran erkennen Sie das und was machen Sie selbst anders, wissend, dass das Wunder bereits geschehen ist?"* (Insoo Kim Berg & Steve de Shazer)

Auch die Arbeit an der Wunderfrage erweckt das „O", den Möglichkeitenraum, und ist insbesondere dann hilfreich, wenn ein Coachee im Problembereich verhaftet ist und Lösungsmöglichkeiten gar nicht andenken kann. Mit der Wunderfrage werden plötzlich Alternativen besprechbar, die sich der Coachee in der Realität vermutlich nicht gestatten oder andenken würde oder für unmöglich hält.

Es empfiehlt sich, als Coach die Frage wirklich auch in der angebotenen Form zu formulieren, um das bestmögliche Ergebnis zu erzielen.

▶ **Preisfrage (Ökologie-Check)**

Ein weiterer Schwerpunkt dieser Übung ist, zur Sicherstellung der Umsetzung eine „Preisfrage" bzw. den „Ökologie-Check" der überlegten Schritte vorzunehmen. Hierbei geht es darum, zu überprüfen, inwieweit die vorgenommenen Aktionen verträglich mit dem inneren oder äußeren System des Coachees sind oder ob es eventuell ungewollte, die Umsetzung sabotierende Konsequenzen gibt, die noch nicht bedacht sind. *„Inwieweit gibt es mögliche innere Hindernisse, an die wir nicht gedacht haben, die die Umsetzung beeinflussen oder verhindern könnten? Inwieweit gibt es äußere Hindernisse oder Konsequenzen, die durch die Umsetzung entstehen, die sich hinderlich auf die Umsetzung* *auswirken? Gibt es einen Preis, der dadurch gezahlt wird, dass Sie in die Umsetzung gehen, den wir bedenken sollten?"*

Sollten hier Antworten kommen, dann tut der Coach gut daran, auch diese guten Ideen mit dem Coachee zu erarbeiten, um zu helfen, mögliche Hindernisse, Fallstricke oder auch innere Blockaden/„Schweinehunde" des Coachees zu bewältigen. Denn falls der „Preis" für die Veränderung zu hoch ist, kann es sein, dass die Umsetzung der erarbeiteten Optionen unwahrscheinlich wird.

Kommentar

Zielgerichtete Coaching-Gespräche brauchen ausreichend Übung. Denn das Modell sieht möglicherweise einfach aus, es braucht jedoch Praxiserfahrung, um nicht nur ein gut geführtes Gespräch zu erleben. Die Zielgerichtetheit macht den Unterschied aus zwischen einem hilfreichen Coaching-Gespräch und einem guten Dialog.

Darüber hinaus ist es wichtig, klarzustellen, dass das GROW-Modell allein ebenfalls noch nicht Coaching ausmacht. Neben der Gesprächsausgangsbasis, die durch GROW gut gelegt werden kann, gibt es eine immens große Vielzahl an zusätzlichen Interventionsmöglichkeiten im Coaching, die selbstverständlich je nach Fall und Coachee ebenfalls zum Einsatz kommen können.

Technische Hinweise

Zur Erklärung des Modells in einem Workshop braucht es ein Flipchart oder einen Beamer und eventuell Handouts oder Arbeits- und Beobachtungsblätter.

Querverweise

- Der Beitrag „SMARTe Ziele im Coaching" kann hilfreich für das GROW-Modell genutzt werden (S. 29).
- Außerdem ist ein nützlicher Coaching-Gesamtprozess im Beitrag „Lösungsorientiertes Kurzzeit-Coaching" beschrieben (S. 41).
- Als Ergänzung sei noch auf den Beitrag „Grundannahmen des NLP" (S. 267) hingewiesen, denn dieser bezieht sich ebenso auf den Coach und ist überaus hilfreich in der Arbeit mit Coaching-Klienten.

Weiterführende Literatur

- Andreas, S. & Faulkner, C.: Praxiskurs NLP, Paderborn: Jungfermann 1998.
- Bayer, H.: Coaching-Kompetenz, München: Ernst Reinhard Verlag 1995.

- König, E. & Volmer, G.: Systemisches Coaching, Weinheim: Beltz 2000.
- Landsberg, M.: Das TAO des Coaching, Frankfurt/Main: Campus 1998.
- Schreyögg, A.: Konfliktcoaching, Frankfurt/Main: Campus 2002.
- Whitmore, J.: Coaching für die Praxis. München: Heyne 1994.

Hintergrund

Sir John Whitmore ist Gründer und Geschäftsführer der Performance Consultants International, des ersten Anbieters für Coaching in der Arbeitswelt. Er hat mehrere Bücher insbesondere über Coaching und über Leadership und Leadership-Entwicklung geschrieben. Er hat sich in der Coaching-Welt verdient gemacht, wie kaum ein anderer und das Thema „Coaching" aufgrund seiner Entwicklungen, seiner Veröffentlichungen und seiner Coaching-Trainingsprogramme auch für Führungskräfte auf nationaler und internationaler Ebene bis hin zur Top-Führungskräfteebene bekannt gemacht. Er wurde von der ICF (International Coaching Federation) mit dem Präsidenten-Award und der „Independent" ausgezeichnet als die Nummer 1 im Coaching in der Welt.

Besonders interessant ist auch, dass er, aus reicher Familie kommend, zunächst Rennfahrer wurde und, nachdem er seine Rennfahrerkarriere beendet hatte, überlegte, was er denn noch Interessantes mit seinem Leben anfangen könne. Er übernahm zunächst das Familienimperium und hatte eigentlich alles, was ein Mensch sich im Leben wünschen konnte, inklusive einer eigenen Insel. Doch er wollte verstehen, was Menschen im Inneren bewegt, was sie antreibt und zu Höchstleistungen motiviert.

Er ging nach Kalifornien, Palo Alto, dem Ort an dem zu der Zeit alle Weltgrößen der Psychologie lebten: Carl Rogers, Abraham Maslow, Insoo Kim Berg, Virginia Satir, Milton H. Ericson, Tim Gallway und viele mehr. Zusammen mit Tim Gallway entwickelte Whitmore auch das „Inner Game". Seine neueste Entwicklung bezeichnet er als „Transpersonales Coaching".

SMARTe Ziele

von Anja Leão

Ziel

In Ergänzung zum GROW-Modell kann das Modell der „SMARTen Ziele" zur umfassenden Klärung von Zielen herangezogen werden. Dies strukturiert den gesamten Prozess der Coaching-Gesprächsführung und ermöglicht damit die Durchführung eines erfolgreichen Coaching-Gesprächs. Das Modell entspricht im GROW-Modell dem ersten Schritt, dem „G" (Goal). Die Anwendung des SMART-Modells geht über das ursprüngliche Coaching hinaus. Es kann überall dort Anwendung finden, wo es darum geht, Struktur und Klarheit über zu vereinbarende Ziele zu erhalten. Darüber hinaus kann mithilfe dieses Modells der Prozess bis zur Zielerreichung messbar begleitet und die erfolgreiche Umsetzung sichergestellt werden.

Kontext

- Führung
- Change
- Motivation
- Team
- Coaching
- Konflikte, Krisen
- Kreativität

Theorie

Bei der Vereinbarung von Coaching-Zielen ist es besonders wichtig, klare Kriterien zu beachten. Das Modell der „SMARTen Ziele" fasst diese Aspekte übersichtlich zusammen.

Die Formulierung von SMARTen Zielen ist im Coaching besonders hilfreich, da die Ziele gerade anfangs oft nebulös oder auch anspruchsvoll und im Zweifel in einer einzelnen Sitzung gar nicht final bearbeitbar sind. Auch ist es möglich, dass der Coachee Umsetzungswünsche hat, die er nicht selbst beeinflussen kann, oder es liegen nicht die zur Umsetzung erforderlichen Fähigkeiten vor. Außerdem kann es sein, dass der Coachee ein Ziel angibt, das vielleicht sozial erwünscht ist, aber in Wirklichkeit von ihm selbst gar nicht angestrebt wird.

S	M	A	R	T
selbst initiierbar, spezifisch konkret	messbar und machbar	attraktiv und angemessen	realistisch	terminiert, total positiv

Abb.: Modell der SMARTen Ziele

Wenn der Coach alle SMART-Kriterien abgeprüft hat, dann kann er davon ausgehen, dass das Coaching-Anliegen konkret genug ist, um als realistische Arbeitsbasis zu dienen.

S = spezifisch & selbst initiierbar

Ein Ziel ist dann spezifisch (konkret), wenn der Coachee genau weiß, was von ihm selbst getan werden kann.

Ein Beispiel: Ein Teamleiter, der ein Coaching in Anspruch nimmt, ist unzufrieden mit den Leistungen eines Mitarbeiters und auch mit dessen Verhalten im Team. Er ist sehr aufgebracht über einen Vorfall aus dem letzten Meeting und sagt, dass es so nicht weitergehen kann. Der Mitarbeiter gefährde den Projektverlauf und vergifte die Teamatmosphäre.

Folgende Fragen können dabei helfen, das Coaching-Ziel konkreter zu formulieren:

- *Stellen Sie sich vor, das Ziel wäre bereits erreicht, was wäre dann anders, wie sähe die Situation dann mit diesem Mitarbeiter im Team aus?*
- *Wie müsste es denn weitergehen?*
- *Was wäre der erste, wichtigste Schritt, der zu tun ist, damit es besser weitergehen kann? Und was der nächste?*
- *Was haben Sie bereits getan, was hilfreich war und Ihnen zur Verbesserung der Situation ein kleines Stückchen geholfen hat?*
- *Was glauben Sie, ist das Wichtigste für die Teammitglieder, was zu tun ist, um die Situation zu verbessern?*

- *Wie glauben Sie, sieht der betreffende Mitarbeiter die Situation? Und was würde er selbst ggf. sagen, wenn wir ihn fragen würden, was sich an der momentanen Situation ändern müsse, damit es besser wird?*
- *Was mag die Ursache dafür sein, dass der Mitarbeiter seine Leistungen nicht bringt, wann hat sein Verhalten begonnen bzw. ist es immer schon so gewesen?*

Diese und ähnliche Fragen helfen, die Situation besser zu verstehen, zu konkretisieren und herauszuarbeiten, was genau getan werden kann und bei ernsthafter Betrachtung getan werden muss, um die beschriebene Situation zu verbessern.

Bei der Zielformulierung ist es wichtig, zu prüfen, inwieweit es sich um eine sogenannte „Hin-zu-Formulierung" handelt oder um eine „Weg-von-Formulierung". Die obigen Fragen sind positive Formulierungen „Hin zu Verstehen und Leistungsverbesserung" statt „Weg von Fehlverhalten bzw. fehlender Leistungserbringung".

Der wichtige Unterschied liegt in der Formulierung: Ein „Weg-von"-Ziel ist nicht motivierend und üblicherweise nicht lösungsorientiert formuliert. Es erklärt meist lediglich, was der Coachee nicht mehr möchte, aber nicht, was denn stattdessen ein anzustrebendes Ziel ist, für das es gute Ideen braucht. Erst die „Hin-zu-Formulierung" bringt das gewünschte Ziel in den Blickpunkt und macht deutlich, was tatsächlich ein wünschenswerter Zielzustand ist.

M = messbar

Um festzustellen, inwieweit die formulierten Ziele messbar sind, sind folgende Fragen hilfreich:

- *Woran genau werden Sie merken, dass Sie mit der Zielerreichung erfolgreich sind?*
- *Was wäre für heute ein gutes Ergebnis? Woran würden Sie das merken?*
- *Was wäre ein gutes Ergebnis für die beschriebene Situation?* (**Achtung:** Diese Frage ist ggf. ein großer Unterschied zur Frage vorher. Es kann sein, dass die Erreichung des Ergebnisses mehr als eine Coaching-Sitzung benötigt. Daher ist es immer wichtig, zu differenzieren, was ein gutes und messbares Ergebnis für das zu erreichende Ziel (bzgl. des Themas) ist und was für die jeweilige Sitzung ein gutes Ergebnis ist – und wie das festgestellt werden kann!)

- *Woran würden andere erkennen, dass sich die Situation deutlich verbessert hat?*

„Messbarkeit" bedeutet nicht unbedingt, dass sich die Zielerreichung immer auf Zahlen, Daten und Fakten beziehen muss. Messkriterien können auch „weiche" Kriterien sein: *„Ich nehme wahr, dass sich die Atmosphäre im Team verbessert und die Teammeetings wieder effektiver sind, wenn auf den Gesichtern wieder ein Lächeln zu sehen ist und zwischendurch der eine oder andere Witz gemacht wird."*

Wenn sich das dennoch irgendwie schwammig anhört, kann auch eine Skalierungsfrage sehr nützlich sein: *„Auf einer Skala von 1–10, wobei 1 für schlechte Atmosphäre steht und 10 für sehr gute Atmosphäre, wie schätzen Sie die Teamatmosphäre ein? Was ist eine richtig gute Verbesserung und woran erkennen sie diese?"* (Vgl. „Lösungsorientiertes Kurzzeit-Coaching", S. 41)

A = attraktiv & angemessen (im Verhältnis stehend)

Folgende Fragen können helfen, festzustellen, ob das angestrebte Ziel auch wirklich hinreichend attraktiv ist, um sich dafür einzusetzen. Denn nur, wenn das der Fall ist, wird ausreichend Energie und Umsetzungswille vorhanden sein, sich selbst bei schwierigen Situationen dem Ziel zu stellen.

- *Inwieweit ist für Sie dieses Ziel wirklich anzustreben? Was haben Sie davon?*
- *Was wäre richtig klasse, wenn Sie das Ziel erreicht haben? Inwieweit lohnt sich für Sie die intensive Auseinandersetzung mit der Situation/dem Thema/dem Mitarbeiter (in unserem Beispiel)?*
- *Was alles würden Sie dadurch noch umsetzen oder auch erhalten/ erreichen?*
- *Um diesen angestrebten Zielzustand zu erreichen, was wäre im Verhältnis angemessen zu tun?*
- *Was würde passieren, wenn Sie sich des Themas nicht annehmen? Wäre der Fall schlimm genug, es auf keinen Fall so weiterlaufen zu lassen?*

Wenn auf diese und ähnliche Fragen konkrete Antworten folgen, die den Umsetzungswillen verdeutlichen, dann ist das Ziel vermutlich attraktiv genug, sich dessen anzunehmen. Frage 5, die Umkehrfrage, könnte deutlich machen, ob wirklich ausreichend Energie für die Umsetzung vorhanden ist.

R = realistisch erreichbar & Ressourcen berücksichtigend

Die Frage nach der realistischen Erreichbarkeit bezieht sich auf zeitliche, physische und psychische Ressourcen, wie auch auf äußere Umstände, die es zu berücksichtigen gilt, um das angestrebte Ziel zu erreichen.

Folgende Fragen können hierbei helfen:

- *Inwieweit ist der gesetzte Zeitplan realistisch?*
- *Welche Fähigkeiten bringen Sie bereits mit, die Ihnen helfen, das formulierte Ziel erfolgreich zu erreichen, welche würden ggf. sinnvoll aufzubauen sein?*
- *Was würden Sie weiterhin benötigen, um das Ziel erfolgreich umzusetzen?*

T = Timing & Zeitpunkt der Zielerfüllung

Jedes formulierte Ziel sollte sinnvollerweise mit einem zeitlichen Rahmen oder klaren Zeitpunkt der Zielerreichung versehen sein und, wenn hilfreich, auch in zeitliche Meilensteine aufgeteilt sein. Auf diese Weise kann die Umsetzung auch vor einem zeitlichen Horizont geprüft und auch die realistische Einschätzung noch einmal auf den Prüfstand gebracht werden. Außerdem klärt sich auch noch einmal der Umsetzungswillen des Coachees. Nur, wenn das vereinbarte Ziel konkret im täglichen Alltag des Coachees Platz zur Umsetzung findet, wird es auch tatsächlich stattfinden können.

Anwendung

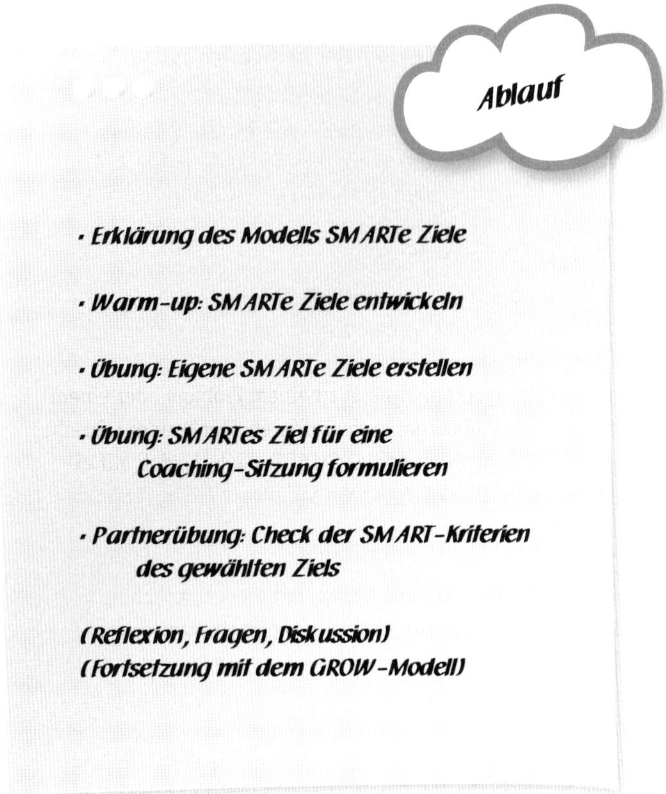

Erklärung des Modells SMARTe Ziele

Für die Praxisanwendung – ein Workshop, in dem Teilnehmer die Coaching-Modelle lernen und einüben – ist erforderlich, dass bekannt ist, wofür die einzelnen Buchstaben des Modells stehen. Die Teilnehmer können außerdem begründen, wieso es hilfreich ist, im Coaching Ziele konkret zu formulieren.

Abb.: Flipchart zur Erklärung von SMARTen Zielen

Das bietet sich z.B. mithilfe eines Flipcharts an.

Danach ist es für die Arbeit mit Fortgeschrittenen sinnvoll, die Modelle GROW und SMARTe Ziele ineinanderzufügen (vgl. Abb. S. 21), bis final ein gesamtes Coaching-Gespräch in der „idealen Schulform" umgesetzt werden kann. Wieso „ideale Schulform"? Um einen gezielten Coaching-Prozess zu erlernen, ist es hilfreich, einen gesamten Gesprächsprozess zu verstehen und anwenden zu können. In der Realität wird sich zeigen, dass nicht jedes Gespräch so abläuft und auch nicht so ablaufen muss. Jedoch ist es hilfreich, im Gespräch zu wissen, wo man sich befindet, um gegebenenfalls bei Schwierigkeiten auch festzustellen, was erneut geklärt werden muss, um ein erfolgreiches Coaching-Gespräch zu führen.

Warm-up: SMARTe Ziele entwickeln

Eine erste, einfache Übung kann sein, SMARTe Ziele gemeinsam mit den Teilnehmern am Flipchart zu entwickeln.

Die Teilnehmer werden gebeten, ein Ziel zu einem Problem oder einem Thema, das sie erreichen möchten, zu formulieren. Der Trainer schreibt es auf einem Flipchart auf, während das SMARTe-Ziele-Modell auf einem zweiten Flipchart aushängt. Dann wird die formulierte Zielformulierung mit dem Modell verglichen:

„Ich möchte mit meiner Familie gemeinsam eine gute Urlaubslösung für die Sommerferien finden, da wir alle sehr unterschiedliche Wünsche haben. Ich möchte das gerne am Wochenende besprechen, da wir für sechs Personen bis Ende März buchen müssen."

Ist das Ziel „SMART", erfüllt die Formulierung also alle SMARTen Zielkritierien? Vom Grundsatz her ja. Reicht dieses Ziel für das Coaching schon aus? Nein. Dazu mehr in der übernächsten Übung.

Zur Demonstration ist es sinnvoll, an einigen von den Teilnehmern formulierten Beispielen die SMART-Kriterien abzuprüfen, um Sicherheit im Umgang mit dem Modell zu erzeugen.

Abb.: Flipchart mit Übungsanleitung „SMARTe Ziele erstellen"

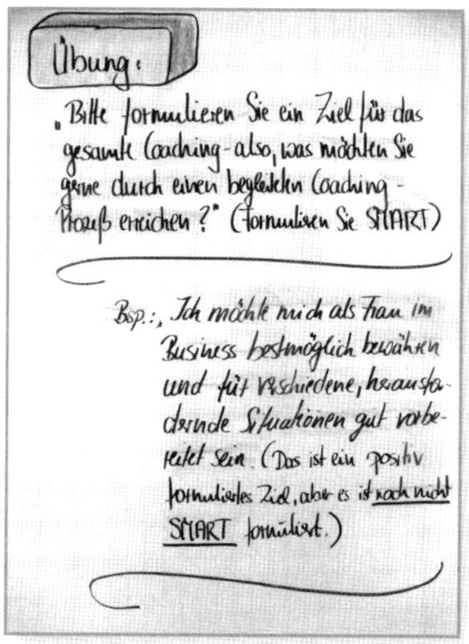

Übung: Eigene SMARTe Ziele erstellen

Wenn es sich um eine Trainingseinheit handelt, können Sie die Teilnehmer bitten, sich selbst ein SMARTes Ziel zu setzen, das sie für eine Coaching-Sitzung als Ausgangssituation nehmen können.

Auch hier können Sie ein, zwei Beispiele nennen, damit die Teilnehmer weder zu anspruchsvolle noch zu banale Ziele formulieren. Die Teilnehmer sollen ausdrücklich ein Ziel wählen, das sie wirklich selbst berührt und zu dem eine gute Lösung hilfreich wäre. Denn dann werden sie in einer guten Coaching-Sitzung tatsächlich auch merken, wie sie dorthin gelangen können.

Folgende Beispiele könnten Sie angeben:

- *„Ich möchte Coaching so erlernen, dass ich in einem Jahr selbst coachen kann und mich ggf. in zwei bis drei Jahren als Coach selbstständig machen kann."*
- *„Ich möchte durch ein Coaching Ideen bekommen, wie ich mein Büro besser organisieren kann."*
- *„Ich möchte mithilfe eines Coachings bessere Wege finden, meine Aufgeregtheit vor Präsentationen und wichtigen Meetings zu kontrollieren."*
- *„Ich möchte für eine kritische Situation in meinem Team gute Lösungswege andenken, um mein Team aus der Krise zu führen. Ich möchte nach Beendigung des Trainings einen Workshop mit meinem Team dazu initiieren."*

Diese Beispiele sind noch nicht alle SMART, und sie sind durchaus herausfordernd, sie sind gleichzeitig alle gut geeignet, den Teilnehmern Ideen zu geben, wie ein eigenes Ziel aussehen könnte.

Für die Formulierung des eigenen Ziels haben die Teilnehmer ca. 15–20 Minuten Zeit. Danach kann ein Austausch im Zweier-Team erfolgen, um gegenseitig zu prüfen, ob das gewählte Ziel allen SMART-Kriterien entspricht.

Abb.: Flipchart zur Zielformulierung für die erste Coaching-Sitzung

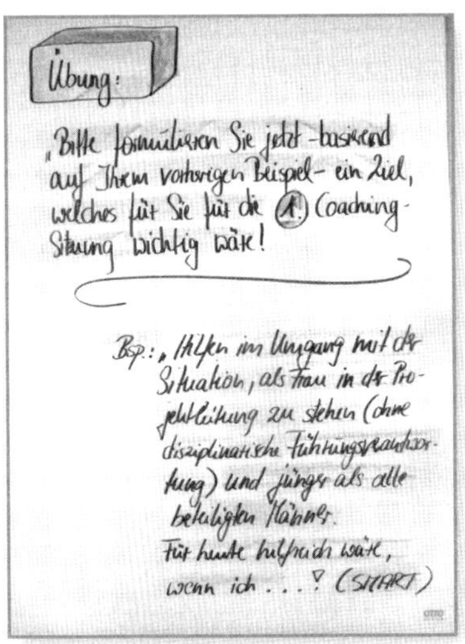

Übung: SMARTes Ziel für eine Coaching-Sitzung formulieren

In dieser Übung soll es nun darum gehen, zu formulieren, wie das Ziel für die „heutige" Coaching-Sitzung aussehen kann, denn das kann durchaus noch einmal deutlich von der eigenen SMART-en Formulierung abweichen. Nehmen wir ein Beispiel der letzten Übung: *„Ich möchte Coaching so erlernen, dass ich in einem Jahr selbst coachen kann und mich ggf. in zwei bis drei Jahren als Coach selbstständig machen kann."* Wenn der Coach seinen Klienten nun fragt, was für diese heutige Sitzung ein gutes Ziel ist, dann kann es sein, dass sehr unterschiedliche Ziele benannt werden, die ebenfalls alle SMART sein können:

Beispiele:

- *„Ich möchte einen genauen Plan entwickeln, nach dem ich vorgehen kann, um meine Coaching-Qualitäten weiter zu vertiefen und meinen Wunsch, selbst einmal Coach zu werden, in die Realität umzusetzen."*

- *„Ich möchte verschiedene Situationen durchdenken und durchdiskutieren – und Ideen bekommen, mit welchen Methoden ich diese als Coach in einer Sitzung bearbeiten lassen kann."*
- *„Ich möchte insbesondere schwierige Situationen – ‚Worst-Case-Szenarien' – durchdenken, vor denen ich mich fürchte. Ich will überlegen, was ich am besten im Umgang mit solchen Situationen tun kann, um gut auf mich selbst aufzupassen und gleichzeitig dem Klienten möglichst hilfreich zu sein."*

Alle diese Formulierungen können im Sinne einer SMARTen Formulierung noch verfeinert werden. Das kann der Coach tun, indem er weitere Konkretisierungsfragen vornimmt (siehe Folgeübung).

In dieser Übung steht die Erkenntnis für die Teilnehmer im Vordergrund, dass ein SMARTes Ziel eines Klienten – wie wir hier sehen können – durchaus ganz verschiedene SMARTe Ziele für die jeweilige Coaching-Sitzung bedeuten kann.

Das heißt, die entscheidende Ergänzungsfrage ist (neben der Formulierung des Ziels): *„Und was wäre ein gutes zu erreichendes Ziel für die heutige Coaching-Sitzung?"*

Partnerübung: Check der SMART-Kriterien des gewählten Ziels

In der folgenden Übung geht es darum, mit den Teilnehmern die Ziele für die Coaching-Sitzung daraufhin zu überprüfen, ob sie SMART sind. Dazu bitten Sie Ihre Teilnehmer, wieder im Zweier-Tandem zusammenzukommen.

Nehmen wir das folgende Beispiel: *„Ich möchte insbesondere schwierige Situationen – ‚Worst-Case-Szenarien' – durchdenken, vor denen ich mich fürchte. Ich will überlegen, was ich am besten im Umgang mit solchen Situationen tun kann, um gut auf mich selbst aufzupassen und gleichzeitig dem Klienten möglichst hilfreich zu sein."*

Damit das Ziel **S = spezifisch** und selbst initiierbar ist, könnten folgende Konkretisierungsfragen gestellt werden:

- *„An welche konkreten Situationen denken Sie, die Sie bewältigen können möchten?"*
- *„Was genau sind für Sie ‚Worst-Case-Szenarien'? Was genau möchten Sie in diesen besser hinbekommen?"*
- *„Wenn Sie sagen ‚auf sich aufpassen', was bedeutet das für Sie und wann gelingt Ihnen das in ähnlichen Situationen bereits gut?"*

- *„Wann ist es Ihnen schon gelungen, mit einem der beschriebenen ‚Worst-Case-Szenarien' so umzugehen, wie Sie es sich vorstellen, um bei sich zu bleiben und für den Klienten möglichst hilfreich zu sein?"*

Damit das Ziel **M = messbar** wird für die Coaching-Sitzung, könnten folgende Fragen gestellt werden:

- *„Welche ‚Worst-Case-Szenarien' genau möchten Sie besprechen und dafür gute Vorgehensweisen entwickeln?"*
- *„Wann wüssten Sie genau, dass wir für dieses Ziel gute Ideen gefunden haben, die Ihnen für ein tatsächliches Auftreten einer befürchteten Situation hilfreich ist?"*

Zur Prüfung der **A = Attraktivität** und Angemessenheit kann der Coach ergänzend folgende Fragen stellen:

- *„Was macht dieses Ziel für Sie attraktiv? Wieso genau möchten Sie Ideen für den Umgang mit ‚Worst-Case-Szenarien' lernen? Was daran glauben Sie, ist für Sie so hilfreich?"*
- *„Inwieweit ist diese Fragestellung angemessen erreichbar in einer Coaching-Sitzung?"*

R = realistisch und ressourcenorientiert (Zeit, Geld, physische oder psychische Energie, Material ...) hier zu hinterfragen, würde gegebenenfalls dann Sinn ergeben, wenn beispielsweise der Klient aufgrund von besonderen gesundheitlichen Präpositionen besonders kritischen Situationen sehr achtsam begegnen muss.

Hier kann auch sinnvoll sein zu hinterfragen, inwieweit die „Worst-Case-Szenarien", die der Klient im Kopf hat, überhaupt realistisch in ihrem Auftreten sind. Eine gute Frage hierzu:

- *„Wie realistisch glauben Sie, ist es auf einer Skala von 0-100%, dass ein Coaching-Klient total ausflippt und Sie anbrüllt?"* (Nehmen wir an, dass das ein benanntes ‚Worst-Case-Szenario' war.)

Für die SMARTe Klärung von **T = Timing** sind folgende Fragen ein beispiel:

- *„Wie möchten Sie zeitlich fortfahren, da wir heute nur eine Stunde zur Verfügung, aber drei Teilthemen haben:*
  - *Umgang mit kritischen Situationen,*
  - *gute Achtsamkeit auf sich selbst, um in Balance zu bleiben,*
  - *für den Klienten am hilfreichsten sein?"*
- *„Und wie möchten Sie sich im Tagesalltag gut auf die gewonnenen Einsichten vorbereiten, diese üben bzw. vorbeugend diese gar nicht erst entstehen lassen?"*

Das Kriterium „Total positiv" braucht in diesem Beispiel nicht hinterfragt zu werden, denn das Ziel ist bereits positiv formuliert worden. Anders wäre es, wenn es kritisch formuliert worden wäre:

„Ich möchte insbesondere schwierige Situationen – ‚Worst-Case-Szenarien' – besprechen, vor denen ich mich fürchte oder die mir bereits passiert sind. Was kann ich tun, um diese Situationen nie (wieder) zu erleben, keinen (erneuten) Burnout zu bekommen und dadurch meine Klienten zu verlieren?"

Diese Formulierung ist eine typische „Weg-von"-Formulierung, in der es immens wichtig ist, mit dem Klienten zu erarbeiten, wie denn die positive „Hin-zu"-Formulierung heißt. Eine hilfreiche Frage dazu kann sein:

„Was genau möchten Sie denn stattdessen erleben, um gesund und kraftvoll zu bleiben und Ihre Klienten bestmöglich begleiten zu können?"

Wenn Sie als Trainer diese Übungen mit der Gruppe durchgearbeitet und reflektiert haben, dann sollte ein gutes Verständnis für SMARTe Ziele im Coaching entstanden sein.

Nun können Sie z.B. im GROW-Modell bei dem „R" fortfahren (vgl. „GROW-Modell", S. 17), um den gesamten Coaching-Gesprächsverlauf weiter zu trainieren. Alternativ können Sie auch mit dem lösungsorientierten Coaching-Format weiterarbeiten (vgl. „Lösungsorientiertes Kurzzeit-Coaching", S. 41).

Kommentar

Zielgerichtete Coaching-Gespräche brauchen ausreichend Übung. Denn die Modelle sehen einfach aus, brauchen jedoch Praxiserfahrung, um zu erleben, dass es sich nicht nur um ein gut geführtes Gespräch handelt. Die Zielgerichtetheit macht den Unterschied zwischen einem hilfreichen Coaching-Gespräch und einem guten Dialog aus und ist der wichtigste Erfolgsfaktor für ein gutes Coaching-Gespräch.

Darüber hinaus ist es wichtig, dass das Modell der SMARTen Ziele allein noch kein Coaching-Gespräch ausmacht. Es gibt eine große Vielzahl an zusätzlichen Interventionsmöglichkeiten im Coaching, die selbstverständlich und je nach Fall und Coachee ebenfalls zum Einsatz kommen können.

Technische Hinweise

Zur Erklärung des Modells der SMARTen Ziele in einem Workshop braucht es ein Flipchart oder einen Beamer und ggf. Handouts.

Querverweise

- Das GROW-Modell (S. 17) bietet sich als Ergänzung gut an, denn es benötigt als Basis das SMARTe-Ziele-Modell und kann durch dessen Vermittlung sehr gut in die Coaching-Praxis überführt werden.
- Ergänzend zu diesem Beitrag bieten sich „Managerial Coaching" (S. 146) oder auch „Mentoring" (S. 166) an, denn die Kompetenzen, die dieser Beitrag entwickeln möchte, werden als Führungskraft insbesondere ebenfalls benötigt. Außerdem sei auf die „Transformationale Führung" (S. 135) hingewiesen, denn auch dort geht es um die Bedeutung und das Hervorheben von gemeinsamen Zielen. Dabei ist es hilfreich, diese gut konkretisieren zu können.

Weiterführende Literatur

- Andreas, S. & Faulkner, C.: Praxiskurs NLP, Paderborn: Junfermann 1998.
- Bayer, H.: Coaching-Kompetenz, München: Ernst Reinhard Verlag 1995.
- König, E. & Volmer, G.: Systemisches Coaching, Weinheim: Beltz 2000.
- Landsberg, M.: Das TAO des Coaching, Frankfurt/M.: Campus 1998.
- Schreyögg, A.: Konfliktcoaching, Frankfurt/M.: Campus 2002.
- Whitmore, J.: Coaching für die Praxis, München: Heyne 1994.

Hintergrund

Bei dem Modell der SMARTen Ziele handelt es sich um ein Akronym, welches ursprünglich aus dem Projektmanagement und aus dem Qualitätsmanagement stammt. Es dient dazu, Ziele so konkret zu formulieren, dass sie bei Umsetzung von Maßnahmen messbar belegt werden können. Es ist leider nicht gelungen, festzustellen, wer der Urheber dieses Modells ist.

Lösungsorientiertes Kurzzeit-Coaching

von Anja Leão

Ziel

Das Ziel dieses Beitrags ist es, einen ersten Überblick über den Prozess, die Wirkweise und die Anwendung des lösungsorientierten Kurzzeit-Coachings zu geben. Das Modell stammt aus der lösungsorientierten Kurzzeit-Therapie und hat aufgrund seiner hilfreichen Wirkungsweise Einzug in die Welt des Coachings genommen.

Kontext

- Führung
- Coaching
- Konflikt/Krisen
- Change
- Mentoring
- Problemlösung

Theorie

Lösungsorientierung im Coaching bedeutet, sich auf die Suche nach dem zu machen, was funktionieren könnte oder auch bereits funktioniert. Nach dem zu suchen, was helfen kann, ein Problem zu lösen und dieses Hilfsmittel möglichst auch noch zu verstärken. Hierbei geht es nicht darum, zu verstehen, woher ein Problem kommt, bzw. eine Diagnose zu erstellen, wie es entstanden ist oder sich entwickelt hat. Und es geht noch weniger darum, defizitorientiert zu betrachten, welchen Anteil der Coachee am bestehenden Problem hat oder in sonst einer Form Schuld an der bestehenden Situation trägt.

Das lösungsorientierte Coaching geht, anders als andere Begleitformen im Coaching, daher weder in die Historien- oder Ursachenforschung. Es ist oft sogar so, dass der Coach keinerlei Kenntnis über die Historie und auch nur sehr wenig über das Problem an sich benötigt, um den Coachee bei der Lösungsfindung zu begleiten. Viel wichtiger ist die Unterstützung zur Entwicklung von Perspektiven, Ideen und Möglichkeiten, die ermutigen, Schritte in Richtung Lösung und Zukunft zu finden und sich auf den Weg zu machen. Der Coachee ist der Experte für seine Situation und auch für alles, was er zur Problemlösung benötigt. Der Coach hilft dabei, sich daran zu erinnern und wieder auf sich zu vertrauen.

„Kurzzeit" steht hier für die zeitliche Dimension. Die richtigen Schritte zu finden, mit denen der Coachee sich auf „seinen Weg" machen kann, aus einer schwierigen Situation herauszufinden, ist in einer oder wenigen Sitzungen möglich. Kurzzeit steht aber nicht für „schnelle Lösung".

> *„Problem talk creates problems, solution talk creates solutions!"*
> – Steve de Shazer –

Entstanden ist das lösungsorientierte Coaching aus der lösungsorientierten Kurztherapie (engl. Solution Focused Brief Therapy), die Steve de Shazer und Insoo Kim Berg zu Beginn der 1980er-Jahre am Family Therapy Center, Milwaukee, USA entwickelten. Zentral beim lösungsorientierten Coaching ist es, herauszufinden, was bei einem Coachee bereits funktioniert, wo seine Ressourcen und Kräfte liegen und wo er bereits bewiesen hat, dass er eine Situation, die jetzt schwierig ist, in der Vergangenheit erfolgreich bewältigen konnte. Diese Fähigkeit wird in konkreten, kleinen Schritten erneut abgerufen und gestärkt.

Als Insoo Kim Berg gefragt wurde, was sie unter Coaching verstehe, sagte sie: *„It is a way, a journey, a process to bring important people from where they are to where they want to be. Coaching is a fantastic way to make a difference in the world of a client who want to be effective while being respectful of what the client brings to the table while working with the resources the client already has."* (Berg & Szabo, 2005)

Hier sind verschiedene Merkmale enthalten, die für Coaching grundsätzlich und wesentlich sind. Coaching ist ein Begleitprozess zur Entwicklung der eigenen, persönlichen und/oder beruflichen Qualitäten, zur Lösung von herausfordernden Situationen oder problematischen Lebens- und/oder Berufssituationen. Es geht nicht darum, Minderleistungen oder nicht ausreichende Qualitäten im Sinne einer Defizitorientierung auszumerzen! Mittlerweise ist Coaching so etabliert, dass sich dieses Verständnis im Schwerpunkt durchgesetzt hat. Auch den erforderlichen Respekt, Achtsamkeit und Wertschätzung zeigt diese Aussage auf. Außerdem wird deutlich, dass es sich um einen Prozess handelt, der dem Coachee hilft, seine eigene, beste Lösung zu finden. Der Coach begleitet den Prozess, er kreiert nicht die inhaltliche Lösung.

Und: Coach und Coachee schauen im Prozess der Arbeit an einem Thema immer im Schwerpunkt darauf, wo die „Inseln der Möglichkeiten und Lösungen" liegen. Sie berücksichtigen, welche Ressourcen, welche

Kräfte und welche Fähigkeiten der Coachee mitbringt, damit er seine Lösung finden und sie auch umsetzen kann.

Der Prozess des lösungsorientierten Kurzzeit-Coachings

Abb.: Prozess des lösungsorientierten Kurzzeit-Coachings nach P. Szabo, „Erfrischend einfach"

Die einzelnen Prozess-Schritte:

1. Der Coach klärt mit dem Coachee genau das **Ziel** zu dem Thema oder Problem, mit dem er in die Coaching-Sitzung kommt. *„Was ist dein Ziel und was wäre ein gutes Ergebnis?"* Dabei ist wichtig zu beachten, dass es durchaus einen Unterschied geben kann zwischen einem guten Ergebnis zu dem Problem und gutem Ergebnis zu der Coaching-Sitzung des jeweiligen Tages. Denn es kann sein, dass das Problem komplexer ist und nicht in einer Coaching-Sitzung gelöst werden kann. Außerdem ist es wichtig zu besprechen, woran der Coachee das Erreichen des Ergebnisses erkennen würde.

2. Im Anschluss daran kann der Coach mit der **Wunderfrage** fortfahren, um dem Coachee eine Idee davon zu geben, wie es wäre, wenn der Zielzustand bereits erreicht wäre und noch wichtiger, was er im

erreichten Zustand anders macht, als im heutigen Problemzustand. Mit der Wunderfrage wird der Coachee in einen ressourcevolleren Zustand gebracht. Der Coachee bekommt ein Gefühl, wie es ist, wenn er sich im „problemfreien Raum" befindet und auch Verhaltensweisen zeigt, die im Sinne einer guten Lösung hilfreich sind.

3. Im dritten Schritt prüft der Coach konkret in der heutigen Erlebenswelt des Coachees, wo bereits erste, **funktionierende Vorboten** des angestrebten Zustands erkennbar sind. Hier gilt es herauszufinden, wie dies denn schon gelingt. Schritt 3 kann auch direkt durchgeführt werden, ohne vorab die Wunderfrage gestellt zu haben. Manchmal ist die Wunderfrage die bestmögliche Intervention, manchmal ist sie im konkreten Fall oder Kontext auch nicht angebracht.

4. Mit der **Skalierungsfrage** findet der Coach schließlich heraus, wo auf einer Skala von 1 bis 10 (mit 10 als angestrebtem Zustand) der Coachee bereits steht. In der Regel ist es so, dass der Coachee sich nicht bei 1 befindet, insbesondere, wenn vorher die Frage nach den funktionierenden Vorboten gestellt wurde und der Coachee dazu Antworten finden konnte. Dann wird bereits klar, dass er vielleicht schon weiter in der Lösung ist, als er selbst dachte.

5. Im folgenden Prozessschritt kann zu den Maßnahmen übergeleitet werden. Mithilfe von unterstützenden Fragen stellt der Coachee fest, was die ersten, möglichen, **kleinen Schritte** sein können, um vom jetzigen Niveau auf der Skala zum nächsthöheren zu gelangen. Diese werden dann möglichst sofort beschritten.

Um diesen Prozess gestalten zu können, müssen beim Coach zwei Voraussetzungen gegeben sein: die Kenntnis über die Annahmen des Ansatzes und die erforderliche Haltung.

Die Prämissen kennen

Wer als Coach mit dem lösungsorientierten Kurzzeit-Coaching arbeitet, sollte unbedingt mit den zugrunde liegenden Annahmen dieses Ansatzes vertraut sein, die das Milwaukee-Team um de Shazer und Berg entwickelte und die später auf das lösungsorientierte Coaching übertragen wurden.

- **If it works, don't fix it!** Damit verbunden ist die wichtigste Regel im Coaching – „Finde heraus, was funktioniert!" Hiermit ist auch gemeint, dass der Coach nichts zum Problem machen sollte, was der Coachee nicht als Problem benennt.

- **If something works, do more of it!** Es gilt, als Coach Wege zu finden, wie etwas, was einmal geholfen hat, erneut helfen kann. Das gilt sowohl für die Arbeit im Coaching als auch für den Coachee in seiner eigenen Situation.

- **No problem happens all the time. What happens the rest of the time?** Diese Annahme zielt auf die Frage, was passiert im problemfreien Raum oder in der problemfreien Zeit? Kein Problem besteht zu 100 Prozent der vorhandenen Zeit.

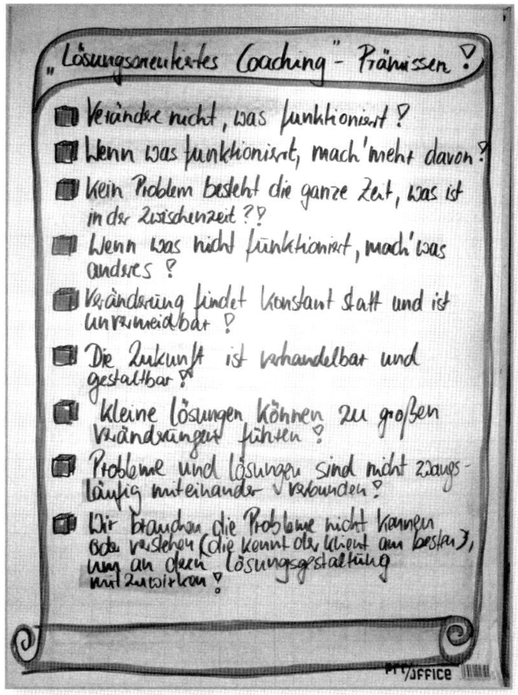

Abb.: Die Prämissen, auf einem Flipchart zusammengefasst

- **If it doesn't work, do something different!** Dieser Grundsatz gilt für das Coaching an sich und auch für das, was der Coachee vielleicht umzusetzen versucht und dabei Gefühl hat, dass nichts wirklich hilft. Dann wird es Zeit, nach einem Paradigmenwechsel zu suchen.

- **Change is constant and inevitable!** Als Coach gilt es, mit dem Coachee herauszuarbeiten, welche Veränderungsschritte der Coachee „immer und auch immer schon" zu gehen in der Lage war, auch schon, bevor er Coaching in Anspruch genommen hat. Es ist wichtig, dem Coachee zu helfen, positive Veränderungen zu identifizieren und in diese Richtung fortzufahren.

- **The future is negotiated and created!** Es ist wichtig, dass wir selbst als Coachs daran glauben, dass die Zukunft des Coachees gestaltbar ist, egal, wie schwer es in der Vergangenheit war. Und es ist wichtig, dem Coachee dabei zu helfen, konstant alle vorhandenen Ressourcen auf positive Veränderungen auszurichten und positive Effekte zu erzeugen.

- **Small solutions can lead to large changes!** Coachs sollten sich davor hüten zu glauben, dass große, komplexe Probleme immer eine große Lösung und langwierige Veränderungen erfordern. Dieser Glaubenssatz kann verunsichern und ein Gefühl der Hilflosigkeit zurücklassen. Außerdem ist es wichtig, bei der Zielklärung mit dem Coachee herauszuarbeiten, was für ihn ein gutes Ergebnis zu dem mitgebrachten Thema ist. Denn oft ist der Wunsch nach dem Ergebnis ein ganz anderer, als wir als Coach vermuten würden.

- **Problems and solutions might not be directly related!** Es kann sein, dass eine verrückte und zuvor nicht angedachte Lösung viel effektiver ist als eine logische und zunächst vermutete. Daher ist die Annahme *„Wir als Coachs wissen, dass wir nichts wissen!"* sehr hilfreich, denn sie hütet den Coach vor eigenen, logischen Gedankenschlüssen.

- **We don't need to know the problems really, the client knows them best already. To go there constantly increases problem-thinking not solution-thinking.** Diese Annahme verdeutlicht, dass der Coach eigentlich nur sehr wenig vom historischen Problem des Coachees wissen muss, um lösungsorientiert nach vorne zu arbeiten. Je mehr der Klient in den Gefühlen der Vergangenheit verhaftet bleibt, desto weniger Energie ist verfügbar und umso schwieriger ist das Heraustreten aus dem Problemzustand, um überhaupt auf gute Alternativen zu kommen. Besser ist das Denken in konkreten, gehbaren Schritten in Richtung auf die gute Lösung.

Die innere Haltung als Coach

Auch, wenn hier nicht näher auf diesen Aspekt eingegangen werden kann, hängt der Erfolg des lösungsorientierten Coachings nicht nur von der Beherrschung seiner „Spielregeln" ab. Ganz entscheidend ist eine liebevolle Zugewandtheit des Coachs zum Coachee, ein hohes Maß an Wertschätzung für jeden einzelnen Klienten – immer wieder und immer wieder neu. Diese Haltung schließt ein, neugierig zu sein, die Mannigfaltigkeit eines jeden Menschen erkunden zu wollen und sich von dieser begeistern zu lassen. Außerdem braucht es Empathie sowie ein hohes Maß an Präsenz und Authentizität. Und es ist wichtig, die Fähigkeit zu haben, den Coachee größer sehen zu können, als er sich üblicherweise selbst sieht, wenn er sich in einer schwierigen Situation erlebt.

Anwendung

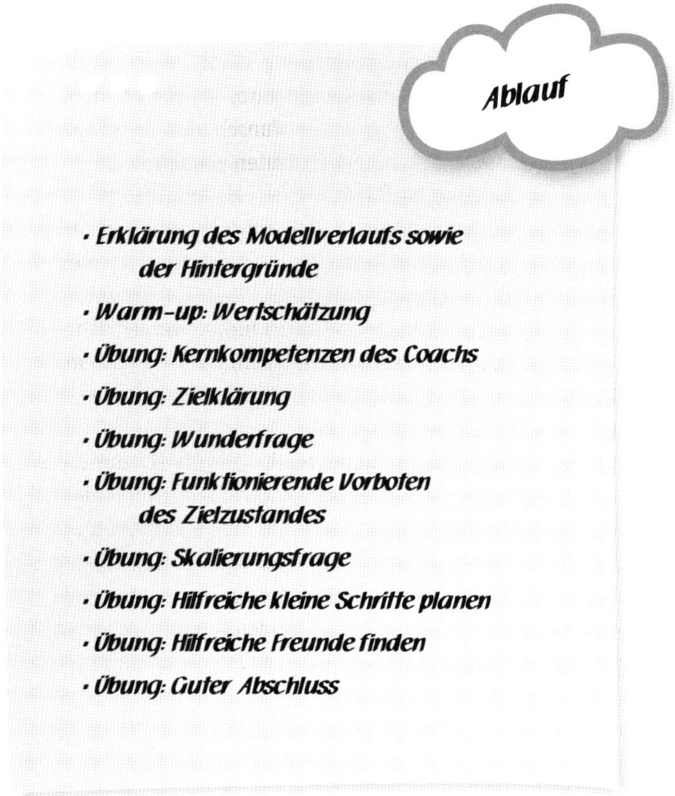

Erklärung des Modellverlaufs und seiner Hintergründe

Wenn Sie sich in einem Seminar befinden, beginnen Sie mit der Erklärung des Modells, seines Prozessverlaufs und seiner Prämissen.

Warm-up: Wertschätzung

Es ist empfehlenswert, mit der Warm-Up-Übung „Wertschätzung“ zu beginnen, welche die Grundvoraussetzung eines guten Coachs trainiert. Die Übung wird in diesem Buch auf S. 21 beschrieben.

Übung: Kernkompetenzen des Coachs

Dann können Sie in die nächste Übung einleiten, ebenfalls als Vorbereitung auf die eigentliche Methode, die weitere Sensibilisierung auf die Kernkompetenzen des Coachs, wirklich hinhören zu können, mit allen Sinnen und in guter Verbindung zum Coachee. Die Übung „Basisqualitäten eines guten Gesprächs vertiefen“ finden Sie in diesem Buch auf S. 22. Nutzen Sie zur Erklärung z.B. ein Flipchart wie das folgende und leiten Sie dann in die Aufgabe ein. Sie können das Flipchart auch

Abb.: Flipchart zur Vertiefung der Kernkompetenzen eines Coachs

mit den Teilnehmern gemeinsam auf Basis der zusammengefassten Erkenntnisse erstellen.

Die Aufgabe lautet: *„Arbeiten Sie im Dreier-Team (A = Coach, B = Coachee, C = Beobachter, danach Wechsel). Lassen Sie sich vom Coachee 2–3 Minuten lang ein besonders berührendes, schönes oder begeisterndes Ereignis schildern. Hören Sie gut hin und gehen Sie in den Rapport. Verstehen Sie, finden Sie die besonderen „Geschenke/ Diamanten" und fassen Sie das Wesentliche zusammen. C gibt Feedback über das Erlebte, danach wird gewechselt."*

Wenn Sie nun beginnen, in den Prozess des lösungsorientierten Kurzzeit-Coachings einzuführen, dann kann es hilfreich sein, den Teilnehmern an einem Beispiel eine solche Coaching-Einheit zu demonstrieren. Dazu fragen Sie entweder einen der Teilnehmer, ob er einen konkreten Fall hat oder Sie zeigen einen gefilmten Fall. Es gibt großartige Videos von Insoo Kim Berg auf YouTube. Außerdem gibt es sehr viel Material über den Solution Focus.

Übung: Zielklärung

Die nächste Übung zum Thema darf das Thema „Zielklärung" sein. Sie arbeiten sich mit der Gruppe Schritt für Schritt durch den Prozess (siehe Übungen in: „SMARTe Ziele", S. 35 ff.). Die Gruppenzusammensetzung im Trio eignet sich immer gut, um mit einem Beobachter das Feedback zu ergänzen. Es ist sinnvoll, zwischendurch die Gruppenzusammensetzung zu wechseln. Allerdings auch nicht zu oft, damit nicht permanent ein neuer Warm-Up-Prozess startet. Vertrautheit in der Arbeit mit der Kleingruppe darf sein und ist hilfreich. Der Wechsel für unterschiedliches Feedback auch.

Übung: Wunderfrage

Anschließend führen Sie eine Übung zur Wunderfrage durch. Jeder Teilnehmer sollte einen selbst gewählten Fall einbringen, der noch nicht zu komplex ist, aber für den eine gute Idee gesucht wird. Die Wunderfrage kann folgendermaßen formuliert sein:

„Angenommen, es wäre Abend und Sie legen sich wie gewohnt ins Bett und gehen schlafen. Über Nacht geschieht dann wie von Zauberhand ein Wunder und das Problem, das Sie schon seit längerer Zeit belastet, ist gelöst. Da Sie geschlafen haben, wissen Sie nicht, dass dieses Wunder

geschehen ist. Was glauben Sie, sind morgen früh die ersten kleinen Zeichen, die Sie darauf hinweisen könnten, dass das Wunder geschehen ist? Was genau wäre anders? Wie würden Sie sich anders verhalten? Welche Gedanken/Gefühle sind dann anders? Wer in Ihrer Umwelt würde bemerken, dass dieses Wunder geschehen ist? Wann war es in letzter Zeit schon einmal so ein ganz kleines bisschen wie nach dem Wunder? Was können Sie jetzt tun, um ein Stück dieses Wunders schon jetzt passieren zu lassen?"

Übung: Funktionierende Vorboten des Zielzustands

In diesem Übungsteil können Sie die Teilnehmer in folgende Aufgabe einleiten:

„Gehen Sie erneut zu dritt zusammen. Nehmen Sie das Ziel, das Sie eben formuliert haben. Interviewen Sie sich gegenseitig über Situationen, in denen Ihnen das, was Sie gerne erreichen möchten, bereits hervorragend gelungen ist. Ermutigen Sie Ihren Coachee, diese Situationen in den buntesten Farben mit allen nur erdenklich vorhandenen Qualitäten, Stärken und Ressourcen zu erklären und schreiben Sie diese, wenn möglich, mit, sodass Sie auf diese wieder zurückgreifen und sie wiederholen können, wenn es darum geht, das eigentliche, anzustrebende Ziel mit neuen Lösungsideen zu bestücken. Der Beobachter gibt Feedback. Wechseln Sie die Rollen durch."

Übung: Skalierungsfrage

Auch die Skalierungsfrage will geübt sein. Das Hilfreiche im lösungsorientierten Coaching ist, dass, wenn Sie den Prozess wie dargestellt durcharbeiten, der Coachee in der Skalierungsfrage bereits einen großen Erfolg feststellt. Denn er merkt, dass er sich gar nicht so schlecht bewertet, wie er sich vorher vielleicht empfunden hat. Dieser Effekt wird oft durch die Abfrage nach den funktionierenden Vorboten erzeugt, denn dort stellt er fest, dass er deutlich mehr Ressourcen zur Verfügung hat oder mehr Erfolg in vergleichbaren Situationen, als er zunächst überhaupt gedacht hat. Und auch, festzustellen, dass man auf einer selbst zu bewertenden Skala gar nicht am ganz unteren Ende liegt, ist bereits eine wertvolle Erkenntnis.

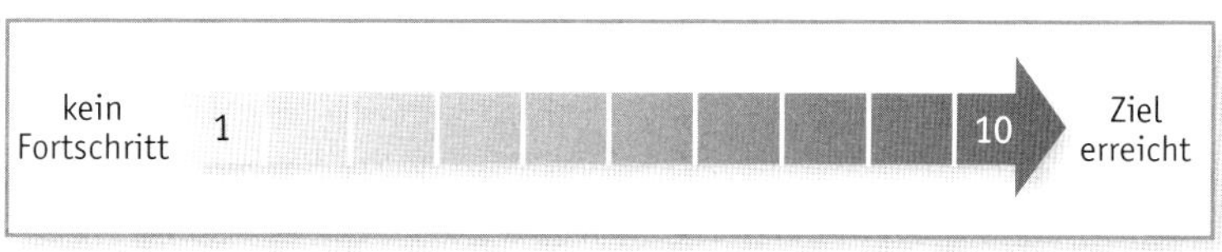

Abb: Skala für Skalierungsfragen

Fragen Sie Ihren Coachee nach der Bewertung seines momentanen Zustands auf einer Skala von 1–10.

„Auf einer Skala von 1 (kein guter Zustand in Hinblick auf das anzustrebende Ziel) bis 10 (das kriege ich wirklich richtig gut hin) – wo befinde ich mich nach eigener Einschätzung im Moment?"

Übung: Hilfreiche Schritte planen

Nun folgt die Frage nach den Schritten, die hilfreich sind, um auf der eingeschätzten Skala einen Schritt weiter nach oben zu gelangen.

„Wenn Sie betrachten, wo Sie bereits stehen und wissen, welches Ergebnis für Sie heute ein gutes wäre, was wäre denn ein hilfreicher nächster Schritt, um beispielsweise von der 5 auf die 6 zu kommen? Was ist denn bei der 6, was bei der 5 noch nicht ist und was täten Sie da alles? Und wenn Sie sich vorstellen, Ihnen würde das schon richtig gut gelingen, was wäre denn ein weiterer Schritt, um zu der 7 zu gelangen? Was würden Sie dort tun, was Sie bei der 6 noch nicht tun?"

Übung: Hilfreiche Freunde finden

Bevor es nun zum Abschluss kommt, gibt es eine sehr schöne Ergänzungsfrage nach den „hilfreichen Freunden", die die geplanten Schritte noch einmal absichern hilft:

„Wer oder was alles kann Ihnen helfen, damit Sie, wenn wir uns verabschiedet haben, Ihren Plan wirklich in die Umsetzung bringen können?"

Diese Frage kann sinnvoll sein, wenn der Coachee noch eine Sorge oder Zweifel anmeldet, dass es ein Start- oder Rückfallrisiko geben könnte. Wichtig ist hier, als Coach darauf zu achten, dass der Coachee nicht in die Problemphysiologie zurückfällt, sondern im energetischen Lösungsmodus bleibt.

Übung: Guter Abschluss

„Finden Sie einen guten Abschluss", lautet die letzte Aufgabe für die Teilnehmer. Dabei ist wichtig, dass Sie die Teilnehmer noch einmal zum zu erzeugenden Ziel der Coaching-Einheit zurückführen und zusammenfassen bzw. den Teilnehmer des Coachings zusammenfassen lassen, was zur Erreichung dieses Ziels hilfreich war und welche Schritte nun angegangen werden.

„Wem gelang aus Sicht der Kollegen eine beeindruckende Zielklärung, wem eine wunderbare Wunderfragen-Intervention, und wer hat Vorboten aus dem noch so kleinen Versteck gelockt und dem Coachee geholfen, zu sehen, was er selbst noch nicht gesehen hat? Wer ist die Skalierungsleiter hinaufgeklettert wie ein Dachdecker ohne Schwindel und wer hat den schönsten Abschluss für den Coachee gestaltet und sich mit einer großartigen Ermutigung für eine erfolgreiche Umsetzung verabschiedet?"

Kommentar

Gerade, wenn ein Coaching-Prozess bewegend, berührend und verbindend war, ist es als Coach wichtig, loszulassen und bescheiden zu bleiben. Wir haben es im Coaching normalerweise mit lebenstüchtigen, erfolgreichen, hochkompetenten Menschen zu tun – und sie werden hervorragend auch ohne uns weiterleben!

Technische Hinweise

Für eine Seminarveranstaltung ist Moderationsmaterial hilfreich.

Querverweise

Zu diesem Beitrag sei der Beitrag „Grundannahmen des NLP" (S. 267) empfohlen, sowie als Alternative der kürzere Coaching-Prozess des „GROW-Modells" (S. 17). Außerdem kann es hilfreich sein, Kreativitätstechniken anzudenken, je nachdem, was für Themen im Coaching-Prozess zum Tragen kommen. Manchmal benötigt man neben der Coaching-Methode auch kreative Alternativtechniken (Tetralemma, Disney-Strategie, Denkhut-Methode, S. 307 ff.), mit denen man in anderen Formaten begleiten kann.

Weiterführende Literatur

- Berg, I. K. & Szabo, P: Brief Coaching for Lasting Solutions, New York: W. W. Norton 2005.
- Berg, I. K. & de Jong, P.: Lösungen (er-)finden. Das Werkstattbuch der lösungsorientierten Kurztherapie, Dortmund: Verlag modernes Lernen, 5. Aufl. 2003.
- de Shazer, S.: Das Spiel mit Unterschieden. Wie therapeutische Lösungen lösen, Heidelberg: Auer 2004.
- de Shazer, S.: Der Dreh. Überraschende Wendungen und Lösungen in der Kurzzeittherapie, Heidelberg: Auer, 7. Aufl. 2002.
- de Shazer, S.: Worte waren ursprünglich Zauber. Von der Problemsprache zur Lösungssprache, Heidelberg: Auer 2009.
- de Shazer, S.: Wege der erfolgreichen Kurztherapie, Stuttgart: Klett-Cotta, 2. Aufl. 1990.
- Dilts, R.: Professionelles Coaching mit NLP, Paderborn: Jungfermann 2005.

- Röhrig, P.: Solution Tools. Bonn: managerSeminare, 5. Aufl. 2014.
- Szabo, P.: Coaching erfrischend einfach. Luzern: Solutionsurfers 2008.
- Wehrle, M.: Die 500 besten Coaching-Fragen. Bonn: managerSeminare, 2. Aufl. 2013.

Hintergrund

Insoo Kim Berg (1934–2007) war eine US-amerikanische Psychotherapeutin, die in den Bereichen Therapie, Beratung, Supervision und Coaching Großartiges geleistet und zur Entwicklung ganz neuer Methoden in der Therapie, Beratung und im Coaching beigetragen hat. Sie gründete gemeinsam mit ihrem Mann Steve de Shazer 1978 das Brief Family Therapy Center, kurz BFTC, in Milwaukee. Beide gelten als Pioniere des „Solution Focused Approach" beziehungsweise der lösungsorientierten Beratung und Kurzzeittherapie, sowie der systemischen Therapie. Insoo Kim Berg hat auf die Frage, woher sie ihre unermüdliche und positive Energie nehme, gesagt: *„The korean way of life is hard work! Wenn ich nichts mehr bewirken kann, werde ich einfach umfallen und sterben – wenn es genug ist, ist es genug!"*

Steve de Shazer (1940–2005) war professioneller Musiker und besaß den Bachelor in Bildender Kunst und den Master in Sozialarbeit. De Shazer war für seinen Minimalismus bekannt. Er kehrte den klassischen, psychotherapeutischen Prozess um, indem er den Klienten die Verantwortung in die Hand gab und sie bat, eine Lösung des Problems, aufgrund dessen sie gekommen waren, ganz genau zu beschreiben. Er veränderte ihre Perspektive vom Problem zur Lösung, unterstützt von seiner Neugierde, herauszufinden, wie sie das denn „hinkriegten". Er war einer der kreativen Genies der therapeutischen Welt mit Beginn der 1970er-Jahre. Steve de Shazer antwortete gerne auf die Frage, woher er seine Ideen für all seine Entwicklungen genommen habe, in seiner unnachahmlich kurzen Art: *„Watching Insoo's work!"* oder *„All I have stolen from Insoo!"*

Interkulturelles Coaching

von Dr. Julia Milner

Ziel

Coaching wird immer häufiger weltweit in Unternehmen und Organisationen eingesetzt. In einer zunehmend globalisierten Arbeitswelt kommen Mitarbeiter mit verschiedenen kulturellen Hintergründen zusammen. Das Coaching-Konzept fußt auf einem westlichen Ansatz und hat seinen Ursprung in den USA. Um differenziert agieren zu können, muss das Coaching-Konzept hinsichtlich seiner Anwendung in verschiedenen Kulturen betrachtet werden. Kenntnisse im interkulturellen Coaching sind besonders für Coachs, Trainer und Manager wichtig, die Coaching in (globalen) Organisationen praktizieren.

Kontext

- Führung
- Coaching
- Change
- Motivation

Theorie

Zunehmend gewinnt eine interkulturelle Komponente im Coaching an Bedeutung. Beispielsweise arbeiten Coachs mit Klienten aus anderen Kulturen zusammen, sie helfen Coachees, sich auf Auslandseinsätze vorzubereiten oder sich in interkulturellen Sphären zu bewegen. Coaching selbst wird mit einem westlichen Kulturverständnis in Verbindung gebracht (Handin & Steinwedel, 2006; Verhulst & Sprengel, 2009). Eine Beschäftigung mit dem Faktor Kultur im Coaching ist notwendig und gegebenenfalls ist eine Anpassung an interkulturelle Situationen sinnvoll.

Eine kulturelle Orientierung wird definiert als *„inclination to think, feel or act in a way that is culturally determined, or at least influenced by culture"* (Rosinski, 2010). Übersetzt ins Deutsche bedeutet dies, dass unser Denken, Fühlen und Handeln kulturell bestimmt oder zumindest beeinflusst ist.

Basierend auf den Arbeiten von Geert Hofstede, Alfons Trompenaar und weiteren Vorreitern im Bereich Interkulturalität, hat der international tätige Coach Philippe Rosinski einen Bezugsrahmen für das Interkulturelle Coaching entwickelt. Das sogenannte „Cultural Orientations Framework" (COF) dient als Grundlage für eine Einschätzung und den Vergleich von Kulturen. Dabei werden sieben Kategorien gruppiert:

- Macht und Verantwortung
- Zeitmanagement
- Sinn und Identität
- Aufbau und Struktur in Unternehmen
- Bedürfnisse zum Thema „Abgrenzung"
- Kommunikationsmuster
- Denkmuster

Rosinski weist in diesem Zusammenhang auf zwei Aspekte hin:

- Eine kulturelle Orientierung sollte nicht als Abgrenzung im Sinne eines Entweder/Oder verstanden werden, sondern eher als ein Kontinuum. Beispiel: Im Hinblick auf die Kategorie Zeitmanagement, wo befinde ich mich auf einer Skala von *„Zeit ist reichlich verfügbar"* bis hin zu *„Zeit ist ein knappes Gut"*? Bin ich tendenziell mehr auf der einen oder eher auf der anderen Seite?
- Unser Handeln kann von unserer Kultur beeinflusst sein, eine kulturelle Orientierung kann aber auch situationsabhängig sein. Eine kulturelle Orientierung ist zudem nicht in Stein gemeißelt, sie kann sich im Laufe der Zeit ändern – und auch, wenn wir über ein bestimmtes kulturelles Profil verfügen, heißt das nicht zwangsläufig, dass wir danach handeln müssen (vgl. Rosinski, 2003/2010).

Die folgende Tabelle beschreibt die verschiedenen Kategorien, Dimensionen und Bespiele des Bezugsrahmens für das Interkulturelle Coaching.

Cultural Orientations Framework

Kategorie	Dimensionen	Beispiel/Beschreibung
Macht und Verantwortung	Kontrolle	▶ z.B. Kontrolle und Verantwortung zu haben, das eigene Leben so zu gestalten, wie man es möchte
	Harmonie	▶ z.B. im Einklang/Harmonie mit der Natur leben
	Bescheidenheit	▶ z.B. Akzeptanz von natürlichen Grenzen
Zeitmanagement	Knappes Gut	▶ z.B. Zeit wird als knappes Gut gesehen
	Reichlich vorhanden	▶ z.B. Zeit wird als reichlich vorhanden betrachtet
	Monochronische Zeiteinstellung *(eins nach dem anderen erledigen)*	▶ z.B. sich auf eine Aktivität oder Person konzentrieren, Zeit wird in Segmente unterteilt
	Polychronische Zeiteinstellung *(mehrere Dinge gleichzeitig tun)*	▶ z.B. sich gleichzeitig auf verschiedene Aktivitäten oder Personen konzentrieren, fließendes Zeitverständnis
	Vergangenheit	▶ z.B. von der Vergangenheit lernen, die Gegenwart ist eine Fortsetzung oder Wiederholung von vergangenen Ereignissen
	Gegenwart	▶ z.B. sich auf das Hier und Jetzt konzentrieren, kurzzeitige Gewinne sind wichtig
	Zukunft	▶ z.B. langfristige Visionen und Gewinne im Auge behalten
Sinn und Identität	Sein	▶ z.B. der Fokus liegt auf dem „Sein“, Entwicklung von Talenten und Beziehungen stehen im Vordergrund
	Tun	▶ z.B. der Fokus liegt auf dem „Tun“, Erfolg und Leistung stehen im Vordergrund
	Individualismus	▶ z.B. individuelle Attribute und Projekte stehen im Mittelpunkt
	Kollektiv	▶ z.B. Zugehörigkeit zur Gruppe ist von Bedeutung
Aufbau und Struktur in Unternehmen	Hierarchie	▶ z.B. Gesellschaft und Organisationen funktionieren vertikal aufgebaut
	Gleichheit	▶ z.B. wir sind alle gleich, haben nur unterschiedliche Rollen inne
	Universal	▶ z.B. Einzelfälle sollten alle gleich nach einem universellen Muster gehandhabt werden, Einführung universeller Prozesse zwecks Kontinuität und Skaleneffekt (z.B. Kostenersparnis durch Massenproduktion)
	Speziell	▶ z.B. Fokus auf spezifische Umstände, Präferenz von Dezentralisierung und maßgeschneiderten Lösungen
	Stabilität	▶ z.B. Wertschätzung einer geordneten Umgebung, Förderung von Effizienz durch systematische und disziplinierte Arbeitsweise, Minimalisierung von Change
	Wandel	▶ z.B. Wertschätzung einer dynamischen und flexiblen Umgebung, Förderung von Effektivität durch Anpassungsfähigkeit und Innovation, Vermeidung von Routine (welche als langweilig empfunden wird)
	Wettbewerb	▶ z.B. Erfolg durch Konkurrenz und Wettbewerb fördern
	Zusammenarbeit	▶ z.B. Erfolg fördern via Zusammenarbeit, gegenseitiger Unterstützung, Solidarität

Kategorie	Dimensionen	Beispiel/Beschreibung
Bedürfnisse zum Thema Abgrenzung	Privatsphäre Teilen	▶ z.B. private Dinge und Gefühle für sich behalten, Distanz halten ▶ z.B. enge Beziehungen durch das Teilen physischer und psychologischer Bereiche
	High-Context *(implizite Kommunikation)* Low-Context *(explizite Kommunikation)*	▶ z.B. die Bedeutung von Gestik, Stimme, Körperhaltung, Kontext etc. in Kommunikationssituationen mit einschließen ▶ z.B. Bevorzugung von deutlichen und detaillierten Anweisungen in Kommunikationssituationen
	Direkt Indirekt	▶ z.B. in einer Konfliktsituation klar die eigene Meinung darstellen, auch auf die Gefahr hin, andere vor den Kopf zu stoßen ▶ z.B. in einer Konfliktsituation die Aufrechterhaltung einer freundschaftlichen Beziehung betonen, auch auf die Gefahr, dass der eigene Punkt missverstanden wird oder ungeklärt bleibt
	Affektiv Neutral	▶ z.B. Darstellung von Emotionen in Kommunikationssituationen, Fokus auf Beziehungsaufbau und das Halten von sozialen Beziehungen legen ▶ z.B. Wertlegung auf Prägnanz, Präzision und Distanziertheit in Kommunikationssituationen
	Formell Informell	▶ z.B. strikte Protokolle und Rituale sind von Bedeutung ▶ z.B. lockerer Umgang und Spontanität werden bevorzugt
Denkmuster	Deduktiv *(vom Allgemeinen zum Speziellen schlussfolgern)* Induktiv *(vom Speziellen zum Allgemeinen ableiten)*	▶ z.B. Fokus auf Konzepte, Theorien und generelle Prinzipien legen – über logische Argumentation werden praktische Anwendungen und Lösungen abgeleitet ▶ z.B. Ausgangspunkt sind Erfahrungen, konkrete Situationen und Fälle – mithilfe von Intuition werden dann generelle Fälle und Theorien formuliert
	Analytisch Systemisch	▶ z.B. Zerlegung in einzelne Elemente, ein Problem durch logische Zergliederung untersuchen ▶ z.B. einzelne Elemente als Ganzes zusammenführen, Verbindungen zwischen den Elementen beleuchten, den Fokus auf das System als Ganzes legen

Tab.: Cultural Orientations Framework (Quelle: Rosinski, 2003/2010, eigene Übersetzung der Dimensionen und Beispiele ins Deutsche. Siehe *www.GlobalCoaching.pro* für detaillierte Informationen über das COF)

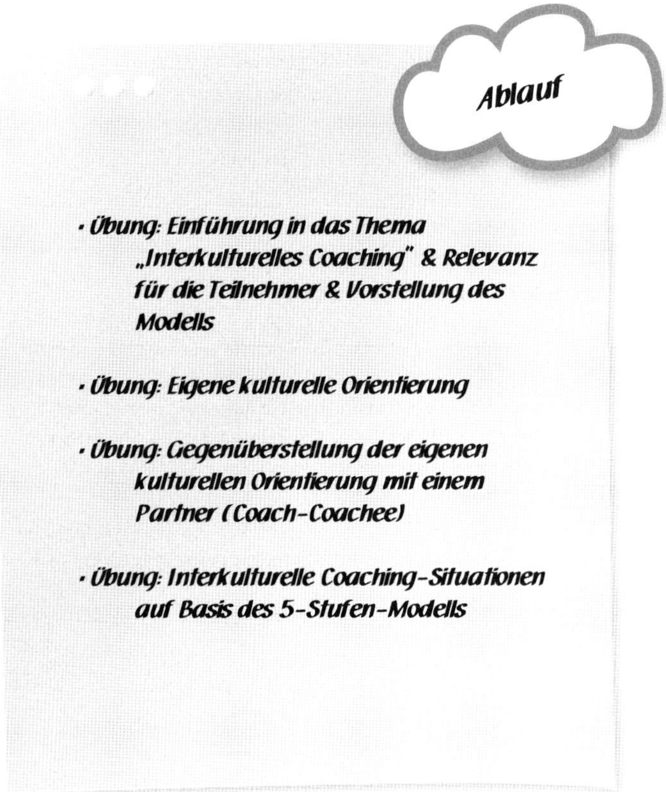

Anwendung

Verschiedene Schwerpunkte können für ein Interkulturelles-Coaching-Seminar wichtig sein. Je nach Zielgruppe muss sich der Trainer über den Fokus des Seminars vorab klar werden. Beispielsweise können professionelle Coachs zusammenkommen oder auch Manager, die Coaching als Führungsreportoire einsetzen. Als Voraussetzung sollten jedoch Grundkenntnisse im Coaching vorhanden sein.

Zudem muss überlegt werden, ob ich als Trainer eine generelle Einführung ins Interkulturelle Coaching geben möchte oder ob ich Experte für bestimmte Kulturen bin, auf die ich mich im Seminar fokussiere. Wenn sich Coachs genauer über Rahmenbedingungen und Entwicklungen für Coaching in bestimmten Ländern informieren möchten, ist es selbstverständlich erforderlich, sich mit dem gewählten Land genauer zu beschäftigen (Franke & Milner, 2013).

Übung: Einführung in die Thematik und Erläuterung des Modells

Als eine generelle Einführung in die Thematik des Interkulturellen Coachings für Coachs oder Manager können auf Zuruf auf einem

Flipchart Gründe für die Beschäftigung mit dem Faktor Kultur im Coaching gesammelt werden. Beispiele von Teilnehmern können kurz besprochen werden. Folgende Beispielfragen können dabei von der Moderation angewandt werden:

- *„Inwiefern ist der Faktor Kultur im Coaching von Relevanz?"*
- *„Welche Arten von Kultur könnten von Bedeutung sein (z.B. national, regional, Organisation)?"*
- *„Welche Erfahrungen habe ich selbst im Coaching gemacht, bei denen mir Kultur wichtig erschien?"*

Im Anschluss kann der Moderator das COF als ein Modell für das Interkulturelle Coaching vorstellen. Teilnehmer können in Kleingruppen eingeteilt werden und je ein bis zwei Dimensionen pro Gruppe diskutieren und zudem weitere Bespiele für die jeweiligen Dimensionen zusammentragen. Anschließend ist es hilfreich, die gewonnenen Erkenntnisse in der Großgruppe zu besprechen.

Als Alternative zum COF von Philippe Rosinski können auch andere interkulturelle Modelle, z.B. von Geert Hofstede oder Alfons Trompenaar, als Diskussionsgrundlage verwendet werden (siehe Literaturhinweise).

Übung: Sich über die eigene kulturelle Orientierung bewusst werden

Um andere Menschen hinsichtlich interkultureller Themen unterstützen zu können, muss man sich als Coach zunächst über die eigene kulturelle Orientierung und deren Bedeutung und Einfluss auf Coaching-Situationen bewusst werden. Falls möglich, können Teilnehmer den gebührenpflichtigen Online-Test für das COF durchführen (*philrosinski.com/cof*). Eine weitere Option ist die Einteilung der Teilnehmer in Zweiergruppen und eine vertiefende Diskussion der sieben Kategorien. *„Wo würde ich mich persönlich auf der Skala der jeweiligen Dimensionen einordnen? Was sind Einflussfaktoren, z.B. das Herkunftsland, Arbeitserfahrung in Organisationen?"* Etc.

Rosinski bietet hierzu eine qualifizierte Sortierungsmöglichkeit an und verweist auf eine Unterscheidung von:

A) **Orientierung** (Was bevorzuge ich?)
B) **Fähigkeit** (Was kann ich?)
C) **Verhalten** (Was tue ich letztendlich?)

Es kann also durchaus sein, dass sich Orientierung, Fähigkeit und das tatsächliche Verhalten unterscheiden.

Nehmen wir Anna und die folgende Kategorie „Aufbau und Struktur in Unternehmen“ mit den Dimensionen „Hierarchie und Gleichheit“ aus der obigen Tabelle als Beispiel.

Aufbau und Struktur in Unternehmen	Hierarchie	▶ z.B. Gesellschaft und Organisationen funktionieren vertikal aufgebaut
	Gleichheit	▶ z.B. wir sind alle gleich, haben nur unterschiedliche Rollen inne

A) **Orientierung** (Was bevorzuge ich?)
Anna bevorzugt, wenn ihr Chef ihr klare Anweisungen gibt, aber sie möchte schon gleich behandelt werden.

B) **Fähigkeit** (Was kann ich?)
Anna hat bereits in verschiedenen Unternehmen gearbeitet und sich an unterschiedliche Strukturen (von hierarchisch aufgebaut zu flachen Strukturen) gut anpassen können.

C) **Verhalten** (Was tue ich?)
In der Vergangenheit hat Anna besonders das Element „Gleichheit“ herausgehoben und versucht auch, mit ihren Teammitgliedern auf gleicher Augenhöhe zu arbeiten.

Es kann hilfreich sein, eine Einschätzung der kulturellen Orientierung im Sinne einer Skala vorzunehmen. Nehmen wir die folgende Kategorie „Sinn & Identität“ als weiteres Beispiel.

Sinn und Identität	Sein	▶ z.B. der Fokus liegt auf dem „Sein“, Entwicklung von Talenten und Beziehungen stehen im Vordergrund
	Tun	▶ z.B. der Fokus liegt auf dem „Tun“, Erfolg und Leistung stehen im Vordergrund

A) **Orientierung**: Wenn ich mir „Sein & Tun“ auf einer Skala vorstelle (siehe Box unten), wo auf dieser Skala würde ich mich einordnen (ankreuzen)? Es kann natürlich sein, dass ich eine Spannbreite bezüglich meiner Präferenz oder meiner Fähigkeit habe. Dann kann ich diese Spannbreite mit zwei Kreuzen ausdrücken:

Orientierung (Was bevorzuge ich?)

Sinn & Identität

Sein .... X .... X ....Tun

B) **Fähigkeit**: Genauso kann ich mir hinsichtlich meiner Fähigkeiten eine Skala vorstellen und mich fragen, wo ich mich auf dieser Skala einordnen würde.

> **Fähigkeit** (Was kann ich?)
>
> Sinn & Identität
>
> Sein .... X .... X ....Tun

C) **Verhalten**: In Bezug auf das Verhalten empfiehlt Rosinski, Notizen und qualitative Nachweise zu sammeln, die die eigene Ausdrucksweise sowie deren Auswirkung beschreiben.

> **Verhalten** (Was tue ich letztendlich?)
> - Was sind Beispielsituationen?
> - Wie habe ich mich tatsächlich verhalten?
> - Welche Auswirkungen hat mein Verhalten?

Anwendung

Es gilt nun, für alle genannten Dimensionen der Tabelle jeweils für A und B Kreuze auf der Skala zu setzen und für C ein paar Notizen aufzuschreiben.

Übung: Gegenüberstellung der eigenen kulturellen Dimension mit einem Partner (Coach – Coachee)

Als Fortsetzung der vorangegangenen Übung kann nun das eigene Profil dem einer anderen Person gegenübergestellt werden. Hierzu können Teilnehmer in Zweierpaaren zusammenkommen und ihr jeweiliges Profil für die genannten Dimensionen mit dem Profil des Partners abgleichen. Im Anschluss können Vorschläge gesammelt werden, wie man gegebenenfalls eine Brücke schlagen kann, um mögliche Differenzen auszugleichen. Hilfreiche Fragen sind:

- *„Welche Gemeinsamkeiten sehen wir in unseren Profilen?"*
- *„Welche Unterschiede sehen wir?"*
- *„Was können wir tun, um mögliche Unterschiede zu überbrücken?"*
- *„Was bedeutet dies für eine Coaching-Beziehung, sofern wir Coach und Coachee wären?"*
- *„Worauf müsste ich als Coach achten, wenn ich eine Profilsituation von uns beiden vor mir hätte?"*

Übung: Interkulturelle Coaching-Situationen

Es kann hilfreich sein, spezifische interkulturelle Coaching-Situationen zu besprechen. Je nach Bedarf in der Gruppe kann man sich auf bestimmte Länder konzentrieren. Coaching-Situationen können sich z.B. auf verschiedene Phasen des Coaching-Prozesses beziehen, z.B. Kennenlernphase und erstes Treffen, Arbeitsphase oder Abschlussphase. Zudem kann es spezifische Situationen und Themen geben, die die Teilnehmer besprechen möchten, z.B. Karriere-Coaching oder Konfliktsituationen.

Das Modell „Interkulturelles Lernen und Training" der amerikanischen Professorin Linda Beamer kann hierbei als Grundlage für die Diskussion der Coaching-Situationen dienen. Sie unterscheidet in ihrem Modell fünf zyklische Stufen.

1. Vielfalt anerkennen
2. Informationen in Kategorien einteilen
3. Kategorien (Stereotype) hinterfragen
4. Kommunikationssituationen analysieren
5. Neue Kommunikationswege kreieren

Aufgabe zur ersten Stufe „Vielfalt anerkennen":

Hier kann der Moderator eine Brücke zwischen den vorangegangenen Übungen schlagen und eine Diskussion hinsichtlich der Vorteile von Vielfalt anstoßen. Beamer schlägt zudem vor, hier Konzepte wie „Kultur", „Werte" und „Stereotype" zu thematisieren.

Aufgabe zur zweiten Stufe „Informationen in Kategorien einteilen":

Teilnehmer können entweder Länder vorgeben und sich in Gruppen zusammenfinden oder der Moderator kann Kulturen vorschlagen. Gerade für Letzteres ist es sinnvoll, wenn der Moderator über Fachwissen über die jeweiligen Kulturen verfügt. Falls nötig, können von der Moderation auch Impulse durch kurze Artikel oder Videos gesetzt werden.

In den Kleingruppen wird das Wissen über die jeweilige Kultur zusammengetragen und in Kategorien gruppiert. Diese Kategorien können dabei helfen, sich mit einer anderen Kultur zunächst mehr vertraut zu machen. Beamer weist jedoch darauf hin, dass es sich hierbei letztendlich um Stereotype handelt. Zwar scheint es widersprüchlich für die Thematik des interkulturellen Lernens, den Fokus zunächst auf die Diskussion von Stereotypen zu legen, jedoch können so limitierende Annahmen nicht ignoriert, sondern bewusst angegangen werden. Es muss jedoch betont werden, dass Stereotype zum einen nicht akkurat sein müssen und zum anderen immer nur einen Ausschnitt von einer Kultur zeigen können. Deswegen darf die Stufe 2 nur als Zwischenschritt gesehen, jedoch nicht mit einer interkulturellen Kompetenz gleichgesetzt werden.

Aufgabe zur dritten Stufe „Kategorien (Stereotype) hinterfragen":

Die in Stufe 2 gebildeten Kategorien oder Stereotype werden im Anschluss von der Gruppe hinterfragt. Es ist wichtig, Fragen im Hinblick auf die jeweiligen Kulturen zu stellen, die helfen, eine vertiefende Einsicht hinsichtlich Werte und Bedeutung zu geben und zu verstehen, warum eine Person sich in einer Situation so oder so verhält. An dieser Stelle kann wieder das COF von Rosinski zu Hilfe genommen werden, um die kulturelle Orientierung zu erfassen.

Aufgabe zur vierten Stufe „Kommunikationssituationen analysieren":

In Kleingruppen kann eine kurze Kommunikationsepisode kreiert und geprobt werden. Idealerweise sollte sich die Situation auf den Coaching-Kontext konzentrieren, z.B. das erste Kennenlerntreffen zwischen einem Coach und Coachee aus unterschiedlichen Kulturen. Die Episoden können eine erfolgreiche oder auch eine nicht erfolgreiche Situation darstellen. Die Kommunikationsepisode kann dann im Plenum vorgespielt und analysiert werden. An dieser Stelle können auch „Worst-Case-Szenarios" erprobt werden, um sich auch auf den Ernstfall vorzubereiten.

Aufgaben zur fünften Stufe „Neue Kommunikationswege kreieren":

Nach Beamer verfügt man über eine interkulturelle Kompetenz, wenn man in der Lage ist, so zu kommunizieren *„as if from within another culture"* und diese Kompetenz zudem auch auf andere Kulturen übertragen werden kann.

- Aufgabe 5a) Bezogen auf das Coaching können im Plenum im Anschluss auf einem Flipchart wichtige Punkte festgehalten werden, die dabei helfen, sich auf unterschiedliche kulturelle Coaching-Situationen einzustellen und Strategien zu entwickeln, wie man als Coach kulturell effektiv kommunizieren, sensibilisiert arbeiten und agieren kann. Außerdem ergibt es an dieser Stelle Sinn, mit der Gruppe zu diskutieren, wie ein guter Start aussehen kann, wenn bekannt ist, dass Coach und Coachee aus unterschiedlichen Kulturen stammen.

- Aufgabe 5b) *„Mit welchen Fragen würden Sie in der Startphase das Coaching beginnen, um das Thema Kultur, kulturelle Unterschiede und kulturelle Dos und Dont's Ihrer beider Kulturen zu adressieren? Bitte sammeln Sie mindestens zehn gute Fragen in Ihrer Kleingruppe,* *um das Thema als Coach zukünftig kommunikativ gut zu adressieren und zu hilfreichen Vereinbarungen miteinander zu kommen.“* Das direkte Ansprechen von einem Thema mag nicht für alle Kulturen die geeignete Vorgehensweise sein. Was könnte ich als Coach sonst noch tun?

Kommentar

Philippe Rosinskis COF ist ein exemplarischer Ansatz – die von ihm aufgelisteten Kategorien können dabei helfen, sich dem Thema Interkulturelles Coaching zu nähern. Schon Rosinski verweist in seinen Veröffentlichungen auf die Gefahr einer starren Kategorisierung und das Einteilen in Schubladen im Kontext Kultur. Ein dynamisches Verständnis von Kultur scheint also sinnvoll. Zwar können die von ihm gebildeten Dimensionen und die Skala helfen, Kulturen „greifbar“ zu machen, jedoch kann dies auch zu Generalisierungen führen.

Technische Hinweise

Keine, außer gängige Seminarausstattung: Flipcharts, Pinnwände, Moderationsmaterialien.

Querverweise

Alle Beiträge die zum Thema „Change“ oder „Führung“ in diesem Buch dargestellt werden, können sich hilfreich mit dem vorliegenden Beitrag verbinden, wenn es sich um interkulturelle Hintergründe handelt.

Weiterführende Literatur

- Abbott, G. N.: Cross Cultural Coaching. A Paradoxical Perspective. In: E. Cox, T. Bachkirova & D. Clutterbuck (Hrsg.), The Complete Handbook of Coaching, London: Sage 2010, S. 324–340.
- Beamer, L.: Learning Intercultural Communication Competence. Journal of Business Communication 29 (3), 1992, S. 285–303.
- Bresser, F. : Coaching across the globe: Benchmark results of the Bresser Consulting Global Coaching Survey with a supplementary update highlighting the latest coaching developments to 2013, Norderstedt, BoD 2013.
- Franke, R. & Milner, J. (Hrsg.): Interkulturelles Coaching: Coaching-Tools für 17 Kulturkreise, Bonn: managerSeminare 2013.
- Hofstede, G.; Hofstede, J. G. & Minkov, M.: Cultures and Organizations: Software of the Mind, New York: McGraw-Hill 3. akt. Aufl. 2010.
- Rosinski, P.: Global Coaching. An Integrated Approach for Long-Lasting Results, London: Nicholas Brealey 2010.

- Rosinski, P.: Coaching Across Cultures. New tools for leveraging national, corporate & professional differences, London: Nicholas Brealey 2003.
- Rosinski, P. & Abbott, G.N. : Intercultural Coaching. In: J. Passmore (Hrsg.), Excellence in Coaching. The Industry Guide, London: Kogan Page 2006, S. 154–169.
- Stout-Rostron, S.: The Global Initiatives in the Coaching Field. An International Journal of Theory, Research and Practice, 2(1), 2009, S. 76–85.
- Trompenaars, F. & Hampden-Turner, C.: Riding the Waves of Culture. Understanding Culture Diversity in Business, New York: McGraw Hill, 2 Aufl. 1997.
- Verhulst, M. & Sprengel, R.: Intercultural Coaching Tools. In: M. Moral & G. Abbott, (Hrsg.), The Routledge Companion to International Business Coaching, New York: Routledge, 2009, S. 163–180.

Hintergrund

Der Belgier **Philippe Rosinski** ist der Urheber des „Cultural Orientations Frameworks“. Rosinski arbeitet weltweit mit Unternehmen im Bereich Coaching und Führungsentwicklung zusammen und lehrt ebenso an Universitäten im Bereich Führung, z.B. in Tokio und Prag. Zudem hat Rosinski mehrere Bücher und Aufsätze im Bereich Coaching veröffentlicht. In einer früheren Karriere war er als Ingenieur im Silicon Valley in den USA tätig. Heute lebt er mit seiner Familie in Brüssel. Seine eigenen interkulturellen Erlebnisse und seine Arbeitserfahrung als Coach motivierten Rosinski, die beiden Domänen Kultur und Coaching zusammenzubringen.

Leadership by Coaching Principles

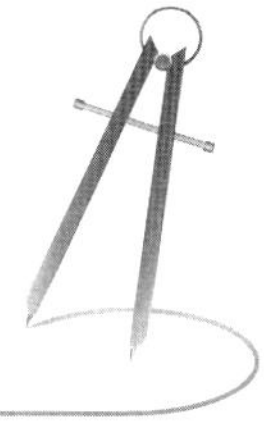

von Dr. Kai Haack & Frank Pyko

Ziel

„Leadership by Coaching Principles" bietet Führungskräften ein Diagnose- und Entwicklungsmodell für die alltägliche Herausforderung in der Führung von Menschen an. Es basiert auf dem Inner-Game-Ansatz und dessen Coaching-Prinzipien. Das Modell ermöglicht Führungskräften in herausfordernden Führungsaufgaben, die Wahrnehmung der eigenen Situation sowie der beteiligten Menschen systematisch zu erweitern und darauf aufbauend konkrete Lösungsansätze zu entwickeln und umzusetzen. Es vertieft das Verständnis für eine innere Haltung als Führungskraft, die die Potenziale von Mitarbeitern sieht, statt nur auf die gezeigten Leistungen zu fokussieren.

Kontext

- Führung
- Coaching
- Selbstcoaching
- Change
- Mitarbeiterentwicklung
- Teamentwicklung

Theorie

Der Lern- und Coaching-Ansatz des Inner Game wurde in der 1970er-Jahren von Timothy Gallwey entwickelt. Diese Zeilen beschreiben die Prämisse und das Ziel des Inner-Game-Ansatzes:

> *„There is always an inner game being played in your mind no matter what outer game you are playing. How aware you are of this game can make the difference between success and failure in the outer game."*
>
> – Tim Gallwey –

Ziel des Inner Game ist es, sich der inneren Störungen (z.B. verzerrte Wahrnehmung, Zweifel und negative Selbstbewertung) in jeder Aktivität bewusst zu werden und diese aufzulösen, um das vorhandene Potenzial zu entfalten. Dazu gehört, mit den eigenen Gedanken und

Gefühlen in Kontakt zu kommen, um so ein tieferes Verständnis seines inneren Spiels und eine neutrale, nicht wertende Beobachtung zu erreichen. Dieser Zusammenhang lässt sich in einer universellen Formel beschreiben:

Leistung = Potenziale – Störungen

Die Erkenntnisse durch Inner Game helfen, das Bewusstsein, die Verantwortung und das Vertrauen zu stärken, sodass das Potenzial des Einzelnen zur Entfaltung gelangen kann. Dazu gehört, sich die Zeit zu nehmen, um in Kontakt mit den eigenen Wahrnehmungen, Gedanken und Gefühlen zu kommen. (Mehr Informationen zu Theorie und Ansatz finden Sie unter „Inner Game und STOP", S. 156.) Das Modell des Leadership by Coaching Principles bietet eine ganz konkrete Sequenzierung und Strukturierung dieses inneren Prozesses. Es verdeutlicht, wie stark das Inner Game – also die eigene Wahrnehmung, Gefühle, Gedanken – das Outer Game – also die äußere Arbeitsbeziehung mit dem Mitarbeiter/Kollegen – beeinflusst.

Prinzipien sind Gesetzmäßigkeiten mit genereller Gültigkeit. Bewusstsein, Verantwortung und Vertrauen sind Treiber von Lernen und Leistung in jeder Aktivität. Wir nennen sie Coaching-Prinzipien im Sinne von universell wirksamen Elementen eines Coaching- und Selbstcoaching-Prozesses. Die wesentlichen Coaching-Prinzipien sind:

1. Vertrauen des Führenden in das Potenzial des Geführten
2. Bewusstsein von Zielen und Erfolgsfaktoren
3. Verantwortung für die Umsetzung
4. Selbstvertrauen des Geführten
5. Qualität der Lernkultur

Als Coach ist es hilfreich, diese Prinzipien in der eigenen Arbeit präsent zu berücksichtigen. Sie werden ebenso zur Selbstreflexion benötigt wie zur Reflexion der gemeinsamen Arbeit mit dem Coachee. Im Review mit dem Coachee wirken sie als Diagnose- und Entwicklungs-Tool. Auch die Führungskraft benötigt die Coaching-Prinzipien, die das eigene Handeln leiten. Das Diagnose- und Entwicklungs-Tool, welches auf diesen Prinzipien aufbaut, kann offenlegen, wie die Führungskraft gerade die Situation mit einem Mitarbeiter oder einem Team erlebt, wo Entwicklungsbedarf besteht und was dies bei ihr selber als Führungskraft auslöst. Die Coaching-Prinzipien im Detail:

Coaching-Prinzipien	Beschreibung
Vertrauen	Vertrauen des Führenden in das Potenzial des Mitarbeiters, des Teams, das gewünschte Ergebnis zu erreichen.
Bewusstsein	1. Bewusstsein des Mitarbeiters/Kollegen oder Teams für das, was erreicht werden soll (Ziel/bestmögliches Ergebnis). 2. Bewusstsein des Mitarbeiters/Kollegen oder Teams für die relevanten Erfolgsfaktoren in dieser Aufgabe/Herausforderung.
Verantwortung/ Wahlfreiheit	Verantwortung des Menschen oder des Teams für das angestrebte Ziel und die relevanten Erfolgsfaktoren sowie die Wahlfreiheit zu entscheiden, welches Ziel und welcher Weg der richtige/der Erfolg versprechende ist.
Selbstvertrauen	Selbstvertrauen des Menschen oder des Teams in die eigene Fähigkeit, das Ziel und das gewünschte Ergebnis zu erreichen.
Lernkultur	Bewusstsein des Menschen/des Teams, dass gute „Fehler" gemacht werden dürfen (gute Fehler sind Fehler, die man nur einmal macht!).

Tab.: Die Coaching-Prinzipien im Detail

Wenn Herausforderungen im Lichte von Coaching-Prinzipien reflektiert werden, können Führungskräften außerdem erkennen, welche neue Qualität von Perspektiven und Handlungsoptionen sich ergeben.

Anwendung

Einführung in den Inner-Game-Ansatz und in die Coaching-Prinzipien

Erläutern Sie einer Gruppe von Führungskräften, die z.B. in einer Weiterbildungsveranstaltung zum Thema „Führungskraft als Coach“ teilnehmen, was „Inner Game“ bedeutet. Dann erklären Sie die Coaching-Prinzipien, die jetzt konkret betrachtet und bearbeitet werden und als Basis für ein Diagnose- und Entwicklungstool dienen.

Außerdem hilft folgende Übersicht auf einem Flipchart:
Die Intention der folgenden Übungen ist,

- das Bewusstsein der Teilnehmer für die Sinnhaftigkeit von STOPs (Siehe Inner Game & STOP) zu erweitern,
- die Anwendung von Coaching-Prinzipien zur Erweiterung der Wahrnehmung von herausfordernden Führungssituationen zu verstärken und
- neue, konkrete Lösungsansätze für diese Situationen zu entwickeln.

Einführende Erklärung für STOP als Einzel- und Kleingruppenübung

Zunächst machen Sie Ihre Teilnehmer mit dem STOP vertraut. Nähere Beschreibungen finden Sie im Beitrag „Inner Game und STOP“, S.156.

S – Step back
T – Think
O – Organize your thoughts & options
P – Proceed

Dieses STOP ist hilfreich zum Innehalten und Reflektieren – und um sich innerlich darauf einzustimmen, sich im Folgenden mit einem Mitarbeiter- oder Teamfall zu beschäftigen.

Übung: Eigenes Anliegen bearbeiten und einen Lern-STOP durchführen

Die Teilnehmer erhalten ein DIN-A4-Handout (Arbeitsblatt 1) mit folgenden sechs Fragen. Diese bearbeiten sie in Einzelarbeit (Zeit: fünf Minuten). Bitten Sie die Teilnehmer danach, in Zweiergruppen zusammenzukommen und sich zu ihren Anliegen für zehn (zwei mal fünf) Minuten auszutauschen. Idealerweise bitten Sie die Teilnehmer, mit jemandem zusammenzukommen, den sie in Relation zu den anderen am wenigsten kennen. Das erlaubt den Teilnehmern, sich neu in der Begegnung mit dem Menschen und der Aufgabe zu finden. Laden Sie die Teilnehmer ein, sich gegenseitig darin zu unterstützen, die größtmögliche Klarheit des Anliegens zu erreichen: *„Worum geht es mir in dieser Herausforderung wirklich?“*

Schließen Sie die einführende Übung pünktlich. Hier geht es nicht um Vertiefung, Lösungen oder gar Transfer, sondern um Klarheit im Anliegen.

Reflektierende und schließende Fragen an das Plenum können sein:
- Was war interessant an der Übung?
- Was hat der STOP bewirkt?
- Was haben die sechs Fragen des Arbeitsblatts ausgelöst?

Die persönlichen Erkenntnisse des eigenen Falls sind an dieser Stelle zweitrangig. Es geht um die Reflexion der Wirkung dieses Lern-STOPs!

Arbeitsblatt 1

1. Machen Sie Lern-STOP und schauen Sie aus der Distanz, was gerade in Ihrem beruflichen Alltag geschieht. Welche Herausforderung mit einem Mitarbeiter, Kollegen, Team nimmt im Augenblick Ihre Aufmerksamkeit am stärksten in Anspruch? Wählen Sie eine Situation mit einem Mitarbeiter, einem Team, der/das die gewünschte Leistung augenblicklich nicht erbringt.

2. Worum geht's da genau? Was passiert da? Wer ist beteiligt? Wie geht's Ihnen damit?

3. Was kommt Ihnen noch in den Sinn in Bezug auf die Situation?

4. Wenn Sie Ihre Antworten der Fragen 1–3 reflektieren – worum geht es also?

5. In Bezug auf dieses Anliegen, was wäre ein richtig gutes Ergebnis? Wie würden Sie das bestmögliche Ergebnis beschreiben? Notieren Sie es in der Gegenwartsform, als wäre es bereits geschehen!

6. Lesen Sie noch mal Ihre Antworten der Fragen 4–5 durch und beschreiben Sie Ihr Anliegen in einem konkreten Satz.

Abb.: Arbeitsblatt 1

Übung: Coaching-Prinzipien im Plenum herleiten

Fassen Sie die Coaching-Prinzipien noch einmal kurz zusammen:
1. Vertrauen des Führenden in das Potenzial des Geführten
2. Bewusstsein von Zielen und Erfolgsfaktoren
3. Verantwortung für die Umsetzung
4. Selbstvertrauen des Geführten
5. Qualität der Lernkultur

Damit die fünf Coaching-Prinzipien für die Teilnehmer erlebbar und erfahrbar werden, sollten Sie diese Übung mit einer eigenen Erfahrung/Geschichte beginnen, die die Bedeutung von Vertrauen des Lehrenden/Führenden in den Lernenden/Mitarbeiter/Kollegen reflektiert. Schrittweise können Sie dann die weiteren Prinzipien herleiten und in den Denk- und Bezugsrahmen der Teilnehmer einarbeiten.

Nutzen Sie ein Flipchart (siehe Arbeitsblatt 2, S. 71) und notieren Sie die Coaching-Prinzipien schrittweise im Rahmen ihrer Herleitung. Sollten Sie kurze spielerische Coaching-Übungen kennen und nutzen, können Sie diese zur Ableitung der Prinzipien nutzen.

Übung: Coaching-Prinzipien anwenden und individuelle Reflexion

Diese Übung dauert ca. 20 Minuten. Bevor Sie sie mit einem Coachee oder einer Gruppe praktizieren, empfehlen wir, sie ein-, zweimal mit einem eigenen Anliegen durchzuarbeiten.

Es fällt den Teilnehmern leichter, bei der ersten Anwendung der Übung, die Situation mit einem Menschen zu reflektieren, statt ein heterogenes Team zu evaluieren. Sollten die Teilnehmer ein Anliegen mit einem Team reflektieren wollen, dürfen Sie gerne mehrere Einschätzungen auf einer Eins-bis-zehn-Skala notieren, um die Heterogenität zu spiegeln.

Lenken Sie die Aufmerksamkeit der Teilnehmer jetzt wieder auf deren individuelles Anliegen aus Punkt 2 und die zugrundeliegende Situation. Händigen Sie die Arbeitsblätter 2 + 3 aus (S. 71 f.), mit folgender Anmoderation: *„Untersuchen Sie die Situation mit einem Mitarbeiter, für die Sie zuvor das Anliegen formuliert haben. Stellen Sie sich die folgenden sechs Fragen und schätzen Sie das jeweilige Level ein (1 = sehr niedrig … 10 = sehr hoch). Beachten Sie bitte, dass es in der ersten Frage um Ihr eigenes Vertrauen als Führungskraft in das Potenzial des Menschen oder Teams geht.“*

Erste individuelle Reflexion: *Was erkennen Sie aus dieser Einschätzung?* Die entsprechenden Fragen finden die Teilnehmer auf dem Arbeitsblatt.

Arbeitsblatt 2 (inklusive eines Beispiels)

Coaching-Prinzipien	1	2	3	4	5	6	7	8	9	10
Wie stark ist **Ihr Vertrauen** in das Potenzial des Menschen/des Teams und deren Fähigkeit, das gewünschte Ergebnis zu erreichen?									X	
Wie hoch schätzen Sie das **Bewusstsein** des Menschen/des Teams für ▶ das angestrebte Ziel	▶ Ziel						X			
▶ die relevanten Erfolgsfaktoren ein?	▶ Erfolgsfaktoren				X					
Wie hoch schätzen Sie die **Verantwortung** des Menschen/des Teams für das angestrebte Ziel und für die relevanten Erfolgsfaktoren ein?						X				
Wie hoch schätzen Sie das **Selbstvertrauen** des Menschen/des Teams in die eigene Fähigkeit ein, das Ziel zu erreichen?							X			
Wie hoch schätzen Sie das Bewusstsein des Menschen/des Teams dafür ein, dass „gute" **Fehler** gemacht werden dürfen?										X
Was erkennen Sie über sich selbst aus dieser Einschätzung? Was sagt diese Einschätzung über Ihre innere Haltung als Führungskraft aus?										

Abb.: Arbeitsblatt 2 (inklusive eines Beispiels)

Zweite individuelle Reflexion

Hier kann es empfehlenswert sein, wenn der Trainer oder Coach ein konkretes, eigenes Beispiel voranstellt.

- *„Wo würden Sie ansetzen? Welches Prinzip ist aus Ihrer Sicht erfolgskritisch?"*
- *„Wie hängen aus Ihrer Sicht das schwächste Prinzip mit den anderen Prinzipien zusammen? Was passiert wahrscheinlich, wenn das eine Prinzip, welches aktuell am schwächsten ist, mehr Ladung mit einem der anderen oder allen anderen bekommt?"*
- *„Welche Rolle spielt in dieser Herausforderung Ihre eigene Haltung gegenüber dem Potenzial des Menschen?"*

Übung: Persönlicher Transfer

Die Übung erfolgt in Einzelarbeit und dauert etwa zehn Minuten. Laden Sie die Teilnehmer nach der Reflexion ihrer Bewertung der Coaching-Prinzipien in einen Transfer von konkreten Maßnahmen ein (Arbeitsblatt 3):

Abb.: Arbeitsblatt 3

„Nutzen Sie das Arbeitsblatt und erarbeiten Sie sich anhand Ihrer Einschätzung einen konkreten Maßnahmenplan, um die schwach geladenen Prinzipien zu stärken und damit Leistungsentwicklung des Menschen zu fördern."

Arbeitsblatt 3

Coaching-Prinzipien	Fokus/Impulse/Maßnahmen
Meine Haltung: Mein Vertrauen in das Potenzial des Menschen/des Teams und dessen Fähigkeit, das gewünschte Ergebnis zu erreichen.	
Bewusstsein des Menschen/des Teams für das 1. angestrebte Ziel 2. die relevanten Erfolgsfaktoren.	Ziel Erfolgsfaktoren
Verantwortung des Menschen/des Teams für das angestrebte Ziel und die relevanten Erfolgsfaktoren.	
Selbstvertrauen des Menschen/des Teams in die eigene Fähigkeit, das Ziel zu erreichen.	
Bewusstsein des Menschen/des Teams dafür, dass „gute" Fehler gemacht werden dürfen.	

Reflexion in der Kleingruppe

- *Was habe ich durch die Diagnose anhand der Coaching-Prinzipien wahrgenommen?*
- *Welche Haltungs- und Handlungsoptionen habe ich erkannt?*
- *Was werde ich tun und wie?*
- *Was nehme ich bzgl. meiner eigenen inneren Haltung an Erkenntnis mit?*

Die Teilnehmer finden sich mit dem Partner der Einführungsübung wieder zusammen und reflektieren ihre Erfahrung mit dieser Übung, ihre Einschätzungen zu möglichen, neuen Perspektiven auf die Situation und coachen sich gegenseitig in der Entwicklung weiterer Haltungs- und Handlungsoptionen (je nach Energie 10–30 Minuten).

Übung: Reflexion und Transfer

Die Übung findet im Plenum statt und dauert 20 Minuten. Bitten Sie zunächst die Teilnehmer, ihre Aufmerksamkeit zurück aufs Plenum zu lenken. In der abschließenden Reflexion und dem Transfer können Sie

1. die Teilnehmer einladen, ihren Fall (Diagnose, Reflexion, Transfer) kurz zu präsentieren, um im Dialog mit den anderen Teilnehmern ihr Verständnis des Diagnose- und Entwicklungsmodells zu vertiefen.
2. sie einladen, in der Gruppe zu sammeln, welche neue Wahrnehmungen durch die Diagnose gemacht worden sind (auf Flipchart sammeln).
3. die Teilnehmer bitten, konkrete Anwendungsfelder des Diagnose- und Entwicklungs-Tools zu benennen (auf Flipchart sammeln).
4. weitere, neue „Fälle“ im Plenum sammeln, mit denen das Tool geübt und die Teilnehmer Vertrauen in die Anwendung gewinnen können.
5. die Übung abschließen und in den Inner-Game-Ansatz einbinden.

Kommentar

Wir haben gute Erfahrungen mit diesem Modell auch mit Gruppen gemacht, die zuvor wenig Berührung mit Coaching und den darin wirksamen Prinzipien hatten. Der unmittelbare Bezug zu praktischen Herausforderungen macht das Diagnose- und Entwicklungsmodell attraktiv. Es wird Bewusstsein für Zusammenhänge zwischen der eigenen inneren Haltung und den beobachtbaren Ergebnissen geschaffen. Gleichzeitig wird die praktische Relevanz von STOPs im Führungsalltag erlebt.

Technische Hinweise

Wir empfehlen das Arbeitsblatt 1 (STOP) auf einem Flipchart vorzubereiten und ggf. zu visualisieren. Gleiches gilt für Arbeitsblatt 2 (Coaching-Prinzipien). Das Arbeitsblatt 3 sollten Sie im eigenen Layout gestalten.

Querverweise

- Der Beitrag „Inner Game & STOP“ (S. 156) passt im Rahmen der hier beschriebenen Einheit sehr gut hinein.
- Außerdem sei auf alle Beiträge hingewiesen, die im engeren oder weiteren Sinn mit Führungsprinzipien und besonderen Führungsqualitäten zu tun haben, wie Führungskraft als Coach, Mentoring

in Organisationen oder Transformationale Führung. Sollten Sie zu diesen Themen im Seminar vermitteln, dann hilft der vorliegende Beitrag sehr zur vertiefenden Sensibilisierung und Erzeugung von Verständnis.

Weiterführende Literatur

- Gallwey, W. T.: Inner Game Coaching, Staufen im Breisgau: allesimfluss-Verlag 2010.
- Gallwey, W. T.; Hanzelik, E. & Horton, J.: Inner Game Stress, Staufen im Breisgau: allesimfluss-Verlag 2012.
- Haack, K.: Das Feld schaffen. In: A. Leão (Hrsg.): EQ Tools, Bonn: managerSeminare 2011.
- Haack, K.: Change The Game I/II. In: A. Leão & M. Hofmann (Hrsg.): Fit for Change, Bonn: managerSeminare, 3. Aufl. 2012.
- Whitmore, J.: Coaching für die Praxis, Staufen im Breisgau: allesimfluss-Verlag 2011.

Hintergrund

W. Timothy Gallwey ist Autor der Inner-Game-Buchreihe und Gründer der Inner Game Corporation, die die Prinzipien und Methoden von Inner Game zur Entwicklung von Spitzenleistungen von Einzelpersonen und Teams einsetzt. Er hält in der ganzen Welt Vorträge, führt Teamtrainings durch und leitet Workshops.

Kapitel II

Change

Folgende Beiträge finden Sie im Kapitel *Change*

Triple Loop Learning

von Mathias Hofmann

Ziel

Lernen ist für uns selbstverständlich. Durch ständig neue Aufgaben und Herausforderungen steigen unsere Kompetenzen sowohl im langsamen Fluss als auch in einzelnen Schritten, etwa durch Schlüsselerlebnisse. Wir eignen uns diese durch Imitation von Handlungsabläufen und Interaktionsmustern an und schreiben so unsere Kultur fort.

In Unternehmen und Organisationen sind auch Teams wieder und wieder mit neuen Situationen konfrontiert. Die einzelnen Beschäftigten werden ständig gefordert, Neues zu lernen, und auch das Team als Organisationseinheit muss seine Form der Zusammenarbeit und Kommunikation weiterentwickeln, um den Herausforderungen zu begegnen. Das Konzept des „Triple Loop Learnings" nach Gregory Bateson beschreibt die bewusste Steuerung von Lernprozessen in Systemen, woraus sich in der Folge das Konzept der „Lernenden Organisation" entwickelte. Ziel dieses Beitrages ist es, das Konzept für individuelle Lernprozesse und Teamentwicklung darzustellen und nutzbar zu machen.

Kontext

- Personalentwicklung
- Teamentwicklung
- Coaching
- Training

Theorie

Lernen, das bewusste oder unbewusste Aneignen von neuem Wissen, neuen Fähigkeiten und Haltungen, ist ein zentraler Begriff der Philosophie, Pädagogik und Psychologie und entsprechend umfassend wissenschaftlich bearbeitet. Auf welche Arten geschieht individuelles Lernen überhaupt? Drei größere Felder lassen sich unterscheiden, die selbstverständlich zusammenwirken. Mit diesen Lernpraktiken entwickelt die lernende Person neue Haltungen, Strategien, Konzepte und Kompetenzen und zeigt ein verändertes Verhalten:

Soziales Lernen: Alles Lernen am Modell, an Vorbildern, alles bewusste oder unbewusste Nachahmen und die Aneignung oder Abgrenzung von kulturell determinierten Verhaltensweisen geschieht im sozialen

Kontext. Zugehörigkeit, Interaktion und Identifikation bestimmen das Lernen. Jede Gruppe ist immer auch eine Social Learning Group (Wenger, 2002). Die Neurobiologie erforscht die Bedeutung von Sympathie auf Lernprozesse und unterstützt die These, dass Lernen mit Spaß und in sympathischer Umgebung einfacher fällt.

Kognitives Lernen: Der Lernprozess, sich Wissen durch Aufnahme von Dokumenten, Verstehen und Einsicht anzueignen oder ein Problem durch Überlegung auf der Grundlage bestehenden Wissens oder vorhandener Kompetenzen zu lösen, ist uns durch die Schule und aus der Wissenschaft vertraut. Mit der zunehmenden Verfügbarkeit von dokumentiertem Wissen über digitale Medien wird die Kompetenz, schnell verfügbare Fakten in einen sinnstiftenden Zusammenhang zu bringen und das Wissen um Kontexte zunehmend bedeutender.

Erfahrungslernen: Der bewusste oder unbewusste Steuerkreis aus Vorhaben (Planung), Erfahrung mit der Umsetzung und Reflexion der Erfahrung hin zur Änderung des Plans ist uns über das Schlagwort „Trial and Error" vertraut. Über Erfahrung und Reflexion entwickeln lernende Personen eine eigene Routine.

Triple Loop Learning

Das Konzept des Triple Loop Learnings entwickelte der Anthropologe Gregory Bateson im Zusammenhang mit seiner Theorie zu Systemen und ihrer Entwicklung. Er bezeichnet es zunächst als „Deutero Learning" oder „Lernen zu lernen" (Bateson, 1983). Sein Anliegen ist es, die bewusste Steuerung von Lernprozessen in Systemen zu beschreiben. Im Weiteren entwickelten Gregory Bateson, Chris Argyris und Peter Senge in verschiedenen Ausprägungen daraus das Konzept der „Lernenden Organisation". Diese gestaltet ihr Lernen und ihre Lernprozesse vorausschauend so, dass eine Organisation auch unter sich verändernden Rahmenbedingungen am Markt optimal bestehen kann. Bateson unterscheidet drei Lernstufen:

1. **Single Loop Learning:** Anpassungslernen. In dieser ersten Schleife reflektiert der Lernende eine Handlung anhand des Ergebnisses und korrigiert eventuell daraufhin solange seine Handlung, bis er mit dem Ergebnis zufrieden ist.

   Beispiel: Eine Führungskraft bereitet sich auf eine Präsentation vor, gestaltet ihre Unterlagen und Materialien, plant den Raum, übt vor dem Spiegel und macht idealerweise eine Generalprobe vor Ort mit Technik-Check, bis sie zufrieden ist und alles gut funktioniert.

2. **Double Loop Learning:** Veränderungslernen. In der zweiten Schleife reflektiert der Lernende die Erfolgsfaktoren seines Lernens und analysiert, über welche Lernprozesse er beim nächsten Problem schneller zum gewünschten Ergebnis kommt. Er kann sich von Mal zu Mal besser Neues aneignen und setzt sich mit der Erfahrung erreichbare Ziele. Er lernt, zielgerichtet zu lernen. Lernen findet auf einer nächsthöheren Ebene statt.

   Beispiel: Die Führungskraft möchte ihre Präsentationstechniken weiter professionalisieren und strebt an, professioneller Speaker zu werden. Dazu reflektiert sie permanent ihre Präsentationen und Vorträge und schaut, was erfolgreich und hilfreich war und die gewünschten Erfolge erzielt hat. Außerdem lässt sie sich Feedback geben und vergleicht sich auch mit anderen Präsentatoren, um ihr Ziel zur bestmöglichen Professionalisierung weiter voranzutreiben.

3. **Triple Loop Learning:** Prozesslernen. In der dritten Schleife reflektiert der Lernende seine Ziel-Handlungs-Ergebnis-Prozesse im Durchlauf und begreift, wie er auf Dauer stetig leichter höhere Ziele erreichen kann. Die Zielsetzungen und die Handlungen bekommen einen Sinn im ständigen Lernen für eine langfristige Entwicklung. Er verbessert mit der Analyse des Prozesses seine eigene Lernfähigkeit und setzt sich zunehmend realistische Ziele für seine persönliche Entwicklung.

   Beispiel: Die Führungskraft möchte die Präsentationsfähigkeit anderer fördern, indem sie eine Rednerschule eröffnet und ein mehrstufiges Entwicklungsprogramm aufbaut, welches anderen Menschen hilft, sich gleichermaßen weiterzuentwickeln. Die modulare Form soll helfen, einen kontinuierlichen Lernprozess zu gestalten, der dahin führt, dem einzelnen Teilnehmer zu verdeutlichen, wie der eigene, individuelle Lernprozess läuft und als Basis für jede Form der eigenen zukünftigen Weiterentwicklung dienen kann. (Dieses Beispiel ist sogar ein zweifacher Triple Loop – nämlich für die Führungskraft selbst, die nun dieses Programm aufbaut – und zusätzlich wird das Entwicklungsprogramm an sich so angelegt, dass es Single Loop-, Double Loop- und Triple Loop Lernings erzeugt.)

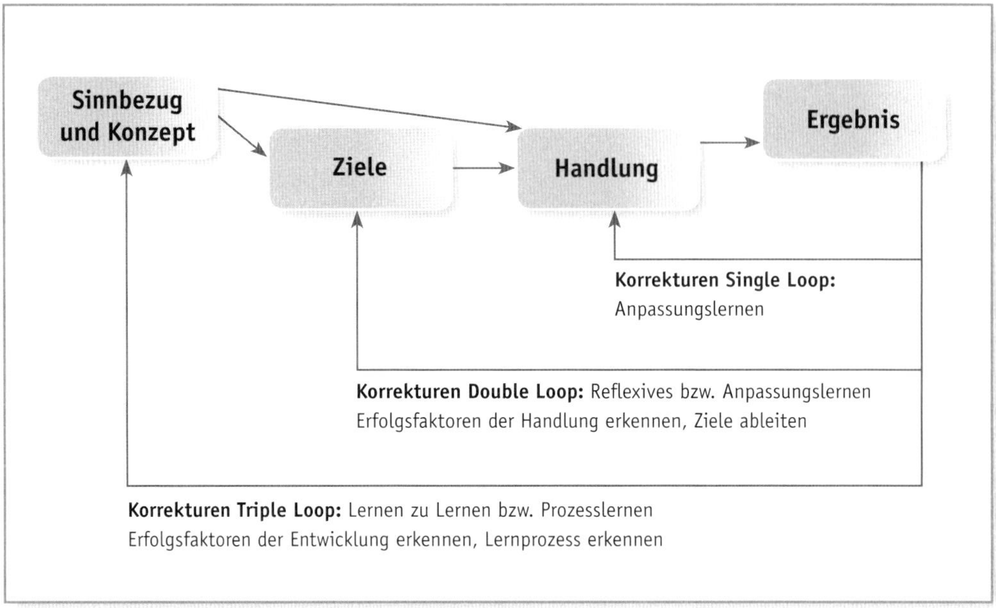

Abb.: Prozesslernen (Deutero Learning) nach Bateson

Triple Loop Learning im Training

Da beim Triple Loop Learning die wiederholte Reflexion des eigenen Handelns und Lernens eine wesentliche Rolle spielt, eignen sich insbesondere Qualifizierungen oder Workshop-Reihen mit mehreren Modulen für die Anwendung.

Ein Beispiel einer Lernenden Organisation: In einem kleinen, wachsenden Unternehmen mit 120 Mitarbeitern stellt das Team der 10 Führungskräfte fest, dass sie sehr unterschiedlich führen und schwierigen Führungssituationen nicht immer souverän begegnen. Sie entscheiden sich zu einer Fortbildungsmaßnahme mit dem Titel „Schwierige Mitarbeitergespräche". Sie nehmen im Training Wissen auf und üben Gespräche. Alle nehmen sich für die Zeit nach dem Seminar vor, besondere Gespräche zu führen. Nach drei Monaten tauschen sie sich in einem Transfer-Workshop zu den Ergebnissen aus und stellen fest, dass sie mit Konflikten in ihren Teams besser umgehen können und einheitlicher handeln. Das ist Single Loop im Sinne Batesons.

Das Team transformiert die gewonnenen positiven Erfahrungen aus der Maßnahme und plant eine kontinuierliche Entwicklung mithilfe von weiteren Führungskräfteseminaren: Zeit- und Selbstmanagement, Moderation und Präsentation sowie Teamführung sind die Themen. Sie reflektieren ihre Erfahrungen mit dem ersten Seminar und nutzen die

Methoden, die sie als besonders hilfreich empfunden haben: Input, Fallbesprechungen, Übungen in kleinen Gruppen, Transfervorhaben, Lerntandems oder Transfer-Workshops. Diese Methoden reflektieren sie mit dem Trainer weiter und verfeinern sie. Sie gestalten für ihr Führungsteam ihr eigenes Führungsentwicklungsprogramm. Das ist Double Loop Learning im Sinne Batesons.

Im Zuge einer Strategietagung richten die Führungskräfte das Unternehmen neu aus. Aufgrund von Marktveränderungen steigt das Projektgeschäft rapide an und die Zusammenarbeit von Vertrieb und Produktion in Key-Account-Teams wird sehr eng gestaltet. Nun planen die Führungskräfte, wie sie sich entsprechend weiterentwickeln müssen, um ihre Strategie künftig erfolgreich umzusetzen. Zum einen ergänzen sie ihr Führungskräfteentwicklungsprogramm um die Themen „Projektmanagement" und „kundenorientiertes Prozessmanagement". Zum anderen führen sie KVP-Workshops zur Planung und Reflexion des neuen Projektgeschäftes ein, in denen sie gemeinsam ihre Zusammenarbeit an den Schnittstellen besprechen und optimieren. Sie beauftragen eine Stabsstelle, diese Workshops zu planen und mithin den gesamten Prozess der Weiterentwicklung und des Führungskräfteentwicklungsprogramms zu organisieren und zu gestalten. Das ist Triple Loop Learning im Sinne Batesons.

Anwendung

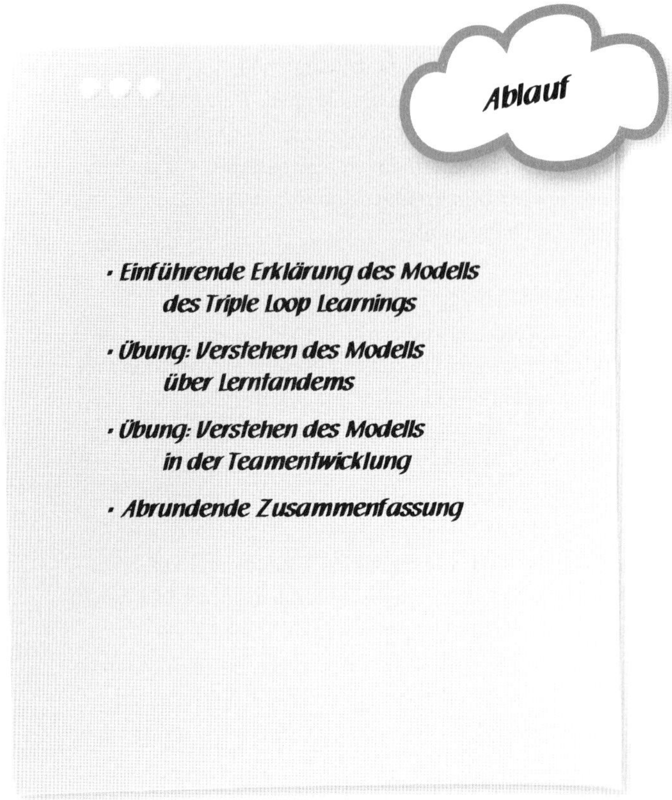

Abb.: Flipchart zur Erklärung des Lerntandems

Einführende Erklärung des Modells

Für Trainer in einem Entwicklungsprogramm, in dem es immer auch um „Lernen vom Grundsatz“ geht, eignet sich das Verständnis über das Modell des Triple Loop Learning sehr, denn es macht deutlich, wie Lernen funktioniert und gestaltet werden kann, damit wirkliche Entwicklung stattfinden kann. Dazu erläutern Sie zunächst das Modell und erklären damit gleichzeitig auch, wieso Entwicklungsprogramme sinnvollerweise immer modular aufgebaut werden. Denn nur so sind die im Modell dargestellten Lernschleifen oder Lern-Loops überhaupt möglich.

Lerntandem

- kollektiver Austausch 4-Augen+Ohren-Prinzip
- persönliches Feedback
- vertrauliche Atmosphäre wiederkehrende Treffen

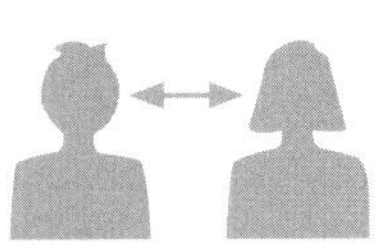

Übung: Verstehen des Modells in Lerntandems

Ergänzend dazu ist es sinnvoll, die Vorgehensweise von Lerntandems zu erklären, denn diese dienen durch ihre Anwendung praktisch dem Triple Loop Learning. Eine mögliche Anleitung: *„Für individuelle Prozesse bieten* *wir im Programm wiederkehrende Lerntandems an, das heißt, es findet ein wiederholter, vertrauensvoller Austausch mit Kollegen oder Kolleginnen aus unserem Programm in den aufeinanderfolgenden Modulen mit aufbauenden Fragestellungen statt. Der Abgleich zwischen Selbst- und Fremdbild im Lerntandem fördert die Reflexion. Hierzu möchte ich Sie bitten, sich einen Partner zu suchen, mit dem Sie über das gesamte Programm in einem persönlichen Lerntandem arbeiten werden."*

Methodisch hilfreich sind hierbei Handouts mit Fragestellungen und Platz zum Ausfüllen. Bei einer Führungskräftequalifizierung können diese z.B. wie folgt gestaffelt sein:

Lerntandem I

Tauschen Sie sich mit Ihrem Lernpartner unter vier Augen aus:

1. Für meine Tätigkeit als Führungskraft sind diese Seminarinhalte besonders interessant

2. Die neuen Erkenntnisse werde ich in dieser konkreten praktischen Situation anwenden

3. Was ist der Tipp Ihres/r Lernpartners/in: Was sollen Sie seiner/ihrer Meinung dabei beachten?

Abb.: Arbeitsblatt Lerntandem I

Im anschließenden Modul wird mit einem Lerntandem II der Erfolg des ersten Vorhabens reflektiert und die Erkenntnis auf weitere Vorhaben übertragen (Double Loop Learning).

Abb.: Arbeitsblatt Lerntandem II

Lerntandem II

Tauschen Sie sich mit Ihrem Lernpartner unter vier Augen aus:

1. Mein Vorhaben aus dem Lerntandem I habe ich mit folgendem Erfolg umgesetzt

2. Aus dem Seminar konnte ich dabei besonders anwenden/das sind für mich hilfreiche Theorien, Modelle und Tipps

3. Was ist der Tipp Ihres/r Lernpartners/in: Was sollten Sie bei Ihrem nächsten Transfer besonders beachten?

Im dritten Modul wird mit den Teilnehmern die eigene Weiterentwicklung thematisiert. Dies wird hier exemplarisch am Thema „Führungsstil" abgefragt. Der Führungsstil ist hier das gewünschte Ziel zur guten Führung. Das entsprechende Lerntandem III sieht folgendermaßen aus (Triple Loop Learning):

Abb.: Arbeitsblatt Lerntandem III

Lerntandem III

Tauschen Sie sich mit Ihrem Lernpartner unter vier Augen aus:

1. Das soll mein Führungsstil sein, so möchte ich von meinen Mitarbeitern/innen erlebt werden

....

....

....

....

1. Daher möchte ich mich in folgenden Handlungsfeldern und Kompetenzen gezielt weiterentwickeln

....

....

....

....

2. Was ist der Tipp Ihres/r Lernpartners/in: Was sollten Sie dabei besonders beachten?

....

....

....

....

Es ist sinnvoll, die Lerntandems mit der Erklärung des Triple Loop Learnings einzuführen. Mit Beendigung eines mehrmoduligen Programms und Abrundung der Lerntandems empfiehlt es sich, das Modell des Triple Loop Learnings auch noch einmal abrundend zusammenzufassen und ggf. zu diskutieren, wie das Modell auch noch in anderer Form im eigenen Führungsalltag zur Anwendung kommen kann.

Übung: Verstehen des Modells in der Teamentwicklung

Auch in der Teamentwicklung lässt sich das „Lernen lernen" bzw. das Modell des Triple Loop Learnings für die Kommunikation und Zusammenarbeit in Teams nutzen. Besonders geeignet sind hierzu eine Folge von kurzen Konstruktions- oder Problemlösungsübungen, für die jeweils eine klare Teamzielstellung mit Zeitfaktor vorgegeben ist. Zum Beispiel: *„Bauen Sie im Team aus den vorhandenen Materialien einen möglichst hohen Turm. Sie haben zehn Minuten Zeit."*

Die Auswertung erfolgt jeweils nach zwei Fragestellungen:
1. Wie ist das Ergebnis zu bewerten (1 bis 10)?
2. Wie ist die Zusammenarbeit im Team zu bewerten (1 bis 10)?

Teamaufgabe auswerten

Bewerten Sie das Ergebnis Ihrer Teamarbeit. Wie gut ist die Zielerreichung auf einer Skala von 0–10? (0 = Komplett verfehlt, kein Ergebnis sichtbar/10 = Top-Ergebnis, beste Qualität in vorgegebener Zeit erreicht)

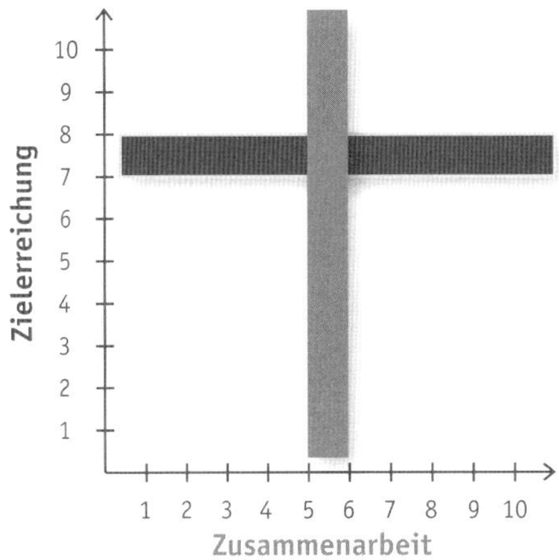

Bewerten Sie die Zusammenarbeit im Team. Wie gut war die Zusammenarbeit auf einer Skala von 0–10? (0 = Keine Zusammenarbeit sichtbar, das war kein Team/10 = Top-Ergebnis, hervorragende, effiziente Zusammenarbeit)

Abb.: Die Teamarbeit wird nach den Kriterien Zielerreichung und Zusammenarbeit ausgewertet

Eine einzelne Aufgabe zu lösen, ist Single Loop Learning.

Mit der wiederholten Anwendung (an immer wieder neuen Problemstellungen) lernt das Team, strukturierter an die Aufgaben heranzugehen, zum Beispiel zunächst mehrere Lösungsoptionen zu suchen und nicht direkt die erste Idee umzusetzen. Ebenso entwickelt sich die Organisationskompetenz, indem Spezialaufgaben delegiert werden (z.B.: *„Wer achtet auf die Zeit?"*). Und in der Regel entwickelt sich mit mehreren Durchläufen ein Verständnis von hilfreicher Führung des Teams. Die reflektierte Entwicklung der Problemlösungskompetenz ist Double Loop Learning.

Die Zusammenarbeit im Team dient dem Ergebnis des Teams.
Sie ist kein Selbstzweck!

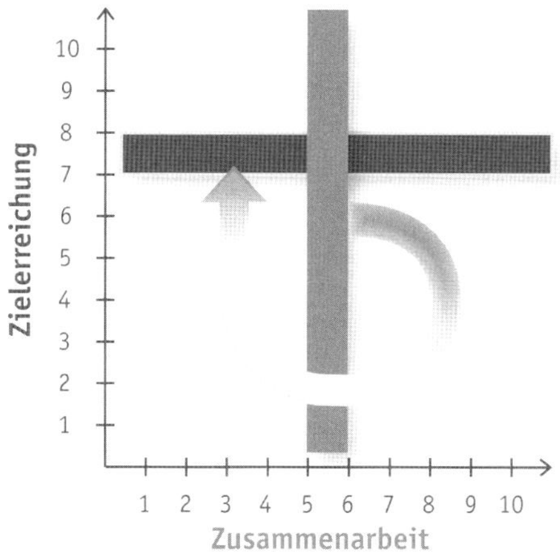

Was war gut an der Zusammenarbeit und hat eine gute Zielerreichung bewirkt?

Wie können Sie bei der nächsten, ähnlichen Aufgabe die Zusammenarbeit verbessern, um ein noch besseres Ergebnis zu erzielen?

Abb.: Der Einfluss der Zusammenarbeit auf die Zielerreichung wird ermittelt

Die Erkenntnisse aus den Übungen lassen sich auf den Teamalltag übertragen und für eine strategische Teamentwicklung nutzen: Aus den Übungen kann das Team ableiten, was es in der Zusammenarbeit gut kann (zum Beispiel: schnell sein, Entscheidungen treffen, mit Fehlern umgehen) und was es nicht gut kann (zum Beispiel: sich Zeit nehmen, auf alle eingehen, Fehler vermeiden). Im nächsten Schritt werden angesichts der Herausforderungen, denen sich das Team zu stellen hat, Maßnahmen überlegt, durch die sich die Zusammenarbeit und Kommunikation im Team verbessern ließe, um auch in Zukunft hervorragende Ergebnisse zu liefern – Triple Loop Learnig.

Abschließende Abrundung

Auch hier ist nach einführender Erklärung des Modells, der Erfahrung mit einigen Teamentwicklungsübungen und dem jeweiligen Lerntransfer eine finale Diskussion sinnvoll, um zu ermitteln, wie gut das Modell des Triple Loop Learnings verstanden wurde und vor allem, wie es in die Tagespraxis übertragen werden kann.

Querverweise

Dieser Beitrag ist ein Grundlagenbeitrag für viele andere Beiträge in diesem Buch und ist daher als Querverweis für die weiteren Beiträge im

Change wie auch im Coaching, in der Führung oder für Team- und Konfliktsituationen zu empfehlen.

Weiterführende Literatur

- Argyris, C.: Wissen in Aktion. Eine Fallstudie zur Lernenden Organisation, Stuttgart: Schäffer-Poeschel 2008.
- Bandura, A.: Influence of Models' Reinforcement Contingencies on the Acquisition of Initative Response. In: Journal of Personality and Social Psychology, Vd 1, No. 6/1965.
- Bateson, G.: Ökologie des Geistes, Berlin: suhrkamp, 10. Aufl. 1985.
- Günther, C. & Strikker, F.: Relaunch in der Weiterbildung. Von der allgemeinen Mitarbeiterschulung zur bedarfsgerechten Kompetenzentwicklung. In: F. Strikker (Hrsg.): Human Ressource im Wandel, Bielefeld: Bertelsmann 2009.
- Heidelmann, K. & Strikker, F.: Umgang mit Paradoxien im Change. In: S. Laske, A. Orthey & M. Schmidt (Hrsg.): Handbuch Personal-Entwickeln, 106. Ergänzungslieferung, Köln: Wolters Kluwer 2006.
- Hofmann, M.: Der Change-Kreisel. In: A. Leão & M. Hofmann (Hrsg.): Fit for Change II, Bonn: managerSeminare Verlag 2009.
- Krüger, W.: Excellence in Change, Wiesbaden: Gabler, 4. Aufl. 2006.
- Leão, A. & Hofmann, M. (Hrsg.): Fit for Change, Bonn: managerSeminare Verlag, 3. Aufl. 2007.
- Leão, A. & Hofmann, M. (Hrsg.): Fit for Change II, Bonn: managerSeminare Verlag 2009.
- Wenger, E.: Communities of practice and social learning systems. In: F. Reeve, M. Cartwright & R. Edwards (Hrsg.): Supporting lifelong learning, Vol. 2, London: Routledge Chapman & Hall 2002.

Hintergrund

Gregory Bateson (1904–1980), in England geborener Anthropologe und Sozialwissenschaftler, lebte ab 1939 mit seiner Frau Margarete Mead und Familie in Amerika. In den 1940er- und 1950er-Jahren Mitbegründer der Systemtheorie und Kybernetik. Gregory Bateson verstand sich als fachgebietsübergreifender Forscher und befasste sich sehr umfassend und verbindend mit sozialwissenschaftlichen Disziplinen. Für die Lernforschung begründet seine systemische Sichtweise die Theorie des sozialen Lernens.

Peter Senge (*1947), hat in seiner Forschung zur Organisationsentwicklung den Begriff der Lernenden Organisation geprägt. Er hat den Begriff mit seinem Hauptwerk „The Fifth Discipline“ (1980) ausgearbeitet, das weltweit großen Einfluss auf die Personal- und Organisationsentwicklung großer Unternehmen hatte und bis heute hat. Heute ist er Senior Lecturer of behavioral and Policy Sciences an der MIT Sloan

School of Management in Cambridge/MA. Peter Senge bezieht sich in seinem Hauptwerk vielfach auf seine Erfahrung als Organisationsentwickler bei Shell. Angeregt wurde er auch durch die Frage, wie es Organisationen gelingt, über Hunderte von Jahren zu existieren – und dabei Branche und Produkte zu wechseln, ohne ihre Identität zu verlieren.

8-Phasen-Modell im Change

von Anja Leão

Ziel

Die Begleitung von Change-Prozessen, die Moderation von Strategieentwicklungen, Projekt-Workshops und Teamentwicklungen zur Zusammenführung der Teams, die in einem zukünftigen Veränderungsprojekt oder Prozess arbeiten sollen, gehören genauso wie auch die Mediation von Konflikten und Krisen in Veränderungsprozessen heute zum Tagesgeschäft der meisten Trainer, Moderatoren und Coachs.

Das 8-Phasen-Change-Modell kann helfen, herauszufinden, in welchem Stadium eines Veränderungsprozesses sich betroffene Führungskräfte und Mitarbeiter befinden. Außerdem hilft das Modell, mögliche emotionale Reaktionen von Betroffenen zu erkennen. Es gibt Anhaltspunkte, was die wichtigsten Maßnahmen und Schritte sein könnten, um den Veränderungsprozess bestmöglich zu begleiten. Erfahren Sie hier, wie das Modell zu verstehen ist und wie es vermittelt werden kann.

Kontext

- Change
- Teamentwicklung
- Selbstreflexion
- Projektplanung
- Konflikte, Krisen

Theorie

Es gibt mittlerweile in Organisationen kaum noch unternehmerische Bereiche, Themen oder Situationen, die nicht von Veränderungen begleitet oder betroffen sind. „Stillstand ist Rückschritt", lautet die Lebensweisheit. Aus der Sicht des Systemikers Fritz Simon ist „nicht mehr die Stabilität nach dem Change die Regel, sondern diese ist nur ein flüchtiger Zustand vor der nächsten Veränderung". Die wahrnehmbaren Veränderungen werden unterschiedlich ausgelöst, verlaufen unterschiedlich und haben natürlich auch sehr unterschiedliche Konsequenzen, die mal als angemessen, mal als überaus drastisch wahrgenommen werden. Trifft diese Situation ein, dann wird Angst und Unsicherheit in Organisationen spürbar, Vertrauen geht verloren, Entscheidungen verzögern sich, erzeugt durch Unsicherheit. Sinnvolle

Handlungen sind zunächst unklar, da die Wege in das Bild, welches durch die Veränderung erzeugt werden soll, noch nicht gestaltet ist.

Modelle zum Change versuchen, Muster, Gesetzmäßigkeiten, Regelmäßigkeiten und auch Unterscheidungen herauszustellen. Sie bilden damit nicht die ganze Realität ab, sondern nur Ausschnitte. Damit helfen sie, die Komplexität der Realität zu reduzieren und verständlicher zu machen.

Das 8-Phasen-Change-Modell ist eines davon. Es orientiert sich am zeitlichen Verlauf von Veränderungsprozessen und betrachtet außerdem den emotionalen und rationalen Verarbeitungsprozess, der bei Betroffenen wahrnehmbar sein kann. Die Phaseneinteilung des Modells basiert auf einem Modell von Elisabeth Kübler-Ross, der „Sterbekurve". Sie wurde von Anja Leão und Mathias Hofmann auf unternehmerische Veränderungsprozesse adaptiert und ist auf Basis von Erfahrungen in der betrieblichen Praxis ergänzt worden (Leão, Hofmann, 2007).

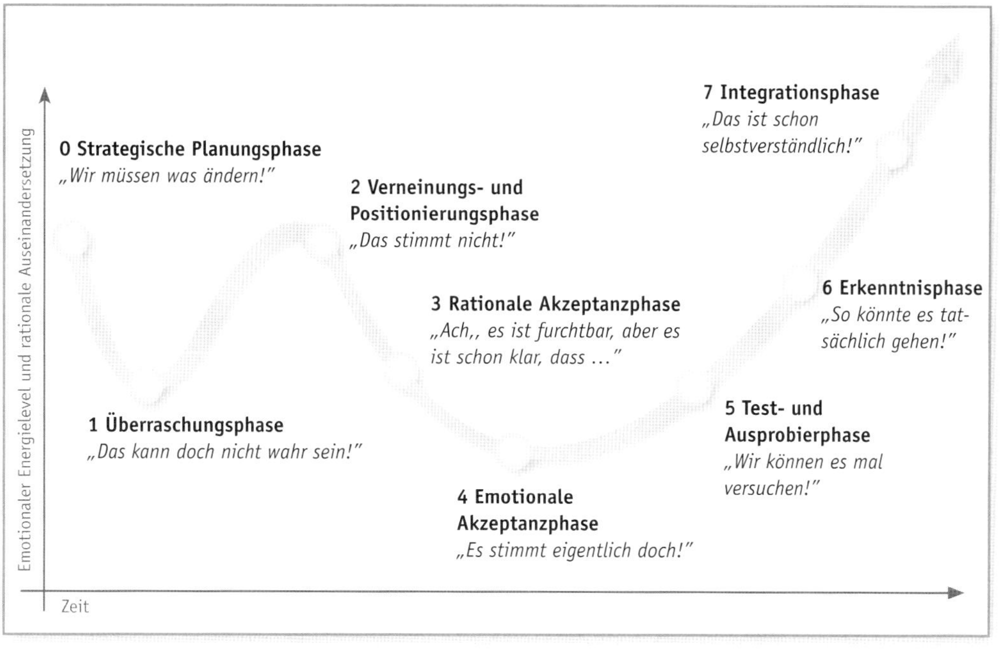

Abb.: 8-Phasen-Modell im Change

Das Herkunftsmodell – die „Sterbekurve"

Elisabeth Kübler-Ross ist die erste Sterbeforscherin der Welt. Sie hat das Modell der „Sterbekurve" auf Basis von Interviews mit Hunderten Sterbepatienten entwickelt.

Die daraus entstandene Verarbeitungskurve hat insgesamt fünf Phasen:
- die Phase des Nicht-Wahrhaben-Wollens (Phase of Denial)
- die Phase des Zorns bzw. der Verneinung der Realität (Phase of Anger)
- die Phase der Verhandlung (Phase of Bargaining)
- die Phase der Depression (Phase of Depression)
- und final die Phase der Akzeptanz der Realität und die Fähigkeit, sich in sein Schicksal zu fügen (Phase of Acceptance).

Diese Phasen verliefen natürlich bei jedem interviewten Menschen sehr individuell. Es war möglich, dass sich einzelne Betroffene in einer Phase nur sehr kurz oder auch über Monate hinweg befanden, eine Phase gar nicht durchliefen oder auch in eine oder mehrere Phasen zurückfielen und in einen erneuten Verarbeitungsprozess eintraten. Auch war es möglich, dass Betroffene nie in der Phase der Akzeptanz ankamen, um mit ihrem Schicksal „Frieden zu schließen". Außerdem fand Kübler-Ross heraus, dass diese Verarbeitungskurve sehr häufig auch die Angehörigen der Sterbenden durchleben. Und es war nicht nur möglich, sondern überwiegend der Fall, dass sich der Sterbende nicht in derselben Phase befand, wie der mitleidende Angehörige. Die vorherrschenden Gefühle, die dieses Modell und die Phasen begleiten, sind Angst und Trauer sowie auch die Hoffnung, dass sich vielleicht doch noch alles zum Guten wenden könnte.

Das Modell von Dr. Kübler-Ross hat deshalb Eingang in den Bereich des Change-Managements gefunden, da die bedeutsamen Emotionen „Angst und Trauer", die in ihrem Modell erklärt werden, ebenfalls in anderen bedrohlichen Lebenssituationen auftreten. Selbst, wenn Veränderungen in Unternehmen natürlich nicht mit der Lebensdramatik des voraussichtlichen Todes vergleichbar sind, so sind sie doch für die Betroffenen bedrohlich und damit dem Durchlaufen eines Phasenprozesses vergleichbar.

Angst ist ein Gefühl, das sich in als bedrohlich empfundenen Situationen als Besorgnis und mit möglicherweise einhergehendem, befürchteten Kontrollverlust (körperlich, geistig oder emotional) äußert. Auslöser können dabei erwartete oder unerwartete Bedrohungen sein, die Einfluss nehmen können auf die Zugehörigkeit zu einer Gemeinschaft, auf die körperliche Unversehrtheit, existenzielle Sicherheit, der

Selbstachtung oder das eigene Selbstbild. Trauer ist ein schmerzhaft wahrgenommenes Gefühl des Verlustes, teilweise verbunden mit weiteren Negativgefühlen wie Verzweiflung und Hoffnungslosigkeit.

Betrachtet man diese Emotionen genauer, dann finden sich genau diese meist als darunter liegende Emotionen unter der Wut, dem Unverständnis oder dem Zorn über Veränderungssituationen in Unternehmen wieder. Denn eigentlich haben Betroffene eher Angst vor dem Ungewissen und die Frage, inwieweit sie selbst neuen Anforderungen überhaupt noch gerecht werden könnten. Oder sie trauern um Produkte, Prozesse, langjährig Bewährtes, an dem sie mitgewirkt oder es aufgebaut haben, was oft durchaus auch unachtsam und geringschätzig dem Neuen weichen muss. Physiologisch entsteht hier Stress, der hohen Einfluss auf den Verlauf von Veränderungsprozessen haben kann (Siehe auch Stress und Burnout, S. 189 sowie „Der Burnout-Teufelskreis“, S. 200).

Das 8-Phasen-Modell im Change

Für das 8-Phasen-Modell wurde eine Aufteilung in acht Phasen gewählt, die den Erfahrungen der Urheber aus der Praxis entspricht.
Die Phase „0“ findet sich in keinem anderen Change-Phasen-Modell.
Nicht jede Phase kommt notwendigerweise in jedem Change vor oder ist gleich wichtig. Die Phasen können zeitlich und in ihrer Intensität verschieden ausgeprägt sein. Zudem können sie von unterschiedlichen Beteiligten innerhalb einer Organisation sehr unterschiedlich erlebt werden – je nach Vorinformationen, Vorerfahrungen, Vorannahmen etc.

Wie beginnen Change-Prozesse?

Man kann Veränderungsprozesse in solche unterscheiden, die sich
- evolutionär entwickeln,
- revolutionärer Art oder
- unerwartet und für alle überraschend sind.

Für evolutionäre (notwendige, systematisch geplante und umsichtig umgesetzte) sowie auch für revolutionäre (notwenige, teilweise radikal umgesetzte) Veränderungsprozesse ist eine strategische Planung (die Phase „0“) relevant, da in beiden Fällen eine relativ kleine Gruppe, in der Regel die Geschäftsführung oder das Top-Management eines Unternehmens, in einem sehr frühen Stadium der Veränderung entscheidet, welche Aktivitäten aus welchem Grund, mit welchem Ziel, zu welchem Zeitpunkt und unter welcher Beteiligung stattfinden sollen. Diese Gruppe hat es letztlich auch in einem hohen Maße in der Hand, wie die weiteren Phasen des Change ablaufen werden, abhängig von ihrem Grad an Know-how, Veränderungsprozesse qualifiziert zu begleiten. Bei völlig unerwarteten Veränderungen, die Krisenentscheidungen und rasches Handeln bedürfen, entfällt gewöhnlich die Phase „0".

Phasenbeschreibung im Kurvenverlauf

0. **Strategische Planungsphase** – „Stunde 0 des Change": Eine kleine Gruppe – in der Regel das Top-Management – plant aufgrund betrieblicher Notwendigkeiten die Veränderung. Dies kann bei evolutionären oder bei revolutionären Veränderungsprozessen der Fall sein.

1. **Thematisierungsphase**, Überraschungs- oder Schockphase: In dieser Phase werden die Betroffenen eines Unternehmens mit einer neuen Situation bzw. neuen Anforderungen und Erwartungen konfrontiert, für die noch kein angemessenes Verhalten oder keine umfangreiche Lösung existiert. Mängel und Probleme werden thematisiert und neue Ziele und Anforderungen formuliert. Für die überwiegende Mehrzahl kommt dies regelmäßig überraschend, damit zeichnet sich diese Phase für viele durch Überraschung, Unklarheit, Unsicherheit und starke Emotionen aus.

2. **Verneinungs-, Abwehr und Positionierungsphase:** Veränderungen im Unternehmen stellen die bisherigen Positionen der Beteiligten infrage. In dieser Phase wird mit dem Interesse der eigenen Zukunftssicherung von allen Beteiligten sehr deutlich Position bezogen. Die einen verteidigen scheinbar bewährte Positionen, Verhaltensweisen und Strukturen (Ablehnen einer Veränderung), die anderen setzen sich für die Idee der Chance für das Unternehmen (und für die eigene Position) ein.

3. **Rationale Akzeptanz**-, Klärungs- und Entscheidungsphase: In dieser Phase wächst das Realitätsbewusstsein: Notwendigkeit und Grenzen der Veränderung werden deutlich. Die neue Situation, ihre Andersartigkeit, die damit verbundenen Anforderungen und Erwartungen werden schrittweise akzeptiert. Es kommt ggf. zu Trennungen zwischen Unternehmen und Mitarbeitern. In dieser Phase wird es immer noch einige Beteiligte geben, die Altes festhalten möchten.

4. **Emotionale Akzeptanz**- und Planungsphase: In der Phase des Akzeptierens und Planens wird die neue Realität nun schrittweise erfasst und der Blick nach vorne gerichtet. Es entsteht Optimismus, ggf. auch Neugierde und es werden die erforderlichen Energien

mobilisiert und Pläne gemacht, die die vorliegenden Herausforderungen bewältigen helfen sollen.

5. **Test- oder Ausprobierphase:** In der Phase des Ausprobierens werden neue Verhaltensweisen gelernt und praktiziert, erforderliche Maßnahmen erprobt, Änderungen umgesetzt und evaluiert sowie Einstellungen geändert. Insbesondere Geduld und Ausdauer sind hier gefragt und auch die Bereitschaft, eine Zielkorrektur vorzunehmen, wenn festgestellt wird, dass die eingeleiteten Maßnahmen noch nicht zum gewünschten Gesamtergebnis führen.

6. **Erkenntnisphase:** In der Erkenntnisphase werden Gründe für Erfolge und Misserfolge der Testphase eruiert, reflektiert und Abweichungsänderungen vorgenommen, falls erforderlich. Die Bedeutung der Veränderung für das Unternehmen wird in dieser Phase deutlich, die notwendigen Veränderungsmaßnahmen und die persönliche Entwicklung Betroffener zeichnen sich ab.

7. **Integrations- und Konsolidierungsphase:** In der Integrationsphase sind die Veränderungen zur Tagesroutine geworden, die Veränderungen gehen in das tägliche Handeln ein. Kaum einem ist noch bewusst, dass alles mal anders war. Die Wahrnehmungs-, Denk- und Handlungsperspektiven haben sich erweitert und der Veränderungsprozess ist erfolgreich abgeschlossen. Der nächste Veränderungsprozess ist oft bereits in Vorbereitung.

Zur Bewältigung der unterschiedlichen Phasen in Veränderungsprozessen sind unterschiedliche Interventionen erforderlich, je nachdem, in welcher Phase sich eine Unternehmung gerade befindet. Inwieweit ein Veränderungsprozess letztlich erfolgreich abläuft, hängt davon ab, welche hemmenden Kräfte zu Beginn des Prozesses einwirken und die erforderlichen Veränderungen eher behindern und wie es gelingt, die förderlichen Kräfte des Unternehmens einzustimmen und in die Richtung der erforderlichen Veränderungen zu bewegen.

Anwendung

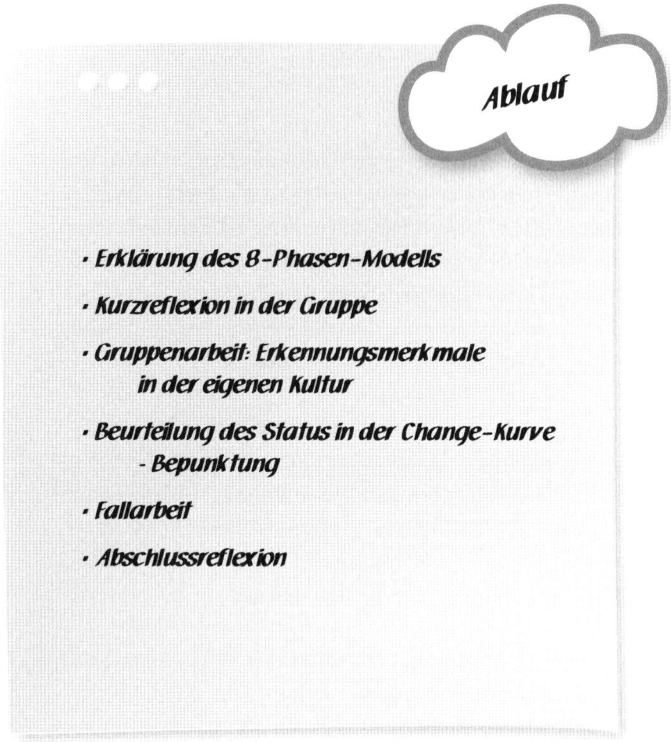

In praktischen Übungen soll das 8-Phasen-Change-Modell vermittelt und angewendet werden. Das Ziel ist festzustellen, wo sich die Betroffenen im Change-Prozess befinden. Es wird erarbeitet, was sinnvolle Maßnahmen und Vorgehensweisen sind, um den Veränderungsprozess positiv voranzutreiben. Dazu gehen Sie folgendermaßen vor:

Erklärung des 8-Phasen-Modells

Präsentieren Sie das 8-Phasen-Modell im Change in Etappen und im Idealfall auch an dem einen oder anderen Praxisfall. Dazu ist eine Plakatwand zu empfehlen, denn an dieser können Sie das Modell Schritt für Schritt visuell aufbauen. Diese Form eignet sich bei einer Gruppengröße von bis zu 20 Personen, sodass Karten noch lesbar sind. Darüber hinaus ist eine PowerPoint-Präsentation sinnvoller, die sich in Etappen je Folie aufbaut.

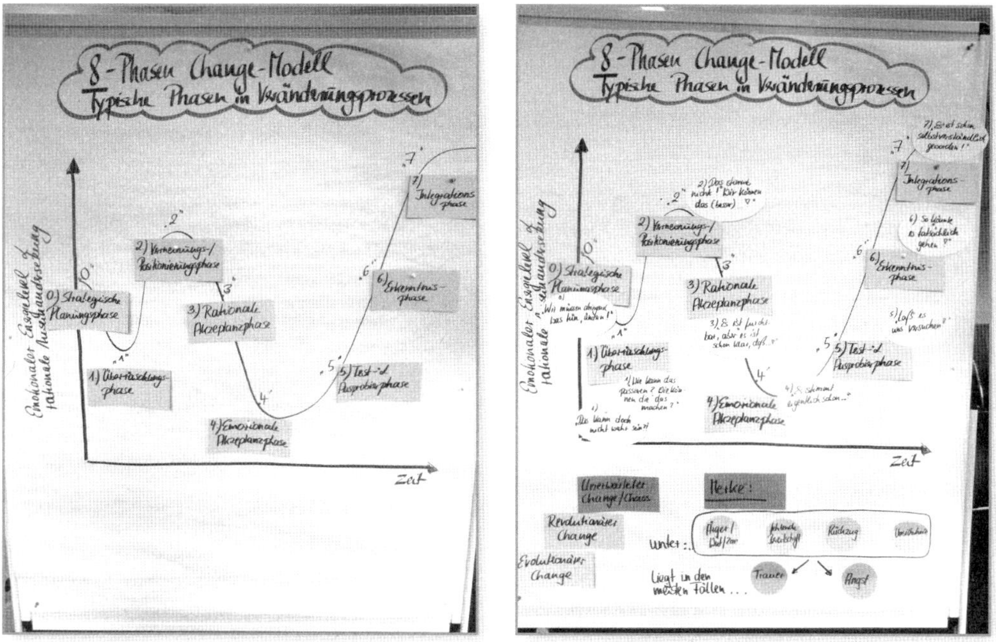

Abb.: Erklärung des 8-Phasen-Modells in Etappen

Kurzreflexion in der Gruppe

Im Anschluss an die Erklärung des Modells ist es wichtig, sich zunächst zu erkundigen, welche Fragen es gibt, wo sich die Beteiligten gedanklich befinden und ob Einzelne ggf. auch an persönlichen Beispielen die Veränderungskurve nachempfinden und bejahen können.

Gruppenarbeit: Erkennungsmerkmale in der eigenen Kultur

Eine sehr gute Ergänzung zur Erklärung des Modells ist eine Gruppenarbeit mit den Beteiligten, um live mit ihnen in das eigene Umfeld einzutauchen und zu diskutieren, woran sie erkennen können, in welcher Phase eines Change sie sich gerade befinden.

Dazu bereiten Sie für jede Phase des Change Pinnwände mit folgenden Fragen vor (bis zu vier Phasen sind auf einer Wand bearbeitbar, damit es noch übersichtlich bleibt):

- *„Woran erkennen Sie in Ihrer Kultur, in welcher Phase Sie sich befinden?“*
- *„Welche emotionalen Reaktionen erleben Sie, nehmen Sie wahr?“*
- *„Wo liegen nach Ihrer Erkenntnis die größten Schwierigkeiten/Knackpunkte in der jeweiligen Phase?“*

- *„Welche Einstellung/innere Haltung hilft als verantwortliche Führungskraft oder Change-Begleiter in dieser Phase?"*
- *„Was, glauben Sie, sind in dieser Phase die wichtigsten Erfolgsprinzipien?"*

Abb.: Das Ergebnis der Gruppenarbeit. Pinnwände mit verschiedenfarbigen Moderationskarten

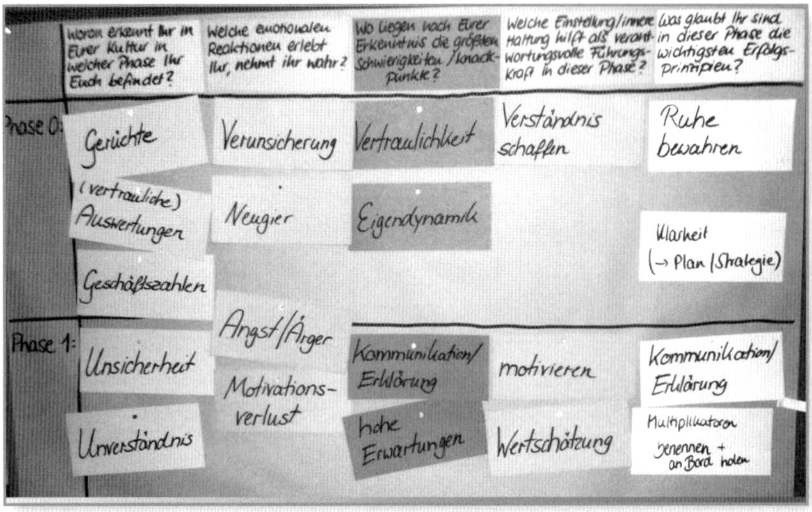

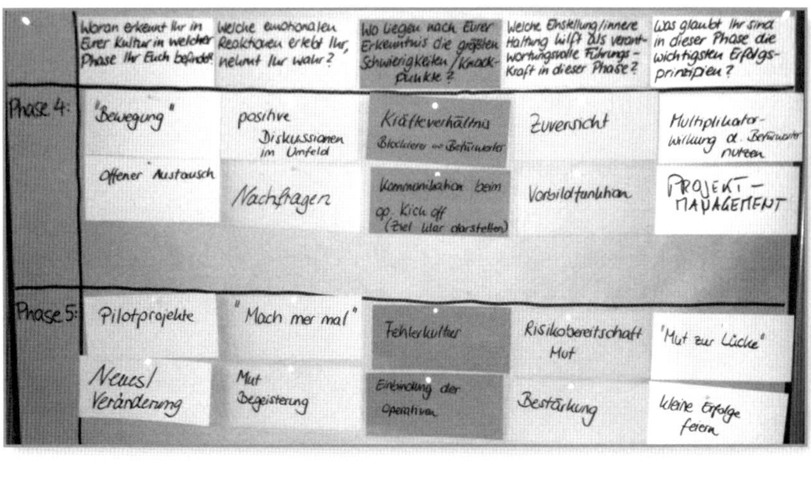

Die Plakatwände können in Kleingruppen von bis zu sieben Personen erarbeitet und einander dann gegenseitig präsentiert werden.

Statusbeurteilung – Bepunktung

Sollte es sich um konkret Betroffene in einem Change-Prozess handeln, können Sie die Beteiligten ergänzend beurteilen lassen,

- in welcher Phase des Change sie sich persönlich befinden,
- wo sich das verantwortliche Change-Team befindet,
- wo sich ihrer Meinung nach das Führungsteam befindet.

Diese Gruppen können natürlich wahlweise bepunktet werden, falls es für einen Erkenntnisgewinn sinnvoll ist, festzustellen, dass sich verschiedene betroffene Gruppen in einem Unternehmen in verschiedenen Phasen des Change befinden. Eine solche Bepunktung wird sinnvollerweise anonym durchgeführt (siehe auch Brenner, 2007).

Fallarbeit

Die Fortsetzung hängt davon ab, ob es sich um ein allgemeines Seminar handelt oder um ein konkretes Team aus einem Unternehmen.

In einem allgemeinen Seminar, in dem „Change" einen Schwerpunkt bildet, können die Beteiligten an eigenen Change-Fällen arbeiten. Dazu eignet sich auch die Einbeziehung einer Stakeholder-Analyse, um zu identifizieren, welche Beteiligten im Unternehmen eigentlich von einem Veränderungsprozess betroffen sind, welche Bedürfnisse diese haben und wie sie dem Veränderungsprozess momentan gegenüberstehen.

Handelt es sich um ein Team, das mit einem Change-Prozess im Unternehmen betraut ist, macht es Sinn, diesen Veränderungsprozess genauer zu analysieren. Das Team kann überlegen, welche Einzelpersonen und/oder Gruppen besonders wichtig für den Erfolg der Veränderung sein könnten (Stakeholderanalyse) und aus den gewonnenen Erkenntnissen konkrete Aktionspläne entwickeln.

Reflexionsrunde

Nach Beendigung der Fallarbeit empfiehlt sich eine ausführliche Abschluss- und Reflexionsrunde im großen Plenum, damit Fragen, Gedanken, Unklarheiten und eigene Transfers gut beantwortet bzw. abgerundet werden können.

Kommentar

Zur weiteren Vertiefung wie auch zur Ergänzung eines großen Anwendungsfundus eignen sich die Bücher „Fit for Change“ und „Fit for Change II“. Im ersten Buch wird das 8-Phasen-Modell noch einmal ausführlich erläutert und in beiden Büchern sind insgesamt über 80 Anwendungsmethoden, Übungen etc., die sich für die Praxisanwendung eignen. Alle Methoden und Übungen sind in jeweils bestimmten Phasen des 8-Phasen-Modells angesiedelt.

Technische Hinweise

Eine Plakatwand oder ein Flipchart eignen sich sehr gut, das Modell zu erklären. Eine PowerPoint-Präsentation, die sich Folie für Folie aufbaut, ist natürlich ebenfalls geeignet. Zur visuellen Gestaltung eignen sich verschiedene Kartenfarben und -formen.

Querverweise

Zur Ergänzung dieses Beitrags dienen zum einen die Change-Architektur (vgl. S. 111) und das Change-Design (vgl. S. 124), wie auch eine Stakeholder-Analyse (siehe Leão & Hofmann, 2007). Außerdem kann dieser Beitrag hilfreich auch in Kombination mit dem Thema Transformationale Führung angewandt werden.

Weiterführende Literatur

- Leão, A. & Hofmann, M.: Fit for Change, Bonn: managerSeminare Verlag, 3. Aufl. 2007.
- Leão, A. & Hofmann, M.: Fit for Change II, Bonn: managerSeminare Verlag 2009.
- Hofmann, M.: Multi-Change-Management. In: A. Leão & M. Hofmann (Hrsg.): Fit for Change II, Bonn: managerSeminare Verlag 2009.
- Hofmann, M: Stakeholder-Analyse. In: A. Leão & M. Hofmann (Hrsg.): Fit for Change, Bonn: managerSeminare Verlag, 3. Aufl. 2007.
- Brenner, H.-P.: Wo stehe ich, was tue ich? Das 8-Phasen-Change-Modell. In: A. Leão & M. Hofmann (Hrsg.): Fit for Change, Bonn: managerSeminare Verlag, 3. Aufl. 2007.
- Kübler-Ross, E.: Interviews mit Sterbenden, Freiburg: Kreuz, 5. Aufl. 2009.
- Schmid-Tanger, M.: Veränderungscoaching. Kompetent verändern, Paderborn: Junfermann, 3. Aufl. 2005.
- Schmidt-Tanger, M.: Change – Raum für Veränderungen, Paderborn: Jungfermann. 2012.
- Schmidt-Tanger, M.: Veränderungscoaching, Paderborn: Junfermann 1998.

Hintergrund

Elisabeth Kübler-Ross (1926–2004) geboren in der Schweiz, promovierte 1957 in der Schweiz, lebte und starb in Arizona in den USA. Sie arbeitete als Ärztin, Psychiaterin und Autorin. Sie befasste sich bereits während ihrer Ausbildung mit dem Tod und mit dem Umgang mit Sterbenden. Sie gilt als die Begründerin der Sterbeforschung und hat eine Vielzahl an Veröffentlichungen rund um das Thema Sterben, Trauerarbeit, Palliativpflege und Sterbehilfe veröffentlicht.

Insbesondere in dem Buch „Interviews mit Sterbenden" werden neben dem, was sie vom Grundsatz von Sterbenden und ihrem Umgang mit dem Sterben und dem nahenden Tod mit ihr teilten, die bereits dargestellten fünf Phasen der Trauer oder auch „Sterbephasen" dargestellt.

Sie hat sich aktiv für ein „würdiges Sterben" eingesetzt und in vielen Krankenhäusern in Amerika dafür gesorgt, dass Sterbende von den Gängen zurück in würdige Räumlichkeiten gebracht wurden, wo sie in Frieden gehen konnten. Auf ihre Initiative hin wurden in den USA die ersten „Hospices" eingerichtet, in denen Sterbenskranke bis zu ihrem Tod liebevoll gepflegt werden. In Washington gründete sie das „Childrens Hospital International" für todkranke Kinder.

Das SCARF-Modell

von Andrea Kahlenberg

Ziel

Das „SCARF-Modell“ beschreibt fünf Dimensionen menschlichen Verhaltens. „SCARF“ setzt sich zusammen aus den Anfangsbuchstaben dieser fünf Dimensionen: Status, Certainty (Sicherheit), Autonomy (Autonomie), Relatedness (Verbundenheit), Fairness. Das Verstehen der fünf unterschiedlichen Verhaltenszustände in der Interaktion ermöglicht es dem Beobachter (z.B. der Führungskraft, dem Moderator, Trainer, Coach), unterschiedlich auf die Verhaltenszustände seines Gegenübers zu reagieren, mit dem Ziel, bei ihm einen positiven Zustand zu erzeugen. Eine gezielte Intervention führt zu einer effektiveren und besseren Zusammenarbeit, diese wiederum zu einem besseren wirtschaftlichen Ergebnis. Sie kann einen komplexen Change-Prozess erfolgreich unterstützen.

Kontext

- Change
- Konfliktmanagement
- Problemlösung
- Coaching
- Führung

Theorie

In zahlreichen Studien und Erfahrungsberichten wird wiederholt beschrieben, dass große und komplexe Veränderungsprozesse nur dann eine Chance auf Erfolg haben, wenn sich die Zusammenarbeit der Menschen über die Hierarchien hinweg durch respektvolle und intensive Beziehungsarbeit verbessert. Das setzt voraus, dass eine Führungskraft soziale und emotionale Kompetenzen entwickelt und beherrscht, um das Fundament einer wertschätzenden und vertrauensvollen Zusammenarbeit zu legen. Um an dem Punkt der positiven Verhaltensänderung von Führungskräften und Mitarbeitern in „Change“-Prozessen anzuknüpfen, nutzt das von dem Führungskräfteentwickler David Rock entwickelte SCARF-Modell Erkenntnisse aus den Neurowissenschaften und der Hirnforschung. Das Modell stellt heraus: Die treibende Kraft eines Menschen und oberstes, organisatorisches Prinzip ist die Minimierung der Bedrohung sowie die Maximierung der Anerkennung und Wertschätzung.

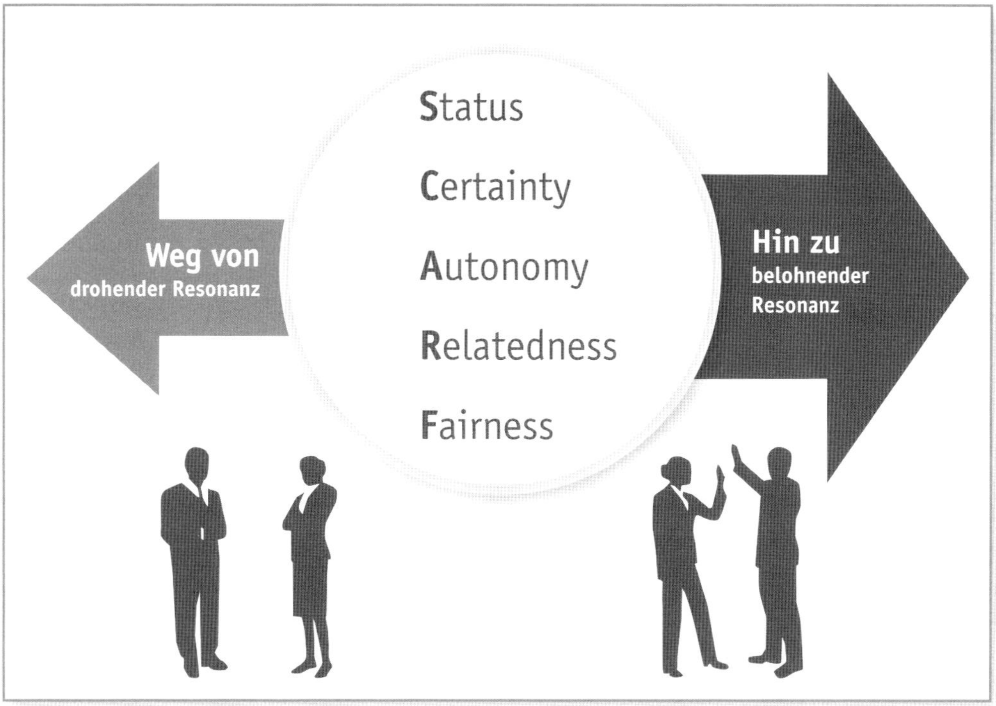

Abb.: Das SCARF-Modell

Das SCARF-Modell mit seinem Fokus auf soziale Bedrohungen und Belohnungen beschreibt die folgenden fünf Dimensionen menschlichen Verhaltens. Sie stehen für sich selbst und sind gleichzeitig verknüpfbar. Sie können sich gegenseitig positiv wie negativ beeinflussen.

Status: *„Status is about relative importance to others"*

Der Urheber des Modells, David Rock, führt seine Aussagen auf die wissenschaftliche Arbeit von Michael Marmot (2004) oder Robert Sapolsky (2002) zurück. Er erläutert, dass der Status einer Person am stärksten zu ihrem allgemeinen Gesundheitszustand und ihrer Langlebigkeit beiträgt und noch stärker wirkt als Bildung oder die Höhe des Einkommens. Wobei hier die Position und der damit verbundene Status der Person relativ zum Umfeld zu betrachten ist. Dabei kann es sich um einen Bereichsleiter eines DAX-Unternehmens handeln oder um die Leiterin eines Elternbeirats eines Kindergartens. Es geht um Hierarchie und Seniorität.

In Kommunikations- und Zusammenarbeitsprozessen haben Menschen unterbewusst eine bestimmte Vorstellung von Hierarchie und Seniorität in Form ihres individuellen Repräsentationssystems abgespeichert, welches ihr Handeln und ihre Kommunikation unterbewusst beeinflusst. Wenn das menschliche Gehirn an Status denkt, benutzt es Schaltkreise, die zu vergleichbaren Prozessen führen. In dem Moment, in dem eine Person sich besser fühlt als die andere, etwa nach einem gewonnenen Lauf oder nach einer höheren Gipfelbesteigung eines Berges, am besten noch unter erschwerten Bedingungen, erhöht sich die Ausschüttung des „Glückshormons" Dopamin, das wiederum zu erhöhter Motivation führt. Die Wahrnehmung der „besseren" Person ist dann die eines höheren Status und aktiviert das Gefühl von Belohnung und Wertschätzung. Im Gegenzug kann sich der Status als Bedrohung entwickeln, wenn es zum Verlust der Position kommt. Im Gehirn wird dann statt Dopamin das Stresshormon Cortisol ausgeschüttet. Je höher und anhaltender die Menge ist, desto mehr kommt es zu physischen Reaktionen des Körpers.

Dieser Zustand ist in Situationen von größeren Umstrukturierungen oder komplexen, organisationalen Veränderungen zu beobachten, die mit großer Unklarheit, dem Verlust der eigenen Position oder sogar dem eventuellen Arbeitsplatzverlust einhergehen. Besonders schwierig ist es, wenn der Zustand der Ungewissheit bis zur Klarheit über die eigene Zukunft mehrere Monate anhält. Führungskräfte oder Mitarbeiter werden nervös, unruhig, ziehen sich zurück oder werden sogar krank.

Certainty (Sicherheit): *„Certainty concerns being able to predict the future"*

Das Gehirn baut auf gemachten Erlebnissen auf und arbeitet wie eine Maschine, die kontinuierlich auf die alten Erfahrungen zurückgreift. Dieser permanente Abgleich funktioniert wie ein eingebautes Sicherheitssystem und ist kombiniert mit der Funktion der Sinnesorgane. Was unsere Finger tasten und fühlen, wenn sie etwas berühren, ist mit dem Teil des Gehirns, mit dem wir Gedächtnisinhalte und aktuelles Erleben emotional bewerten, synchron geschaltet und vermittelt in jeder Sekunde der Berührung, was als Nächstes zu tun ist.

Sobald eine unvorhersehbare Situation eintritt, die nicht im Vorfeld schon mal erlebt wurde, kommt es zu einem Gefühl der Unsicherheit. In dem Moment muss sich das Gehirn intensiv konzentrieren, braucht dafür mehr Energie, um die Aufmerksamkeit auf das Ungewisse zu lenken und mögliche Reaktionen jeweils in der Sekunde neu zu erfahren. Das kostet viel Kraft und Energie, psychisch sowie physisch, das Gehirn ist unentwegt im Einsatz.

Auch in Situationen von Veränderungen, wie Personalabbau oder großer Reorganisation, kommt es zu starker Verunsicherung der Führungskräfte und Mitarbeiter. Sie werden mit neuen, zuvor nicht dagewesenen Situationen konfrontiert und müssen erst lernen, damit umzugehen. Die sich daraus ergebende Unsicherheit kann zu vermehrten Fehlern führen und diese wiederum generell zu Blockaden oder Hemmungen, sich in neuem Verhalten auszuprobieren. Das Gehirn kann nicht auf alte, gelernte Strategien zurückgreifen.

Autonomy (Autonomie): *„Autonomy provides a sense of control over events"*

Je größer die Autonomie eines Menschen, desto höher ist die Wahrnehmung der eigenen Wahlmöglichkeit und Kontrolle. Sie führt zu einem positiven Gefühl von Belohnung und Wertschätzung. Dies führt wiederum im Gehirn zur Ausschüttung des „Glückshormons" Dopamin sowie von Serotonin, einem Neurotransmitter, der den Blutdruck reguliert und auf die Darmtätigkeit sowie auf das zentrale Nervensystem wirkt. Im umgekehrten Fall, etwa bei Kontrollverlust, mangelnder Selbstbestimmung oder Micro-Management durch den Vorgesetzten, kommt es zu wahrgenommenem Stress, der sich destruktiv auf den Organismus auswirkt. Das Gehirn denkt an eine Bedrohung und die Folge ist somit wieder die vermehrte Ausschüttung des Anti-Stress-Hormons Cortisol. Das Gehirn ist auf „Kampf und Flucht" programmiert. Nimmt der Stress nicht ab, kommt es zu einer Überproduktion von Cortisol – und das hat verheerende Auswirkungen auf den gesamten Organismus. Diverse wissenschaftliche Studien (Purps, 2012) haben herausgefunden, dass es eine Korrelation zwischen Selbstkontrolle und Gesundheitszustand gibt. Je größer die Selbstkontrolle, desto besser ist der körperliche und seelische Zustand eines Menschen.

Relatedness (Verbundenheit): *„Relatedness is a sense of safety with others – of friend rather than foe"*

Bei der Verbundenheit geht es ganz simpel um das Thema „in or out", um die Zugehörigkeit zu einer bestimmten Gruppe. Das Gehirn unterscheidet zwischen Freund und Feind. Diese Unterscheidung beeinflusst unser Verhalten. Bei der Identifizierung „Feind" schaltet es auf den „Kampf- und Flucht-Modus", was wiederum das positive Denken und Verhalten blockiert und in diesem Zusammenhang statt zum gewünschten Gefühl der Verbundenheit zu dem Gefühl der Einsamkeit führt. Fühlt man sich hingegen verbunden und zugehörig, ein Gefühl, das bereits durch einen intensiven Augenkontakt, einen Handschlag als Begrüßung oder die Einladung an einer Besprechung teilzunehmen, ausgelöst werden kann, führt dies zu einer Ausschüttung des Hormons Oxytocin. Dieses Hormon wird vom Gehirn produziert und erhöht das Bindungsgefühl. Es beeinflusst damit das Verhalten positiv im Umgang mit weiteren Gruppenteilnehmern, denen man sich zugehörig fühlt. Dies führt im Ergebnis zu Vertrauen und wiederum zur einer engeren Zusammenarbeit und Austausch von Informationen.

Fairness: *„Fairness is a perception of fair exchange between people"*

Fairness ist ein Wert, der relativ zu betrachten ist. Menschen streben nach fairer Behandlung, fühlen sich dadurch belohnt und anerkannt. Unfaires Verhalten wird sofort als Bedrohung wahrgenommen und führt im Endeffekt zum gleichen Resultat, wie in den beschriebenen anderen vier Dimensionen des SCARF-Modells.

Tab.: Interventionsstrategien in Anlehnung an David Rock

SCARF Interventionen	Verhinderung der Bedrohung	Unterstützung der Belohnung/Wertschätzung
Status	Einführung von Feedback-Prozessen, kein negatives Feedback, stattdessen Wünsche zu Verhaltensänderung äußern, in Zeiten der Überlastung Aufgaben reduzieren und priorisieren.	Fokus auf positives Feedback, Schenkung großer Aufmerksamkeit, gemeinsam Lernfelder identifizieren und Lernprozesse begleiten. Aufnahme in sogenannten Status-Gruppen und Verbundenheit schaffen, z.B. Teilnahme an bestimmten Meetings des TOP-Managements, Präsentation in Vorstandsmeetings.
Certainty (Sicherheit)	Klarheit über den Job/die Rolle und über die Zukunftsaussichten geben, was vom Einzelnen erwartet wird und was für ihn/sie zu erwarten ist.	Proaktive und offene Kommunikation zur aktuellen Situation, Pläne der nächsten Schritte mit einem Enddatum kommunizieren.
Autonomy (Autonomie)	Freiheiten geben und Teamarbeit fördern, Mikromanagement vermeiden und nach Zielvorgabe führen. Wahlmöglichkeiten geben, z.B. bei Jobverlust.	Mitarbeiter am Veränderungsprozess beteiligen und die Zukunft mitentwickeln lassen. Verantwortung delegieren.
Relatedness (Verbundenheit)	Nah bei den Mitarbeitern bleiben und Verantwortung, wie z.B. Mitarbeitergespräche und Teammeetings, nicht an Fremde (HR, Berater) delegieren.	Investition in Teamentwicklung und Team-Events, sich Zeit für das Team nehmen und zuhören. Einzelgespräche führen oder in kleinen Gruppen arbeiten, wodurch Verbundenheit entsteht.
Fairness	Rollen- und Verantwortlichkeiten klar kommunizieren und praktizieren.	Transparente Prozesse leben und klare Regeln definieren, an die sich jeder halten kann. Regeln kommunizieren und positives Verhalten belohnen.

Menschen, die nach ihrem eigenen Empfinden unfair behandelt wurden, empfinden keine Empathie für denjenigen, der sie schlecht behandelt hat. Sie empfinden kein Mitleid für dessen Schmerzen oder fühlen sich belohnt, wenn dieser ebenfalls schlecht behandelt wird. Das Gehirn aktiviert einen Teilbereich, genannt Insular, eine Inselrinde (auch genannt Insel-Cortex), die für die emotionale Bewertung von Schmerzen agiert und für die Wahrnehmung chemischer Reize zuständig ist. Im betrieblichen Kontext nehmen Führungskräfte es als unfair wahr, dass sie ihre Anzahl von Mitarbeitern abbauen müssen, obwohl sie doch alles richtig gemacht haben und alles dafür getan haben, um das betriebliche Ergebnis positiv zu beeinflussen. Oder Mitarbeiter empfinden es als unfair, dass sie keine Bonus-Ausschüttung erhalten, während sich die Vorstände eine Gehaltserhöhung genehmigen oder teure Veranstaltungen buchen.

Anwendung

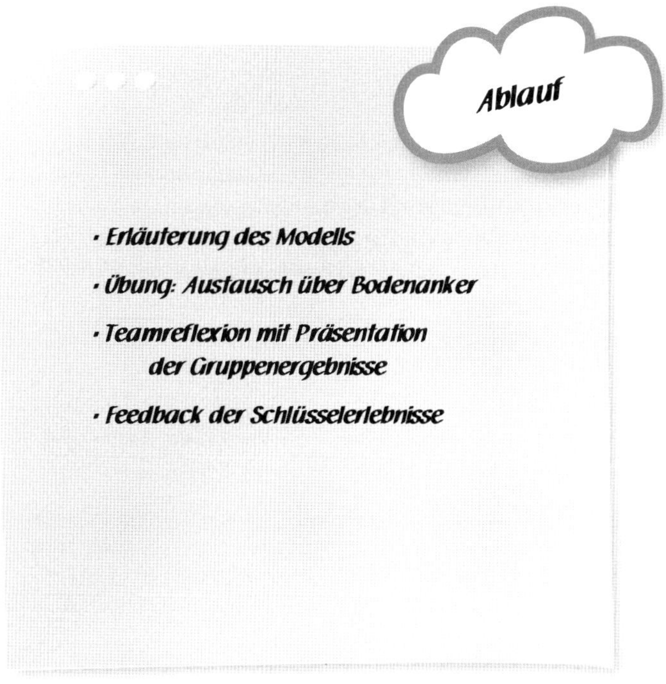

Das SCARF-Modell kann sehr gut im Rahmen eines Change Workshops bzw. eines ganzen Change-Prozesses oder eines Team Workshops mit Führungskräften angewandt werden. Ziel ist es, einen Selbstreflexionsprozess in der Gruppe und jedes Einzelnen zu erzeugen und durch den Austausch in der Gruppe eine solide Vertrauensbasis und Verbundenheit zu schaffen. Sie praktizieren damit die Stärkung des Themas

„Verbundenheit" und können sich gleich bei der Auswertung auf SCARF beziehen. Hierzu ist eine Gruppengröße von maximal 15 Personen zu empfehlen.

Erläuterung des Modells

Beginnen Sie mit einer kurzen Einführung in das Thema und einer Beschreibung der fünf Ausprägungen von SCARF.

Übung: Austausch über Bodenanker

Anschließend verteilen Sie fünf Bodenanker im Raum – das können fünf DIN-A4-Papiere sein mit den jeweiligen Überschriften aus dem SCARF-Modell (Status, Sicherheit, Autonomie, Verbundenheit, Fairness). Beschreiben Sie der Gruppe Ziel und Rahmen der Übung. Bitten Sie jeden aus der Gruppe, für fünf Minuten zu reflektieren, in welchem Zustand er sich im Rahmen seiner aktuellen Rolle im beruflichen Kontext befindet und welche der fünf Ausprägungen ihn direkt anspricht.

Nach fünf Minuten wählt jeder Teilnehmer einen Bodenanker, der für seinen Zustand steht oder ihn an eine erlebte Situation erinnert. Idealerweise verteilt sich die Gruppe auf alle fünf Dimensionen. Falls nicht, können Sie Freiwillige bitten, ein Element zu vertreten, damit die nächsten Schritte der Übung vollständig durchgeführt werden können.

Teamreflexion mit Präsentation der Gruppenergebnisse

Die Teilnehmer tauschen sich als Kleingruppe darüber aus, warum sie den jeweiligen Platz gewählt haben. Durch den Prozess des Austauschs entsteht Verbundenheit und Wertschätzung für das Erleben jedes Einzelnen. Das dauert ca. 15 Minuten.

Die Teilnehmer schreiben auf ein Flipchart, was sie positiv und was sie negativ erlebt haben. Auch hierfür sind etwa 15 Minuten einzuplanen.

Sie präsentieren ihre Ergebnisse der gesamten Gruppe. Alle Teilnehmer ergänzen das jeweilige Gruppenergebnis (10 Minuten per Element/50 Minuten insgesamt).

Feedback der Schlüsselerlebnisse

Zum Schluss fragen Sie ein Feedback ab und erfragen, was jeder Einzelne für sich aus der Übung als „Schlüssel-Lernergebnis" mitnimmt.

Für den gesamten Praxisteil inklusive Theorieteil ist es zu empfehlen, mindestens zwei Stunden einzuplanen.

Kommentar

Das SCARF-Modell ist komplex und man kann Teilnehmer ggf. verlieren. Um das zu vermeiden, ist es hilfreich, mit Bildern zu arbeiten. Zudem kann ein guter Bezug hergestellt werden, wenn man parallel die klassische Change-Kurve aufmalt und Teilnehmer erarbeiten lässt, in welcher Situation welches Verhalten am häufigsten auftritt (siehe auch Beitrag: „8-Phasen-Modell im Change", S. 88).

Technische Hinweise

Pinnwand oder Flipchart oder PowerPoint-Präsentation zur Erklärung des SCARF-Modells sowie Material für die Bodenanker – entweder DIN-A4-Papier oder laminierte Papiere mit der Aufschrift der SCARF-Begriffe. Auch Moderationskarten funktionieren.

Querverweise

- Das 8-Phasen-Modell kann hier als Ergänzung einen hilfreichen, praktischen Bezug liefern.
- Außerdem sind die Beiträge zum Thema Stressmanagement sowie das Burnout-Rad im Zusammenhang mit diesem Modell interessant. Einmal erläutern sie die hier im Beitrag bereits angedeuteten Reaktionen im Gehirn, zum anderen können sie verdeutlichen, was mit Beteiligten in einem Change-Prozess passieren kann, wenn Zeichen der Überbeanspruchung oder von Ängsten nicht angemessen genug wahrgenommen werden.

Weiterführende Literatur

- Rock, D.: SCARF a brain based model for collaborating with and influencing others, Neuroleadership Journal, Issue one, 2008, S. 1–9.
- Rock, D.: Quiet Leadership, New York: Harper Collins 2006.
- Rock, D.: Coaching with the Brain in Mind, Hoboken: Wiley 2009.
- Rowland, D. & Higgs, M.: Sustaining Change. Leadership that Works, Hoboken: Wiley 2008.
- Marmot, M.: Status Syndrome. How your social standing directly affects your health and life expectancy, Times books 2004.
- Sapolsky, R.M.: A Primate's Memoir. A Neuroscientist's Unconventional Life Among Baboons, Simon & Schuster 2002.
- Purps, S.: Die Handbremse im Kopf der Mitarbeiter lösen, HR Today. Das Schweizer Human Resource Management-Journal 2012.

Hintergrund

Der gebürtige Australier **Dr. David Rock** gehört zu den führenden Persönlichkeiten der angelsächsischen Coaching-Szene. Er lehrt weltweit an verschiedenen Managementuniversitäten, u.a. in Oxford, arbeitet mit großen, weltweit tätigen Konzernen und hat sicher schon mehr als 10.000 Manager und Coachs weltweit ausgebildet.

Rock erklärt, dass er im Jahr 2004 während seiner Gehirnforschungen das fehlende Puzzleteil fand, um zu verstehen, wie Führungskräfte, Manager und auch Coachs effektiver sein können. In der Fortsetzung prägte er 2007 erstmalig den Begriff „Neuroleadership" und forscht daran, wie Organisationen durch das Verständnis der heutigen Neurowissenschaften geholfen werden kann.

Er gründete die Organisation Results Coaching Systems und ist Co-Gründer des Neuroleadership Instituts. Außerdem ist er der CEO der Neuroleadership Group. Er ist Autor von drei Werken, die heute zur Standardlektüre für Coachs gehören. Das von ihm entwickelte Basismodell ist das SCARF-Modell, das mittlerweile weltweit bekannt ist.

Interventionsarchitektur im Change

von Heidrun Strikker

Ziel

Eine Methode bei der Planung und Steuerung von großen Veränderungsprojekten ist die sogenannte „Interventionsarchitektur". Diese Architektur ist wie eine umfassende Gesamtübersicht, die die wesentlichen Planungs- und Prozessschritte eines Veränderungsprojektes aufzeigt, die personelle Verantwortung klar benennt und die zeitlichen und organisatorischen Maßnahmen in einer matrixähnlichen Struktur zusammenfasst. In einer solchen Architektur wird beschrieben, „was" aus externer und interner Sicht im Change-Prozess geschehen soll. Ein darauf basierendes Interventions-Design überführt dann diese konzeptionellen Überlegungen in konkrete Maßnahmen und beantwortet Fragen danach, „wie" die Architektur operativ umgesetzt wird.

Auf einen Blick soll die Interventionsarchitektur allen Beteiligten deutlich machen, wer zu welchem Zeitpunkt aktiv ist, wer welche Funktion und Aufgabe hat, wie oder wann die unterschiedlichen Aufgaben und Teilprojekte zeitlich aufeinandertreffen und wie die regelmäßige Abstimmung und Kommunikation unter den Beteiligten sichergestellt werden kann. Die Architektur bildet somit den Rahmen einer Veränderung ab, in dem planvoll und abgestimmt gehandelt, also interveniert werden kann.

Kontext

- Führung im Change
- Beteiligung im Change
- Komplexität/Dynamik in Change-Prozessen
- Organisationsentwicklung
- Teamentwicklung
- Planung und Steuerung von von Veränderungsprojekten

Theorie

Wieso haben die Organisationsberater Roswita Königswieser und Alexander Exner das im Folgenden beschriebene, systemische Strukturierungsmodell Interventionssarchitektur genannt? Wenn in Unternehmen gravierende Veränderungen umgesetzt werden sollen, wie etwa die Zusammenlegung von Standorten oder eine Umstrukturierung der Organisation, müssen viele unterschiedliche Interessen, zeitliche Restriktionen und ein erhebliches Maß an Organisation und Kommunikation im Vorfeld bedacht und mit eingeplant werden. Wie Architekten bei der Planung eines Hausbaus müssen auch Führungskräfte in Veränderungsprojekten frühzeitig entscheiden, wie sie die Wünsche und Ziele der Beteiligten strategisch zusammenbringen können und wie sie die voneinander abhängigen und aufeinander folgenden Maßnahmen koordinieren wollen. Sie müssen von Anfang an mitbedenken, wann sie Zwischenergebnisse prüfen und wie sie bei Störungen oder gegenüber Risiken rechtzeitig intervenieren können, um das Ziel der Veränderung zu erreichen. Mithin wird ein Veränderungsprojekt ähnlich wie ein Gebäude systematisch vom Fundament bis zum Dach durchdacht und visuell in der Interventionsarchitektur aufgebaut.

Im Unterschied zum Interventionsdesign, das sich mit der differenzierten methodischen Gestaltung der Prozesse und den konkreten Handlungen der beteiligten Personen und Gruppen befasst, hat die Interventionsarchitektur die Aufgabe, die Gesamtplanung und den Überblick über die gesamte Zeit des Veränderungsvorhabens hinweg zu gestalten. Hier geht es darum, laufend Handlungsmöglichkeiten einzubauen und die Kontinuität der Kommunikation aller Beteiligten in ihren Funktionen, Rollen und Aufgaben sicherzustellen.

Um sich für ein solches komplexes Architekturkonzept und die entsprechenden Interventionen zu entscheiden, müssen Unternehmen bereit sein, den besonderen Zeitaufwand einzubringen, die methodische Vorgehensweise und Planung erfordert.

Im Folgenden werden die zentralen Architekturelemente aus externer Beratersicht aufgezählt (Königswieser, Königswieser & Exner, 1998, weiterentwickelt von Vahs & Weiland, 2010):

Die empfohlenen Architekturelemente haben keine Gewichtung in der Art der hier vorgenommenen Darstellung und es ist weder zwangsläufig erforderlich noch sinnvoll, in jedem Fall und Projekt immer alle der Architekturelemente einzuplanen. Das hängt vom jeweiligen Projekt ab und wird vom verantwortlichen Leiter oder Projekt-Team entschieden.

1. Wichtig sind klare Absprachen zu Beginn des Projekts, vertraglich geregelte eindeutige Projektrollen sowie eine definierte Projektdauer.
2. Am Projektstart steht eine Diagnose des Unternehmens durch die externen Berater. Relevant ist dabei die Gestaltung der Beziehungsebene und die interne Kommunikation zwischen den Schlüsselpersonen.

3. Ein Austausch zwischen internen Entscheidern und externen Beratern mit den jeweiligen Beobachtungen und Rückmeldungen findet nach erfolgter Diagnose in sogenannten „Rückspiegelungs-Workshops" statt. Diese dienen dem Vertrauensaufbau zwischen Auftraggeber und den externen Partnern und letztlich der Entscheidungsfindung zur weiteren Vorgehensweise auf Basis der akzeptierten Diagnose.
4. Zentrales Element der weiteren Projektorganisation ist auch die „Steuerungsgruppe". Eingerichtet wird sie mit repräsentativen internen Vertretern sowie Externen. Die Steuerungsgruppe ist für die Organisation des gesamten Prozesses verantwortlich (vgl. Hofmann & Strikker, 2007). Anders als bei anderen Architekturelementen empfiehlt es sich, die Steuerungsgruppe in Veränderungsprozessen in jedem Fall einzurichten, da sie eine wichtige Reflexions-, Steuerungs-, Monitoring-, Katalysatoren- und auch Managementfunktion hat.
5. Zu wesentlichen Projektthemen werden Projekt- und Arbeitsgruppen gebildet. Diese sogenannten „Subgruppen" mit spezifischen inhaltlichen Aufgaben stellen insbesondere die Beteiligung von Mitarbeitern zur Akzeptanzerzeugung, Kompetenzeinbeziehung und Qualitätssicherung sicher.
6. Die Kommunikation zwischen der Steuerungsgruppe und ausgewählten Beteiligten im Unternehmen wird in komplexeren Projekten durch das Einrichten von sogenannten „Dialoggruppen" gewährleistet und ergänzt. Ziel ist es, den Austausch über den Veränderungsprozess mit Entscheidern (Auftraggebende, Betriebsräte etc.) zu sichern, aber auch die Bodenhaftung über die Ebenen des Unternehmens hinweg sicherzustellen. Denn manchmal ist auch eine Steuerungsgruppe bereits sehr weit weg vom eigentlichen, operativen Geschäft.
7. Es werden Termine für regelmäßige Gesprächsrunden mit Führungskräften und Mitarbeitern verschiedener Ebenen gemacht. Diese dienen als „Sounding-Boards" der Unterstützung und Beratung der Steuerungsgruppe im laufenden Veränderungsprozess mithilfe der Stimmungen (Sounds), die diese zurückmelden (vgl. Hußmann, 2009).
8. Großveranstaltungen zur Kommunikation der zentralen Botschaften des Projekts und zum Austausch mit den Beteiligten werden geplant und im Verlauf oder auch am Ende eines Projekts durchgeführt. Das hängt sehr von der Komplexität eines Projekts ab.
9. Geregelte Zusammenarbeit der Externen mit der internen Projektleitung.

10. Es gibt eine offene Zusammenarbeit der Externen mit der Geschäftsleitung zur besonderen Rollen- und Aufgabenklärung im Veränderungsprojekt und zur Vorbildfunktion, zum Austausch über Korrekturen, Störungen etc. Diese kann informell oder auch strukturiert geplant verlaufen.
11. Themenspezifische Austauschforen für Schlüsselpersonen und Multiplikatoren werden eingerichtet. Schlüsselpersonen zeichnen sich dadurch aus, dass sie für das Unternehmen und die Veränderung besonders wichtig bzw. durchaus auch Verhinderer sein können. Multiplikatoren sollen in der Breite eine Veränderung transportieren und werden dafür i.d.R. auch gezielt ausgebildet. Multiplikatoren können Experten in Stabsstellen sein, z.B. Personalentwickler oder Trainer oder auch Führungskräfte mit einer breiten Führungsverantwortung. Ein Austauschforum kann sinnvoll sein, wenn in einem Bereich der gesamten Veränderung ein Pilotprojekt gelaufen ist und nun die Lernerkenntnisse reflektiert und auf Schlüsselpersonen übertragen werden sollen, die in folgenden Projektschritten betroffen sind.
12. Zum Festigen neuer Verhaltensweisen ist das Anbieten und Einplanen von Coaching sinnvoll.
13. Die horizontale Umsetzung der Veränderungen lässt sich mit Train-the-Trainer-Modulen sichern. Das heißt, das externe Beraterteam überträgt sukzessive sein Know-how auf ausgewählte Beteiligte, z.B. Schlüsselpersonen und Multiplikatoren, um sich mittelfristig auch aus der Organisation wieder zurückziehen zu können und die Selbstverantwortlichkeit in der Umsetzung an das Unternehmen zurückzuübertragen.
14. Erfolgskontrolle geschieht durch fortlaufende Rückmeldungen aus dem Unternehmen mithilfe von Feedback, Befragung, Auswertung und anderen Evaluierungsmaßnahmen.
15. Moderation von Abteilungs- und Teammeetings über die Qualität der internen Zusammenarbeit ist ebenfalls ein sehr empfehlenswertes Architekturelement und kann sowohl von internen als auch von externen Moderatoren oder aus der Beratergruppe heraus moderiert werden. Hilfreich ist die Rückspiegelung von wichtigen, insbesondere organisational wiederkehrenden Themen an die Steuerungsgruppe unter Wahrung von Vertraulichkeit – wo erforderlich.
16. Externe Berater unterstützen durch sogenannte „Staffarbeit“ (Dokumentationen, Protokolle, Erarbeitung von Unterlagen, inhaltliche Vor- und Nachbereitung etc.).

Diese beschriebenen Strukturelemente sollen Orientierung im Veränderungsverlauf und einen verbindlichen und kontinuierlichen Rahmen für alle Beteiligten schaffen. Durch Bildung spezifischer Arbeitsgruppen und geklärten Funktionen und Abläufen sollen die notwendigen Kommunikations- und Entscheidungsprozesse abgebildet werden. So werden zugleich wichtige Freiräume geschaffen, die den Beteiligten die Möglichkeit geben, miteinander im Austausch und in der Reflexion zu bleiben: "Die Interventionsarchitektur entscheidet, dass etwas stattfindet und was stattfindet, sozusagen die Überschriften, die Eckpfeiler, die Grobplanung. Mit dem Change-Design wird entschieden, wie die inhaltliche, soziale, zeitliche und räumliche Dimension im vorgegebenen Rahmen gestaltet wird." (Königswieser & Exner, 1998/2000).

Interventionsarchitekturen werden entweder im Vorfeld von Veränderungsprojekten zwischen Beratern und einigen, wenigen intern Verantwortlichen entworfen und gestaltet oder mithilfe von Moderation mit einer größeren Gruppe von Führungskräften entwickelt. Auch Mitarbeitende und Schlüsselpersonen bzw. Fachkräfte können in einen solchen Prozess zur Gestaltung von Interventionsarchitekturen durch Großgruppenmoderation integriert werden.

Abb.: Beispiel einer Architekturdarstellung (nach Königswieser, Exner, 1998)

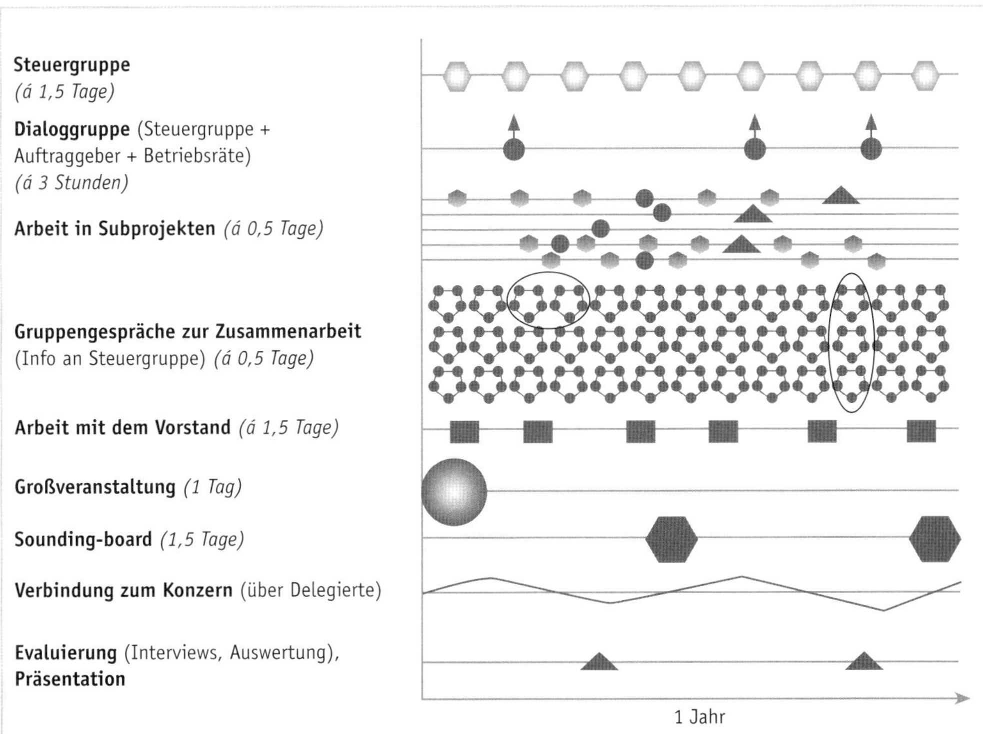

Diese Architektur enthält neun der insgesamt 16 möglichen Architekturelemente und beschreibt Folgendes (von oben nach unten zu lesen):

- Die Steuerungsgruppe wird sich im Verlauf eines Jahres neunmal für 1,5 Tage je Meeting treffen.
- Die Dialoggruppe hat drei Meetings á drei Stunden, in der die Steuerungsgruppe, Auftraggeber und Betriebsrat integriert sind. Die Ergebnisse werden in die Meetings der Steuerungsgruppe überführt (erkennbar an den Pfeilen).
- Es gibt mehrere Subgruppen, die zu verschiedenen Themen in unterschiedlichen zeitlichen Rhythmen zusammenkommen. Darüber hinaus gibt es drei größere Workshops mit ergänzendem Format (erkennbar am Dreieck).
- In einer Vielzahl von Gruppengesprächen á je 0,5 Tage werden die Themen des Veränderungsprogramms besprochen, transportiert, Fragen geklärt und Feedback und Klärungsbedarfe auch wieder in die Steuerungsgruppe zurückgetragen.
- Auch mit dem Vorstand finden sechs gemeinsame Veranstaltungen zu je 1,5 Tagen statt.
- Es gibt zu Beginn eine gemeinsame Großveranstaltung, in der alle Beteiligten auf die gemeinsame Veranstaltung eingeschworen werden.
- Im Sounding-Board, das zweimal pro Jahr stattfindet, werden hierarchiefrei die Stimmen der Betroffenen eingefangen und Ideen eingeholt und wieder in das Projekt zurückgeschleust.
- Es gibt eine konstante Verbindung in den Gesamtkonzern, hier durch die Linie dargestellt.
- Und final ist hier durch zwei Symbole im Verlauf des Jahres die Evaluierung in Form von Interviews mit Auswertung und anschließender Präsentation erkennbar.

Zusammengefasst: In ihrer Darstellung werden Interventionsarchitekturen auf der Y-Achse mit den beteiligten Personen, Gruppen und verantwortlichen Funktionsträgern visualisiert –„wer macht was?“ und auf der x-Achse werden die zeitlich fixierten, konkreten Maßnahmen und Schwerpunktaktivitäten bis zur erfolgreichen Umsetzung des Veränderungsprojektes – „wann wird was geplant?“ (vgl. Grafik S. 115).

Die Symbole erklären normalerweise auch (und in einer Legende aufgeführt), um welche konkrete Designform es sich handelt (Workshop, Meeting, Großgruppenveranstaltung etc., vgl. Flipchart auf S. 121) Bei großen Vorhaben können solche Architekturen sehr komplexe Formen annehmen. Dann entstehen in der Praxis sowohl grobe Rahmenpläne mit wesentlichen Meilensteinen zum Gesamtüberblick als auch bis ins Detail formulierte Designs für einzelne Teilprojekte.

Anwendung

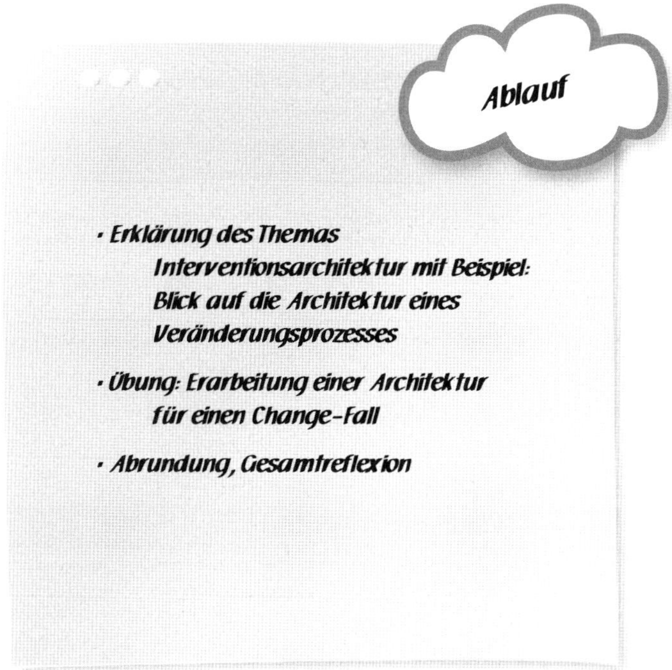

Erklärung des Themas Interventionsarchitektur mit Beispiel

In der Realität großer Veränderungsprozesse sind viele Maßnahmen fast zeitgleich und dicht gedrängt zu bewältigen. Um den Überblick zu bewahren, müssen die einzelnen Teilprojekte und die Kommunikation untereinander mit den wichtigsten Meilensteinen für alle festgehalten werden. In den Designs einzelner Workshops oder Besprechungen werden dann die methodischen und didaktischen Details genauer beschrieben.

Ein Beispiel: Im zeitlich drängenden Veränderungsprozess eines Produktionsunternehmens sah die Interventionsarchitektur entsprechend komplex aus – viele unterschiedliche Aufgaben mussten in den Gesamtprozess integriert werden, wie die folgende Abbildung zeigt:

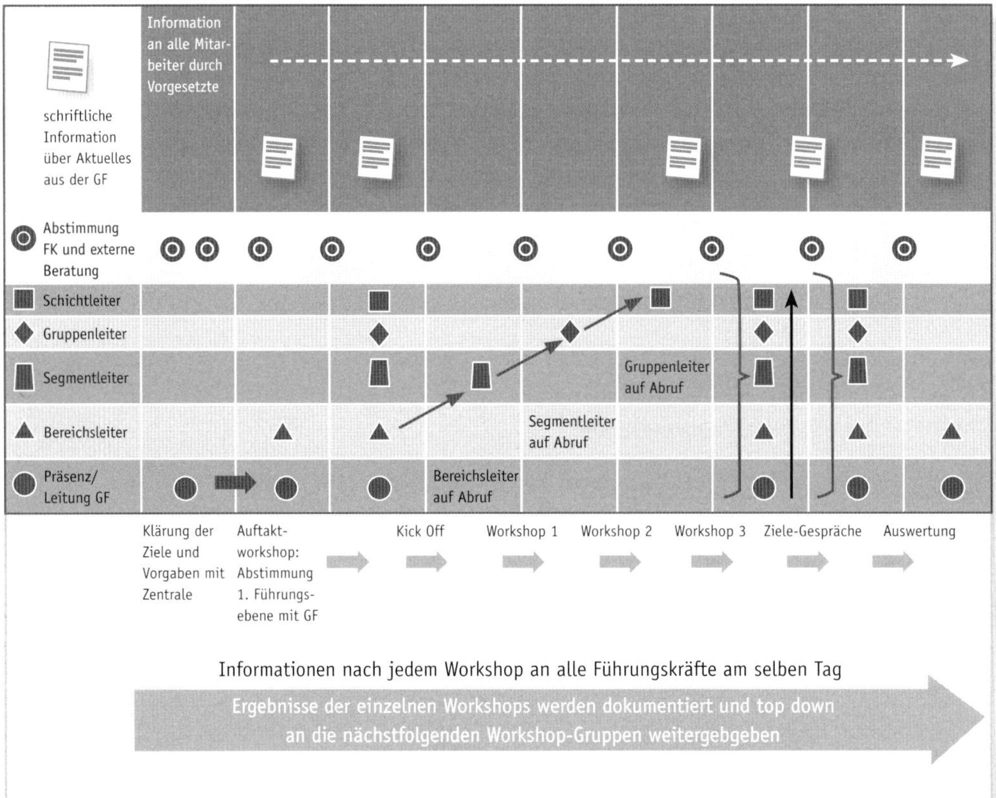

Abb.: Interventionsarchitektur eines Produktionsunternehmens

Übung: Erarbeitung einer Architektur für einen Change-Fall

Für diese Übung wird folgendes Material eingesetzt: Moderationswand, Moderationsmaterial, Stuhlkreis, fünf bis zwölf Teilnehmende (TN), vorbereitete Karten, Klebepunkte.

Schritt 1 – Einführung: In der Einführung zum Thema erläutern Sie den Hintergrund und den grundlegenden Zusammenhang von Veränderungsprozessen und Interventionsarchitektur. Zugleich erfragen Sie die Erfahrungen der Teilnehmenden mit Veränderungsprozessen und diskutieren sie gemeinsam. In diesem Dialog soll der Nutzen einer Interventionsarchitektur erarbeitet werden.

Zielführende Fragen können sein:

- *„Wie erhält man einen Überblick über die verschiedenen Schritte bei einem Veränderungsprozess?"*
- *„Wie kann der Zusammenhang unterschiedlicher Maßnahmen abgebildet werden?"*

- *„Wer sind die Beteiligten bei einem Veränderungsvorhaben?"*
- *„Wie soll das Veränderungsvorhaben grundsätzlich angegangen werden?"*

Zeitrahmen: 30 Minuten

Schritt 2 – Anwendungsbeispiel: Als Anwendungsbeispiel wird eine mögliche Fusion von zwei Banken genutzt. Alle Teilnehmenden erhalten die Informationen für die Ausgangssituation der Fusion (siehe Abb. Bankenfusion I). Die Kurzbeschreibung lautet: Zwei in etwa gleich große Banken fusionieren. Das übergeordnete Motto heißt: Aus 2 wird 1! Die Alt-Banken haben folgende Größe: Bank A hat 400 Mitarbeitende und 40 Filialen; Bank B hat 300 Mitarbeitende und 44 Filialen. Die Bilanzsumme der beiden Banken hat den gleichen Umfang.

Die neue Führungsstruktur der Bank: zwei Vorstände, zehn Bereichsleiter, 28 Abteilungsleiter, von denen zehn als Regionalleiter im Vertrieb arbeiten. In der Organisations- und Personalentwicklung sind fünf Personen beschäftigt. Die neue Bank soll 70 Filialen insgesamt haben. Der Aufsichtsrat ist paritätisch aus den beiden Alt-Banken besetzt.

Die Teilnehmer sollen sich beim Entwurf einer Architektur auf die Entwicklung einer gemeinsamen Führungskultur und die Einführung einheitlicher Führungsinstrumente konzentrieren (vgl. Abb. Bankenfusion

Abb.: Flipcharts Bankenfusion I (links) und II (rechts)

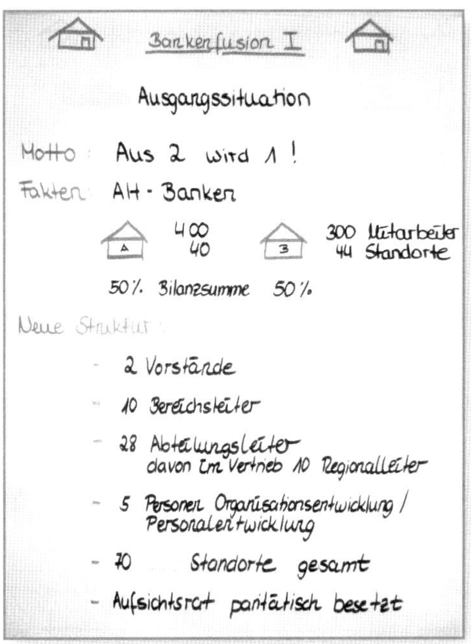

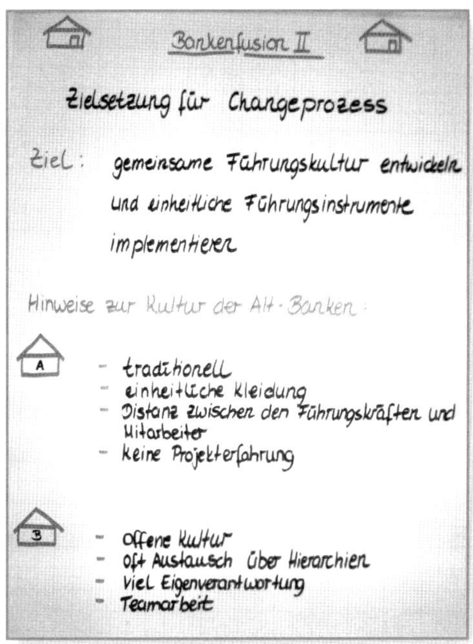

II). Dabei sollten sie beachten, dass die bisherigen Führungskulturen durchaus große Unterschiede aufwiesen. Bank A war eher traditionell ausgerichtet, mit einheitlicher Kleidung, Distanz zwischen Führungskräften und Mitarbeitenden sowie keinerlei Projekterfahrung. Bank B hatte demgegenüber eher eine offene Kultur, mit viel Austausch über die Hierarchien hinweg, ausgeprägter Eigenverantwortung bei den Mitarbeitenden und breiter Erfahrung mit Teamarbeit.

Die Teilnehmenden erhalten diese Informationen. Ergänzen Sie gegebenenfalls aus Ihrer eigenen Erfahrung weitere Details. Die Erklärung dauert ca. zehn Minuten.

Schritt 3 – Interventionsarchitektur erarbeiten: Die Teilnehmenden erarbeiten in kleinen Gruppen von max. fünf Personen eine Architektur für diesen Change-Prozess. Als Orientierung geben Sie ihnen die Anweisung, auf der Y-Achse die beteiligten Gruppen aufzulisten und auf der X-Achse/der Zeitachse die Aktivitäten bzw. die Interventionen mit einem Stichwort zu skizzieren. In der kleinen Gruppe sollen die Teilnehmenden

- erst diskutieren, wie sie den Change-Prozess gestalten wollen,
- dann entsprechend eine Visualisierung vornehmen.

Zeitrahmen: 45 Minuten.

Schritt 4 – Präsentation: Die Teilnehmenden entscheiden, welche Elemente aus Sicht der Gruppe in der Interventionsarchitektur sinnvoll sind und präsentieren das Ergebnis ihrer Gruppenarbeit. Dabei erfragen Sie die Hintergründe für Elemente der Architektur und gehen auf die Verbindung der einzelnen Architekturelemente ein.

Zielführende Fragen können sein:

- *„Wer sind die beteiligten Gruppen?"*
- *„Welche Grundüberlegungen führen zu Ihrer Architektur?"*
- *„Was wollen Sie mit dieser Architektur erreichen?"*
- *„Wie spielen die einzelnen Elemente ineinander?"*
- *„Welchen Gesamtzeitrahmen haben Sie ins Auge gefasst?"*
- *„Was fällt dem Rest der Gruppe auf? Gibt es fehlende, beteiligte Gruppen oder Architektur-Elemente, die nicht vorhanden sind, aber notwendig?"*

Zeitrahmen: Pro Präsentation 30 Minuten.

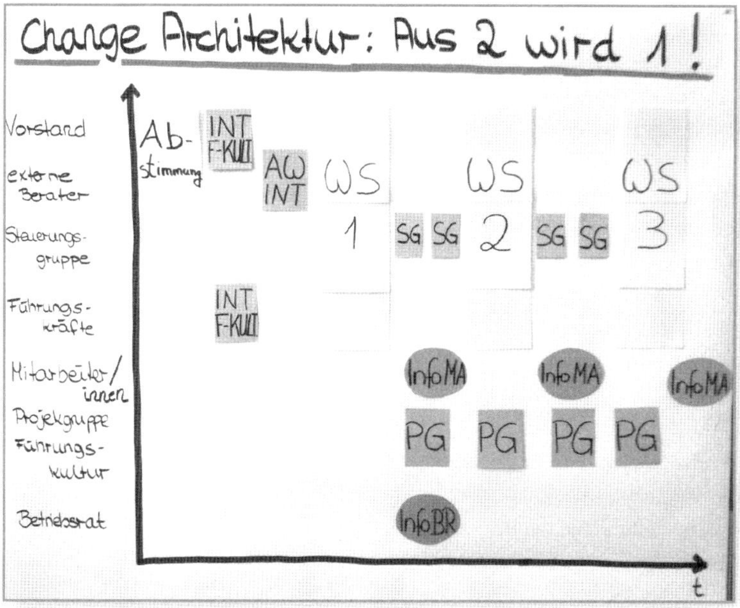

Abb.: Beispiel aus einer Gruppenarbeit zur Interventionsarchitektur

Erläuterung der Abkürzungen:

- Abstimmung – Abstimmung zwischen Vorstand und externen Beratern (Architekturelement 10)
- INT – Interview der Führungskräfte (Architekturelement 2)
- AW INT – Auswertung der Interviews
- WS – Workshop
- SG – Steuerungsgruppe
- Info MA – Information an Mitarbeitende (Architekturelemente 5, 6, 7 oder 8)
- PG – Projektgruppe/Subgruppe
- Info BR – Information an Betriebsrat (je nach Funktion können es die Architekturelemente 4, 6, 7 sein).

Wichtig: Bei der Erstellung einer Architektur werden die Details einer Aktivität noch nicht festgelegt. Beispielsweise bleibt noch offen, wie genau die Mitarbeitenden informiert werden oder wie ein Workshop gestaltet wird. Diese Details werden erst im Design eines Veränderungsprozesses erarbeitet.

Zusammenfassen der Lernergebnisse

Fassen Sie mit allen Teilnehmenden die Lernergebnisse aus der Gruppenarbeit zusammen. Die Teilnehmer notieren sich die eigenen, wesentlichen Erkenntnisse.

Kommentar

Interventionsarchitekturen bieten Sicherheit inmitten großer Umbrüche und Veränderungen, insbesondere, wenn sie mit den Beteiligten erarbeitet und gestaltet werden. Komplexe Prozesse brauchen adäquate Methoden: Je weniger Aufwand und Komplexität eine solche Architektur bietet und je klarer die „to Dos" für die Beteiligten sind, umso eher wird sie von den Unternehmen als hilfreich und veränderungsförderlich erlebt.

Technische Hinweise

Moderationswand, Moderationsmaterial, Stuhlkreis, 5–12 Teilnehmende, vorbereitete Karten, Klebepunkte.

Querverweise

- Das Design von Veränderungsaktivitäten (S. 124) ist eine sinnvolle Ergänzung zur Change-Architektur, da es hierin um die Entwicklung der Fragen geht, wie die Bestandteile der Architektur nun konkret in die Umsetzung gehen können.
- Außerdem ist das 8-Phasen-Modell im Change (S. 90) ein gutes Basis-Modell, um das Thema Change vom Grundsatz einzuführen, um dann sowohl durch die Architektur wie auch durch das Design in die Konkretisierung zu gehen.

Weiterführende Literatur

- Königswieser, R. & Exner, A.: Systemische Intervention. Architektur und Designs für Berater und Veränderungsmanager, Stuttgart: Schäffer-Poeschel, 9. Aufl. 1998.
- Königswieser, R.; Lang, E.; Königswieser, U. & Keil, M. (Hrsg.): Systemische Unternehmensberatung, Stuttgart: Schäffer-Poeschel 2013.
- Hofmann, M. & Strikker, F.: Steuerungsgruppe. In: A. Leão & M. Hofmann (Hrsg.): Fit for Change, Bonn: managerSeminare 2007.
- Hußmann,R.: Das Sounding-Board im Change. In: A. Leão & M. Hofmann (Hrsg.): Fit for Change II, Bonn: managerSeminare 2009.
- Leão, A. & Hofmann, M. (Hrsg.): Fit for Change (2007) und Fit for Change II (2009), Bonn: managerSeminare.
- Strikker, H.: Komplementär-Coaching, Paderborn: Junfermann 2007.
- Vahs, D. & Weiland, A.: Workbook Change Management, Stuttgart: Schäffer-Poeschel, 2. Aufl. 2010.

Hintergrund

Roswita Königswieser, Dr. phil. der Sozialwissenschaften,1943 in Wien als eines von sechs Kindern geboren, ist österreichische Supervisorin, Organisationsberaterin und Verfasserin zahlreicher, sehr bekannter Fachbücher. Sie ist auf Gruppendynamik und die systemische

Organisationsberatung spezialisiert und hat gemeinsam mit ihrem Team einen neuen Ansatz der Komplementärberatung entwickelt.

Alexander Exner wurde 1947 in Wien geboren. Er ist ebenfalls vielfacher Fachbuchautor und Organisationsberater mit Schwerpunkt in der Entwicklung und praktischen Anwendung der systemischen Beratung und des systemischen Managements. Exner ist auch Lehrtrainer und Lehrberater der österreichischen Gesellschaft für Gruppendynamik.

Interventionsdesign im Change

von Dr. Frank Strikker

Ziel

Design und Architektur sind zwei Begriffe, die bei der Gestaltung von Veränderungsprozessen eng miteinander verbunden sind. Während mit der Architektur die Gesamtplanung eines Veränderungsprozesses gemeint ist, konzentriert sich das Design auf die konkrete Ausgestaltung der einzelnen Elemente.

Kontext

- Change-Architektur
- Gestaltung von Maßnahmen
- Veränderungsmanagement
- Moderation

Theorie

„Design" ist ein schillernder Begriff, der sich in vielen unterschiedlichen Feldern finden lässt: z.B. Mode, Kunst, Marketing, Veranstaltungen, Planung von Gebäuden. Bezogen auf Beratungs- oder Veränderungsprojekte müssen die drei Begriffe Architektur, Design und Technik definiert und differenziert werden. In einigen Veröffentlichungen werden sie mit dem Verständnis von Interventionen verbunden, so z.B. bei den Organisationsberatern Roswita Königswieser und Alexander Exner, den Urhebern des Modells des Interventionsdesigns.

- Interventionsarchitektur: Gesamtplanung eines Beratungs- oder Veränderungsprojekts
- Interventionsdesign: konkrete Ausgestaltung der Elemente der Architektur
- Interventionstechnik: unmittelbare Umsetzung des Designs

In der Architektur wird beschrieben, **„was"** aus externer und interner Sicht im Change-Prozess geschehen soll. Ein darauf basierendes Interventionsdesign überführt dann diese konzeptionellen Überlegungen in konkrete Maßnahmen und beantwortet Fragen danach, **„wie"** die Architektur operativ umgesetzt wird. Die Erstellung eines Designs ist damit unmittelbar mit der Architektur eines Veränderungsprozesses verknüpft. Das Design wiederum bestimmt die Auswahl und den Einsatz der angemessenen Technik. Alle drei Faktoren müssen sich an der

Zielsetzung des Veränderungsprozesses ausrichten und die kulturellen Spezifika des Unternehmens berücksichtigen.

Architektur, Design und Technik sind eng mit dem Begriff der Intervention verbunden. *„**Intervention** kann beschrieben werden als eine beabsichtigte und zielgerichtete Maßnahme, die in einem Unternehmen von mindestens einer Person zum Erreichen der Veränderungsziele ausgeübt wird."* (Vahs, 2010)

Beispiele für Maßnahmen, für die ein Design erstellt werden könnte, sind Workshop, Zukunftskonferenz, Steuerungsgruppe, Visionsarbeit, Umfeldanalyse, Mitarbeiterbefragung, Mitarbeiterveranstaltung, Open Space Meeting, Outdoor-Veranstaltung, Führungskräftekonferenz, Projekttreffen, Evaluationsmaßnahmen, Führungskräfte-Feedback etc.

Erstellung eines Designs

Das Design einer Maßnahme ist unterschiedlich komplex und richtet sich nach dem Umfang der Maßnahme. Beispielsweise wird das Design der Sitzung einer Steuerungsgruppe deutlich weniger Komplexität aufweisen als das Design einer zweitägigen Managementkonferenz, das verschiedene kleine Detaildesigns in sich integriert. Aus der systemischen Perspektive ist es wichtig, dass die Erstellung eines Designs auf folgenden Schritten basiert:

- Informationen aufnehmen
- Hypothesen bilden
- Planung
- Durchführung

Informationen zu gewinnen, kann auf sehr unterschiedliche Weise geschehen, von der persönlichen Beobachtung über Gespräche mit relevanten Personen bis zur Auswertung von Befragungen oder Materialien des Unternehmens.

Der zweite Schritt ist die **Bildung von Hypothesen**. Mit Hypothesen sind Annahmen gemeint, etwa über die Situation des Unternehmens, seine Kultur, die Belegschaft, die Führungskräfte, die mögliche Wirkung einzelner Interventionen, die Risiken oder die Zielerreichung. Die Beteiligten an der Erstellung eines Designs sollen sich über ihre Hypothesen austauschen und somit ihre Wahrnehmungen und Perspektiven abgleichen. Empfehlenswert ist, die Perspektiven des Unternehmens mit Perspektiven aus externer Sicht zu verbinden, z.B. indem sich Führungskräfte mit Beratern kurzschließen, um Hypothesen zu bilden. Auf der Basis dieser Diskussionen wird das Design der geplanten Maßnahme entwickelt.

Die **Planung** des Designs, der dritte Schritt, soll fünf Dimensionen beinhalten:

- eine zeitliche
- eine räumliche
- eine inhaltliche
- eine soziale
- eine symbolische

Zeitliche Dimension: Wie lange ist die Maßnahme geplant? Wann beginnt und wann endet die Maßnahme? Wie lange werden einzelne Arbeitszeiten konzipiert? Wie wechseln sich Arbeits- und Pausenzeiten ab? Wie werden Abendzeiten geplant?

Räumliche Dimension: Auswahl des Ortes inkl. der Arbeitsmöglichkeiten, Größe, Verteilung und Lage der Räume, Gestaltung der Räume, Equipment wie Flipcharts, Pinnwände, Mikrofone etc., Bestuhlung und Sitzordnung, Raum im Unternehmen oder extern, Outdoor-Aktivitäten mit ihren spezifischen Rahmenbedingungen. Vor allem bei Großveranstaltungen ist die räumliche Dimension sehr genau zu planen.

Inhaltliche Dimension: Welche Inhalte sollen bearbeitet werden? Werden Informationen vermittelt oder werden Inhalte diskutiert oder entschieden? Soll ein Inhalt in der Tiefe oder eher in der Breite diskutiert werden? Aber auch: Welche Inhalte sollen nicht besprochen werden?

Soziale Dimension: Festlegung der Teilnehmenden, Aufteilung zwischen Plenums- und Gruppenarbeitsphasen, Zusammensetzung der Gruppen, Wechsel der Gruppen.

Symbolische Dimension: Welche Rituale oder Routinen werden umgesetzt? Wie werden bewusst Irritationen gesetzt oder Innovationen eingeführt? Wer übernimmt bestimmte Rollen, z.B. Begrüßung und Verabschiedung?

Ergänzend zu diesen Dimensionen ist auf die wichtige **didaktische Komponente** hinzuweisen. Der Ablauf einer Maßnahme sollte nicht zufällig sein, sondern sich an bestimmten Kriterien orientieren, die anhand der Zielsetzung eines Veränderungsprozesses entwickelt werden. Derartige Kriterien können sein: Alle Beteiligen zu Wort kommen lassen, kurze Diskussionsbeiträge statt langer Vorträge, lieber persönlich informieren, statt über PowerPoint präsentieren, bekannte Formate wie Gruppenarbeit in homogenen Gruppen mit neuen Formaten wie Skulpturarbeit abwechseln, analoge und digitale Interventionen im Design verbinden, Tempo- und Rhythmuswechsel im Ablauf einplanen.

Über die Dimensionen hinaus formulieren Königswieser & Exner einige **Prinzipien** und **Qualitätskriterien**, die bei der Designplanung hilfreich sein können:

- weniger ist mehr
- auf den Energielevel im Gesamtprozess achten
- möglichst viel Aktivität durch Beteiligte aus dem Unternehmen durchführen lassen (Begrüßung, Input)
- Erleben vor Input stellen, d.h., Theorien und Modelle sollen helfen, Erlebtes einzuordnen
- relevante Umwelten sichtbar und besprechbar machen (z.B. Kunden)
- heikle Themen nicht ganz an den Anfang stellen
- Anfangssituation mit einer Aktivierung gestalten, bei der alle vorgestellt werden und je nach Größe der Teilnehmergruppe jeder zu Wort kommt
- Orientierung über die Ziele und den Zeitplan geben
- Rollenklärung bei den Beteiligten
- Unterschiedliche Interventionstechniken verbinden
- Visualisierungen bewusst einsetzen
- Gestaltungselemente mit unterschiedlichen Tempi nutzen
- Entscheidungen von den Entscheidungsträgern des Unternehmens kommunizieren lassen
- Maßnahmenplan mit Verantwortlichkeiten zum Abschluss erstellen
- Energiefluss bis zum Ende gewährleisten

Diese Prinzipien und Qualitätskriterien besitzen je nach Ausrichtung eines Veränderungsprozesses eine unterschiedliche Relevanz, sie sollen das Erreichen der Hard Facts ebenso unterstützen, wie zum Erfüllen der Soft Facts beitragen.

Bei der Erstellung eines Interventionsdesigns sind neben den fünf Dimensionen und dem Beachten didaktischer Kriterien zwei weitere Aspekte grundlegend. Zum einen gehört zum Design auch die Abschätzung des **Budgets** einer Maßnahme, zum anderen ist die **Kommunikation** essenziell. Bei der Kommunikation ist zu bedenken, dass sie für drei Phasen geplant werden muss: die Kommunikation **vor** einer Maßnahme, die Kommunikation **während** einer Maßnahme und die

Kommunikation **im Anschluss** an eine Maßnahme. Das bedeutet zum Beispiel zunächst die Planung der Einladung für einen Workshop, dann das Klären der Frage: *„Wer ist für die Einführung von Gruppenarbeiten verantwortlich?"* und schließlich die Absprache, wie, von wem, wann und worüber im Unternehmen über die Ergebnisse einer Maßnahme informiert wird.

Anwendung

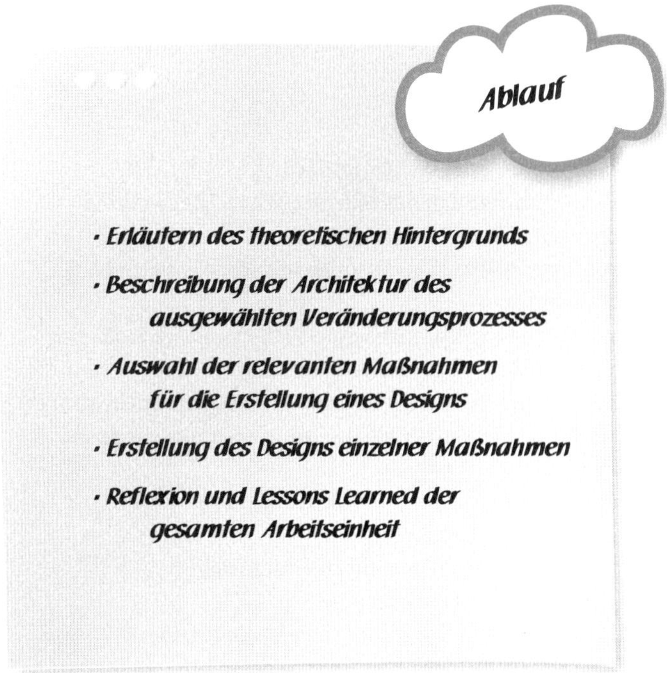

Eine Gruppe von Führungskräften nimmt an einer Weiterbildung über Veränderungsmanagement teil. Eine Zielsetzung des Seminars ist die Erarbeitung des Designs eines Veränderungsprozesses. Folgende Schritte bieten sich an:

Erläutern des theoretischen Hintergrunds

Zum Einstieg in die Thematik erläutern Sie den theoretischen Hintergrund der Entwicklung, die Bedeutung und Zielsetzung eines Designs. Zudem sollten Sie den Zusammenhang von Architektur, Design, Technik und Interventionen vermitteln (siehe dazu „Interventionsarchitektur im Change", S. 111). Dies dauert etwa 15–30 Minuten.

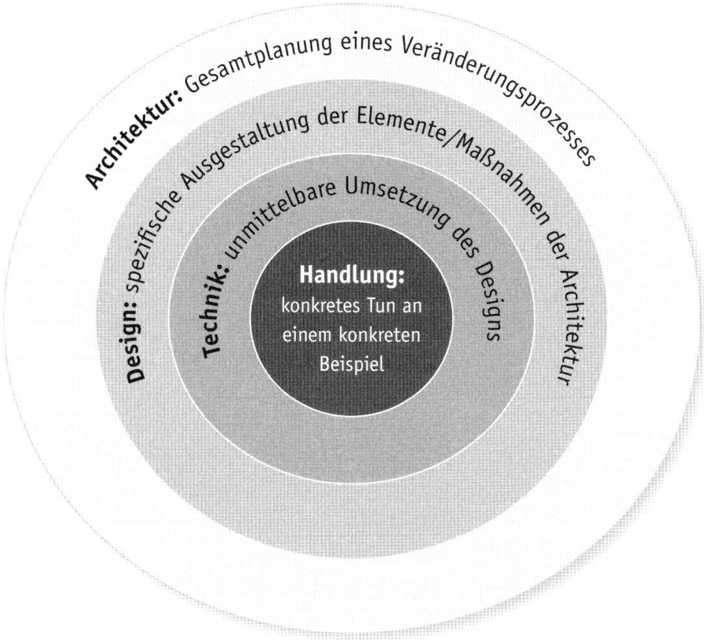

Abb.: Zusammenhang von Interventionsarchitektur, -design, -technik, -handlung (in Anlehnung an Königswieser & Exner, 2000)

Beschreibung der Architektur des ausgewählten Veränderungsprozesses

Die Architektur eines Veränderungsprozesses ist eine gute Voraussetzung, um das Design einzelner Maßnahmen zu erarbeiten. Es empfiehlt sich, in der Gruppe ein oder zwei Veränderungsprozesse gezielt zu betrachten. Die Gruppe hat einen besonderen Lerneffekt, wenn die beiden Veränderungsprozesse unterschiedlicher Art sind. Dieses Kriterium kann erfüllt werden, wenn eine Veränderung mit wenig Komplexität (z.B. eine Abteilung) und eine Veränderung mit großer Komplexität (z.B. ein Unternehmen) exemplarisch herangezogen werden. Bei den Beispielen werden die Architektur, die Ziele und die grundlegenden Prinzipien kurz erläutert. Pro Veränderungsprozess sind 20–30 Minuten einzuplanen.

Live sieht eine Architektur z.B. wie in der Abbildung auf der folgenden Seite aus: Diese Architektur wurde gemeinsam in einer Projektgruppe entwickelt und diente als Basis für weitere Designs.

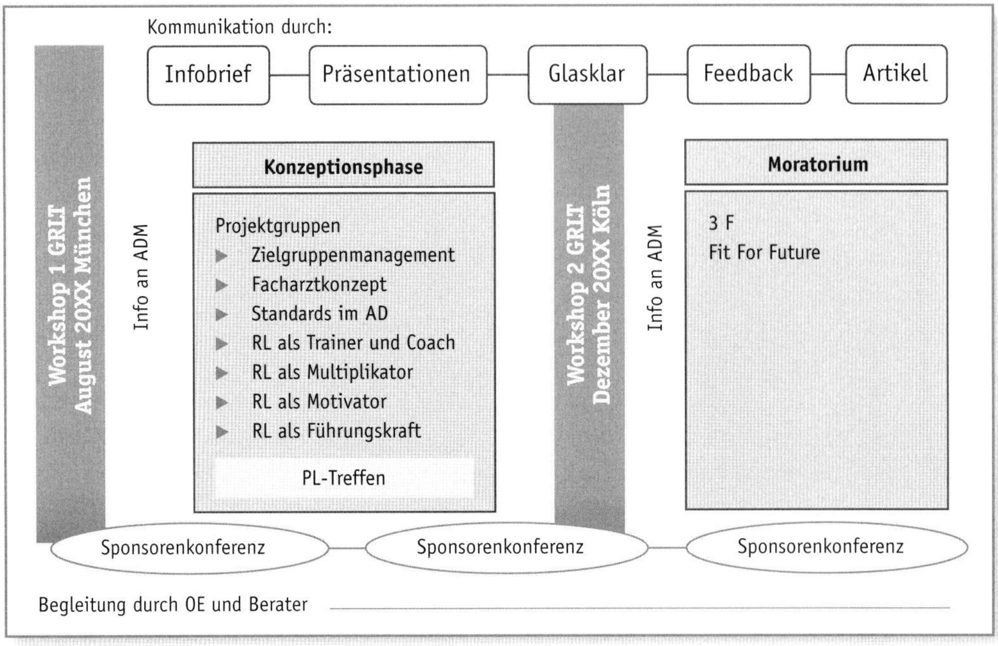

Abb.: Architektur eines Veränderungsprozesses, 1. Jahr

Auswahl der relevanten Maßnahmen für die Erstellung eines Designs

Lassen Sie je nach Größe der Teilnehmergruppe pro Veränderungsarchitektur ein bis zwei Maßnahmen auswählen, für die ein Design erstellt wird. Empfehlenswert für die Auswahl sind folgende Kriterien:

- Maßnahmen aus den unterschiedlichen Phasen eines Veränderungsprozesses (z.B. Analysephase, Umsetzungsphase, Evaluationsphase)
- Maßnahmen mit einer kleinen oder einer großen Teilnehmergruppe (z.B. Startsitzung einer Steuerungsgruppe oder Großveranstaltung)
- Maßnahmen mit Aktivitäten im Haus/Hotel oder Outdoor
- Maßnahmen, die unterschiedliche Gestaltungselemente beinhalten (z.B. Interviews, Sitzung einer Projektgruppe oder Mitarbeiterversammlung)

Es bietet sich an, primär Maßnahmen auszuwählen, die von Beteiligten in naher Zukunft durchgeführt werden. Dies dauert etwa 15 Minuten.

Erstellung des Designs einzelner Maßnahmen

In Kleingruppen wird das Design für die ausgewählten Maßnahmen im Hinblick auf die fünf Dimensionen (zeitlich, räumlich, inhaltlich, sozial, symbolisch), die didaktische Komponente und die Kommunikation in den drei Phasen (vorher, während, nachher) erstellt.

Die Gruppen dokumentieren und visualisieren ihr Design und präsentieren es im Plenum. Bitte beachten Sie, dass die Erstellung der einzelnen Designs unterschiedlich viel Zeit erfordern kann. Daher ist eine sensible zeitliche Koordination notwendig. In einzelnen Fällen können Sie inhaltlich unterstützen.

Bei der Präsentation soll vor allem auf die Kongruenz zwischen den Zielen des Veränderungsprozesses und seine Prinzipien sowie den Zielen des Designs, seinen Prinzipien und Qualitätskriterien geachtet werden. Die Übereinstimmung muss eingehend diskutiert und gewährleistet werden. Fragen für ein Feedback an die Gruppen können sein:

- *„Wie haben Sie das Design auf die Architektur abgestimmt?"*
- *„Welche Prinzipien und Qualitätskriterien haben Sie integriert?"*
- *„Wie ist das Design mit dem ursprünglichen Auftrag verknüpft?"*
- *„Wie groß/intensiv/umfangreich sind die Aktivitäten der Beteiligten?"*
- *„Wie werden die Ziele des Veränderungsprozesses durch das Design unterstützt?"*
- *„Welche Risiken bestehen bei der Realisierung des Designs?"*
- *„Welche besonders sensiblen Punkte müssen beachtet werden?"*
- *„Was ist überhaupt erst aufgefallen, als wir das Design erstellt haben?"*

Dauer: Pro Maßnahme ca. 20 Minuten (Präsentation mit Diskussion)

Reflexion und Lessons Learned der gesamten Arbeitseinheit

Nach Abschluss aller Präsentationen wird in der Gruppe ein Resümee gezogen, bei dem folgende Fragen beantwortet werden:

- *„Was ist wichtig für unsere weitere Arbeit?"*
- *„Welche Anregungen habe ich für die Erstellung von Designs bekommen?"*
- *„Was ziehe ich persönlich aus der Arbeit?"*

Kommentar

Sie sollten für die Erarbeitung eines Designs ausreichend Erfahrung mit systemischen Fragestellungen und mit der Durchführung von Veränderungsprozessen haben. Mit dieser ergänzenden Erfahrung können Sie den Teilnehmern beratend zur Seite stehen und wichtige, professionelle Hinweise geben. Zudem ist es empfehlenswert, grundlegende Informationen über das Unternehmen, die aktuelle Situation, die Problemlage und die Zielrichtung der Veränderungen zu haben.

Technische Hinweise

Flipchart, Pinnwand und Moderationsmaterial pro Kleingruppe sind vorzubereiten, ggf. wird eine bestehende Architektur im Plenum als PowerPoint präsentiert.

Querverweise

- Dem Change-Design ist sinnvollerweise die Change-Architektur (vgl. S. 111) vorgelagert, denn sie gibt den großen Rahmen vor, das, „*Was*" im Verlauf des Change-Projekts oder Prozesses gemacht werden soll.
- Ergänzend hilfreich könnten hier je nach Workshop-Setting Kreativitätstechniken sein, die zur Ideengenerierung für das Design dienen können, wie die Denkhut-Metode (S. 309), Tetralemma (S. 325) oder die Walt-Disney-Strategie (S. 316). Außerdem ist das Jigsaw-Vier-Ecken-Modell (S. 333) didaktisch eine hilfreiche Ergänzung, da es eine Seminargruppe sinnvoll aufteilen und an allen Designs partizipieren lässt.

Weiterführende Literatur

- Königswieser, R. & Exner, A.: Systemische Intervention. Architektur und Designs für Berater und Veränderungsmanager, Stuttgart: Schäffer-Poeschel, 9. Aufl. 1998.
- Königswieser, R. & Hillebrandt, M.: Einführung in die systemische Organisationsberatung. Heidelberg: Carl-Auer Verlag, 2. Aufl. 2005.
- Königswieser, R., Lang, E., Königswieser, U. & Keil, M. (Hrsg.): Systemische Unternehmensberatung, Stuttgart: Schäffer-Poeschel 2013.
- Vahs, D. & Weiland, A.: Workbook Change Management, Stuttgart: Schäffer-Poeschel, 2. Aufl. 2010.

Hintergrund

Roswita Königswieser, Dr. phil. der Sozialwissenschaften,1943 in Wien als eines von sechs Kindern geboren, ist österreichische Supervisorin, Organisationsberaterin und Verfasserin zahlreicher, sehr bekannter Fachbücher. Sie ist auf Gruppendynamik und die systemische Organisationsberatung spezialisiert und hat gemeinsam mit ihrem Team einen neuen Ansatz der Komplementärberatung entwickelt.

Alexander Exner wurde 1947 in Wien geboren. Er ist ebenfalls vielfacher Fachbuchautor und Organisationsberater mit Schwerpunkt in der Entwicklung und praktischen Anwendung der systemischen Beratung und des systemischen Managements. Exner ist auch Lehrtrainer und Lehrberater der österreichischen Gesellschaft für Gruppendynamik.

Kapitel III

Führung

Folgende Beiträge finden Sie im Kapitel *Führung*

Transformationale Führung

von Dr. Frank Strikker

Ziel

Mit „Transformationaler Führung“ wird ein Führungsmodell beschrieben, das in den letzten Jahren in Deutschland eine steigende Bedeutung erhält. Der Gedanke der Transformation steht im Mittelpunkt des Modells. Der Sinn und die Bedeutung der gemeinsamen Ziele werden im Transformationalen Führungsverhalten hervorgehoben. Damit ist gemeint, dass im Prozess der Führung der Führende das Verhalten und das Bewusstsein der Geführten im Hinblick auf die Erreichung einer inspirierenden Vision verändert/transformiert. Kernelemente sind dabei vorbildhafte Ausstrahlung, Inspiration und Motivation, intellektuelle Stimulation und individualisierte Fürsorge.

Kontext

- Führung
- Werteverständnis
- Motivation
- Personalentwicklung
- Coaching
- Change-Management

Theorie

Mit Führung ist ein soziales Phänomen gemeint, das auftritt, sobald mehrere Menschen gemeinsam in Kontakt treten, sei es in einer Verwaltung, einem Wirtschaftsunternehmen, einer militärischen Einheit, einer Sportmannschaft oder einer privaten Gruppe. Die jüngere Diskussion um das Thema beschäftigt sich meist mit Wirtschaftsunternehmen, da Führung als ein zentraler Erfolgsfaktor für das Überleben und die Zielerreichung von Unternehmen eingeschätzt wird.

Die Transformationale Führung, die von James McGregor Burns erstmals 1978 beschrieben und von Bernard Bass (1986, 1998) und Bruce Aviolo (Bass, Aviolo, 1990) weiter entfaltet wurde, ist eine Weiterentwicklung der Transaktionalen Führung. Sie steht außerdem in Verbindung mit dem Führungsstil „Management by Exception“. Die zentrale Frage ist, wie es Führungskräften gelingen kann, im Umfeld dynamischer Veränderungen Mitarbeiter und Organisationen zu herausragenden Leistungen zu führen.

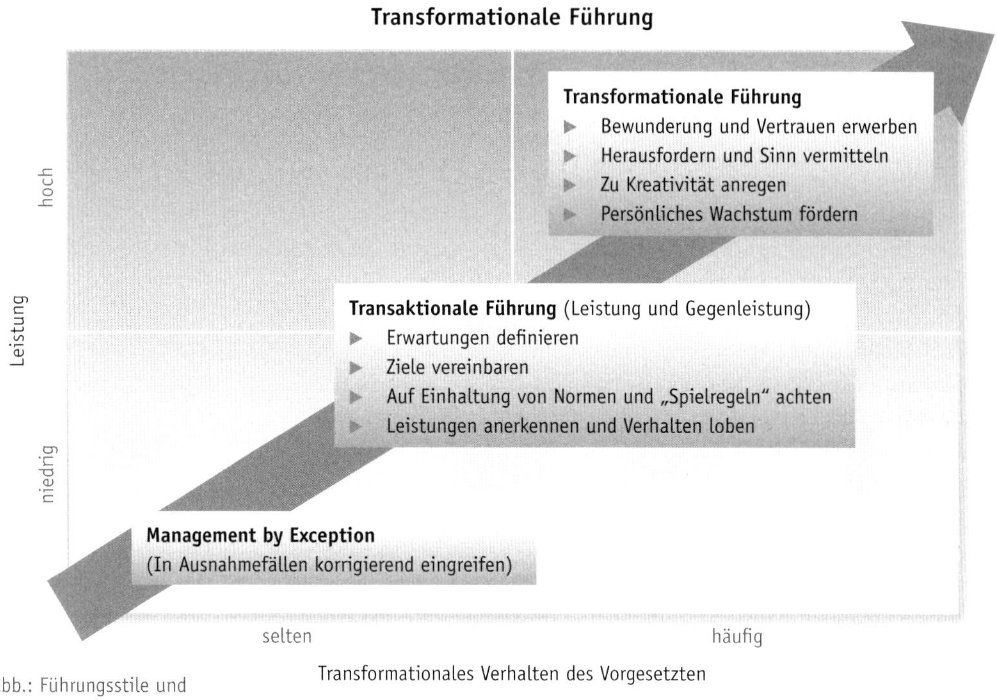

Abb.: Führungsstile und ihr Einfluss auf die Leistung der Mitarbeiter. (Quelle: Institut für Management-Innovation, W. Pelz)

An der Relation zwischen dem Verhalten der Führungskraft und der Leistung der Mitarbeiter wird deutlich, in welchem Zusammenhang diese drei Führungsstile stehen (siehe Abb. oben).

Während „**Management by Exception**" zum Teil als eher passives Managementverhalten bezeichnet wird, bei dem die Führungskraft nur in Ausnahmesituationen eingreift, um eine ungewünschte Entwicklung bei Mitarbeitern zu ändern, bietet die „**Transaktionale Führung**" ein breiteres Verständnis an. Sie stellt die Beziehung zwischen Führungskraft und Mitarbeiter in den Mittelpunkt. Transaktionale Führung beruht vor allem auf dem Gedanken der sozialen Austauschbeziehung, die besagt, dass beide Partner, Führender wie Geführter, ihre Ressourcen, Chancen und Nutzen rational kalkulieren. Beispielsweise werden Ziele und die Vorteile bei ihrer Erreichung bzw. Nachteile bei ihrer Nichterreichung konkret festgelegt. Der Prozess des Gebens und Nehmens steht im Mittelpunkt und reicht von materieller Vergütung bis zur Gewährung von Spielräumen und dem Austausch von Vertrauen und Loyalität (Dörr, 2008). Weitere Aspekte sind die Klärung von Erwartungen, Normen und Spielregeln. Leistung wird gelobt, aber vor allem materiell in Form der Vergütung anerkannt. Geben und Nehmen stehen für Führungskräfte wie Mitarbeiter in einem klar definierten und stimmigen Verhältnis.

Dieses stark an der Einhaltung von Arbeitsprozessen und betriebswirtschaftlichen Rahmendaten orientierte Führungsverhalten wird in der **Transformationalen Führung** um wesentliche Aspekte erweitert.

Im Kern der Transformationalen Führung steht eine sinnstiftende und langfristig ausgerichtete Vision für die gesamte Organisation, die von der Führungskraft entwickelt werden muss (Stippler, Moore, Rosenthal & Dörffer, 2013). Transformationale Führung bedeutet, dass alle Führungskräfte und Mitarbeiter ihre Eigeninteressen den übergeordneten Interessen, Werten und Zielen der Organisation unterordnen und sich auf eine gemeinsame Ausrichtung verständigen. Damit verbunden sind intrinsische Motivation, organisatorische Verbundenheit und eine hohe Identifikation mit der Unternehmensvision. Die Mitarbeiter sehen sich als Teil der Organisation und sind bereit, für die übergeordnete Zielerreichung höhere Anstrengungen auf sich zu nehmen. Die Führungskraft unterstützt sie im Sinne von Empowerment, sie weckt Begeisterung und Zuversicht und vermittelt Sinn und Bedeutung der gemeinsamen Ziele. Die Mitarbeiter beteiligen sich aktiv an der Umsetzung der Vision sowie den damit verbundenen sozialen und organisatorischen Veränderungen (Stippler, Moore, Rosenthal & Dörffer, 2013). Auf der Seite der Führungskraft ist ein charismatisches Auftreten notwendig, indem sie Kompetenz und Courage ausstrahlt, als Vorbild agiert, Vertrauen in die Fähigkeiten der Geführten setzt und klare Ziele formuliert.

Grundlegend für Transformationale Führung sind die sogenannten *„vier Is“* (Dörr, 2008; Heidbrink & Jenewein, 2011; Stippler, Moore, Rosenthal, Dörffer, 2013):

Die vier „**Is**“

- **Idealized Influence** (idealisierte/persönliche Ausstrahlung)
- **Inspirational Motivation** (Inspiration, Sinnstiftung)
- **Intellectual Stimulation** (Intellektuelle Stimulierung)
- **Individual Consideration** (Individuelle Fürsorge)

In der folgenden Tabelle sind die Kernbestandteile zusammengefasst:

Transformationale Führung – die vier Kernbestandteile			
Idealized Influence	**Inspirational Motivation**	**Intellectual Stimulation**	**Individual Consideration**
Vorbildhafte persönliche Ausstrahlung	Inspiration/ Sinnstiftung	Intellektuelle Stimulierung	Individualisierte Förderung
identifizierend	inspirierend	intellektuell	individuell
▶ Als Identifikationsperson wirken ▶ Fair und integer handeln ▶ Vertrauenswürdig sein ▶ Walk your Talk	▶ Bedeutung von Zielen und Aufgaben erhöhen ▶ Emotionen wecken und begeistern ▶ Ein zugkräftiges Zielbild vermitteln	▶ Etablierte Denkmuster aufbrechen ▶ Neue Einsichten vermitteln ▶ Den Status quo herausfordern	▶ Mitarbeiter individuell fördern ▶ Individuelle Bedürfnisse der Mitarbeiter integrieren ▶ Situative Lösungen finden

Tab.: Die vier Kernbestandteile Transformationaler Führung (frei nach Heidbrink und Jenewein, 2011)

Idealized Influence (idealisierte, persönliche Ausstrahlung) – Führungsrolle Vorbild. Diese Rolle bedeutet, dass eine Führungskraft durch Authentizität und als persönliches Vorbild Einfluss auf die Mitarbeiter ausübt. Die Führungskraft richtet ihr Handeln an wertorientierten Prinzipien aus, sie begeistert durch ihr Charisma, sie kann Enthusiasmus vermitteln und handelt integer und fair. Vertrauen hat einen hohen Stellenwert. Daher wirkt sie als Identifikationsperson. „Walk the Talk" wird diese Art der Führung gern charakterisiert.

Inspirational Motivation (Inspiration, Sinnstiftung) – Führungsrolle Visionär. Die Führungskraft entwickelt eine überzeugende Vision für die Zukunft und kommuniziert sie engagiert. Mit inspirierenden Reden, die Emotionen wecken und begeistern, vermittelt sie den Mitarbeitern, dass sie an etwas Neuem und Bedeutsamen mitwirken. Der Visionär drückt seine Hoffnung und sein Vertrauen in die Fähigkeiten der Mitarbeiter aus und motiviert sie zu neuen Aktivitäten und Leistungen. Ziele und Aufgaben werden verdeutlicht und in einem zugkräftigen Zielbild miteinander verbunden.

Intellectual Stimulation (intellektuelle Stimulierung) – Führungsrolle partizipativer Problemlöser. Führungskräfte regen Mitarbeiter an, alte Sichtweisen und Denkmuster infrage zu stellen und kreativ und innovativ zu denken. Unkonventionelle Ideen und Handlungen sollen zur Zielerreichung beitragen, damit wird der Status quo bewusst herausgefordert. Fehler werden toleriert und als Ansporn für neue Wege interpretiert. Durch intellektuelle Stimulierung wird ein außergewöhnliches

Arbeitsklima für intelligente Lösungen induziert. Neue Einsichten werden gefördert und etablierte Denkmuster werden aufgebrochen.

Individual Consideration (individuelle Fürsorge) – Führungsrolle Coach oder Mentor. Mitarbeiter werden als Persönlichkeiten wertgeschätzt und gefördert, sie erhalten Anerkennung und konstruktive Kritik, ihre individuelle Weiterentwicklung wird unterstützt und die Führungskraft nimmt Anteil an ihren Belangen. Die Bedürfnisse der Mitarbeiter werden aufgenommen und berücksichtigt. Situative Lösungen erhalten eine besondere Bedeutung. Die individuelle Förderung auch im Rahmen der Management- und Personalentwicklung wird forciert.

Diese vier Komponenten sind keine fixe Vorgabe, sondern eher eine allgemeine Programmatik, die von Führungskräften unterschiedlich interpretiert wird.

Anwendung

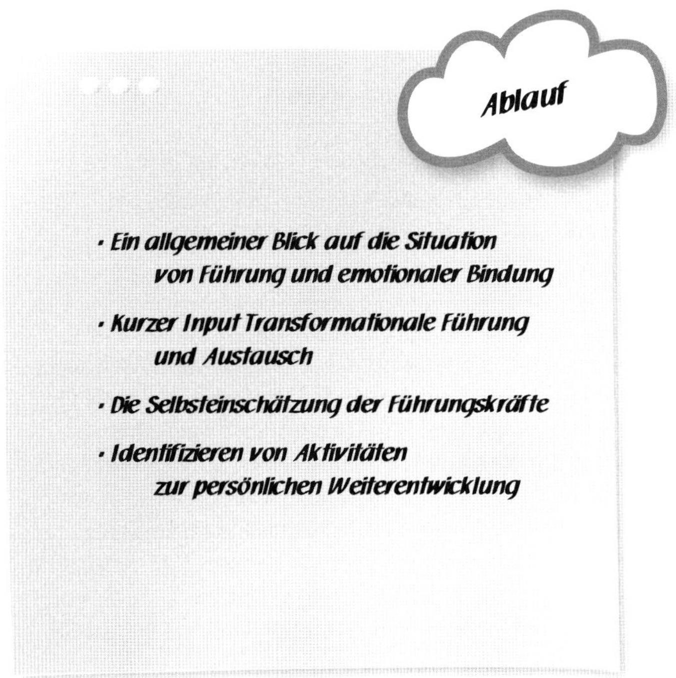

Für die Auseinandersetzung mit der Transformationalen Führung bieten sich die folgenden Schritte an:

Ein allgemeiner Blick auf die Situation von Führung und emotionaler Bindung

Die Abbildung von Gallup wird als Handout für die Teilnehmenden ausgegeben oder an einer Pinnwand skizziert, die fünf leitenden Fragen werden am Flipchart notiert.

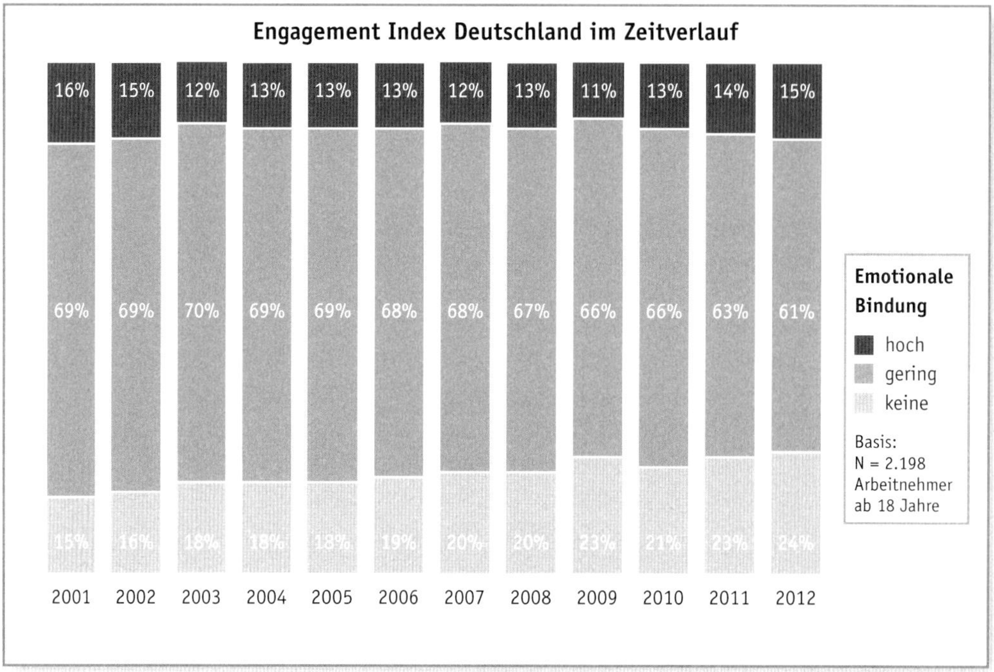

Abb.: Engagement Index Deutschland (Quelle: Gallup GmbH, Berlin, 2013)

Ein Hinweis auf die Entwicklung der letzten Jahre kann den Einstieg in die Diskussion eröffnen. Anhand einer Untersuchung von Gallup wird erörtert, wie sich das Engagement der Arbeitnehmer in Deutschland in den letzten Jahren entwickelt hat. Die Verteilung bei der emotionalen Bindung wird in die drei Kategorien hohe, mittlere und geringe Bindung unterschieden. Während die Prozentzahl der Befragten mit einer hohen emotionalen Bindung zum Unternehmen über die Jahre hinweg meist zwischen 13 und 15 Prozent liegt, verändern sich die Prozentsätze bei den Befragten mit mittlerer und geringer emotionaler Bindung deutlich. Im Jahr 2001 zeigen 15 Prozent der Befragten eine geringe emotionale Bindung zu ihrem Unternehmen, ein Wert, der im Jahr 2012 auf 24 Prozent gestiegen ist. Auf der anderen Seite ist die Zahl der Befragten mit einer mittleren emotionaler Bindung an das Unternehmen im gleichen Zeitraum von 69 Prozent auf 61 Prozent gesunken.

Diese Daten dienen als Grundlage, um im Kreis von Führungskräften folgende Fragen kritisch zu reflektieren:

- *„Wie erklären wir diese Entwicklung?“*
- *„Wie schätzen wir diese Entwicklung in unserem Unternehmen ein?“*
- *„Wie schätze ich die Mitarbeiterinnen und Mitarbeiter in meinem Verantwortungsbereich ein?“*
- *„Wie können wir als Führungskräfte die emotionale Bindung der Mitarbeiterinnen und Mitarbeiter fördern?“*
- *„Welche Maßnahmen oder Instrumente nutzen wir in unserem Unternehmen bereits oder müssten etabliert werden, um die emotionale Bindung der Mitarbeiterinnen und Mitarbeiter zu fördern?“*

Diese Fragen werden von den Führungskräften diskutiert, die Antworten visualisiert und gemeinsam ausgewertet. Ein inhaltlicher Hinweis soll den Bezug zwischen Transfomationaler Führung und emotionaler Bindung verstärken: Transformationale Führung zielt auf Sinnstiftung und langfristige Zielerreichung ab. Diese Ausrichtung ist auf Dauer nur mit einem hohen Engagement der Mitarbeiter erreichbar und erfordert eine nachhaltige emotionale Bindung an die Organisation. Mit der Umsetzung der „vier Is“ will Transformationale Führung diese Bindung zur Zufriedenheit der Mitarbeiter und der Organisation erreichen. Diese Einführung und die Diskussion dauern etwa 90 Minuten.

Kurzer Input Transformationale Führung und Austausch

Die „vier Is“ werden am Flipchart notiert. Es werden ausreichend Flipchart-Papier und Stifte für die Gruppenarbeiten bereitgestellt.

Das Modell der Transformationalen Führung wird vom Trainer erläutert. Dabei werden die „vier Is“ in den Mittelpunkt gestellt. Die Führungskräfte sollen sich darüber austauschen, was sie unter den Führungsrollen „Vorbild“, „Visionär“, „Partizipativer Problemlöser“ und „Coach/ Mentor“ verstehen. Es ist empfehlenswert, in einem Unternehmen ein gemeinsames Verständnis der vier Führungsrollen zu haben. Das gemeinsame Verständnis wird notiert und kann als Basis für die Entwicklung von Führungsleitsätzen genutzt werden. Input und Diskussion können zwischen 60 und 120 Minuten in Anspruch nehmen.

Die Selbsteinschätzung der Führungskräfte

Die vier Kompetenzfelder werden am Flipchart notiert, pro Teilnehmer wird ein Kompetenzprofil zum Ausfüllen ausgeteilt und schließlich wird die Kompetenzmatrix an einer Pinnwand notiert.

Die allgemeine Orientierung für Führung ist sicherlich ein wichtiger Aspekt in einem Unternehmen, die spezifischen Kompetenzen der Führungskräfte sind ein weiterer. Daher werden die Führungskräfte aufgefordert, ihre eigenen Kompetenzen zu bewerten. Der erste Schritt ist die prägnante Erläuterung der vier Kompetenzfelder: personale Kompetenz, Aktivitäts- und Handlungskompetenz, Fach- und Methodenkompetenz sowie sozial-kommunikative Kompetenz. Diese Kompetenzfelder werden kombiniert mit den zentralen Aussagen der Transformationalen Führung (vgl. Abb. S. 143). Beispielsweise ist „Werteorientierung" aus dem Kompetenzfeld „Personale Kompetenz" in erster Linie dem Feld „Vorbildlichkeit/Glaubwürdigkeit" (Führungsrolle Vorbild) zugeordnet. Anders eingeordnet wird die „Problemlösekompetenz" aus dem Kompetenzfeld „Fach- und Methodenkompetenz". Sie ist vor allem mit den Feldern „Motivation/Vision" (Führungsrolle Visionär) und dem Feld „Förderung kreativen/unabhängigen Denkens" (Führungsrolle Partizipativer Problemlöser) verbunden. Die Teilkomponenten können um die zentralen Ergebnisse aus der Diskussion über die vier Führungsrollen entsprechend der spezifischen Zielsetzung des Unternehmens erweitert werden.

Die Aufgabe der Führungskräfte besteht darin, ihre eigenen Kompetenzen einzuschätzen und sich auf einer Skala von 1 (niedrigster Wert) bis 4 (höchster Wert) zu bewerten. Nach der Einzelarbeit bietet sich ein vertrauensvoller, kollegialer Austausch mit einem Partner über das eigene Kompetenzprofil an.

Im Anschluss kann der Trainer die Einzeldaten anonymisiert auf einer vorbereiteten Matrix dem Plenum zur Diskussion stellen. Hieraus lässt sich unschwer erkennen, bei welchen Kompetenzen ein Trainingsbedarf im Unternehmen oder ein Coaching-Bedarf für einzelne Führungskräfte besteht. Als Zeitrahmen sind etwa 60 Minuten zu veranschlagen.

Kompetenz-felder	Teilkompetenz	Transformationale Führung			
		Vorbildlichkeit/ Glaubwürdigkeit	Motivation/ Vision	Förderung kreativen/unabhäng. Denkens	Individuelle Unterstützung/ Förderung
Personale Kompetenz	Glaubwürdigkeit	X (4)			
	Pflichtgefühl	X (4)			
	Werte-orientierung	X (2)	X (2)		
Aktivitäts- und Handlungs-kompetenz	Einsatzbereit-schaft	X (4)	X (3)	X (4)	
	Vorschläge			X (3)	
	Fehlertoleranz		X (2)		
	Richtung		X (4)		
	Gestaltung		X (3)	X (2)	
Fach- und Methoden-kompetenz	Problemanalyse		X (4)	X (3)	
	Problemvernet-zung		X (3)	X (3)	
	Problemlösungs-kompetenz		X (3)	X (3)	
	Projektmgmt./ Verfahrensweisen				
Sozial-kommunikative Kompetenz	Aktives Zuhören			X (3)	X (3)
	Coaching				X (2)
	Mentoring				X (3)
	Moderieren			X (3)	
	Kommunikations-fähigkeit	X (4)	X (4)	X (3)	X (3)

Abb.: Kompetenzen und Verhaltensweisen Transformationaler Führung (in Anlehnung an Streich, 2013).
X = Diese Teilkompetenzen insbesondere entwickeln die jeweiligen Kernbestandteile. Die in Klammern eingefügten Zahlen sind eine beispielhafte Selbsteinschätzung einer Führungskraft

Identifizieren von Aktivitäten zur persönlichen Weiterentwicklung

Ein Handout wird für jede Führungskraft verteilt mit der Überschrift „Aktivitäten zur persönlichen Weiterentwicklung" und den folgenden Unterpunkten:

- *„Was genau will ich erreichen?*
- *„Welche Aktivitäten will ich durchführen?"*
- *„Wer ist mein Sparringspartner, um mich über die Zielerreichung auszutauschen?"*

Jede Führungskraft betrachtet ihr eigenes Kompetenzprofil und identifiziert die drei bis fünf wichtigsten Entwicklungsschritte auf dem Weg zu einer transformationalen Führungskraft. Beispielhaft können sich Führungskräfte vornehmen, ihre Fehlertoleranz zu bedenken, die Vermittlung der Unternehmensvision zu verstärken, ihre Mitarbeiter intensiver zu fördern oder mehr zu kreativem Denken in ihrem Verantwortungsbereich zu animieren. Abschließend entscheidet jede Führungskraft, wie sie ihre persönlichen Entwicklungsziele erreichen will. Hierzu bietet sich eine Selbstvereinbarung an, bei der jede Führungskraft formuliert,

- was genau sie erreichen will,
- welche Aktivitäten sie hierzu durchführen möchte,
- mit wem sie sich über die Zielerreichung austauscht bzw. wer zur Unterstützung hilfreich ist.

Diese drei Punkte bespricht jede Führungskraft innerhalb von ca. 40 Minuten mit einer vertrauten Person in der Runde.

Kommentar

Trainer, die das Führungsmodell Transformationale Führung anwenden wollen, sollten sich unbedingt informieren, welches Führungsmodell in dem jeweiligen Unternehmen bereits eingeführt ist oder gelebt wird. Zudem ist es wichtig, sich das Führungsleitbild und die Führungsinstrumente des Unternehmens genau anzuschauen, um sicherzustellen, dass sie keine Widersprüche zur Transformationalen Führung beinhalten.

Technische Hinweise

Flipchart, Pinnwände, entsprechende Handouts und Moderationsmaterial sind vorzubereiten.

Querverweise

- Zu diesem Beitrag empfehlen sich als Ergänzung die Beiträge „Mentoring“ (S. 166) und „Managerial Coaching“ (S. 146), denn beide veranschaulichen Kompetenzen, die zur Entwicklung hin zu einer transformationalen Führung hilfreich sind.
- Darüber hinaus wird das „Leadership by Coaching Principles“ (S. 65) als Diagnose- und Entwicklungsmodell gut in einer Veranstaltung über transformationale Führung einsetzbar sein.

Weiterführende Literatur

- Bass, B. M.: Charisma entwickeln und zielführend einsetzen, Landsberg/Lech: Verlag Moderne Industrie 1986.

- Bass, B. M.: Transformational Leadership. Industrial, military and educational impact, New Jersey: Erlbaum 1998.
- Bass, B. M. & Avolio, B. J.: Transformational Leadership Development. Manual for the Multifactor Leadership Questionnaire, Palo Alto, C. A.: Consulting Psychologist Press 1990.
- Dörr, S.: Motive, Einflussstrategien und transformationale Führung als Faktoren effektiver Führung, München: Rainer Hampp 2008.
- Felfe, J.: Transformationale und charismatische Führung. Stand der Forschung und aktuelle Entwicklungen. In: Zeitschrift für Personalpsychologie, 5 (4), Göttingen: Hogrefe Verlag 2006, S. 163–176.
- Gallup Engagement Index (www.gallup.com/strategicconsulting/158162/gallup-engagement-index.aspx)
- Heidbrink, M. & Jenewein, W.: High-Performance-Organisationen. Wie Unternehmen eine Hochleistungskultur aufbauen, Stuttgart: Schäffer-Poeschel 2011.
- Kouzes, J. M. & Posner, B. Z.: The leadership challenge, San Francisco: Jossey-Bass, 3. Aufl. 2002.
- Lang, R.: Führungstheorie. Kursskript zum Onlinelernkurs, Technische Universität Chemnitz 2005.
- Pelz, W.: Transformationale Führung, in: *www.management-innovation.com/download/Transformationale-Fuehrung.pdf* (18.08.2014).
- Stippler, M.; Moore, S.; Rosenthal, S. & Dörffner, T.: Führung – Überblick über Ansätze, Entwicklungen, Trends, Gütersloh: Bertelsmann Stiftung, 3. Aufl. 2013.
- Streich, R.: Fit for Leadership, Heidelberg: Springer 2013.

Hintergrund

James McGregor Burns, Professor, amerikanischer Politologe und Historiker, arbeitete als Militärhistoriker im Zweiten Weltkrieg und später als Wissenschaftler für Leadership an verschiedenen amerikanischen Universitäten, u.a. Universität Maryland. Er hat viele Titel über Leadership und historische Biografien über amerikanische Präsidenten veröffentlicht. 1970 erhielt er den Pulitzer Preis. Zudem war er für die demokratische Partei sehr aktiv.

Bernhard M. Bass, distinguished Professor of Management, Gründungsdirektor des Center of Leadership Studies Binghampton University New York, forschte und veröffentlichte vielfach über Führung, Organisationsentwicklung, internationales Management und Human Resource Management. Neben den theoretischen Arbeiten führte er auch Seminare und Trainings für viele Großunternehmen durch. Er gründete die Zeitschrift The Leadership Quarterly und erhielt verschiedene Preise für seine Arbeiten.

Managerial Coaching

von Dr. Julia Milner

Ziel

Wenn Führungskräfte am Arbeitsplatz Coaching einsetzen, spricht man vom Ansatz des „Managerial Coaching". Managerial Coaching kann als Ergänzung zum Führungsrepertoire von Managern gesehen und situationsbezogen eingesetzt werden. Coaching-Kompetenzen wie aktives Zuhören, effektive Fragetechniken oder Feedback geben und empfangen gehören zu den Grundlagen, die Führungskräfte insbesondere benötigen, um zu coachen. Coaching wird heute oftmals als Führungskompetenz aufgebaut, da durch Coaching-Qualitäten Mitarbeiter gut integriert und in die Mitverantwortung einbezogen werden können. Wie das gelingen kann, lesen Sie im Folgenden.

Kontext

- Führung
- Coaching
- Change
- Kreativität
- Konflikte, Krisen
- Problemlösung
- Motivation
- Zukunftsgestaltung

Theorie

Als Führungskraft kann es sehr hilfreich sein, einige Coaching-Qualitäten anzuwenden. Indem Manager durch die Anwendung von Coaching-Kompetenzen ihre Mitarbeiter in Lösungsfindungen, Entscheidungen und Umsetzungen einbeziehen und Verantwortung an Teammitglieder übertragen, kann deren Engagement gleichzeitig steigen (Milner & McCarthy, 2013). Dabei ist es wichtig, auf den richtigen Zeitpunkt für den Einsatz von Managerial Coaching zu achten, ggf. einen Wechsel des Führungsstils zu kommunizieren sowie Grenzen von Coaching klar abzustecken (Milner & McCarthy, 2013). In einem kurzen Seminar können zwar Coaching-Kernkompetenzen für Manager veranschaulicht und Teilnehmer für diesen Ansatz sensibilisiert werden, jedoch muss klar sein, dass man damit noch kein professionell ausgebildeter Coach ist.

Gründe für den Einsatz von Managerial Coaching sind vielfältig, z.B. :

- Gute Leistungen weiterzuentwickeln,
- schlechte Leistungen zu thematisieren,

- Teambildung zu fördern und
- Mitarbeitern zu helfen, neue Aufgaben zu übernehmen.

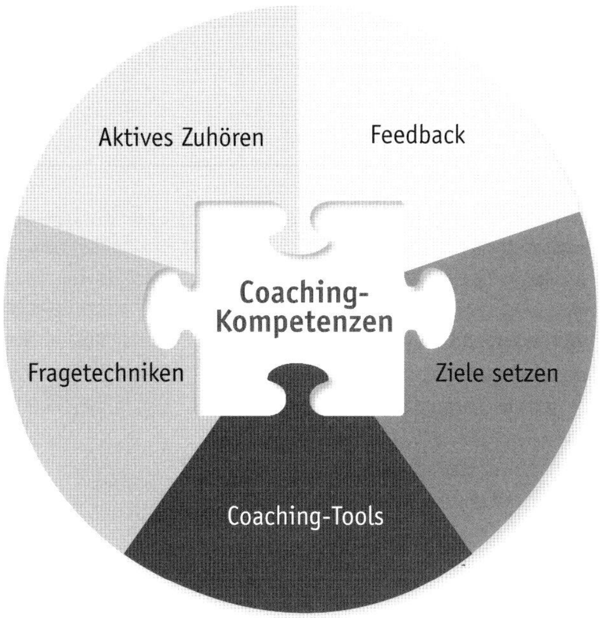

Abb.: Coaching-Grundlagen

Coaching-Grundlagen wie aktives Zuhören, effektive Fragetechniken, Feedback und Zielsetzung kommen beim Managerial Coaching zum Tragen (McCarthy & Ahrens, 2012). Zudem können Coaching-Tools, wie z.B. das GROW-Modell (vgl. S. 17), eingesetzt werden.

Oftmals wird argumentiert, dass viele dieser Kompetenzen Grundlagen sind, die jede qualifizierte Führungskraft anwenden können sollte. Das ist vollkommen richtig, nur werden diese nicht von allen Managern vorgelebt. Vielfach herrscht stattdessen eher ein direktiver Führungsstil vor. Auch ist es die Frage, in welcher Art und Weise diese Grundlagen eingesetzt werden. Im Sinne eines Coaching-Stils wird betont, dass es darum geht, Mitarbeiter zu befähigen, Verantwortung zu übertragen und sie zu unterstützen, selbst Lösungen zu finden, anstatt Antworten vorzugeben. Es muss zudem erwähnt werden, dass der Managerial-Coaching-Ansatz zwar in den letzten Jahren an Popularität gewonnen hat, aber nicht unbedingt ein „neuer" Ansatz ist (Ellinger et al., 2010).

Aktives Zuhören: Aktives Zuhören ist ein wichtiger Baustein im Managerial Coaching. Hawkins & Smith (2006) unterscheiden zwischen verschiedenen Ebenen des Zuhörens, wie die folgende Tabelle darstellt.

Tab.: Ebenen des Zuhörens (Quelle: Übersetzt aus dem Englischen von Hawkins & Smith (2006), ergänzt mit eigenen Beispielen)

	Level	Aktivität und Beispiele
1	**Anwesend sein/ Beachtung schenken**	Blickkontakt (angemessen), Körperhaltung (zugewandt, offen).
2	**Akkurates Zuhören**	Wie 1 sowie paraphrasieren (in eigenen Worten zusammenfassen, was der Redner gesagt hat).
3	**Emphatisches Zuhören**	Wie 1 und 2 sowie nonverbal anpassen (z.B. sitzt der Partner weit zurückgelehnt in seinem Stuhl, passt der Coach die eigene Körperhaltung an). Sinneswahrnehmung und Metapher (z.B. spricht Coachee eher in visueller Sinneswahrnehmung – *„Das sieht nicht so gut aus“* – kann sich der Coach daran anpassen – *„Wenn Sie jetzt in die Zukunft schauen …“*. Der Coach kann auch versuchen, die Metaphern vom Coachee z.B. folgendermaßen aufzugreifen: *„Sie sagten gerade, es ist wie ein Schwimmen gegen den Strom …“*.
4	**Generatives empathisches Zuhören**	Wie 1, 2 und 3 sowie eigene Intuition einsetzen.

Fragetechniken

Mit effektiven Fragetechniken können Mitarbeiter unterstützt werden, eigene Lösungen zu entwickeln. Dabei können verschiedene Fragetechniken zum Tragen kommen, z.B.:

- Es kann zwischen **offenen und geschlossenen Fragen** unterschieden werden. Geschlossene Fragen können z.B. mit „Ja“ oder „Nein“ bzw. mit einem Wort oder einer kurzen Phrase beantwortet werden, z.B.: *„Finden Sie, Lösung A ist eine gute Idee?“* Offene Fragen, die mit „W“ beginnen (was, wie etc.), regen dazu an, sich konkretere Gedanken zu machen, wie z.B.: *„Welche Lösungsmöglichkeiten sehen Sie, um unsere Situation zu verbessern?“*

- **Konkretisierungsfragen** helfen, den Coachee besser zu verstehen bzw. ihn zur Reflexion anzuregen. *„Was genau verstehen Sie unter XY?“*; *„Was meinen Sie exakt mit XY?“*; *„Wie genau haben Sie das erlebt?“*

- Auch **Skalierungsfragen** können im Managerial Coaching gut zum Einsatz kommen, z.B.: *„Auf einer Skala von 1 bis 10* (10 als der Idealzustand), *wie würden Sie die 10 definieren?“*; *„Wo stehen Sie gerade auf der Skala zwischen 1 und 10?“*; *„Was würde Ihnen helfen, von der 3 auf eine 4 zu kommen?“*; *„Was müssten Sie dafür tun?“*

- Die abgewandelte **Wunderfrage** kann helfen, sich in einen ressourcenvollen Zustand zu begeben: *„Stellen Sie sich vor, Ihr Problem wäre gelöst. Was wäre nun anders? Woran würden andere merken, dass es gelöst ist?"*

- **Von den eigenen Erfolgen lernen**, z.B.: *„Welche Projekte haben Sie bereits erfolgreich abgeschlossen?"; „ Wie sind Sie dafür vorgegangen?"; „Was können Sie von dem Gelernten auf die heutige Situation übertragen?"*

- Fragen, die **auf den Einsatz von Stärken bzw. Ressourcen abzielen**, z.B.: *„Über welche Stärken verfügen Sie, die Ihnen bereits geholfen haben, solche oder ähnliche Situationen gut zu lösen?"; „Welche Stärken sehen andere in Ihnen?"; „Wie können Sie diese Stärken für dieses Projekt besonders gut einsetzen?"; „Wie können Sie Ihre Stärken einsetzen, um Ihr Problem zu lösen?"*

- **Von Vorbildern/Freunden lernen**, z.B.: *„Was würde XY tun, um diese Situation bestmöglich zu lösen?"; „Nehmen wir mal an, es ginge nicht um Sie, sondern um Ihren Kollegen/Freund – welche Ratschläge würden Sie ihm geben, welche würde er Ihnen geben?"*

- **GROW-Fragen**, wie auf S. 23 ff. vorgestellt, bieten zudem weitere hilfreiche Tipps für Manager.

Feedback

Feedback ist im Managerial Coaching ein ganz wesentlicher Bestandteil. Dabei geht es darum, effektives Feedback zu geben bzw. qualifiziert zu empfangen. Gerade Manager sollten öfters und regelmäßig nach Feedback fragen, um so eine wechselseitige, vertrauensvolle Beziehung aufzubauen. Zwar kann und sollte eine Führungskraft auch ad hoc Feedback geben, wenn es sich jedoch um ein etwas längeres Gespräch handelt, ist eine gründliche Vorbereitung empfehlenswert. Zudem sollte der richtige Zeitpunkt und Ort für das Feedback gewählt werden.

Hilfreiche Feedback-Tipps sind in der folgenden Tabelle aufgeführt:

Feedback geben	Feedback empfangen
▶ Gute Vorbereitung ▶ Feedback vom eigenen Standpunkt aus geben (anstatt Übermittler von Dritten zu sein) ▶ Positives Feedback einbauen (was läuft gut? Auch häufig einfach mal nur gutes Feedback geben) ▶ Spezifisches Feedback geben ▶ Nicht zu viel Feedback auf einmal ▶ Fokus auf das Verhalten und nicht auf die Person (statt *„Sie sind dominant"* besser *„In Teammeetings habe ich mehrfach beobachtet, dass Sie Kollegen unterbrechen"*). ▶ Feedback zu Verhalten, das geändert werden kann ▶ Beschreiben statt bewerten (also nicht *„Ihr Führungsstil ist schlecht"*, sondern *„Ich erlebe häufiger, dass Sie kritisches Feedback nach den Präsentationen geben, aber kein positives"*)	▶ Zuhören und warten, sich nicht sofort verteidigen ▶ Nachfragen, wenn etwas unklar ist oder worüber man mehr wissen möchte ▶ Sich überlegen, ob man dem Feedback zustimmt; man muss nicht jedes Feedback gegen sich gelten lassen ▶ Aktiv Feedback einholen ▶ Sich entscheiden, was man aufgrund des erhaltenen Feedbacks unternimmt – sich z.B. Ziele setzen ▶ 24-Stunden-Regel: Wenn man schwieriges Feedback erhalten hat, dann ist es manchmal eine gute Idee, eine Nacht drüber zu schlafen, statt sofort und dann ggf. unangemessen zu reagieren ▶ Wenn man Feedback nicht das erste Mal hört, dann ist es besonders wichtig, gut zu überlegen, was dran sein könnte, selbst wenn es kritisch ist

Tab.: Feedback-Tipps (Quelle: Brockbank & McGill, 2006)

Ziele setzen

Der Managerial-Coaching-Ansatz betont, dass Mitarbeiter eingebunden werden, wenn es z.B. um das Erreichen von Zielen geht und somit Engagement vonseiten der Mitarbeiter und der Führungskraft vorliegt. Sogenannte SMARTe Ziele (spezifisch, messbar, attraktiv & angemessen, realistisch & relevant, terminiert) können dabei helfen, dass Ziele nicht unklar bleiben, sondern konkretisiert werden.

- Inwieweit ist das Ziel spezifisch genug?
- Wie können die Ergebnisse gemessen werden?
- Inwieweit ist es ein angemessenes Ziel für den Mitarbeiter? Im Unterschied zum externen Coaching, wo der Coachee völlig frei über Ziele entscheiden kann, sind Mitarbeiter in Organisationen an die Vorgaben des Unternehmens gebunden. Die Führungskraft sollte jedoch so weit wie möglich Mitarbeiter einbinden und in diesem Zusammenhang Präferenzen und Stärken im Team berücksichtigen. Zudem ist zu überlegen, ob Mitarbeiter den Weg für die Erreichung des Zieles mitbestimmen und diesen Weg attraktiv gestalten können.
- Inwieweit ist es ein realistisches Ziel? Inwieweit ist es in dem Zeit- und Ressourcenrahmen oder auch im Kompetenz- und Entscheidungsrahmen bewältigbar? Inwieweit ist das beschriebene Ziel, bzw.

die Zielerreichung, für die möglicherweise vorliegende Problematik überhaupt relevant?
- Wie sieht der zeitliche Rahmen aus? Bis wann sollte das Ziel erreicht sein?

Anwendung

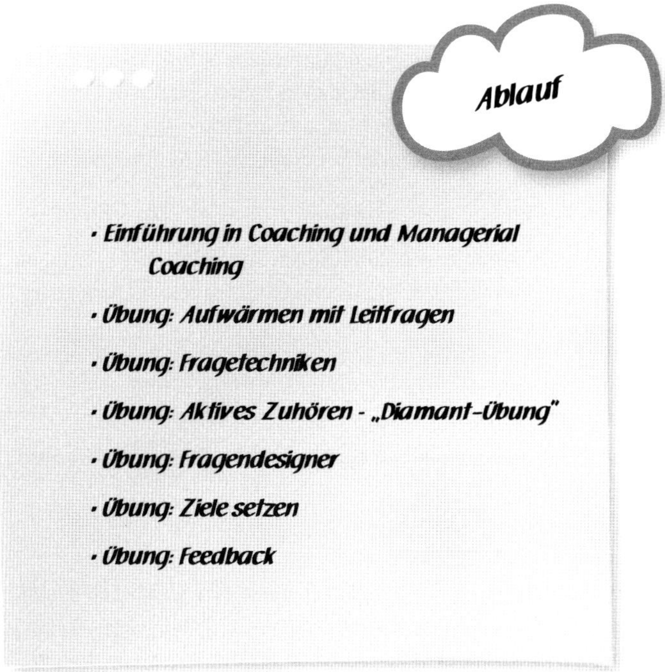

Einführung

Zunächst sollte sowohl der Begriff des Coachings an sich sowie der Managerial-Coaching-Ansatz vorgestellt und diskutiert werden. Häufig haben Teilnehmer unterschiedliche Vorstellungen und Definitionen. Dann ist es sinnvoll, diese mit der Gruppe zu erörtern.

Übung: Aufwärmen mit Leitfragen

Bilden Sie Kleingruppen und lassen Sie folgende Leitfragen diskutieren:

- *„Was ist Coaching? Was ist Managerial Coaching? Was ist Führung?"*
- *„Wie unterscheidet sich der coachende Ansatz von anderen Führungsstilen?"*
- *Wann macht eine Anwendung Sinn, wann nicht?*
- *„Wann ist Managerial Coaching heikel und von der Anwendung abzuraten, bzw. worauf sollte ich als Führungskraft insbesondere achten?"*

Lassen Sie die Besonderheiten von Managern als Coachs herausarbeiten im Vergleich zu externen Coachs. Gehen Sie auch auf die Unterschiede im Coaching von Individuen und von Teams ein.

- Stellen Sie die Rollen der Führungskraft, des internen und externen Coachs, des Trainers, des Moderators, des Beraters gegenüber und zeigen Sie Gemeinsamkeiten und Unterschiede bzw. bedeutsame Aufgaben auf, die diese verschiedenen Rollen umsetzen. Dies kann z.B. auf Plakaten in mehreren Gruppen im Dialog erarbeitet werden.
- Welche Coaching-Kompetenzen benötige ich als Führungskraft, um coachen zu können?

Sie können auch verschiedene Definitionen zur Diskussion einbringen und so ein gemeinsames Verständnis von Coaching mit der Gruppe erarbeiten.

Übung: Fragetechniken

Schreiben Sie die Fragetypen auf ein Flipchart und fassen Sie sie auf Zuruf zusammen:

- *„Was macht gutes Zuhören aus?"*
- *„Was sind destruktive Zuhörer-Muster, die andere als störend empfinden?"* (z.B. Unterbrecher, Satzbeender etc.)
- *„In welche davon geraten wir vielleicht leichter, als uns manchmal lieb ist?"*

Übung: Aktives Zuhören – „Diamant-Übung"

Bitten Sie die Teilnehmer, in Dreiergruppen zusammenzukommen. Die Aufgabe lautet:

- A erzählt B eine besonders begeisternde, inspirierende, stolz machende, kurze und selbst erlebte Story,
- die dann von B kurz paraphrasiert/zusammengefasst wiedergegeben werden soll. *„Also, wenn ich dich richtig verstehe, dann war das besonders Bewegende ..."* Das Wichtige für die jeweils Zuhörenden ist, die sogenannten „Diamanten" oder auch Geschenke in den Storys zu hören. *„Was ist die Essenz der Geschichte? Was macht den Erzählenden so stolz?"* – Wer diese Essenzen findet, kann aktiv zuhören!
- C hört als Beobachtender zu und gibt B dann Feedback über die Zuhörerqualität und darüber, ob jemand die Diamanten gefunden hat.

Übung: Fragendesigner

Sie können einen Überblick über mögliche Fragetechniken geben oder, wie im Folgenden dargestellt, in die Fragendesigner-Übung einladen.

Stellen Sie im Raum mindestens vier Flipcharts in verschiedenen Ecken auf, teilen Sie die Gruppe in vier Kleingruppen und geben Sie die Aufgabe, die besten offenen Fragen zu designen, die ihnen zu folgenden Themenschwerpunkten einfallen: Ziele, Motivation, Konflikt, Krise, Lösung, momentane Situation, Sicht aller Beteiligten, Vertrauen, Möglichkeiten, Chancen, Risiken.

Es ist immer wieder feststellbar, dass es Managern häufig leichter fällt, konkrete Anweisungen zu geben, anstatt Mitarbeitern hilfreiche, offene Fragen zu stellen, sodass diese selbst Lösungen zu einem Problem entwickeln.

Übung: Ziele setzen

Die Teilnehmenden können zunächst für sich selbst Ziele setzen und die SMART-Prinzipien anwenden (siehe S. 29). Danach können Ziele in der Gruppe ausgetauscht und Feedback zu der Einhaltung von SMART-Kriterien gegeben werden. Ein SMART Beispiel zu Managerial Coaching wäre: *„Ab morgen werde ich mindestens zwei 15-minütige GROW-Gespräche mit Teammitgliedern zu laufenden Projekten wöchentlich einplanen und durchführen."*

Feedback-Übung

Um das Thema Feedback zu vermitteln und zu besprechen, gibt es mehrere Möglichkeiten. Entweder führen Sie die Feedback-Regeln auf, erklären sie, diskutieren Fragen, Probleme etc. und machen daran anschließend eine praktische Übung zum Thema Feedback.

Alternativ können Sie die Tabelle aus dem Theorieteil als Flipchart nur mit den Überschriften „Feedback geben und empfangen" vorbereiten und die Regeln mit der Gruppe gemeinsam im Plenum zusammentragen. Diese Form ist etwas interaktiver und bietet gleichzeitig die Möglichkeit, den Teilnehmern während der Erarbeitung mögliche Hürden zu erläutern. In der Regel haben die Teilnehmer das Thema Feedback zwar schon einmal gehört – das Teilen von individuellen Erfahrungen und Wahrnehmungen kann jedoch hilfreich sein und Führungskräfte zur Reflexion des eigenen Verhaltens anregen.

In Kleingruppen können auch Beispiele für konstruktives Feedback und destruktives Feedback diskutiert werden. Leitfragen können sein:

- *„Wann habe ich in der Vergangenheit hilfreiches Feedback erhalten?“*
- *„Was genau war daran hilfreich?“*
- *„Wie wurde das Feedback gegeben?“*
- *„Wann habe ich in der Vergangenheit destruktives Feedback erhalten?“*
- *„Was war daran problematisch?“*
- *„Wie wurde das Feedback gegeben?“*

Die Ergebnisse werden auf Flipcharts festgehalten und im Plenum diskutiert. Gegebenenfalls können Ergänzungen vorgenommen werden. Danach bietet es sich an, in Paaren die Anwendung zu üben. Die Teilnehmer können sich überlegen, wem sie in ihrem Team Feedback geben möchten. Partner können dann in Rollenübungen die Feedback-Empfänger übernehmen und im Anschluss Rückmeldungen zum erhaltenen Feedback geben.

Kommentar

Der Managerial-Coaching-Stil kann eine gute Ergänzung im Führungsrepertoire von Managern sein und positive Auswirkungen auf die Zusammenarbeit mit Mitarbeitern haben. Gleichzeitig sind jedoch auch Herausforderungen mit diesem Ansatz verbunden. Es hat sich als hilfreich erwiesen, im Seminar neben praktischen Übungen zur Anwendung ebenfalls Hürden und Unterstützungsmöglichkeiten für den Managerial-Coaching-Ansatz zu diskutieren.

Technische Hinweise

Gängige Seminarausstattung: Flipcharts, Pinnwände, Moderationsmaterialien.

Querverweise

- Zu diesem Beitrag als Vorbereitung oder Ergänzung bieten sich die Beiträge „SMARTe Ziele“ und „GROW-Modell“ an (S. 29/S. 17), denn sie sind Basismodelle, die in einer Veranstaltung, wie oben beschrieben, vermittelt und zum Einsatz kommen können.
- Eine deutliche Vertiefung kann der Beitrag „Lösungsorientiertes Kurzzeit-Coaching“ (S. 41) erzeugen, der für eine Führungsveranstaltung zum Thema Managerial Coaching möglicherweise zu weit führen könnte, aber für den interessierten Leser wie auch für jede Vertiefungsveranstaltung sicherlich nutzbringend ist.

Weiterführende Literatur

- Wehrle, M.: Die 500 besten Coaching-Fragen, Bonn: managerSeminare, 2. Aufl. 2012.
- Brockban, A. & McGill, I.: Facilitating Reflective Learning Through Mentoring & Coaching, London and Philadelphia: Kogan Page 2006.
- coachfederation.org (2012) www.coachfederation.org/clients/coaching-faqs: International-Coach-Federation (Zuletzt besucht: 1.12.12)
- Ellinger, A.; Beattie, R. & Hamlin, R.: The manager as coach. In: E. Cox, T. Bachkirova & D. Clutterbuck (Hrsg.): The Complete Handbook of Coaching, London: Sage 2010.
- Hawkins, P. & Smith, N.: Coaching, Mentoring & Organizational Consultancy: Supervision and Development, Maidenhead: Open University Press 2006.
- Haack, K. U.: Das Feld schaffen. In: A. Leão & H. Sass-Schreiber (Hrsg.): EQ-Tools. Bonn: managerSeminare 2011.
- Landsberg, M. & Mader, F.: Das Tao des Coaching, Frankfurt a.M.: Campus 1998.
- McCarthy, G. & Milner, J.: Managerial coaching. Challenges, opportunities and training. In: Journal of Management Development, vol. 32, 7/2013, S. 768–779.
- Milner, J. & McCarthy, G.: Positive and Negative Events in Managerial Coaching. 27th ANZAM conference, University of Tasmania, Hobart: Submitted paper – under review, 2013.
- Megginson, D. & Clutterbuck, D.: Further Techniques for Coaching and Mentoring, Oxford: Butterworth-Heinemann 2009.
- Tonhäuser, C.: Implementierung von Coaching als Instrument der Personalentwicklung in deutschen Großunternehmen, Frankfurt am Main: Peter Lang 2010.
- Whitmore, J.: Coaching for Performance GROWing People, Performance and Purpose, London: Nicholas Brealey Publishing 2007.

Hintergrund

Für den Managerial-Coaching-Ansatz konnte nach eingehender Recherche in der Literatur nicht „der" eine Urheber gefunden werden. Coaching taucht jedoch in einigen Führungstheorien auf und zudem verbinden Böning and Fritschle (2005) „Managerial Coaching" mit dem Ursprung von Coaching in den 1980er-Jahren. Die Autoren benutzten zwar nicht den Begriff Managerial Coaching, aber assoziieren hiermit „entwicklungsorientierte" Führung. Wenn man sich Führungstheorien wie z.B. die Transformative Führung (Bass, 1990), anschaut, so wird auch hier schon der Begriff Coaching verwendet. Die Frage ist, wie Coaching definiert wird, da dies durchaus auch heute noch unterschiedlich beschrieben wird.

Inner Game und STOP

von Dr. Kai Haack & Frank Pyko

Ziel

„Inner Game“ ist ein von dem Sportpädagogen W. Timothy Gallwey entwickelter Lern- und Coaching-Ansatz, der Personen, Teams und Unternehmen in der Entfaltung ihrer Potenziale unterstützt. Der Kern der Inner Game Philosophie lautet: *„Erfahrungen sind der beste Lehrmeister.“* Der Einsatz ist in allen Change- und Lernprozessen sinnvoll, in denen von den Beteiligten eine hohe Selbstreflexion, Eigensteuerung und Handlungsfähigkeit erforderlich sind.

Kontext

- Führungskräfteentwicklung
- Teamentwicklung
- Mitarbeiterentwicklung
- Change-Management
- Coaching
- Selbstcoaching als Führungskraft

Theorie

In den 1970er-Jahren hat Timothy Gallwey sein Inner-Game-Konzept entwickelt, das auf einer der zentralen Coaching-Prämissen basiert: der „Hilfe zur Selbsthilfe“. Ausgangspunkt war seine Überlegung, dass es in jeder Aktion ein äußerlich sichtbares Tun (Outer Game) und ein inneres Spiel (Inner Game) gibt, also das, was sich in uns abspielt.

Gallwey hatte im Sport festgestellt, dass unser Bemühen, uns zu verbessern, uns oft eher daran hindert, das zu erreichen, was wir wirklich möchten. Insbesondere dann, wenn ein gutmeinender Trainer uns von außen Anweisungen gibt, was wir – nach seiner eigenen Erfahrung – anders machen sollen.

Eine besondere Erkenntnis Gallweys aus vielen Interviews mit Top-Sportlern war, dass fast alle erklärten, dass sie in Zeiten des größten Erfolgs und der maximalen Stärke an nichts dachten, sozusagen in der Lage waren, das „Geschnatter“ im Kopf auszuschalten. Auf der anderen Seite verloren sie immer dann an Kraft und standen sich selbst im Weg, wenn der „innere Dialog“ zwischen Selbstkritik und Selbstmotivation, zwischen Sorge und Mut, zwischen Ärger und Freude, den Fokus auf das eigentliche Ergebnis verhinderte. Diese Erkenntnis brachte ihn dazu, diesen „Inneren Dialog" oder auch das „innere Spiel" näher zu ergründen.

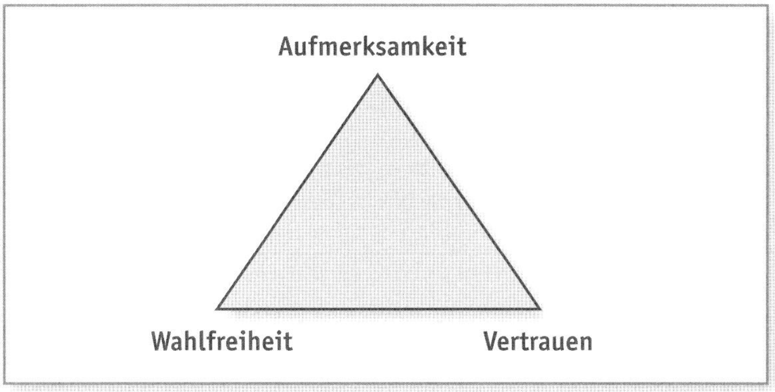

Abb.: Schlüsselelemente für erfolgreiche Lernprozesse

Ziel des Inner-Game-Ansatzes ist es, Menschen in einen selbst gesteuerten Lernprozess zu führen, bei dem sie in möglichst hohem Maße auf die eigenen Ressourcen zurückgreifen. Gallweys Modell zur Analyse des „Inner Game" benennt drei Schlüsselelemente für erfolgreiche Lernprozesse in Change-Projekten wie auch in Coachings:

- **Aufmerksamkeit:** Wird die Aufmerksamkeit auf das gerichtet, was in einer Situation wirklich passiert, auf deren relevante Variablen und konkrete Fakten, treten störende Gedanken in den Hintergrund und die augenblickliche Situation wird in voller Klarheit gesehen. Zusätzliche Informationen werden gewonnen.

- **Wahlfreiheit:** Die Optionen, in welche Richtung sich ein zukünftiges Verhalten bewegen soll, nehmen durch die zusätzlichen Informationen zu und sie können selbst bestimmt werden. Verantwortung kann für das eigene Handeln übernommen werden. Das Schlüsselelement der Wahlfreiheit ist auch bekannt aus einer englischen Lebensweisheit: *„Love it, change it or leave it."* Wenn wir uns einer Situation klarer geworden sind, dann entstehen Fragen: *„Was möchte ich so lassen, wie es ist, denn es ist gut so? Was kann ich tun, was kann ich selbst beeinflussen und ändern, da ich es so nicht mehr akzeptieren kann?"* Und: *„Wo ist eine Grenze erreicht, die mich veranlassen würde, den ‚Schauplatz' ganz zu verlassen?"*

- **Vertrauen:** Das Vertrauen in die eigenen Ressourcen wächst, weil ein tieferes Verständnis der Situation aus dem eigenen, aufmerksameren Umgang und den selbst gewonnenen Erfahrungen beruht. Das Vertrauen kann sich auch auf die Ressourcen, Kräfte und Fähigkeiten eines Teams oder einer ganzen Organisation beziehen.

Diese drei Kernprinzipien von Gallweys Modell unterstützen sich wechselseitig. Vorgegangen wird von außen nach innen und dann wieder nach außen. Mit der Anwendung der Kernprinzipien werden Selbstreflexion, Eigensteuerung und Handlungsfähigkeit ausgebaut, weil die Beteiligten sich auf ihre Wahrnehmungen und die Kraft der selbst gemachten Erfahrungen stützen können. Das verstärkt das Gefühl „selbst etwas bewirken zu können", proaktiv zu sein, selbst zu entscheiden, Lernen und Veränderungen auf den Weg zu bringen.

Der Erfolg im Outer Game hängt nach Gallwey davon ab, wie gut wir unser Inner Game „spielen". Wenn unser Handeln durch verzerrte Wahrnehmungen, innere (Selbst-) Zweifel und negative Selbstbewertungen gesteuert wird, kann das eigene Potenzial nicht abgerufen werden. Dieser Zusammenhang lässt sich in einer universellen Formel beschreiben:

Leistung = Potenziale – Störungen

Das durch Selbststörungen verursachte Fehlverhalten, z.B. wenn eine Präsentation innerlich als bedrohlich eingeschätzt wird, kann mit zwei unterschiedlichen Ansätzen korrigiert werden:

a) **Traditioneller/Instruierender Ansatz:** Es wird an dem vergangenen, sichtbaren Verhalten (Outer Game) gearbeitet. Hierzu gehören das Benennen dessen, was falsch ist und das Vorgeben dessen, wie es richtig zu machen ist.

   Beispiel: *„Die letzte Präsentation beim Vorstand war nicht gut, da ich oft die Sicht versperrt habe. Ich habe Fragen zu langatmig und unsouverän beantwortet und ich war insgesamt viel zu nervös."* – Lösung: *„Ich werde beim nächsten Mal so stehen, dass alle gut sehen können, ich bereite mich auf alle Fragen gut vor und beantworte diese kurz und präzise. Damit das klappt, übe ich ausreichend lange. Und damit bearbeite ich auch meine Nervosität."*

b) **Inner-Game-Ansatz:** Es werden die Selbstbeschränkungen aufgelöst, die zu den Verhaltensfehlern führten. Dazu gehört, mit den eigenen Gedanken und Gefühlen in Kontakt zu kommen.

Beispiel: *„Wie kam es, dass ich so nervös vor den Beteiligten hin und her getanzt bin? Wieso bei diesem Publikum, denn ich bin doch sonst sicher in dem Thema? Wieso habe ich die Antworten so langatmig beantwortet – was waren da meine Annahmen, das zu tun?“* – Ergebnis: *„Möglicherweise liegt der eigentliche Grund meiner Nervosität darin, zu glauben, dass ich, egal was ich tue, nicht genüge, obwohl es gar keine belegbaren Situationen im beruflichen Kontext dazu gibt. Ich werde an dieser Erkenntnis arbeiten und mir zu meiner eigenen Stärke und Ruhe zurückverhelfen.“*

Die angestoßenen Lernprozesse werden direkt mit der eigenen Arbeitswelt der Führungskräfte und Mitarbeiter verbunden, da diese während der Arbeit stattfinden können. Das Ergebnis ist eine Lernkultur als integraler Bestandteil des Unternehmens.

Anwendung

Ablauf

- Erläuterung von Inner Game
- Erklärung der Vorgehensweise des STOP-Tools
- STOP-Übungen
- Einsatzmöglichkeiten von STOP
- Übung von STOP-Varianten
- Mögliche Widerstände gegen STOPs

Ausgangspunkt für die folgenden Praxisanwendungen ist ein Workshop mit Führungskräften. Ziel ist die verbesserte Selbstführung als Voraussetzung für die Führung der Mitarbeiter. Am Anfang steht die Aufgabe, die Teilnehmer erkennen zu lassen, wie sich ihr „inneres Spiel" auf das äußere Wirken und Kommunizieren auswirkt, was „Inner Game" bedeutet und wie es funktioniert.

Erläuterung von Inner Game

Zunächst erläutern Sie kurz die Hintergründe, das Ziel und die Bedeutung von Inner Game – auch anhand des bereits beschriebenen Dreieckmodells – idealerweise auf einem Flipchart und mit einem konkreten Beispiel. Danach empfiehlt es sich, in eine praktische Erfahrungsübung zu gehen. Wir empfehlen das „Tool aller Tools" im Inner Game, das STOP-Tool.

Erklärung der Vorgehensweise des STOP-Tools

Das STOP-Tool verdeutlicht sehr konkret, wie das Modell des Inner Game funktioniert und trainiert die wohl wichtigste Kompetenz einer Führungskraft, nämlich die Fähigkeit, zu stoppen, anzuhalten. Es ist die Fähigkeit, genau im Impuls zum Handeln innezuhalten und sich Zeit zu nehmen, die äußere Situation wie auch die Situation im eigenen Inneren umfassend wahrzunehmen. Erst durch die Einnahme der Beobachterposition, in der ich all meine Aufmerksamkeit fokussiere, entsteht eine Qualität von Wahrnehmung, die in manchen Berufen – z.B. Feuerwehr, Notärzte, Piloten – als der „Runde Blick" beschrieben wird: Das ist die Fähigkeit, das Ganze zu sehen und dann sein Handeln optimal auf die Anforderungen der Situation auszurichten.

STOPs können beliebig lang sein. Ein kurzer STOP dauert vielleicht nur wenige Sekunden, andere benötigen Minuten oder Stunden.

Beispiele:

- 2 Sekunden, in denen Sie sich bewusst auf ein Gespräch am Telefon einlassen
- 2 Sekunden, bevor Sie bewusst einen Gedanken aussprechen
- 10 Sekunden, um Ihre Prioritäten für den Tag zu prüfen
- 30 Sekunden, um sich mit den eigenen Stärken und Qualitäten zu verbinden
- 5 Minuten, um die eigene Intention für das nächste Meeting zu schärfen
- 1 Nacht, in der Sie über eine Sache „schlafen"
- 1 Woche Bedenkzeit, um über einen Karriereschritt nachzudenken

STOP-Übungen

So funktioniert es: Verteilen Sie das folgende Blatt oder notieren Sie die Inhalte in Stichworten am Flipchart.

- **S – Step Back**: Schaffen Sie Raum zum Nachdenken. Aus dem Sport kennen Sie das „Time Out". Es schafft Raum zum Nachdenken und dem Planen der nächsten Schritte. Es schafft Gelegenheit, sich wieder auf das Wesentliche und seine Ressourcen zu konzentrieren. Das automatische Handeln zu stoppen, um bewusst innezuhalten und nachzudenken, mag paradox erscheinen, doch das ist es nicht. Wir erlauben uns, aus dem inneren Modus unseres Autopiloten, mit dem wir oft gute Strecken des Tages unterwegs sind, auszusteigen und bewusst zu werden.

- **T – Think** (Nachdenken): Folgende Fragen können anregen: *„Was mache ich eigentlich gerade? Was versuche ich zu erreichen? Welchem Zweck dient das? Was ist die Priorität? Was will ich wirklich? Inwieweit ist eine Veränderung notwendig? Oder ein Richtungswechsel? Was sind Best und Worst Cases? Was steht auf dem Spiel? Ist die kritischste der Möglichkeiten so kritisch, dass ich mich besser nicht bewege? Welche vorgefassten Meinungen habe ich? Wie geht es mir emotional/innerlich?"*

- **O – Organize Your Thoughts and Options** (Ordnen Sie ihre Gedanken und bedenken Sie Ihre Optionen): Bevor Sie weitermachen, gilt es, die Gedanken zu ordnen. Durch das Ordnen können wir unser Denken straffen, planen, unsere Prioritäten überlegen und einen Handlungsplan ausarbeiten. Und wir können unsere dazugehörigen Empfindungen integrieren, damit es für uns stimmig wird. *„Welche Alternativen gibt es denn, wenn mir die Situation in ihrer Ganzheit klarer wird? Was kann ich konkret tun, was kann ich aktiv beeinflussen? Und wie geht es mir dann damit? Was liegt nicht in meiner Hand?"*

- **P – Proceed** (Weitermachen): Es gibt einen eindeutigen Zeitpunkt, den Raum des Nachdenkens wieder zu verlassen und zwar dann, wenn der Geist wieder frisch und klar ist. Sobald Sie in Ihrer Absicht klar sind, Ihre nächsten Schritte kennen, wieder stärker in Kontakt mit sich selbst, Ihren Stärken, Kompetenzen und Ihrer Motivation sind, sind Sie bereit, sich wieder an die Arbeit zu machen.

Es bietet sich an, hier noch einmal drauf hinzuweisen, wo sich im STOP die drei Schlüsselelemente des Inner-Game-Modells wiederfinden:

- **ST** sind die Schritte, die die **Aufmerksamkeit** erzeugen und schärfen,
- **O** ist die Phase, in der die **Wahlmöglichkeiten** durchdacht werden und
- **P** ist die Phase, in der – im **Vertrauen** auf die eigenen Stärken – wieder in Aktion getreten werden kann.

STOP-Übungen

Nun bitten Sie die Teilnehmer, eine Situation auszuwählen, die in jüngster Vergangenheit passiert ist, in der die Emotionen hochgekocht sind und es zunächst schwierig war, balanciert zu bleiben. Bitten Sie die Teilnehmer, diese Situation zunächst in Einzelarbeit mit der Frage durchzuspielen, wie sie dort ein STOP hätten durchführen können und zu welchem Ergebnis sie damit gelangt wären.

Lassen Sie gegebenenfalls die Teilnehmer danach in Zweier- oder Dreiergruppen zusammenkommen und die jeweiligen Fälle kurz durchsprechen. Sie sollen die Ergebnisse erläutern und diskutieren, inwieweit ein STOP einen deutlichen Unterschied zur tatsächlich erlebten Situation macht. Danach machen Sie eine kurze Auswertung im Plenum.

Einsatzmöglichkeiten von STOP

Als Nächstes erklären Sie den Teilnehmern mögliche Varianten des STOP. Wann kann das STOP-Tool einsetzt werden:

- **Orientierungs-STOP**: Einen Orientierungs-STOP am Anfang und Ende jedes Tages zu nutzen, bietet sich an. Ein oder zwei Orientierungs-STOPs während des Tages bringen Sie wieder auf Kurs. Sie können Kurskorrekturen vornehmen oder sich an den Sinn Ihres Tuns erinnern. Ziehen Sie sich dazu – in Gedanken – zurück und prüfen Sie, ob die gesetzten Prioritäten noch stimmen und wie weit Sie gekommen sind.

- **Projekt-STOP**: Es scheint geradezu selbstverständlich, als Team oder Individuum zu Beginn eines jeden Projekts einen STOP einzulegen. Aber in der Praxis ist der Wunsch anzufangen meist so groß, dass man sich keine Zeit zum Visionieren, Planen und Forschen lässt. Tatkraft wird eben hoch geschätzt, viele Menschen vernachlässigen Schritte, die zum Lernen wichtig sind und zu neuen Bewegungsspielräumen führen. Wenn aber kluge Voraussicht, Planen und

Lernen dieser Wertschätzung zum Opfer fallen, entsteht unnötiger Aktionismus.

- **Änderungs-STOP**: Etwas Unerwartetes ist geschehen, neue Umstände sind eingetreten, eine weitere Handlungsoption oder eine unvorhergesehene Frage ergeben sich, Sie müssen Ihre Pläne ändern. Ein Änderungs-STOP schafft Raum für eine bewusste Entscheidung anstelle der spontanen, ersten Reaktion, die Ihnen gerade einfällt. Sehr häufig verändert man etwas, nur um etwas zu verändern. Wenn das dann noch wie eine gute Idee aussieht, lässt sich die Änderung leicht durchsetzen. Doch all das verstärkt den blinden Automatismus, den man mit einem STOP überwinden kann.

- **Not-STOP**: Die besten Leute machen Fehler und Fehler können teuer werden. Gleichzeitig können sie eine wichtige Lernerfahrung sein. Ein Not-STOP kann dazu dienen, den wahren Grund für den sichtbaren Fehler zu finden und dies als große Lernchance zu nutzen. Ein Not-STOP verhindert, dass „kleine" Fehler versteckt werden und hilft so, mögliche schwere Fehler abzuwenden.

- **Kommunikations-STOP**: Ein Kommunikations-STOP ist nötig, wenn man nicht mehr angemessen kommuniziert oder wenn Missverständnisse aufgetreten sind. Und selbstverständlich behauptet jeder, selbst klar und deutlich zu kommunizieren, während die anderen einfach nicht hinhören.

- **Lern-STOP**: Einen Lern-STOP können Sie mit oder ohne Coach durchführen. Bei Athleten ist es ganz normal, einen STOP einzulegen, um zu lernen und sich coachen zu lassen – das heißt dann „Auszeit". Im Geschäftsleben kommt das eher selten vor. Dementsprechend werden Fähigkeiten seltener geübt und die Fertigkeiten von Teams und Einzelpersonen werden weniger effizient entwickelt.

- **Erholungs-STOP**: Anders als bei allen anderen STOPs, in denen Sie aufhören zu arbeiten und einen Schritt zurücktreten, brauchen Sie beim Erholungs-STOP nicht zu denken oder zu organisieren. Es geht nur darum, Gehirn und Körper Zeit zu geben, sich zu regenerieren.

Übung von STOP-Varianten

Bitten Sie nun die Teilnehmer, sich erneut zunächst allein hinzusetzen und zehn Themen oder Situationen aufzulisten, an denen sie gerne etwas tun würden. Bitten Sie sie dann, diese daraufhin zu überprüfen, welche Art von STOP hilfreich wäre.

Wenn Sie ausreichend Zeit haben, können Sie die Teilnehmer bitten, sich eines der Themen auszuwählen, sich in Paararbeit gegenseitig zu interviewen und sich dabei durch das STOP zu führen. Bitten Sie die Beteiligten auch, das Ergebnis dieses STOPs zusammenzufassen. Danach kommen Sie im Plenum zusammen und runden die Übung durch Beantworten von Teilnehmerfragen ab.

Es ist auch noch einmal wichtig, auf das eigentliche Basismodell zu verweisen und mit diesem abzuschließen. Im STOP geht es exakt darum, zunächst die Aufmerksamkeit ganz bewusst darauf zu lenken, was eigentlich gerade passiert und wieso, mit dem Prinzip der Wahlfreiheit zu überprüfen, welche Handlungsalternativen vorliegen und welche die „selbst gewählt stimmigsten und hilfreichsten" sind. Und wie man sinnvoll wieder in Aktion treten kann im Vertrauen darauf, eine gute Entscheidung getroffen zu haben, die auf den eigenen Kräften, Stärken und Möglichkeiten aufbaut. Faktisch könnte man genauso am Dreieck entlang arbeiten statt am Akronym des STOP.

Mögliche Widerstände gegen STOPs

Es bietet sich an, den Teilnehmern zu erklären, welche Widerstände es gegen die Bewusstwerdung des „Inner Game" durch ein STOP geben könnte. Hierzu empfiehlt sich die Aufführung auf einem Flipchart mit Erklärung und ggf. mit Beispielen.

- Der stärkste Widerstand kommt durch das Leistungsstreben. Wenn Sie ein „schneller, dynamischer Macher" sind, dann besteht ein natürlicher Widerstand gegenüber STOPs. Je mehr Sie STOPs hassen, desto wichtiger sind sie für Sie.
- Einen Schritt zurück zu machen, erhöht ihr Bewusstsein. Das ist wie das Anknipsen des Lichts in einem dunklen Raum. Sie sehen Dinge, die Sie vorher nicht oder nicht so gesehen haben. Ihre eigenen Fehler wie auch Ihre Begrenzungen werden sichtbarer.
- STOPs brauchen Zeit und wir alle wissen, dass wir stets zu wenig davon haben. Aber wir wissen auch, dass das nur eine Entschuldigung ist, denn sich Zeit für etwas zu nehmen, ist vor allem eine Frage des Wollens.

Kommentar

Wir haben gute Erfahrungen mit diesem Modell auch mit Gruppen von Führungskräften gemacht, die zuvor wenig Berührung mit den hier wirksamen Prinzipien hatten. Der unmittelbare Bezug zu praktischen Herausforderungen macht das Diagnose- und Entwicklungsmodell attraktiv. Es wird Bewusstsein für Zusammenhänge zwischen der eigenen inneren Haltung und beobachtbaren bzw. zu erzeugenden Ergebnissen geschaffen. Gleichzeitig wird die praktische Relevanz von STOPs im Führungsalltag erlebt.

Technische Hinweise

Der Einsatz von Flipcharts ist hilfreich.

Querverweise

- Für den interessierten Leser empfiehlt sich auch der Beitrag „Leadership by Coaching Principles" (S. 65), da dort intensiv auf den Inner-Game-Ansatz eingegangen und dieser insbesondere praktisch weiter vertieft wird.
- Einen STOP der anderen Art können Sie in „Das Tetralemma" (S. 325) kennenlernen, denn in diesem Beitrag wird erklärt, wie Sie einen Paradigmenwechsel mit dieser ungewöhnlichen Methode erzeugen können.

Weiterführende Literatur

- Gallwey, W. T.: Inner Game Coaching, Staufen im Breisgau: allesimfluss-Verlag 2010.
- Gallwey, W. T.; Hanzelik, E. & Horton, J.: Inner Game Stress, Staufen im Breisgau: allesimfluss-Verlag 2012.
- Gallwey, W. T.: Inner Game Golf, Staufen im Breisgau: allesimfluss-Verlag 2013.
- Haack, K.: Das Feld schaffen. In: A. Leão & H. Sass-Schreiber (Hrsg.): EQ-Tools, Bonn: managerSeminare 2011.

Hintergrund

W. Timothy Gallwey ist Autor der Inner-Game-Buchreihe und Gründer der Inner Game Corporation, die die Prinzipien und Methoden von Inner Game zur Entwicklung von Spitzenleistungen von Einzelpersonen und Teams einsetzt. Er hält in der ganzen Welt Vorträge, führt Inner-Game-Ausbildungen durch und leitet Workshops. www.theinnergame.com.

Die Idee zum Inner Game entwickelte Gallwey Anfang der 1970er-Jahre, als er Tennis unterrichtete und dabei die Erfahrung machte, dass seine Schüler viel schneller und leichter lernten, wenn er ihre Aufmerksamkeit auf deren eigenes Spiel lenkte. Sein Inner-Game-Ansatz gilt als richtungsweisend für die weltweite Entwicklung des Coachings und der Führungskräfteentwicklung. John Whitmore wie auch Peter Senge – beide selbst Bestseller-Autoren – bezeichnen Gallwey als den größten Lehrer unserer Zeit.

Mentoring

von Dr. Julia Milner

Ziel Mentoring bezieht sich auf den Transfer von Wissen und Fähigkeiten zwischen einem erfahrenen Mentor und einem weniger erfahrenen Mentee. Mentoring wird immer häufiger in Unternehmen eingesetzt, beispielsweise zur Karriereförderung, zur Vorbereitung auf neue Rollen oder auch für die Einarbeitung neuer Mitarbeiter. Wenn möglich, sollten Mentoren und Mentees ein Trainingsprogramm durchlaufen, in dem der Ansatz des Mentorings erklärt und Basisfähigkeiten vermittelt werden. Wie Sie Mitarbeiter in Grundlagen des Mentorings trainieren können, lesen Sie in diesem Kapitel.

Kontext

- Führung
- Coaching
- Change
- Motivation
- Kreativität

Theorie Ähnlich wie über Coaching gibt es auch für Mentoring verschiedene Definitionen. Die der International Coach Federation lautet wie folgt:

> *„Mentoring ist ein professioneller Entwicklungsprozess zwischen einem erfahrenen Mentor und einem Mentee mit weniger Erfahrungen, zum einen durch Diskussionen sowie durch Vorbildfunktion und Vorleben. Mentoring kann auch den Transfer von Fähigkeiten und Wissen beinhalten. Mentoring kann zudem ein partnerschaftlicher Lernprozess zwischen Kollegen sein."*

Wie grenzt sich Mentoring von Coaching ab? Während Coachs und Mentoren typischerweise auf die gleichen, grundlegenden Fähigkeiten wie aktives Zuhören, Fragetechniken, Feedback und das Setzen von Zielen zurückgreifen, ist ein Mentor eher jemand mit mehr Erfahrung im jeweiligen Gebiet des Mentees und kann demnach Wissen oder Fähigkeiten vermitteln und teilen. Ein Coach arbeitet dagegen auch fachfremd mit einem Coachee. Coaching wird eher als kürzeres Engagement gesehen, während Mentoring häufig eine langfristige Beziehung ist (Clutterbuck, 2001a). Außerdem wird Coaching zum Teil mit Verhaltensänderungen in Verbindung gebracht und Mentoring mehr mit Wissenstransfer.

In der Literatur wird unter Mentoring auch das Geben von Ratschlägen verstanden (Heslin,1999) und in der Praxis erlebt man häufig, dass Mentoren Lösungsvorschläge unterbreiten. Im Gegensatz dazu betont der HR-Berater David Clutterbuck (2001b), dass Mentoren versuchen sollten, gerade der Versuchung zu widerstehen, Ratschläge und Lösungen zu geben, da dies mehrere Probleme verursachen kann. Beispielsweise können Mentees die Ratschläge befolgen, diese sich aber als nicht richtig erweisen. Oder ein Mentee bejaht zwar einen Ratschlag, weil er dem Mentor genügen möchte oder den Vorschlag auch gut findet, kann ihn aber nicht umsetzen, da es einfach nicht der eigenen Herangehensweise entspricht.

David Clutterbuck zählt verschiedene Alternativen auf, wie Wissen stattdessen transferiert werden kann.

Alternativen für Wissenstransfer	Beispiele
Netzwerke	Mentoren können Mentees Zugang zum eigenen Netzwerk gewähren und so wichtige, professionelle Verbindungen ermöglichen.
Übungspartner & Gesprächspartner	Beispielsweise können für den Mentee schwierige Situationen durchgesprochen oder, falls hilfreich und angebracht, sogar im Rollenspiel vorbereitet werden.
Reflexion anregen	Durch effektive Fragetechniken können Mentees zur eigenen Reflexion angeregt werden und somit selbst Lösungen für Probleme und Dilemmata finden.
Selbstwahrnehmung erhöhen	Auch hier können Fragen helfen, zudem können Mentoren Feedback geben.
Ziele setzen	Mentoren können Mentees dabei unterstützen, Ziele zu setzen.
Eigene Erfahrungen teilen	Mentoren können ihre eigenen Erfahrungen mit Mentees teilen und z.B. erzählen, was sie in ähnlichen Situationen warum gemacht haben und so über die eigene Vorgehensweise und Gelerntes reflektieren.

Abb.: Alternativen für Wissenstransfer (Quelle: Clutterbuck: Sharing wisdom, 2001)

Ein gelingendes Mentoring hängt stark davon ab, eine Balance zwischen Herausforderung und Unterstützung im Prozess zu finden.

Abb.: Balance zwischen Herausforderung und Unterstützung

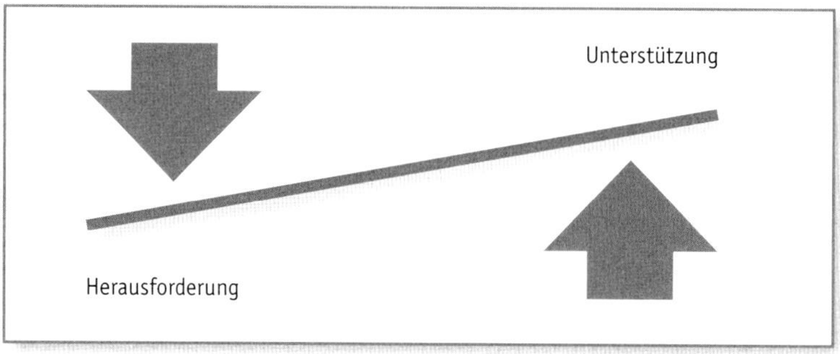

Persönliches Wachstum findet oft dann statt, wenn wir uns einem hohen Grad an Herausforderung ausgesetzt fühlen, gleichzeitig jedoch genügend Unterstützung und Ermutigung bekommen (siehe Quadrant 2 in der folgenden Tabelle). Befindet sich die Mentoren-Beziehung eher in Quadrant 1, so fühlt man sich schnell überfordert, in Quadrant 3 wird der Mentee weder unterstützt noch gefordert und in Quadrant 4 handelt es sich eher um einen „Kuschelkurs".

Tab.: Persönliches Wachstum im Mentoring. (Adaptiert von Daloz, 1999 und Blakey & Day, 2012)

	Geringer Grad an Unterstützung und Ermutigung	**Hoher Grad** an Unterstützung und Ermutigung
Hoher Grad an Herausforderung und Erwartungen	Quadrant 1 „Überforderungsgefahr"	Quadrant 2 „Persönliches Wachstum"
Geringer Grad an Herausforderung und Erwartungen	Quadrant 3 „Innere Immigration – oder Ausstieg als Gefahr"	Quadrant 4 „Unselbstständigkeit oder Langeweile als Gefahr"

Phasen des Mentoring-Modells

Kommen wir nun zu einem Modell, das hilfreich in Mentoring-Verbindungen eingesetzt werden kann, dem zyklischen Mentoring-Modell:

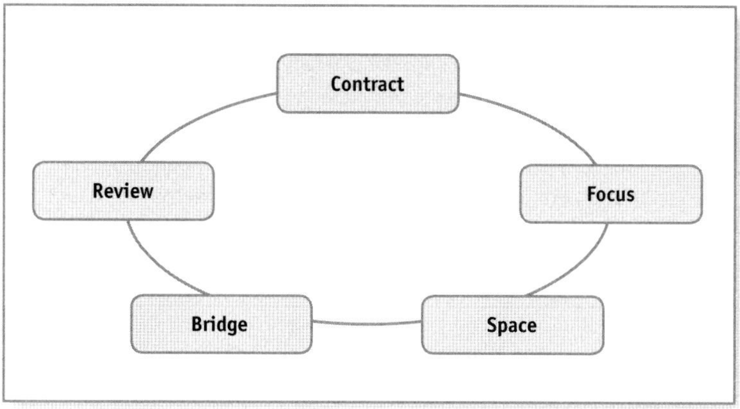

Abb.: Zyklisches Mentoring-Modell

In der Vertrags- oder Vereinbarungs-Phase (**Contract**) werden zunächst die Rahmenbedingungen der Zusammenarbeit besprochen. Gegebenenfalls kann auch ein schriftlicher Vertrag fixiert werden, in dem z.B. die Rollen, Verschwiegenheit und Treffen aufgelistet sind. Es ist empfehlenswert, sich als Workshop-Leitung mit der Personalabteilung vor dem Seminar in Verbindung zu setzen, um zu erfragen, welche Dokumente bereits existieren (z.B. Verträge) und diese dann für das Seminar mitzubringen. Das folgende Bild (Figur 2) zeichnet wichtige Elemente der ersten Phase ab.

Stufe 1 des Modells – der Vertrag (**Contract**)

- Die Gestaltung der Beziehung (*„Wie wollen wir miteinander umgehen, miteinander arbeiten?“*)
- Grundregeln (*„Welche Grundregeln wollen wir uns geben?“* Zum Beispiel: Wie weit im Voraus müssen Treffen abgesagt werden?)
- Grenzen setzen (*„Welche Grenzen des Mentoring sehen wir? Was wollen wir tun, wenn wir das Gefühl haben, diese Grenzen zu erreichen?“*)
- Verantwortungsbereiche (*„Wer ist für was verantwortlich?“* Zum Beispiel: Mentee initiiert die Treffen.)
- Erwartungen (*„Welche Erwartungen haben wir an den anderen? Welche Erwartung an die Beziehung?“*)

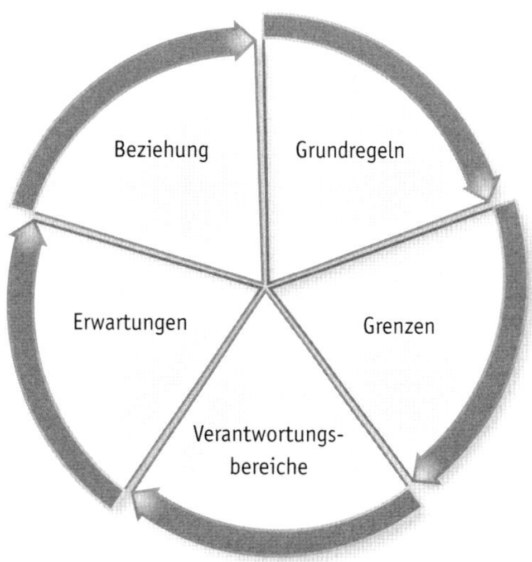

Abb.: Elemente der Contract-Phase

In der anschließenden Zielklärungsphase (**Focus**) werden Ziele besprochen sowie die Vorgehensweise für die Erreichung der Ziele diskutiert. Diese Phase ist besonders wichtig, da ohne geklärte Ziele auch im Mentoring jeder Weg richtig wie falsch sein kann. Gerade wenn die Gefahr besteht, dass ein Mentor bevorzugt Empfehlungen ausspricht, ist eine gute Zielklärung erforderlich, da nur dadurch sichergestellt wird, dass an den für den Mentee wichtigen Belangen gearbeitet wird und sich die Empfehlungen zumindest auch auf diesen Bedarf beziehen bzw. im Idealfall wirklich auch eher beschränkt ausgesprochen werden.

Die dritte Phase der Inhaltsarbeit (**Space**) widmet sich der Arbeit an den vorher ausgewählten Zielen und Themen, es wird sozusagen „Raum" zum vertieften Einstieg in Diskussionen und zur Lösungsentwicklung gegeben.

Eine Verbindung zur Anwendung am Arbeitsplatz wird mit der vierten, der Brücken-Phase (**Bridge**) angestrebt, in der das Gelernte in den Arbeitsbereich transferiert und dort ausprobiert wird.

Die fünfte Phase, der Rückblick (**Review**), dient der Evaluation des Mentoring-Prozesses. Hier besprechen Mentor und Mentee, was im Anwendungsprozess gut funktioniert hat und wieso und wo es weiteren Gesprächs- und Lösungsbedarf gibt.

Die beiden Partner diskutieren, wieso etwas, was der Mentee vorher als schwierig erlebt hat, nun in der Umsetzung gut funktioniert hat. Es ist mit Blick auf die Zukunft hilfreich, mit dem Mentee genau herauszuarbeiten, welche eigenen Qualitäten, Stärken und Erfolgsfaktoren dieser eingesetzt hat, um erfolgreich zu sein. Außerdem sollten die Partner reflektieren, inwieweit die Vereinbarungen aus der Contract-Phase gut funktioniert haben und ob es ggf. Ergänzungs- oder Änderungsbedarfe gibt. Und sollten sich im Rückblick die nächsten inhaltlichen Themen ergeben, dann wiederholt sich der zyklische Mentoring-Prozess, wobei dann direkt in die Focus-Phase eingestiegen werden kann.

Mithin findet man im Mentoring-Prozess das zyklische Mentoring-Modell in der Anwendung in mehrfachem Kreislauf, bis irgendwann das Mentoring mit einem letzten Review zu einem finalen Abschluss kommt.

Anwendung

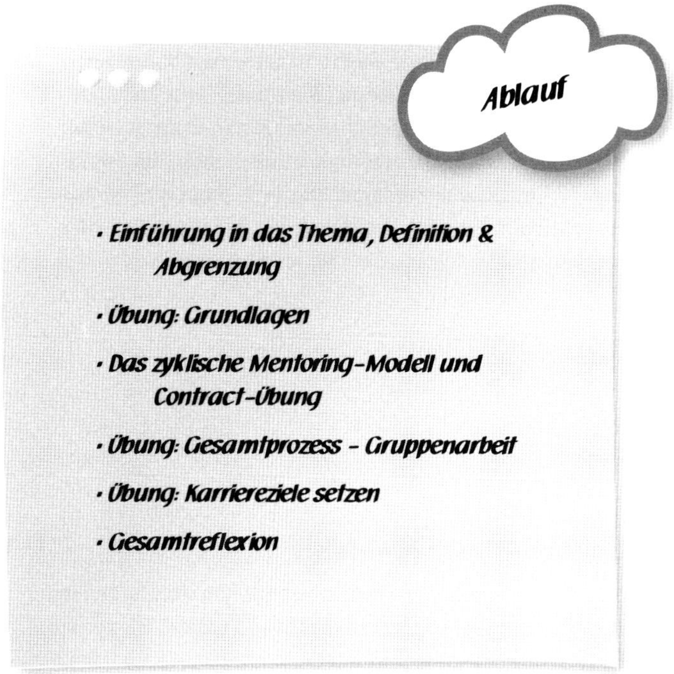

Einführung: Definitionen & Abgrenzung

Es empfiehlt sich zunächst, Definitionen von Mentoring sowie eine Abgrenzung zu Coaching oder auch einem direktiven Führungsstil zu diskutieren. Die Beiträge können auf Zuruf auf drei Flipcharts festgehalten werden (Mentoring, Coaching, direktiver Führungsstil).

Übung: Grundlagen

In Bezug auf die Grundlagen von Mentoring bietet es sich an, folgende Fähigkeiten zu besprechen und zu üben:

- Aktives Zuhören
- Fragetechniken
- Feedback
- Ziele setzen

Eine Übersicht für verschiedene Übungen zu diesen Grundlagen bietet der Beitrag „Managerial Coaching", S. 146.

Das zyklische Mentoring-Modell und eine Übung zu Contract

Im Anschluss an die Übungen zu Definitionen und Grundlagen kann dann das zyklische Mentoring-Modell wie dargestellt an Flipchart, Pinnwand oder digital erläutert werden.

Die Elemente der ersten Phase, dem Contract, werden als Übung angeleitet: **Die Gestaltung der Beziehung** (Wie wollen wir miteinander umgehen, miteinander arbeiten?) soll in einem ersten Dreiergespräch ausprobiert werden: Einer übernimmt die Rolle als Mentor, der Zweite die als Mentee, der Dritte beobachtet das Gespräch, dann wird gewechselt. Bitten Sie die Teilnehmer, die vier folgenden Schwerpunkte, die auf einem Flipchart stehen sollten, im Contracting-Gespräch zu besprechen:

- Grundregeln
- Grenzen setzen
- Verantwortungsbereiche
- Erwartungen

Übung: Gesamtprozess – Gruppenarbeit

Es bietet sich nun an, eine Kleingruppenarbeit zur Konkretisierung und Vertiefung des gesamten Mentoring-Prozesses auf Basis des Mentoring-Modells durchzuführen. Die Aufgabe lautet: *„Bitte sammeln Sie und füllen dann die vorliegende Tabelle auf einem Flipchart in der Kleingruppe aus!“*

In fünf Kleingruppen können Ideen zur praktischen Anwendung der jeweiligen Phase gesammelt werden. Die Teilnehmer können hilfreiche Fragen und Aspekte, aber auch mögliche Herausforderungen und Strategien auf dem Flipchart festhalten. Diese können im Anschluss im Plenum weiter diskutiert werden.

Tab.: Ideensammlung zu den Phasen des Mentoring-Modells

Phase	Wichtige Aspekte	Hilfreiche Fragen	Mögliche Herausforderungen	Strategien zur Überwindung der Herausforderungen
Kontrakt	Rahmenbedingungen festhalten	▶ Wie stellen wir uns die Zusammenarbeit vor? ▶ Was sind Erwartungen von mir und meinem Mentee?	Unterschiedliche Vorstellungen	Genügend Zeit zur Besprechung der Rahmenbedingungen einplanen
Fokus				
Raum				
Brücke				
Rückblick				

Übung: Karriereziele setzen

Das Scaling-Tool nach Steve de Shazer (1994) kann dabei helfen, im Gespräch über Karriereziele konkrete nächste Schritte für den Mentee zu finden.

- Schritt 1 – **Optimum definieren:** Wie sieht der Idealzustand, eine 10/10-Position aus? Was macht die 10 aus?
- Schritt 2 – **Status quo definieren:** Wo würdest du dich momentan auf der Skala in Bezug zur Thematik einordnen? Was macht diese Zahl aus? Wie würdest du den momentanen Zustand beschreiben?
- Schritt 3 – **Nächste Schritte definieren:** Was kannst du tun, um eine Stufe nach oben zu kommen? Was kannst du anfangen zu tun? Was kannst du aufhören zu tun? Was beibehalten? Wer kann dich dabei unterstützen?

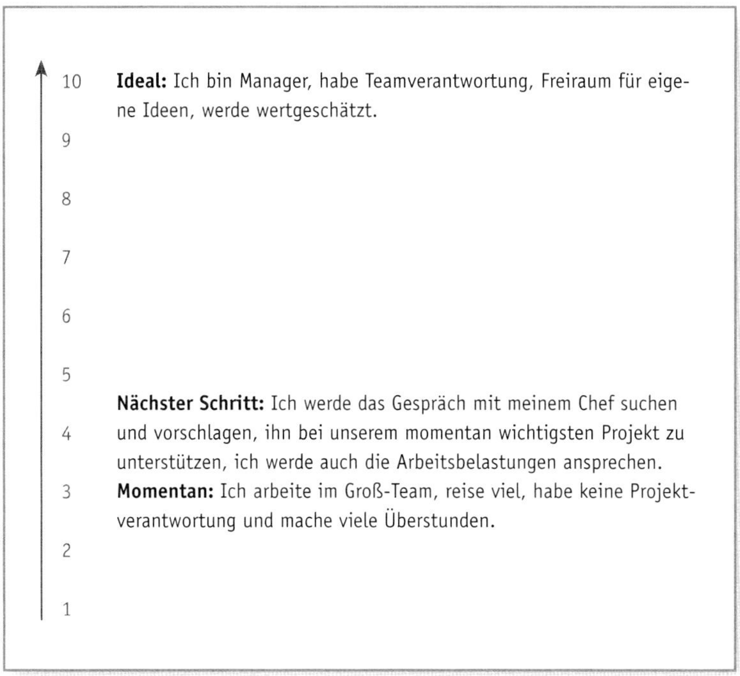

Abb.: Die nächsten Schritte für den Mentee finden

Gesamtreflexion

Schließen Sie in der Gruppe mit einer finalen Gesamtreflexion über Anwendungsmöglichkeiten, persönliche Ziele zur Anwendung, Fragen, Klärungsbedarfen etc. ab.

Kommentar

Im Idealfall werden Trainingsprogramme nicht nur für Mentoren angeboten, sondern auch für Mentees. Es ist wichtig, ein gleiches Grundverständnis für Mentoring zu entwickeln, damit beide Parteien mit ähnlichen Erwartungen die Beziehung beginnen. Außerdem kann Mentoring auch gegenseitig stattfinden (sogenanntes „Reciprocal Mentoring") und Mentees gleichzeitig als Mentoren agieren und umgekehrt. Dieses sogenannte „Reverse Mentoring" ist immer häufiger vorzufinden, indem ein jüngerer Mentor mit Fachwissen auf einem bestimmten Gebiet sich mit einem älteren und häufig erfahreneren Mentee zum Austausch trifft (Harvey et al., 2009).

Technische Hinweise

Keine, außer gängige Seminarausstattung: Flipcharts, Pinnwände, Moderationsmaterialien.

Querverweise

- Der Beitrag „Transformationale Führung" stellt ein Gesamtbild der heutigen, modernen Führungstheorie auf und ist somit sicherlich eine sehr gute Ergänzung oder Erweiterung zum vorliegenden Beitrag (S. 135).
- „Managerial Coaching" (S. 146) geht einen Schritt weiter in der Entwicklung von speziellen Führungskompetenzen und ist daher ebenfalls eine gute Ergänzung. Das SMARTe-Ziele-Modell ist ein Basismodell für oben beschriebene Übungsschritte (S. 29).

Weiterführende Literatur

- Allen, T. D., & Poteet, M. L.: Developing effective mentoring relationships: Strategies from the mentor's viewpoint. The Career Development Quarterly, vol. 48/1999, S. 59–73 .
- Brockban, A. & McGill, I.: Facilitating Reflective Learning Through Mentoring & Coaching, London, Philadelphia: Kogan Page 2006.
- Clutterbuck, D.: Everyone needs a mentor: Fostering talent at work, London: Chartered Institute of Personnel & Development 2001.
- Clutterbuck, D.: Sharing wisdom. Inside Knowledge Magazine, vol. 4, no. 9/2001.
- de Shazer, S.: Words were originally magic, New York: Norton & Co 1994.
- Harvey, M.; McIntryre, N.; Thompson Hearnes, J. & Moeller, M.: Mentoring global female managers in the global marketplace: traditional, reverse, and reciprocal mentoring. The International Journal of Human Resource Management, vol. 20, no. 6/2009, S. 1344–1361.

- Hawkins, P. & Smith, N.: Coaching, Mentoring & Organizational Consultancy: Supervision and Development, Maidenhead: Open University Press 2006.
- Meggions, D. & Clutterbuck, D.: Further Techniques for Coaching and Mentoring, Oxford: Butterworth-Heinemann 2009.
- Parsloe, E.: Coaching, Mentoring & Assessing. A practical guide to developing competence, London: Kogan Page 1995.
- Shea, G. F.: Mentoring. Revised edition, Menlo Park: Crisp Publications 1997.
- Whitmore, J.: Coaching for Performance GROWing People, Performance and Purpose, London: Nicholas Brealey Publishing 2007.
- www.coachfederation.org
- www.ikmagazine.com

Hintergrund

Es gibt, soweit bekannt, nicht eine bestimmte Person, die als Urheber für das Mentoring angesehen werden kann. Der Begriff „Mentor" wird auf die griechische Mythologie zurückgeführt und zwar auf Homers Odyssee. „Mentor" ist der Lehrer und Aufseher von Telemachos, dem Sohn des Odysseus. Als Odysseus in den Trojanischen Krieg aufbricht, vertraut er Mentor während seiner Abwesenheit seinen Haushalt an (Shea, 1997). Der Sage nach hat auch die Göttin Athene, die Odysseus sehr wohlgesonnen war, von Zeit zu Zeit die Gestalt des väterlichen Freundes Mentor angenommen, um über Telemachos zu wachen und ihm Ratschläge zu geben, die ihn vor Unheil bewahren sollten. Der Begriff Mentor wird meistens mit Vertrautem und weisem Ratgeber, Lehrer, aber auch Freund in Verbindung gebracht (Parsloe, 1995; Shea, 1997).

Presencing – Führen von der entstehenden Zukunft her

von Roland Hess

Ziel

Mit dem sogenannten U-Modell hat Otto Scharmer (2007) einen theoretisch-methodischen Rahmen für die Gestaltung von Veränderungsprozessen in Organisationen entwickelt. Basierend auf der Frage, wie Innovationen oder „das Neue" in die Welt gelangen kann, entwarf er ein Modell, welches als Kernkompetenz das sogenannte „Presencing" beinhaltet. Dies ist ein Kunstwort aus den englischen Begriffen „Presence" (präsent sein) und „Sensing" (wahrnehmen, vergegenwärtigen, gewahr sein). Es bedeutet im Prinzip, dass man *„in der Gegenwart die Zukunft erspürt"*. Wer als Führungskraft die Aufmerksamkeit auf die Zukunft richtet und sich somit in der Gegenwart mit einer im Entstehen befindlichen Zukunft verbindet, kann die eigene innere Haltung verändern und die eigene Führungsqualität weiterentwickeln. Man erkennt neue, bis dato unentdeckte Potenziale in sich und seiner Organisation.

Kontext

- Coaching
- Change
- Führung
- Umgang mit Krisen und Konflikten
- Persönlichkeitsentwicklung

Theorie

Begegnung mit dem „blinden Fleck"

Otto Scharmer beschäftigte sich lange mit der Frage, wie Lernen und Veränderung möglich ist, wenn die Erfahrungen, die man in der Vergangenheit gemacht hat, für die Zukunft keine Gültigkeit mehr haben. Das ist insbesondere dann der Fall, wenn sich die bisherige Welt so dramatisch verändert, dass die Antworten, die für vergangene Situationen auf Basis gemachter Erfahrungen stimmig gewesen wären, nicht mehr helfen. Dann sind wir gezwungen, Antworten für die Zukunft aus einer anderen Quelle zu erforschen. Die Suche nach neuen Wegen ist mit Empfindungen der Unsicherheit und dem Risiko der falschen Antwort verbunden. Wir müssen uns als Führungskraft ins „Neuland" begeben.

Laut Scharmer ist die Betrachtung der sozialen Wirklichkeit perspektivisch vergleichbar mit der schöpferischen Arbeit eines Künstlers. Will man diese beobachten, besteht die Möglichkeit, drei unterschiedliche Perspektiven einzunehmen:

a) Man kann das Ergebnis eines schöpferischen Prozesses betrachten, zum Beispiel *„das gemalte Bild"*.
b) Man kann den Prozess selbst betrachten, *„das Malen des Bildes"*.
c) Schließlich kann man die Perspektive des Künstlers selbst und seiner Quelle einnehmen – *„ich und mein schöpferischer innerer Quellort, während ich vor der leeren Leinwand stehe"*.

Es geht somit um das „Danach", „Währenddessen" und auch „Davor" eines schöpferischen Prozesses.

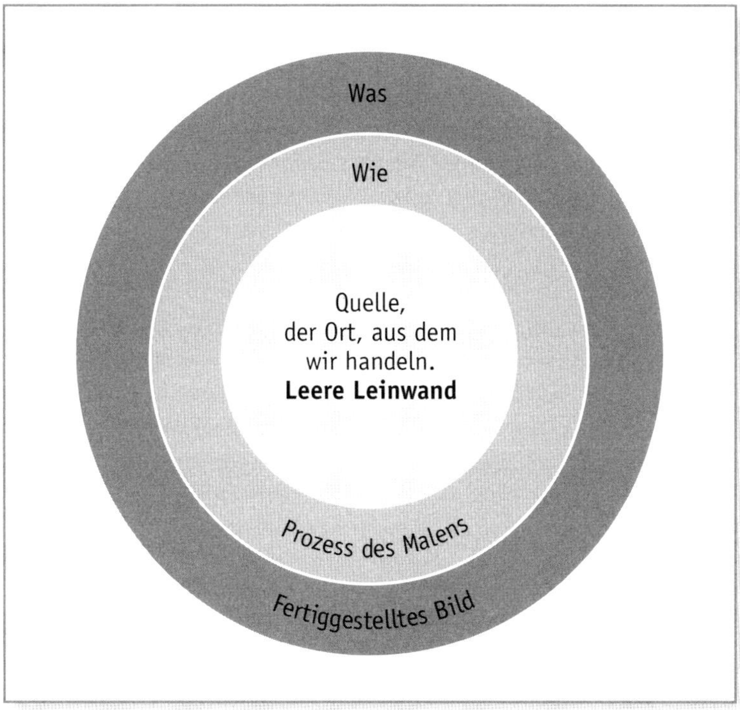

Abb.: Perspektiven auf den schöpferischen Prozess

Auch können Führung und Verantwortung der Gestaltung von Veränderungsprozessen unter diesen Aspekten betrachtet werden:

a) das „Danach" – also „das Ergebnis des Führungsprozesses",
b) das „Währenddessen" – also wie erfolgt die „Führung in Veränderungsprozessen" und

c) das „Davor“ – also die „innere Haltung der Führungskraft“, denn das Gelingen komplexer Veränderungsprozesse ist maßgeblich von der inneren Haltung oder Überzeugung der für die Veränderung stehenden Führungsperson abhängig.

Während das „Danach“, also das Ergebnis von Führung, sowie das „Währenddessen“, also der Prozess hin zum Ergebnis, gut erforscht und beschrieben sind, ist die innere Haltung einer Führungskraft bzw. die Überzeugung, aufgrund derer eine Handlung entsteht, nicht oder nur bislang nur schwer erfassbar. Auch dem Handelnden selbst ist in dem Moment nur selten bewusst, auf Basis welcher Überzeugung seine Handlung geschieht. Und genau damit entsteht in diesem Moment ein sogenannter blinder Fleck. Die simple Frage, *„Wo kommt unser Handeln eigentlich her?“*, kann in einem solchen Moment von den meisten Führungskräften nicht beantwortet werden.

Diese (innere) Quelle in uns ist nach Scharmer fundamental, weil von ihr aus alle unsere Handlungen und Entscheidungen meist unbewusst ihren Ausgangspunkt nehmen. Zur Lösung komplexer Probleme sind neue Wege erforderlich und das Erkennen des „blinden Flecks“ repräsentiert Scharmer zufolge den ersten Schritt zur Entwicklung neuer Handlungsansätze:

> *„Indem Führungskräfte ihre Aufmerksamkeit auf diese Quelle richten und so erkennen lernen, welche eigene, innere Haltung ihre Handlungen beeinflusst, können sie diese auch verändern und genau dies ist bei komplexen Veränderungsprozessen notwendig. Denn die Erfahrung hat gezeigt, dass Führungskräfte herausfordernde Veränderungsprozesse nicht erfolgreich meistern können, wenn sie sich ausschließlich auf ihre bestehenden Erkenntnisse und Expertisen berufen.“*

Als Erkenntnis aus Scharmers Forschungen erlangen Führungskräfte Zugangsmöglichkeiten über unterschiedliche Arten des Beobachtens und Zuhörens. Je nachdem, wohin die eigene Aufmerksamkeit in einem solchen Prozess des Zuhörens gerichtet ist, führt dies bei gleichen Handlungen zu radikal unterschiedlichen Ergebnissen.

Scharmer benennt konkret vier unterschiedliche Ebenen des Beobachtens, die er am Beispiel des Zuhörens beschreibt:

- Das **Downloading**: Auf der ersten Ebene des Zuhörens wird das Gehörte lediglich heruntergeladen und mit bereits gespeicherten eigenen Erfahrungen verglichen. Es erfolgt keine Differenzierung des Gesagten, sondern die Aufmerksamkeit liegt einzig auf dem, was die eigenen Denkgewohnheiten bestätigt.

- Das **faktische Zuhören** (Debatte): Die Aufmerksamkeit des Gehörten liegt auf dieser etwas tiefer liegenden Ebene bei dem, was von unseren eigenen Vorstellungen abweicht. Bei dieser Art des Zuhörens werden Fakten gesammelt, Fragen gestellt, nicht geurteilt und achtsam auf die Antworten gehört, um Informationen zu erhalten, die vorher noch nicht vorlagen.

- Das **emphatische Zuhören** (Dialog): In dieser tieferen Ebene des Zuhörens wird die Aufmerksamkeit im Zuhören vom Faktischen hin zu der anderen Person verschoben. Dieser Schritt ermöglicht es dem Zuhörer, die Gegenwart empathisch aus der Perspektive eines anderen wahrzunehmen. Unsere Aufmerksamkeit wird darauf gelegt, die Gedanken und Bedürfnisse des anderen zu erfahren. Die eigenen Bedürfnisse treten dabei in den Hintergrund.

- Das **schöpferische Zuhören**: Hier liegt die Aufmerksamkeit bei dem, was in der Zukunft möglicherweise sein könnte. Die Gesprächspartner sind durch die Entwicklung eines gemeinsamen Zukunftsbildes verbunden. Dabei verändern sich die Beteiligten und ihre Sicht auf die gegenwärtige Situation. Um diese Art des Zuhörens zu ermöglichen, bedarf es sowohl des faktischen als auch des emphatisch basierten Zuhörens. Gemeinsam können die Gesprächspartner eine tiefere Qualität der Aufmerksamkeit und einen neuen Zugang zu einem inneren Wissen erlangen.

Werden diese Arten der Aufmerksamkeit bzw. des Zuhörens auf die Gestaltung und Umsetzung von Transformationen bzw. Veränderungsprozessen angewandt, wird rasch klar, welchen entscheidenden Einfluss die innere Haltung einer Führungsperson auf diese Prozesse besitzt.

Die entscheidende Frage ist: *„Wie können Führungskräfte, indem sie sich diese innere Haltung oder den blinden Fleck bewusst machen, damit den ersten Schritt in Richtung einer eigenen, zukunftsorientierten Veränderung ihrer Haltung setzen und darauf aufbauend neue Lösungsmöglichkeiten entwickeln?“*

Hierzu entwickelte Otto Scharmer das U-Modell, das den gesamten Prozess der Entwicklung neuer Wege beschreibt.

Im Prinzip geschieht dies in drei Schritten:

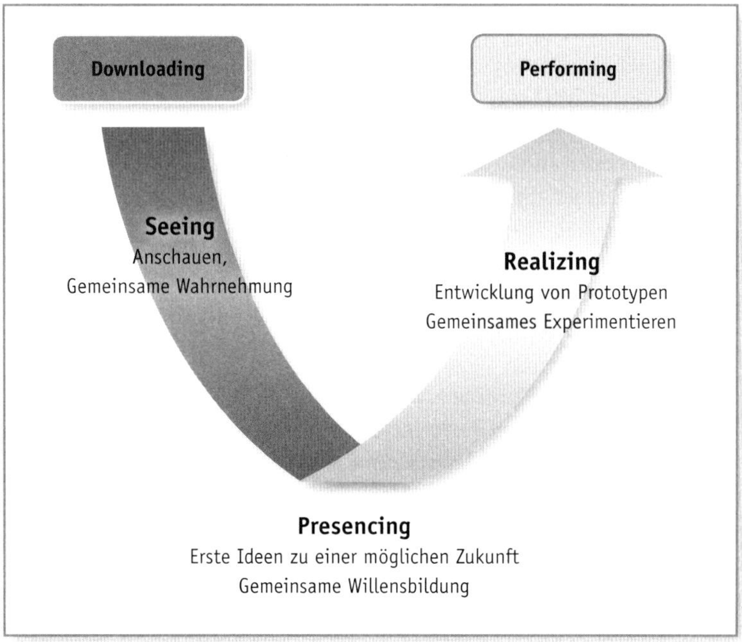

Abb.: Das U-Modell von Otto Scharmer

Hinschauen und entwickeln einer gemeinsamen Wahrnehmung (Seeing)

Der erste Schritt besteht dabei im „bewussten Anschauen" (observe, observe, observe). Das Zuhören in dieser Phase entspricht dem faktischen und empathischen Zuhören. Man begibt sich in einer Organisation zum Beispiel an Orte oder zu Menschen, welche für die Veränderung wesentlich sind (Stakeholder, Standorte etc.). Man spricht mit den Mitarbeitern vor Ort und ermöglicht so eine gemeinsame und neue Wahrnehmung. Scharmer nennt dies mit „offenem Herzen und Verstand" zuzuhören. Die Stimme des Urteilens oder der Vergangenheit wird durch dieses aufmerksame Zuhören idealerweise ausgeschaltet. Durch den Besuch anderer Standorte verändert sich dabei auch die eigene Wahrnehmung und Führungskräfte beginnen, die Umwelt aus der Sicht der ganzen Organisation wahrzunehmen.

Gemeinsames Entstehen von neuem Wissen/einer neuen, tieferen Erkenntnis (Presencing)

Der zweite Schritt umfasst die Entstehung von innerem Wissen. Brian Arthur formuliert dies in einem der Interviews mit Otto Scharmer wie folgt: *„Gehe zu einem Ort der Stille und lass das innere Wissen entste-*

hen." Dieser Schritt ist elementar und benötigt den Mut, aber auch den Willen, die Zukunft in sich selbst entstehen zu lassen. Die Führungskraft richtet den Blick oder die Aufmerksamkeit auf die inneren Quellen, die innere Haltung und stellt dabei eine Verbindung zwischen dem eigenen, gegenwärtigen Selbst und dem zukünftig bestmöglichen Selbst her. Es entsteht im Dialog zwischen der Gegenwart und einer möglichen Zukunft ein Bild, was unter bestmöglichen Bedingungen in der Zukunft erreicht werden kann – das Presencing – „Presence" und „Sensing" – die Führungskraft „erspürt" sozusagen die Zukunft. Dies ist zunächst ein individueller Vorgang, welcher danach in einen Prozess innerhalb einer Gruppe oder der Organisation überführt werden kann. Dabei entstehen die ersten Ideen für eine Veränderung oder für zukünftige Lösungen. Die Führungskraft befreit sich von alten Denk- und Verhaltensmustern, indem sie sich nach dem ersten Schritt des Beobachtens gedanklich in die Zukunft versetzt. Sie verschiebt also die Aufmerksamkeit von der Vergangenheit auf zukünftige Möglichkeiten und Chancen – der Moment des Presencings ist die wesentliche Erkenntnis aus dem U-Modell.

Unmittelbares handeln (Realizing)

Die ersten Ideen für zukünftige Lösungsmöglichkeiten werden schnell umgesetzt. Es werden einfache Prototypen dieser Ideen geschaffen, um schnelles, intensives Lernen zu ermöglichen. Wesentlich dabei ist, die ersten entstandenen Ideen im Tun gemeinsam auszuprobieren, damit zu experimentieren. In kurzen und einfachen Lernzyklen wird erkannt, wie diese Prototypen auf das Umfeld reagieren, wo Herausforderungen in der Umsetzung liegen, aber auch, wie diese weiterentwickelt werden können. Prototypen können verworfen werden, neue entstehen in dieser Phase. Es entstehen laut Otto Scharmer **„Werkstätten der Zukunft"**, in welcher die **„Zukunft im Tun"** erprobt wird. Letztendlich entwickeln sich aus dieser Phase zukünftige Lösungen, die im Veränderungsprozess umgesetzt werden und zu einem gemeinsamen, neuen Handeln in der Organisation führen.

Anwendung

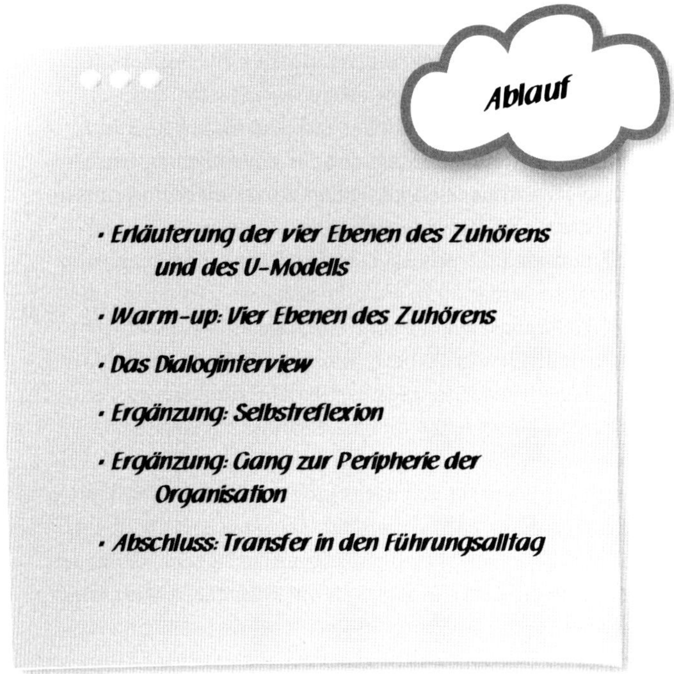

Erläuterung

Erklären Sie in einer Veranstaltung zunächst das U-Modell, seine Historie und im Schwerpunkt die Bedeutung des „Presencings". Lassen Sie anschließend erleben, wie „Presencing" angewendet werden kann.

Warm-up: Vier Ebenen des Zuhörens

Eine gute Idee ist es, Übungen anzubieten, um die vier Ebenen des Zuhörens in Etappen zu erleben – alle Übungen dürfen im Dreier-Team stattfinden:

a) A erzählt B eine wirklich dramatische Situation, in der unerhörtes Verhalten eine Rolle spielt. B hört zu und sammelt sämtliche Schwerpunkte, die er selbst verurteilen würde. Diese werden dann ausgetauscht. C beobachtet und gibt Feedback.
b) B erzählt C eine kurze Geschichte, in der viele Fakten vorkommen, C versucht, diese zu sammeln, zu ordnen und alle Informationen so gut es geht ohne Wertung zusammenzutragen. A beobachtet und gibt Feedback.
c) C erzählt A eine kurze Begebenheit, die sehr berührt hat. A hört sehr emphatisch zu und versucht, den „Diamanten" in der Erzäh-

lung zu ergründen und ganz bei C zu sein. B beobachtet und gibt Feedback.

d) A erzählt B von einer ganz besonderen Begebenheit: eine Sorge, Not, einen Traum, in dem etwas passiert ist, was weg- oder lebensbegleitend war. B hört aufmerksam zu, versucht, dieses zu ergründen und daraus auch noch zu erahnen, wie A in der Lage ist, Wegweiser im eigenen Leben zu erkennen. C hört zu und gibt Feedback.
e) Die jeweiligen Kleingruppen diskutieren die unterschiedlichen Erfahrungen, die sie gemacht haben, je nach Ebene persönlich und auch im Gesamtprozess. Sie tragen die unterschiedlichen Qualitäten zusammen, die die Art des Zuhörens und die damit verbundenen Ergebnisse erzeugen.

Das Dialoginterview

Das Dialoginterview baut auf den genannten vier Ebenen des Zuhörens auf. Es hat zum Ziel, in einer Phase des schöpferischen Zuhörens gemeinsam mit dem Gesprächspartner neue Ideen oder Ziele entstehen zu lassen. In einem Veränderungsprozess oder -projekt kann diese Art des Interviews in den unterschiedlichsten Phasen eingesetzt werden. Vor allem zu Beginn eines solchen Prozesses oder Projektes hilft diese Art des Interviews, die gegenwärtigen Herausforderungen zu verstehen. Es ermöglicht auch, gemeinsam neue Initiativen zu generieren.

In einem solchen Gespräch wird die Aufmerksamkeit bewusst in die Zukunft verschoben, um damit einen kreativen Prozess in Gang zu setzen, der beiden Gesprächspartnern hilft, alte Verhaltensmuster loszulassen und sich vollkommen auf zukünftige, neue Lösungsideen zu fokussieren. Die daraus entstehenden gemeinsamen Ideen und Initiativen können mit einer hohen Akzeptanz weiterentwickelt und umgesetzt werden, da sie gemeinsam entstanden sind. Das Dialoginterview fokussiert damit sehr klar auf das Presencing und dies mit einer bewussten Entscheidung, das Gespräch auf dieser Ebene des schöpferischen Zuhörens zu führen.

In der Vorbereitung auf ein Dialoginterview wird von Otto Scharmer empfohlen, einem Moment „des sich Sammelns und der Einkehr“ zu nutzen, um dadurch ganz präsent zu werden. In dieser Phase kann das Gespräch antizipiert werden, die Aufmerksamkeit wird bewusst auf die Zukunft gelenkt und verändert so die innere Haltung der Gesprächspartner. Bewusst und mit Offenheit geht man dann in ein solches Interview, bereit für neue Ideen oder Initiativen, die im Gespräch entstehen können.

Beispiele für ein Dialoginterview mit einer Top-Führungskraft, von deren Leadership-Entwicklung man lernen möchte:

- *„Beschreiben Sie Ihre ‚Leadership Journey', die Sie in die heutige Situation geführt hat."*
- *„Was waren entscheidende Herausforderungen, die Sie zu meistern hatten und wie ist Ihnen dies gelungen?"*
- *„Beschreiben Sie die besten Erfahrungen, die Sie mit einem/innerhalb eines Teams gemacht haben und wodurch unterschieden sich diese zu anderen Erfahrungen/heute?"*
- *„Was sind die größten Herausforderungen, die Sie heute zu meistern haben?"*
- *„Wer sind Ihre wichtigsten Stakeholder?"*
- *„Welche Ergebnisse entscheiden für Sie über Erfolg oder Misserfolg und bis wann sind diese zu erreichen?"*
- *„Welche Fähigkeiten benötigen Sie, um in Ihrer Führungsrolle erfolgreich zu sein? Was möchten Sie loslassen und wo möchten Sie sich weiterentwickeln?"*
- *„Wie werden Sie Ihr Team weiterentwickeln? Was benötigen Sie von Ihrem Team und Ihr Team von Ihnen?"*
- *„Anhand welcher Kriterien werden Sie in neun bis zwölf Monaten Ihren Erfolg messen?"*
- *„Wenn Sie nun innehalten und das Gespräch reflektieren, welche wichtigen Fragen entstehen für Sie jetzt, die Sie aus dem Gespräch in Ihre zukünftige Entwicklung mitnehmen?"*

Am Ende eines solchen Gespräches hilft es, die wesentlichen Aussagen zu reflektieren – bei mehreren Interviewern gemeinsam – um danach die wichtigsten Erfahrungen schriftlich zu dokumentieren. Dabei helfen Aufforderungen und Fragen wie *„Teilen Sie mit der Gruppe, welche Erfahrungen aus dem/den Interviews für Sie die überraschendsten waren bzw. Ihnen am meisten die Augen geöffnet haben."* oder *„Welche neuen Ideen sind in Ihnen während der Gespräche entstanden?"* oder *„Was hat Sie am meisten beeindruckt?"*.

Das mit dem Gesprächspartner Besprochene wird auf Basis einer Zusammenfassung der wesentlichsten Ergebnisse oder Ideen auch dem Gesprächspartner zur Verfügung gestellt.

Da man „bewusst", also mit der inneren Haltung, ein Gespräch auf der Ebene des schöpferischen Zuhörens zu führen, in ein solches Dialoginterview geht, reduziert sich der „blinde Fleck", und die Quelle des Handelns wird in einem solchen Gespräch für die Zukunft erweitert und angereichert.

Ergänzung: Selbstreflexion

Die aufgeführten Fragen können selbstverständlich genauso im Rahmen eines eigenen Selbstreflexionsprozesses beleuchtet werden. Außerdem wäre es im Rahmen einer Veranstaltung durchaus eine gute Idee, diese Selbstreflexion dem Dialoginterview voranzustellen.

Ergänzung: Gang zur Peripherie

Der nächste Schritt, den auch Otto Scharmer empfiehlt, ist der Gang an die eigenen organisationalen Grenzen. Der Blick von außen auf die Organisation, wenn wir uns für einen Augenblick gestatten, uns von ihr zu distanzieren, zeigt, was die Organisation lernen kann. Er bezeichnet das als „den Gang zur Peripherie" der Organisation, um zu erkennen, was die Organisation benötigt, was wir nicht erkennen können, wenn wir mittendrin stehen und die Veränderung nicht bewältigen. Dazu empfiehlt er, Stakeholder – interne, aber insbesondere auch externe – zu interviewen. Und je kritischer diese zur eigenen Organisation stehen, umso besser, um den eigenen, organisationalen, blinden Fleck zu reduzieren. Aus den gewonnenen Erkenntnissen werden die weiter konkretisiert, die als „für die Zukunft hilfreich" wahrgenommen werden. Und daraus werden dann die sogenannten „Prototypen" entworfen und auf Praxistauglichkeit erprobt.

Abschluss

Diese hier dargestellte Vorgehensweise ist definitiv komplex. Das Gute ist jedoch, dass Sie sie vermutlich mit entsprechend kompetenter Klientel entwickeln werden.

Daher ist ein hilfreicher Abschluss, herauszuarbeiten, was jeder Einzelne daraus für sich und seinen Führungsalltag mitnehmen kann. Vermutlich wird der individuelle Erkenntnis-Level unterschiedlich sein. Doch jeder wird mit besonderen Erlebnissen und Erfahrungen diese Erkenntnisreise abrunden.

Kommentar

Es braucht einen zeitlichen Prozess, um Erkenntnisse aus dem Modell zu sammeln, daher sind mehrmodulige Programme geeignet, das Modell und die Methode näher zu ergründen.

Technische Hinweise

Moderationsmaterial zur Erklärung des Modells.

Querverweise

Eine spannende Verbindung besteht zwischen diesem und dem Beitrag „Triple Loop Learning" (S. 77), denn in beiden geht es darum, das Lernen im Sinne eines strukturierten Prozesses zu verstehen, den man auch bewusst gestalten kann.

Weiterführende Literatur

- Scharmer, C. O. & Käufer, K.: Führung vor der leeren Leinwand. In: Organisations Entwicklung 2/2008.
- Scharmer, C. O.: Theorie U. Von der enstehenden Zukunft her führen, Heidelberg: Carl Auer, 3. Aufl. 2009.
- Scharmer, C.O.: Theory U. Leading from the future as it emerges, Cambridge: Society for Organizational Learning 2007.
- Jaworski, J.; Kahane, A. & Scharmer, C. O.: The Presence Workbook. A companion guide of capacity-building practices, practical tips, and suggestions for further reading from seasoned practitioners, Cambridge: The Society of Organizational Learning (o.J.).
- Presencing Institute: www.presencing.com/tools

Hintergrund

Dr. C. Otto Scharmer hat im Bereich Ökonomie und Management an der Universität Witten/Herdecke promoviert. Scharmer ist Senior Lecturer an der MIT Sloan School of Management, Mitbegründer von ELIAS (Emerging Leaders Innovate Across Sectors) sowie des Presencing Institute, Cambridge, USA. Hinter seinem Buch „Theory U: Leading from the Future as it Emerges" steht eine über zehnjährigen Erforschung und Feldarbeit (1995-2005) der Führung von Veränderungsprozessen. Die Basis dazu lieferten über 150 Interviews mit Führungskräften in aller Welt, zahlreiche Workshops mit Kollegen und Mitforschern, aber auch gemeinsame Projekte in sozialen Bereichen und innerhalb namhafter Unternehmen wie Daimler-Chrylser, Hewlett-Packard, McKinsey & Company, Nissan, Shell Oil etc.

Kapitel IV

Stressmanagement

Folgende Beiträge finden Sie im Kapitel *Stressmanagement*

Einführung in das Thema Stress und Burnout

von Brigitte Pajonk

Ziel

Wann kann Stress das Risiko erzeugen, sich zu einem Burnout zu entwickeln? Das Verständnis der Zusammenhänge von Stress und Burnout ermöglicht Betroffenen oder deren Führungskräften die frühzeitige Erkennung der Stresssymptome. Sie können damit unterscheiden, ob und ggf. welche Gegenmaßnahmen zu ergreifen sind, um nachhaltig gesund und leistungsfähig zu bleiben und Burnout durch Vorbeugung gar nicht erst entstehen zu lassen.

Kontext

- Gesundheitsmanagement
- Stressbewältigung
- Achtsamkeit
- Führung
- Selbstmanagement
- Emotionale Intelligenz
- Coaching

Theorie

Die „Geburtsstunde" der Stressforschung wird dem Mediziner Dr. Hans Selye zugeschrieben. Nach ihm und der folgenden Generation der Stressforschung gilt die klassische Definition von Stress als *„die unspezifische Antwort des Organismus auf jede Beanspruchung, die an ihn gestellt wird"*. Dabei ist „Stress" zunächst ein neutraler Ausdruck. Die negative Komponente hatte Selye ursprünglich *„Disstress"* genannt, während er positiven Stress als *„Eustress"* bezeichnete.

Entscheidend für die Entstehung von Stress ist nicht, was jemandem passiert, sondern wie dieser selbst auf die Reize aus der Außenwelt reagiert. Mithin geht es um unsere subjektive Bewertung von Situationen und Gegebenheiten. Konkret heißt das, dass sich eine spezifische Situation für einen Menschen mit hoher Belastungsgrenze als gut handelbar darstellt, während dieselbe Situation für eine andere Person hoffnungslos überfordernd ist.

Stress kann man auch verstehen als ein *„Missverhältnis zwischen wahrgenommenen Anforderungen und verfügbaren Bewältigungsmöglichkeiten, aus denen eine Bedrohung erwächst"*. Betroffene werden nicht gleich in der Lage sein, Stress ganz zu vermeiden, indem sie ihre eigene Bewertung ändern. Deshalb ist es wichtig, ihnen Möglichkeiten zur Stressbewältigung zu eröffnen.

Wie bedeutsam das Thema Stressbewältigung ist, zeigen einige Zahlen aus dem Stressreport Deutschland:

- Über 40 Prozent der Berufstätigen in Deutschland klagen über wachsenden Stress.
- Von 1997 bis 2012 ist die Anzahl der Fehltage, die auf psychische Erkrankungen zurückgehen, um 80 Prozent gestiegen.
- Die Ursachen der Berufsunfähigkeit liegen in beinahe jedem dritten Fall bei psychischen Erkrankungen.
- Im Jahr 2012 stieg die Anzahl der Frühverrentungen um 40 Prozent.
- Jeder dritte Arbeitnehmer klagt über starke bis sehr starke Ängste.
- Das statistische Bundesamt schätzte die Krankheitskosten aufgrund stressbedingter Krankheiten im Jahr 2008 auf beinahe 30 Milliarden Euro.

Wie entsteht Stress?

Reaktionen auf Außenreize sind uralt: Unsere steinzeitlichen Vorfahren reagierten auf viele Beanspruchungen mit Kampf oder Flucht. Für beide Verhaltensweisen, bei denen es um nichts Geringeres als um das Überleben ging, verbrauchten die Muskeln sehr viel Energie. Es war notwendig, dem Körper im Bedarfsfall ein Höchstmaß an Energie bereitstellen zu können. Diese vererbte Reaktion bereitet dem heutigen Menschen die häufigsten Stressprobleme. Die Anforderungen eines modernen Arbeitsplatzes etwa bedürfen der Aktivierung und des Abrufs vieler Kenntnisse, jedoch benötigt dies sehr viel weniger Muskelenergie als die Flucht vor dem frühzeitlichen Feind verlangte. Da jedoch bei jeder Stressreaktion viel Energie freigesetzt wird, muss sie vom Körper in irgendeiner Form auch wieder abgebaut werden.

Werfen wir einen Blick dorthin, wo bei uns Stress entsteht: ins Gehirn. Alles, was wir wahrnehmen, wird von einem Teil unseres Gehirns interpretiert; dem Zwischenhirn und dem limbischen System. Da unsere permanenten Wahrnehmungen so zahlreich sind, hat das Gehirn eine im Grunde sehr schnelle und einfache Methode entwickelt: Es bewertet mit Hochgeschwindigkeit digital, ob das, was wir wahrnehmen, „OK" für uns ist, oder ob es „nicht OK" beziehungsweise sogar gefährlich ist. Wenn wir nun einen Reiz wahrnehmen, etwa das Knacken eines Astes im Wald, werden diese Wahrnehmungen in elektrische Impulse umgewandelt. Lautet die Interpretation im Gehirn „nicht OK", wird das sympathische Nervensystem (Sympaticus) aktiviert. Es leitet die Impulse unter anderem zur Nebenniere und zum Nebennierenmark weiter. Hier kommt es zur Freisetzung der Hormone Adrenalin, Noradrenalin und Cortisol, die ins Blut abgegeben werden. Wir sind nun präpariert für die in der Steinzeit überlebenswichtigen Handlungen „Flucht" oder „Angriff".

Heutzutage ist allerdings der frühzeitliche „Säbelzahntiger" faktisch eher der unzufriedene Kunde oder gar der hineinstürmende Chef. Nun stellen die Überlebensmechanismen der Frühzeit (draufhauen oder abhauen) eher nicht die adäquaten Bewältigungsmechanismen dar. Dennoch wird der körperliche Alarmzustand aktiviert, wenn der Sachverhalt als Stress erlebt wird.

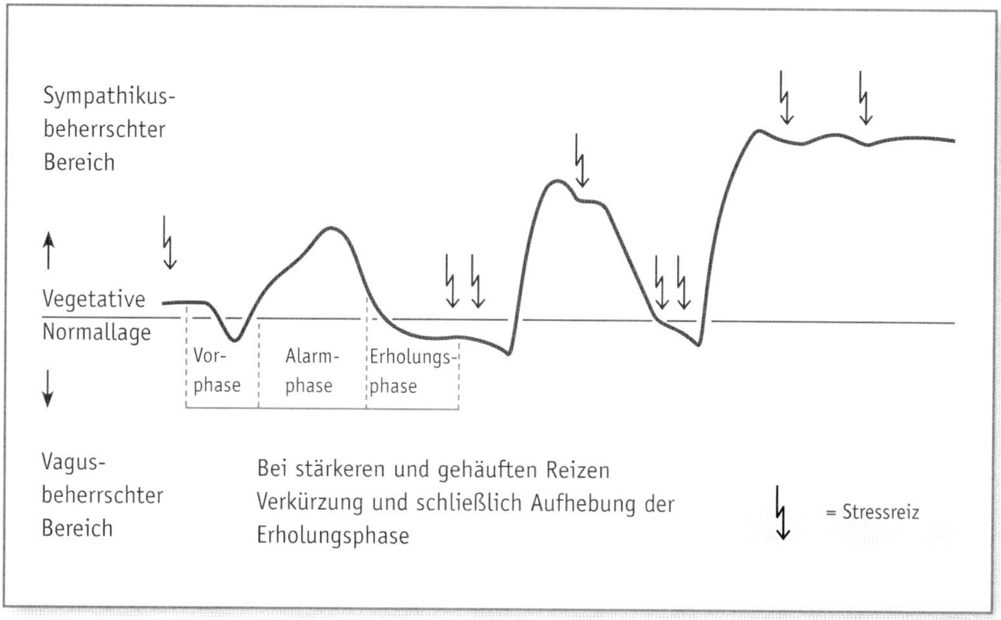

Abb.: Stressreaktionen – nur im Vagus-Zustand kann sich der Körper regenerieren (Quelle: Stressreport 2012)

Die Stressreaktion des Körpers ist an sich nicht gesundheitsschädigend, wenn der Körper die Möglichkeit hat, sich zu erholen. Denn im sogenannten Vagus- (oder Parasympathikus-)Zustand kann sich der Körper regenerieren und den Stress wieder abbauen. Viele Menschen ignorieren allerdings, wenn sie im Stress sind, die notwendigen Erholungsphasen. Meist glauben sie, dass man diese Erholung auch auf den Urlaub verschieben könnte.

Mithilfe dieser Erläuterung wird anschaulich vor Augen geführt, dass es notwendig ist, Entspannungsphasen in den beruflichen Alltag einzubauen. Dies führt sogar zu erhöhter Leistungsfähigkeit.

Gesundheitsschädlich kann es werden, wenn die Erholungsphasen kontinuierlich unterbleiben, bei gleichbleibend häufigem oder permanentem Stress. Dadurch können Beschwerden bis hin zu Erkrankungen auftreten, wie etwa:

- Herz-Kreislauf-Erkrankungen
- Verspannungen, Haltungs- und Gelenkschäden, (chronische) Rückenschmerzen, Spannungskopfschmerz oder Migräne durch erhöhten Muskeltonus
- Erschöpfung, Leistungsverlust, Verringerung der Libido/Lustlosigkeit
- Stoffwechselstörungen, z.B. Magen-Darm-Beschwerden
- Verdauungsstörungen
- Reduzierte Immunabwehr und dadurch Anfälligkeit für Erkältungskrankheiten, Infektionen, Infekte
- Reduzierung des Entspannungs- und insbesondere Glücksempfindens
- Entstehung eines Teufelskreises, denn das, was uns eigentlich oft Freude macht und auch auftanken lässt, nehmen wir im Zweifel nicht mehr als freudvoll wahr, sondern nur noch als zusätzlich stressend und belastend.

Wenn mehrere dieser Belastungssymptome über längere Zeiträume auftreten, dann ist das Risiko gegeben, dass sich ein Burnout entwickelt. Wenn Teilnehmer diese Gesundheitsbeschwerden in einer Übersicht präsentiert bekommen, dann erzeugt das i.d.R. durchaus Betroffenheit und Sensibilisierung für den eigenen Zustand. Denn Menschen, die vielfach Stress ausgesetzt sind, sind ähnliche Beschwerden nicht fremd.

Wie lässt sich vorbeugen?

Beim Abbau von Stress spielt Sport eine wichtige Rolle, denn wenn der Körper darauf programmiert ist, so schnell wie möglich weglaufen oder so stark wie möglich draufhauen zu können, kann die bereitgestellte Energie ebenso gut verbraucht werden, indem man beispielsweise joggen geht oder auf einen Boxsack haut. Ähnlich gut geeignet ist es, durch Meditation, Achtsamkeitstraining oder andere Entspannungstechniken die Stresshormone wieder abzubauen, wie Prof. Tobias Esch vom Institut für Mind-Body-Medizin in seinen Untersuchungen herausgefunden hat. Die Praxis der „Mindfulness-Based Stress Reduction – MBSR" oder „Achtsamkeitstraining" ist seit den 1970er-Jahren durch ihren maßgeblichen Vertreter Jon Kabat-Zinn mit Tausenden von Stresspatienten sehr gut erforscht. So gilt dieser Ansatz, die eigene „Bewertung" verändern zu können, als einer der effektivsten, nachhaltigsten und nebenwirkungsfreien Ansätze zur Stressreduktion.

Er hat dafür Versuchspersonen in verschiedenen Phasen der Meditation Blut und Speichel entnommen und auf unterschiedliche Hormone und Botenstoffe untersucht. Er konnte herausfinden, dass durch Meditation körpereigenes Morphium im Blut festzustellen ist. Gleiches konnte auch bei Sportlern nachgewiesen werden. In der Folge entsteht Stickstoffmonoxid, das die Stresshormone außer Gefecht setzt. Diese Botenstoffe fahren das Erregungsniveau des Körpers herunter, weiten die Gefäße und senken den Blutdruck.

Auch im Gehirn gibt es eine Parallele zwischen der Wirkung von Sport und Meditation. Regelmäßiger Ausdauersport lässt Nervenzellen im Hippocampus wachsen – einer Region, die eine wichtige Rolle im Lern- und Belohnungssystem des Gehirns spielt. Durch Bewegungsaktivitäten werden weiterhin die ausgeschütteten Hormone Adrenalin und Noradrenalin wieder abgebaut und so erzeugen wir eine Wiederherstellung des physischen Gleichgewichts nach erlebtem Stress. Durch angemessene Ruhe und Erholungsphasen und eben auch durch Meditation oder andere Formen der Entspannung gelingt es gleichzeitig, das Cortisol, ein Stresshormon, dass über länger anhaltenden, nicht bewältigten Stress gebildet wird, wieder abzubauen. Cortisol dient vom Grundsatz dazu, uns müde zu machen und soll eigentlich dafür sorgen, dass der gestresste Mensch sich erholt und ausruht. Heute bekämpfen wir allerdings diese hormonell entstandene Müdigkeit durch „Aufputschmittel" wie Kaffee, Tee, Red Bull. Wichtig ist nur, dass wir uns in Zeiten von besonders hohem Stress tatsächlich auch gezielt ausruhen, denn sonst nehmen die Stresshormone im Körper kontinuierlich zu.

Was den Abbau von Stress angeht, funktionieren Sport und Meditation sowie weitere Formen der gezielten Entspannung also gleich gut. Wir können zur Bewältigung von Stressempfinden beruhigt den Weg wählen, der uns persönlich besser liegt oder auch beides miteinander kombinieren.

Eine andere Möglichkeit, Stress prophylaktisch zu begegnen, ist eng mit der Interpretation von Reizen im Limbischen System verbunden. Wenn wir es schaffen, eine belastende Situation als eine „interessante Herausforderung" zu bewerten und, wie Hans Selye es bezeichnete, als die „Würze des Lebens" zu interpretieren, haben wir dadurch die Weichen für die nachfolgende Körperreaktion gesetzt. Wir können Flucht- oder Kampf-Reaktionen verhindern. Dies kann durch „Achtsamkeitstraining" erreicht werden.

Anwendung

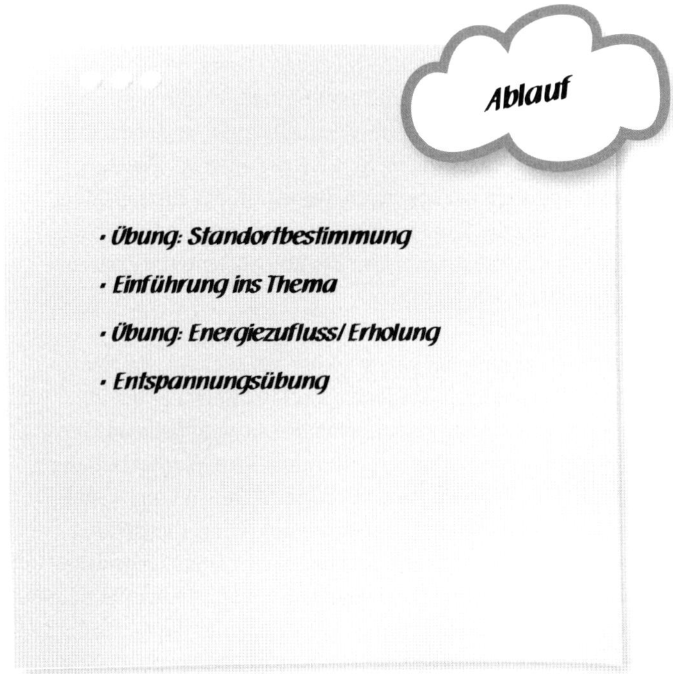

Übung: Standortbestimmung

Bevor Sie die einführende Erklärung über die Zusammenhänge von Stress und Burnout geben, bitten Sie die Teilnehmer, ein Bild über die eigene, momentane Situation zu erstellen. Die einführende Anleitung könnte so ausfallen: *„Manchmal wünschen wir uns für uns selbst eine ‚Tankanzeige' wie bei unserem Auto, um festzustellen, wie es uns geht. Ich möchte Sie einladen, sich bewusst zu machen, aus welchen Dingen/Aktivitäten Sie Energie beziehen (Ihre Tankstellen) und wo Ihre ‚Energieräuber' sind. Hierzu entwickeln Sie konkrete Ansatzpunkte für mögliche Veränderungen für sich. Diese Selbstbewusstheit zu erreichen, gelingt mithilfe eines Bildes, das wir erstellen und mit dem wir fortgesetzt arbeiten werden. Denn auf diesem erhalten wir ‚schwarz auf weiß', welchen Einflussfaktoren wir ausgesetzt sind. Gleichzeitig gewinnen wir damit eine konkrete Möglichkeit, bewusst gegenzusteuern, falls es nötig ist."*

Ist-Zustand der momentanen Work-Life-Situation

- Nehmen Sie sich Stifte und ein Blatt
- Teilen Sie das Blatt quer in 2 Hälften
- Beschreiben Sie die eine Seite mit „Work" und die andere Seite mit „Life"
- Wählen Sie ein Symbol für sich und zeichnen sich in die Mitte
- Ordnen Sie dann um sich herum Personen, Wesen, Dinge, Aktivitäten etc. die in positiver oder negativer Hinsicht für Sie Bedeutung haben. Bitte für alles Symbole malen!
- Wählen Sie Verbindungslinien von sich ausgehend wie folgt

——————→ = einseitige positive Beziehung
←—————→ = beidseitige positive Beziehung
- - - - - - - - - → = Beziehungswunsch
- - - ϟ - - - - - → = gestörte Beziehung

Abb.: Arbeitsblatt zur Übung „Standortbestimmung"

Abb.: Ein Beispiel für die Collage „Work-Life"

Wenn diese Collage erstellt ist und allen Beteiligten vorliegt, wird sie zur Weiterarbeit genutzt. (Zur Vertiefung dieser Aufgabe siehe auch: B. Pajonk, 2011)

Einführung ins Thema

Nahezu jeder Mensch hat heutzutage Stress, aber die wenigsten wissen, was bei Stress im Körper abläuft. Deshalb ist es hilfreich, erst einmal den physiologischen Ablauf der Stressentstehung zu skizzieren. Hier hilft der Hinweis, dass der Trainer kein Mediziner ist, sondern nur die Eckpunkte der Stressreaktion erläutert, um allzu tief gehenden biologischen Fragen vorzubeugen. Da fast jeder der Teilnehmer Stress kennen dürfte, ist häufig ein starker Wunsch vorhanden, die eigenen körperlichen Warnsignale als stressbedingt zu interpretieren und in eine medizinische Diskussion abzugleiten. Der Schwerpunkt sollte aber das Verständnis der Zusammenhänge zwischen der Wahrnehmung und der Verarbeitung im Gehirn sein, um Lösungsmöglichkeiten durch ein Training auszuloten.

Wenn die biologischen Zusammenhänge im Gehirn und im vegetativen Nervensystem knapp erläutert wurden, ist es hilfreich, dass die Teilnehmer über Zuruf mitteilen, woran sie Stresszustände bei sich selber erkennen. Damit wird die Verknüpfung zwischen Theorie und Erleben nachhaltiger. Wenn die Stresssymptome gesammelt wurden, sollten die Teilnehmer verstanden haben, dass der Körper mit dieser bereitgestellten Energie eigentlich zur Bewegung aufgerufen ist, um die Muskelenergie wieder abbauen zu können. Viele der Teilnehmer machen allerdings keinen Sport und deshalb sollte auch für diese „Sportmuffel" eine weitere Möglichkeit zum Stressabbau (Bewältigungsmöglichkeiten) erläutert werden – die Entspannungstechniken, insbesondere die Meditation.

Übung: Energiezufluss/Erholung

Normalerweise ist nach der Einführung ins Thema ein hohes Maß an Sensibilität erzeugt worden, ggf. auch Erschütterung, insbesondere, wenn Teilnehmer an sich Anzeichen von Stressbelastungen erkannt haben, die auf einen sich entwickelnden Burnout hinweisen könnten.

Eine hilfreiche Fortsetzungsübung ist nun, mit dem bereits erstellten Bild aus Übung 1 („Standortbestimmung") zunächst eine Einzelarbeit einzuleiten. Laden Sie die Teilnehmer ein, sich darüber Gedanken zu machen, wie eine verbesserte Balance bzw. Erholung aussehen könnte.

Eine einleitende Erklärung: *„Erholung – das verbinden die meisten von uns sicher vor allem mit ‚Urlaub'. Erholen vom Stress, Erholen vom Alltag. Neue Kräfte sammeln und die Batterien wieder aufladen. Wissen Sie eigentlich, was für Sie wirklich Erholung bringt? Was brauchen Sie, um sich zu entspannen und wieder zu neuen Kräften zu kommen? Und können Sie das vielleicht auch jeden Tag in Ihrem Alltag umsetzen und nicht nur im Urlaub? Die folgenden Denkfragen unterstützen Sie dabei, das herauszufinden. Am besten schreiben Sie sich diese Antworten in Ihren Kalender und befassen sich damit zu ganz verschiedenen Zeiten. Schreiben Sie Ihre Antworten auf jeden Fall auf, um keine wertvollen Erkenntnisse zu verlieren. Hierzu eignet sich auch ein Lerntagebuch gut."*

- *Erholung brauche ich besonders, wenn …*
- *Erholung heißt für mich: …*
- *Gut entspannen kann ich mich durch: …*
- *Drei Dinge, durch die ich zu neuen Kräften komme: …*
- *Eine Sache, die ich täglich tun könnte, um mich zu erholen: …*

1. **Variante: Gruppenarbeit:** Ergänzend dazu können Sie auch in eine Gruppenarbeit einladen, in der die angebotenen Fragen in Kleingruppen anhand eines Brainstormings diskutiert werden, um mehr Ideen zu sammeln, wie Erholung ebenfalls verbessert werden kann. Diese können dann gegebenenfalls den eigenen Überlegungen hinzugefügt werden.

2. **Variante: Zweier-Lerntandem:** Lassen Sie die Teilnehmer sich in Zweiergruppen über die eigene Situation vertieft austauschen und einander mitteilen, was die eigenen Überlegungen sind. Der Lernpartner darf intensiv hinterfragen und den Partner auch daraufhin herausfordern, inwieweit die Gedanken, die er sich gemacht hat, um mehr Erholung oder Balance ins eigene Leben sicherzustellen, auch tatsächlich umgesetzt werden können und wie mögliche Rückfälle gesichert bzw. vermieden werden können.

Entspannungsübungen

Im Seminar empfiehlt es sich, den Teilnehmern durchaus auch zu unterschiedlichen Zeiten, z.B. einmal vor dem Feierabend und einmal direkt nach dem Mittagessen, eine Entspannungsübung anzubieten. Hierdurch erleben die Teilnehmer die Wirkung des auf Erholung abzielenden Zustands. Gleichzeitig kommt es dem Seminarerfolg zugute, dass die Teilnehmer wieder aufnahmefähiger sind. Gute Dienste leisten

- das „Autogene Training" und der
- „Body Scan" aus dem Achtsamkeitstraining oder die
- „Progressive Muskelentspannung".

Da die Teilnehmer es im Seminar ausprobieren, bietet es sich an, mit einer CD zu arbeiten, die die Teilnehmer bei Gefallen käuflich erwerben können.

Kommentar

Dieser Beitrag liefert eine erste Einführung in das Thema „Stress und Burnout". Er ist hilfreich, um Teilnehmern einen Überblick zu vermitteln. Ergänzend sei darauf hingewiesen, dass vertiefende Literatur notwendig ist, um gezielte Fragen der Teilnehmer, die sicherlich kommen werden, dann auch angemessen beantworten zu können. Das Thema ist sehr komplex und auch neue Erkenntnisse der wissenschaftlichen Forschung verändern stetig unseren Kenntnisstand, sodass es wichtig ist, auch den neuen Stand der Forschung im Blick zu behalten.

Technische Hinweise

Erforderlich sind Flipchart, CD-Spieler, Moderationsmaterial sowie eventuell ein Beamer und Laptop, um ggf. Videobeiträge zu zeigen

Querverweise

- Auf diesem Beitrag baut der „Burnout-Teufelskreislauf" auf, der die Entwicklung von Stress in sich steigernden Phasen darstellt und der gut an die hier beschriebenen Grundlagenerklärungen anschließen kann.
- Außerdem ist die Theorie der „Inneren Antreiber" (S. 210) eine vertiefende Empfehlung, die nach den tiefer gehenden Ursachen bei jedem Einzelnen forscht, die für Stressentwicklungen verantwortlich sein können. Die eigenen Antreiber sind sozusagen die „Eintrittskarte" in den Stress bzw. in die Stressempfindung und -bewertung.

Weiterführende Literatur

- Esch, T. & Esch, S. M.: Stressbewältigung mithilfe der Mind-Body-Medizin, Berlin: Medizinisch Wissenschaftliche Verlagsgesellschaft 2013.
- Hüther, G.: Biologie der Angst. Wie aus Stress Gefühle werden, Göttingen: Vadenhoeck & Ruprecht, 12. Aufl. 1997.
- Lehmann, J.: Die Bedrohung des Selbst als Ursache von Stress, Bern: Institut für Psychologie 2012.
- Lohmann-Haislah, A.: Stressreport Deutschland 2012. Psychische Anforderungen, Ressourcen und Befinden, Dortmund: Bundesanstalt für Arbeitsschutz und Arbeitsmedizin 2012.
- Spiegel 21/2013: Der heilende Geist
- *www.wdr.de/tv/quarks/sendungsbeitraege/2012/1023/005_entspannung.jsp.*
- *www.meditation-wissenschaft.org/dokumentation-kongress-2010.html#Praesentationen*
- Deutschland im Stress – Reise durch ein krankes Land; ARD Magazin Fakt vom 10.8.2013.
- Leão, A.: Führen mit Herz und Hirn. In: Das Jahrbuch der Management-Weiterbildung, Bonn: managerSeminare Verlag 2012.
- Pajonk, B.: Work-Life-Balance und Energiemanagement. In: A. Leão & H. Sass-Schreiber (Hrsg.): EQ-Tools, Bonn: managerSeminare Verlag 2011.
- Lautenbach, M. & Hilbig, S.: So bleibe ich gesund, Heidelberg: Carl Auer, 2. Aufl. 2008.
- Kusch-Pilz, U.: Burnout. Frühsignale erkennen – Kraft gewinnen, Weinheim: Beltz 2008.

Hintergrund

Stress wurde als Begriff erstmals von Cannon (1914, zit. nach Lazarus & Folkman, 1984) in Bezug auf Alarmsituationen verwendet. **Hans Selye** verwendete dann diesen Begriff und bezeichnete die unspezifische Reaktion unseres Körpers auf jede Anforderung mit Stress. Geboren wurde er 1907 in Wien, gestorben ist er 1982 in Montreal. Er war ein österreich-kanadischer Mediziner ungarischer Abstammung. Drei Doktorate (M.D., Ph.D., D.Sc.) und 43 Ehrendoktorate gehörten zu seinen Auszeichnungen. In mehreren Dutzend der renommiertesten medizinischen und wissenschaftlichen Vereinigungen war er Mitglied. Er zeichnete sich insbesondere durch seinen Einsatz im praktischen Umsetzen seiner Arbeit aus. Zwei seiner Bücher, „The Stress of Life" und „Stress Without Distress" waren Bestseller, Letzteres wurde in 17 Sprachen übersetzt. Den Begriff Stress hat er als Forscher in die Psychologie eingeführt, um die Reaktion von biologischen Systemen – also Tieren und Menschen – auf Belastung zu beschreiben. Stress ist ein Symbol für Belastung ganz allgemein geworden. Ursprünglich sollte der Begriff nur beschreiben, was im Körper passiert, wenn er belastet wird.

Der Burnout-Teufelskreis

von Brigitte Pajonk

Ziel

Die dramatische Zunahme an psychischen Erkrankungen in den letzten zehn Jahren zeigt, dass etwas in unserer Gesellschaft aus der Balance geraten ist. Laut einer Studie der Techniker Krankenkasse fühlen sich acht von zehn Menschen gestresst. Burnout kann als eine Folge von nicht bewältigtem Stress gesehen werden, es ist das Gegenteil einer ausgeglichenen Work-Life-Balance. Umso wichtiger wird es für jeden Einzelnen, frühzeitig eine eigene, mögliche „Schieflage" zu erkennen, um entsprechend gegenzusteuern, bevor es zu spät ist. Dieses Ziel verfolgt die Phasendarstellung des Burnout-Teufelskreises. Hier bekommen die Teilnehmer Einblick in die „Logik des Burnout" und können sich selbst und ihre Verhaltensweisen reflektieren. Gleichzeitig bekommen sie Wege aufgezeigt, das Rad wieder zurückzudrehen und damit prophylaktisch für den Erhalt ihrer Lebensfreude und Leistungsfähigkeit zu sorgen.

Kontext

- Stressbewältigung
- Work-Life-Balance
- Coaching
- Führung
- Konfliktklärung
- Krisenbewältigung

Theorie

Das Thema „Burnout" heutzutage abzugrenzen, fällt nicht leicht. Es ist in den letzten Jahren so intensiv diskutiert worden, dass das Burnout-Syndrom schon fast das Etikett „Modekrankheit" bekommen hat. Das macht die Beschäftigung mit diesem Thema auf der einen Seite einfacher, denn es scheint leichter, über einen Burnout zu sprechen, als eine Depression zuzugeben. Auf der anderen Seite kann es auch dazu führen, dass diese Erkrankung nicht mehr ernst genommen wird. Erschwerend kommt hinzu, dass es keine anerkannte Erkrankung im Sinne einer wissenschaftlichen, ärztlichen Ziffer ist. Es gilt in der internationalen Klassifikation der Krankheiten (ICD-10) als ein „Problem der Lebensbewältigung" oder eine „Form von Depression". Burnout wird als ein Symptom für emotionale Erschöpfung, Depersonalisierung und reduziertes Wirksamkeitserleben aufgefasst, das besonders häufig in Kontaktberufen beobachtet werden kann. Entscheidend für die Beschäftigung als Trainer mit diesem Thema ist jedoch nicht die diagnostische Dimension, sondern die Sensibilisierung für die Logik „dahinter“, die zu den beschriebenen Problemen führen kann.

Zur Geschichte des Begriffs Burnout ist erwähnenswert, dass die ersten, echten wissenschaftlichen Auseinandersetzungen mit diesem Thema von dem Psychologen Herbert Freudenberger 1974 und der Sozialpsychologin Christina Maslach 1976 erfolgten. Freudenberger hatte insbesondere bei den „helfenden Berufen“ – und damit auch bei sich selbst, da er sehr engagiert in der Freiwilligenhilfe war – einen schleichenden Prozess der emotionalen Erschöpfung festgestellt, der am Ende auch durch zunehmenden Zynismus gekennzeichnet ist. Seit den 1990er-Jahren wird diese Thematik außerdem immer mehr mit sogenannten „Leistungsträgern“ in Verbindung gebracht, nicht zuletzt durch die medienwirksame Aufbereitung der Schicksale von prominenten Betroffenen (Sven Hannawald, Robert Enke, Sebastian Deissler, Tim Mälzer, Miriam Meckel u.w.).

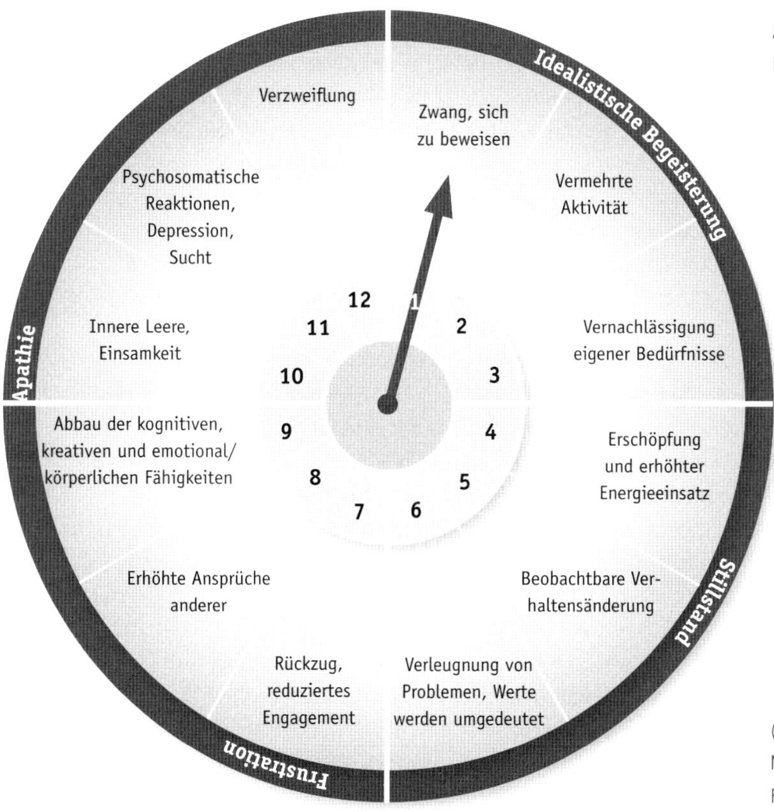

Abb.: Der Ablauf des Burnout-Teufelskreises

(Quelle: Freudenberger & North: Burnout bei Frauen, 2008)

Wie ist der Burnout-Kreislauf zu verstehen?

Wie oben in der Abbildung ersichtlich, gibt es vier Schwerpunktquadranten, die sich jeweils noch einmal in zwölf Phasen unterteilen. Es gibt den Quadranten der **„Idealistischen Begeisterung“**, den Quadranten des **„Stillstands“**, den Quadranten der **„Frustration“** und den Quadranten der **„Apathie“**. Apathie ist der letzte der vier Quadranten, den man bereits als den mit einer voraussichtlichen Burnout-Diagnose bezeichnen könnte.

Neben den weiter unten genannten Symptomen (S. 204) lässt sich der Burnout-Kreislauf so verstehen: Im ersten Quadranten beginnt ein Einstieg in den Burnout-Kreislauf damit, dass der Betroffene (häufig besonders ein engagierter Mensch), anfängt, sich zwanghafter beweisen zu müssen, ggf. um vorliegendem Leistungsanspruch auch weiterhin gerecht zu werden und zu beweisen, was er kann und wie fähig er ist. Er wird in Phase 2 seinen Einsatz vermehren, über angemessene Arbeitsstunden hinaus engagiert an seine Aufgaben gehen und das vermutlich mit großem Enthusiasmus. Hier beginnen möglicherweise auch die ersten Entscheidungen, die eigenen Bedürfnisse zu vernachlässigen (Phase 3). Dazu gehören ausreichender Schlaf, regelmäßige Mahlzeiten (z.B. auch im Kreis der Kollegen in der Kantine) oder der feierabendliche, regelmäßige Sport, der immer häufiger dem momentan anfallenden Arbeitspensum zu Opfer fällt. Das Vernachlässigen der eigenen Bedürfnisse geschieht oft unbewusst. Diese drei Phasen liegen noch im Rahmen des Angemessenen, sofern sie kurzfristiger Natur sind, etwa weil sie durch ein zeitweise arbeitsintensives Projekt hervorgerufen werden. Die ersten drei Phasen sind jedoch auch Eintrittskarten in den möglicherweise weiter fortschreitenden Burnout-Kreislauf.

Weiter geht es dann aufgrund eines dauerhaft erhöhten Energiebedarfs in erste, deutlichere Erschöpfungszustände (Phase 4) und ggf. in die Verdrängung von Konflikten, die sich aufgrund der Intensität der Arbeit im Umfeld (daheim, Kollegen, Freunde etc.) entwickeln. *„Das wird schon wieder, ist nur eine kurze Phase“*, sagt sich der Betroffene vermutlich. In der fünften Phase werden vom Umfeld i.d.R. schon deutlicher auch Verhaltensänderungen beobachtet, die zu dem uns bekannten Menschen irgendwie nicht mehr passen. Manche Rückmeldung hierzu ist von ihm vielleicht auch mit Zynismus beantwortet worden: *„Kein Problem, der Job ist halt nichts für Warmduscher“*, oder *„Schlaf wird hoffnungslos überbewertet, alles gut“*. Die nun folgende Phase 6 wird noch kritischer, denn in dieser wird deutlich, dass der Betroffene, dem normalerweise bestimmte Werte, Themen, Menschen besonders wichtig sind, aufgrund von nicht mehr vorhandener Kraft und Ressource eben diese plötzlich verleugnet. Auch sich verstärkende Probleme werden umgedeutet, damit man sich mit der sich kritisch entwickelnden Realität nicht wirklich auseinandersetzen muss oder weil man es auch schon nicht mehr kann, da die Kräfte fehlen. Folgende Äußerung könnte man hier gegebenenfalls zum sonst so geschätzten Skattreffen hören *„Wenn wir uns treffen, geht's doch immer nur um Bier und dummes Gerede"*, oder *„Mein Partner soll froh sein, dass ich mehr im Büro bin, dann sind die Zeiten für Gezeter und unsere Streits deutlich reduziert"*.

In der siebten Phase werden für den Betroffenen die sonst geschätzten oder geliebten Menschen immer mehr zu einer Bürde und die Zeit mit ihnen zu einem Kraftakt, wobei die Kraft nicht mehr zur Verfügung zu stehen scheint. Gedanken hier sind vor allem: *„Am liebsten würde ich einfach nur ein paar Stunden oder Tage allein sein, einfach mal nur Ruhe haben und schlafen, kein Geplärre, keinen Streit, kein blödes Gequatsche – ich kann das alles nicht mehr hören. Hilfe, wo ist der Rückzugsort?"* Dies wird dann in der achten Phase durch weitere, deutlich beobachtbare Verhaltensänderungen für die Außenwelt sichtbar. Die an einen gerichteten Ansprüche scheinen auf einmal zu hoch zu sein. In der Phase 8 wird spätestens auch nach außen klar, dass etwas nicht mehr stimmt mit dem Menschen, den wir anders kennen. Auch wenn der Betroffene das bis hierher vielleicht bezogen auf den Job noch irgendwie kontrollieren konnte und lediglich das Umfeld bereits betroffen war, werden nun in Phase 9 die Auswirkungen auf den Job spürbar. Denn der Betroffene baut bzgl. seiner kognitiven, emotionalen und auch kreativen Fähigkeiten zur Lösung von Themen und Problemen deutlich ab und wirkt möglicherweise auch wahrnehmbar abgestumpft.

Im vierten Quadranten, dem der Apathie, beginnend mit der Phase 10, tritt innere Leere ein. Der Betroffene wird sich vermutlich immer einsamer fühlen, da er sich, soweit möglich, von der Umwelt zurückgezogen hat. Er wird sich auch nicht mehr verstanden und mit seinen Problemen allein gelassen und einsam fühlen. Oftmals kommen in der elften Phase psychosomatische Reaktionen, Depression oder auch die Flucht in die Sucht hinzu (Alkohol, Tabletten starker Zigarettenkonsum o.Ä.), wobei diese Anzeichen sich auch schon in den vorherigen Phasen zeigen können. In der finalen zwölften Phase des Burnout-Kreislaufs erfolgt dann, wenn kein Ausstieg in den vorherigen Phasen gefunden wird, voraussichtlich der völligen Zusammenbruch, die totale Erschöpfung und der Burnout.

Es ist wichtig, zu erklären, dass und inwieweit jede neue Stufe eine Folge der vorangegangenen ist, um die Zwangsläufigkeit und die Verknüpfung besser zu verstehen. So führt der Zwang, sich zu beweisen fast zwangsläufig zu vermehrter Aktivität, der Rückzug von Freunden führt zwangsläufig auch dazu, dass diese aufhören, sich zu kümmern oder sich für einen zu interessieren etc.

An folgenden, weiteren Symptomen lässt sich zudem erkennen, dass man sich in einem Belastungsfeld befindet, dass Achtsamkeit für sich selbst verdient, um nicht in den Kreislauf des Burnout zu gelangen bzw. diesen wieder zu verlassen, wenn man sich selbst bereits in einer der vorliegenden Phasen einsortieren könnte:

Tab.: Belastungssymptome nach Rothfuß, 1999

Auf psychischer Ebene	▶ Gefühle des Versagens, Ärgerns und Widerwillens ▶ Schuldgefühle ▶ Frustration ▶ Gleichgültigkeit ▶ Konzentrationsstörungen ▶ völlige innere Leere ▶ nervöse Ticks ▶ Verspannungen ▶ Vergesslichkeit
Auf physischer Ebene	▶ andauernde Müdigkeit ▶ Schlafstörungen ▶ häufige Erkältungen und Grippen ▶ Kopfschmerzen ▶ Magen-Darm-Beschwerden ▶ erhöhte Pulsfrequenz ▶ erhöhter Cholesterinspiegel
Im Verhalten	▶ (exzessiver) Drogengebrauch ▶ erhöhte Aggressivität ▶ häufiges Fehlen am Arbeitsplatz ▶ längere Pausen ▶ verminderte Effizienz
Auf der Ebene sozialer Beziehungen	▶ Verlust von positiven Gefühlen gegenüber Klienten (bei sozialen Berufen)/generell anderen Menschen ▶ Widerstand gegen Anrufe und Besuche ▶ Unfähigkeit, sich auf Klienten/andere zu konzentrieren und zuzuhören ▶ Isolierung und Rückzug ▶ Ehe- und Familienprobleme ▶ Einsamkeit
In der persönlichen Einstellung	▶ Stereotypisierung von Klienten/anderen Menschen ▶ Zynismus ▶ schwarzer Humor ▶ verminderte Empathie ▶ negative Arbeitseinstellung ▶ Desillusionierung ▶ Verlust von Idealismus

Anwendung

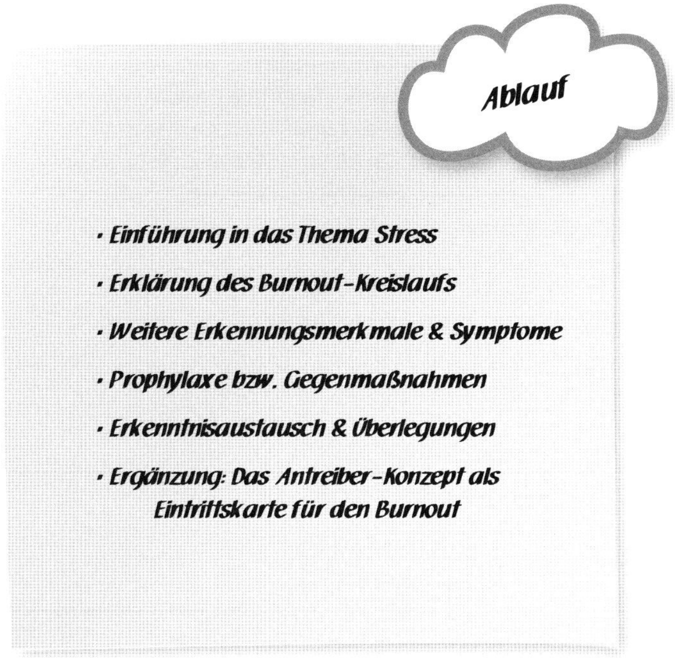

Einführung im Plenum

Dieser Baustein sollte in Verbindung mit dem Thema „Stress" und dem ganzheitlichen „Work-Life-Balance"-Ansatz behandelt werden (siehe auch den einführenden Beitrag „Stress und Burnout" S.189). Da Burnout letztlich eine Folge von lang anhaltendem, nicht bewältigtem Stress ist, erzeugt die Kombination von Erklärungsansätzen, wie es zu Stress kommt und wie er bewältigt werden kann, hier schon erste „Lösungserkenntnisse".

Erklärung des Burnout-Kreislaufs

Erläutern Sie den Burnout-Kreislauf am besten an einer großen Plakatwand, auf der der Kreislauf mit den Phasen vorgezeichnet ist. Entwickeln Sie dann mit Karten und Erklärungen die einzelnen Phasen. Alternativ lässt er sich natürlich auch als PowerPoint in mehreren Phasen aufbauen, sodass die Dramaturgie und die Logik des Ablaufs deutlicher werden.

Erfahrungsgemäß finden die Teilnehmer sich an irgendeiner Stelle im Burnout-Teufelskreis bereits wieder, was häufig zur Betroffenheit führt. Wichtig ist aber, die Teilnehmer nicht zu pathologisieren, sondern dieses Modell in erster Linie als „Worst-Case-Szenario" anzubieten, das somit abschreckend wirken soll. So, wie es in dem Konzept der Salutogenese heißt, dass man nie „ganz gesund" oder „ganz krank" ist, bedeutet es hier, auch wenn die Teilnehmer sich irgendwo wiedererkennen, deutlich zu machen, dass es kein stabiler, sondern ein wandelbarer Punkt in ihrem Leben ist. Sie können das Rad an jeder Stelle zurückdrehen, um wieder in den ersten Quadranten, der „Idealistischen Begeisterung" zurückzukommen (und dort auch zu bleiben).

Weitere Erkennungsmerkmale & Symptome

Wenn Sie den Burnout-Kreislauf dargestellt und erläutert haben, dann ist es hilfreich, weitere Erkennungsmerkmale den jeweiligen Phasen z.B. durch ovale Karten zuzufügen und ggf. mit möglichen Aussprüchen oder Gedanken, die ein Betroffener in der jeweiligen Phase haben könnte, zu ergänzen (siehe Beispiele im folgenden Burnout-Kreislauf).

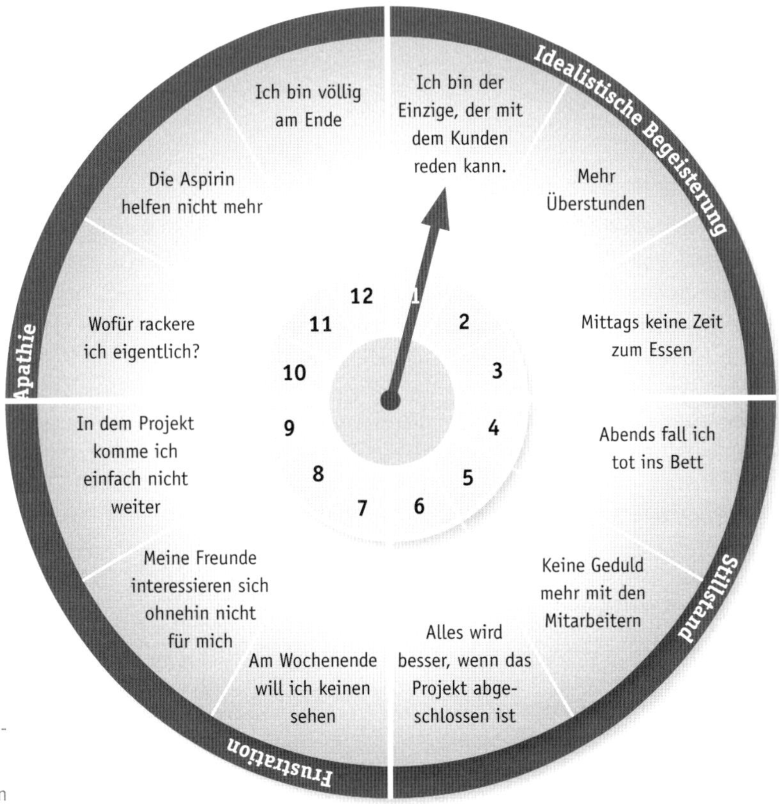

Abb.: Weitere Erkennungsmerkmale in den einzelnen Burnout-Phasen

Es ist es sinnvoll, weitere Symptome, die sich auf der psychischen, physischen, emotionalen oder der Verhaltensebene einstellen können, ebenfalls zu adressieren. Das ist durch eine kurze Übersicht möglich, es kann sich aber auch anbieten, hierzu eine Gruppenarbeit in mehreren Gruppen und Ecken mit anschließendem Galerierundgang oder mit der „Jigsaw“-Methode (siehe Beitrag S.333) durchzuführen.

Prophylaxe bzw. Gegenmaßnahmen

Die Gegenmaßnahmen werden nach einer kurzen Reflexions- und Fragerunde direkt im Anschluss über die Moderationskarten der Beispiele gepinnt, damit keine „Problemtrance“ entstehen kann. Wichtig ist, hier zu betonen, dass an jeder Stelle des Teufelskreises entsprechende Gegenmaßnahmen helfen, wieder aus dem „Rad“ herauszukommen.

Beispiel: Es ist schon eine sehr wirksame Maßnahme, statt des „Rückzugs und des reduzierten Engagements“ in Stufe 7, „Kontakte zu suchen, auch wenn es schwerfällt“, weil man eigentlich zu erschöpft ist. Bei dieser Maßnahme, z.B. einem Abend mit Freunden, bekommt man sicherlich mehr Energie, als den Abend auf dem Sofa zu verbringen, um sich zu erholen.

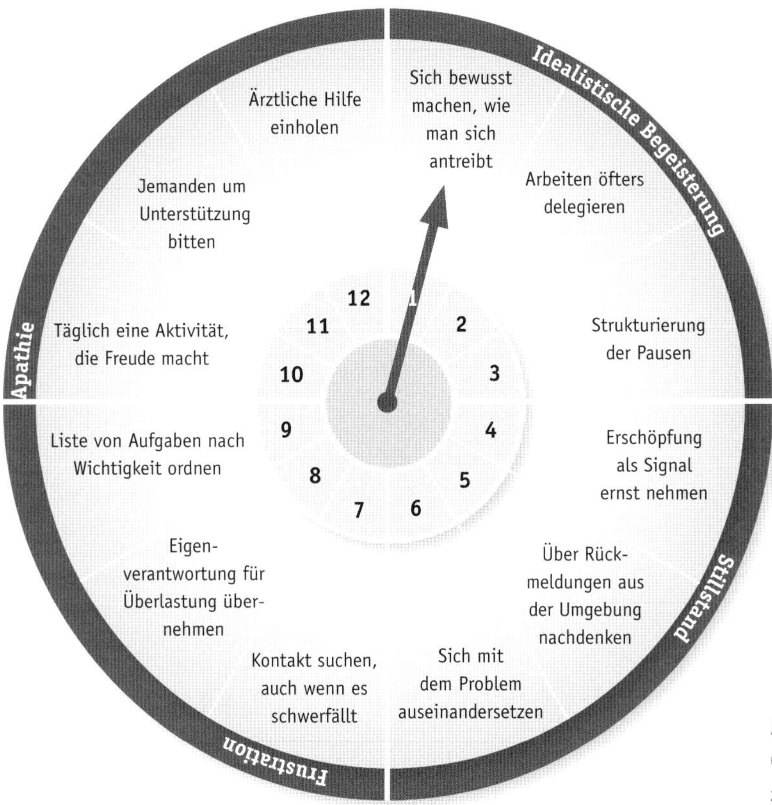

Abb.: Beispiele für Gegenmaßnahmen und zur Prophylaxe

Erkenntnisaustausch und Überlegungen

Nach der Präsentation sollten die Teilnehmer Gelegenheit haben, sich über ihre Erkenntnisse auszutauschen und bereits, wenn nötig, auch erste, machbare Gegenmaßnahmen zu besprechen. Dieses sollte in Partnerarbeit oder in einer Kleingruppe besprochen werden, um den Teilnehmern den entsprechenden „Schutzraum" zu gewähren. Als TrainerIn sollte man berücksichtigen, dass es noch immer als „persönliches Versagen" interpretiert wird, wenn Menschen ihre Leistungsfähigkeit verlieren.

Ergänzung

In der vertieften Bearbeitung im Rahmen eines mindestens zweitägigen „Work-Life-Balance"-Seminars sollte auch noch die „Eintrittskarte in den Burnout-Teufelskreis" bearbeitet werden. Hier ist beispielsweise das Antreiber Konzept hilfreich (siehe Beitrag: „Innere Antreiber" S. 210). Darin wird das Thema an den „Wurzeln" bearbeitet, was andere Verhaltensoptionen ermöglicht und gewährleistet, dass die Teilnehmer dauerhafte und nachhaltige Veränderungen erreichen.

Kommentar

Das Gallup Institut führt seit 2001 Befragungen zur Mitarbeiterzufriedenheit durch. Sie haben über Befragungen drei Gruppen von Mitarbeitern identifiziert:

1. Den emotional engagierten Mitarbeiter
2. Den emotional unengagierten Mitarbeiter und
3. Den aktiv unengagierten Mitarbeiter.

Diese Beschreibungen ähneln den Beschreibungen der Burnout-Quadranten:1. Idealistische Begeisterung, 2. Stillstand, 3. Frustration. Dieser Querverweis könnte ein zahlenmäßiger Hinweis sein, wie die Situation in Deutschland aussieht (Gallup). Erschreckend fällt bei der Betrachtung der Zahlen auf, dass die Gruppe der „aktiv unengangierten (frustrierten) Mitarbeiter seit 2001 stetig gewachsen ist. Dies könnte auch ein Beleg für die steigenden Burnout-Raten in Deutschland sein.

Technische Hinweise

Hilfreich ist eine vorbereitete Pinnwand, auf der die vier Quadranten und die zwölf Phasen eingezeichnet sind. Die Schritte werden auf vorbereiteten Karten an der Pinnwand entwickelt. Dies gibt im zweiten Schritt die Möglichkeit, die „Gegenmaßnahmen" dramaturgisch einfach über die einzelnen Schritte zu pinnen, um auch visuell deutlich zu machen, dass das Rad an jeder Stelle zurückgedreht werden kann.

Diese Lösungsorientierung ist wesentlich, um die Teilnehmer bei ihrem möglichen Betroffenheitsgefühl abzuholen und ihnen Lösungsmöglichkeiten aufzuzeigen.

Querverweise

- Hier sei noch einmal explizit auf den Einführungsartikel zum Thema Stress und Burnout hingewiesen, wie auch auf den Beitrag zum Antreiber-Modell (S. 210). Beide sind zum vorliegenden Beitrag intensive Vorbereitung bzw. Vertiefung und daher sehr zu empfehlen.
- Hier im Beitrag wird außerdem die Jigsaw-Methode (siehe S. 333) angesprochen, wenn der Austausch in mehreren Kleingruppen methodisch hilfreich ist.

Weiterführende Literatur

- Freudenberger, H.: Staff Burn-Out. In: Journal of Social Issues. Jg. 30, Nr. 1, 1974, S. 159–165.
- Freudenberger, H. & North, G.: Burn-out bei Frauen. Über das Gefühl des Ausgebranntseins, Frankfurt am Main: Krüger 1992.
- Burisch, M.: Das Burnout-Syndrom: Theorie der inneren Erschöpfung, Berlin: Springer 2006.
- Gallup Institut: *www.gallup.com/strategicconsulting/158162/gallup-engagement-index.aspx*
- Studie der Techniker-Krankenkasse: „Bleib locker Deutschland" – TK-Studie zur Stresslage der Nation, 10/2013, *www.tk.de/tk/aktionen/jahr-der-gesundheit-stress/tk-stressstudie/611776*

Hintergrund

Herbert J. Freudenberger (1926–1999) veröffentlichte 1974 den ersten wissenschaftlichen Artikel zum Thema Burnout. Er hatte, nach harter Kindheit im nationalsozialistischen Deutschland und Auswanderung nach Amerika, in Abraham Maslow seinen Mentor gefunden und promovierte 1958 in New York zum Doctor of Philosophy. Seine Beobachtungen über das Burnout-Phänomen sammelte er durch seine Arbeit in der Freiwilligenhilfe, der Arbeit mit Drogenabhängigen und bei der psychologischen Unterstützung von Vietnam-Veteranen. Durch sein Engagement hatte er immer weniger Zeit für die Familie und Freunde und fühlte sich zunehmend erschöpft, ausgelaugt, abgeschlagen, müde, resigniert, dabei häufig unausgeglichen und gereizt. Ein Zustand von totaler psychischer und physischer Erschöpfung folgte. Seinen Kollegen erging es ähnlich und in dieser Zeit fiel zum ersten Mal der Begriff „Burnout".

Das Modell der Inneren Antreiber

von Louisa Reisert, Mathias Hofmann, Dr. Gerlind Pracht

Ziel

Die „Inneren Antreiber" geben einen schnellen Überblick über die Typologie von Persönlichkeitseigenschaften und die damit einhergehenden Arbeitsstile. An einem Coaching, Seminar oder Workshop Teilnehmende erhalten in der Auseinandersetzung mit dem Modell einen Einblick in die verschiedenen Ausprägungen von Bedürfnissen und Werten, die den Persönlichkeitstypen zugrunde liegen. Sie erkennen die spezifischen Situationen, in denen bestimmte Personen in Stress geraten und verstehen, was sie motiviert. Besonders aufschlussreich ist das Modell unter Berücksichtigung von zwischenmenschlichen Konflikten. Darüber hinaus liefert es Ansätze zur Teamentwicklung.

Kontext

- Stressbewältigung
- Coaching
- Motivation
- Konflikt
- Führung
- Teamentwicklung
- Werteverständnis

Theorie

Das Modell der Inneren Antreiber geht auf die Transaktionsanalyse (TA) zurück, begründet von Eric Berne und Thomas A. Harris. Die Theorie aus den 1950er- und 1960er-Jahren diente ursprünglich der Behandlung psychischer Störungen. Zudem wurde sie zur Analyse und Beschreibung von Kommunikation und Kooperation angewendet und zum lösungsorientierten Umgang mit zwischenmenschlichen Störungen und Konflikten.

Hierzu werden die erworbenen Haltungen und Einstellungen von Menschen (Script) und ihre Handlungen miteinander (Transaktionen) analysiert. Der Psychologe Taibi Kahler entwickelte 1974 auf Basis der Transaktionsanalyse das Modell der Inneren Antreiber, die er als persönliche Miniscripte bezeichnet. Sie sind meist unbewusst, nicht sichtbar und werden in frühen, prägenden Interaktionsprozessen erworben.

Kahler beschreibt fünf unterschiedliche Konzepte, denen Personen insbesondere in problematischen Situationen oder unter Stress quasi programmiert folgen, weil sie sich in ihrer bisherigen Lebensgeschichte als hilfreich oder sinnvoll erwiesen haben.

Die Inneren Antreiber sind mit spezifischen Verhaltensweisen verbunden. Als Referenz dient das erlebte elterliche Verhalten, welches Kindern schon früh verdeutlicht, welches Aktions- und Reaktionsmuster ihre Eltern nutzen. Hieraus entwickeln Kinder eine Vorstellung davon, wie Zusammenleben von Menschen funktioniert und welche Rolle sie selbst einnehmen. Sie entwickeln Werte und Verhaltensmuster und bauen Letztere oft auch als Stärken aus.

Die fünf verbreiteten Antreiber, auf die sich Menschen in besonders herausfordernden Situationen verlassen, sind nach Kahler:

Treibername	Übersetzungen
Hurry Up	Sei schnell; Beeil dich
Be Perfect	Sei perfekt; Sei genau
Please People	Kümmere dich um die Leute; Sei beliebt; Mach's allen recht; Sei brav
Try Hard	Versuche etwas Neues; Streng dich an
Be Strong	Sei stark

Abb.: Fünf verbreitete Innere Antreiber (nach Taibi Kahler, Transaktionsanalyse)

Die Transaktionsanalyse kennt außerdem sogenannte Ich-Zustände, denen Kahler die Inneren Antreiber zuordnet. Für das Verständnis der Theorie der Ich-Zustände sind die in der Literaturangabe aufgeführten Bücher zur Transaktionsanalyse empfehlenswert.

Einen übergeordneten theoretischen Bezugsrahmen zum Antreiber-Modell bilden sowohl spezifische Theorien klassisch kognitiver Therapien wie etwa das Kognitionstraining nach Meichenbaum (2000) als auch allgemeine Motivationstheorien wie etwa die Cognitive Experimental Self Theory nach Epstein. Sie alle sehen psychische Grundbedürfnisse und deren Befriedigung als zentral für menschliche Erlebens- und Verhaltensweisen. Folgenden Kategorien lassen sich die Bedürfnisse zuordnen:

Kategorien psychischer Grundbedürfnisse			
Orientierung Kontrolle Autonomie Selbstbestimmung	Bindung Zugehörigkeit Liebe Anerkennung	Selbstwertschutz Selbstwert- erhöhung Kompetenzerleben Leistungsstreben	Lustgewinn Unlustvermeidung Wohlbefinden

Abb.: Psychische Grundbedürfnisse

Für den Erwerb der Miniscripte (Kahler, 1974) sind die Grundbedürfnisse bedeutsam, da die Inneren Antreiber durch die Motivation geprägt werden, diese Bedürfnisse zu befriedigen. Dabei entstehen Überzeugungen, die verschiedenen persönlichen Mustern folgen und durchaus irrational sein können, wie das folgende Beispiel veranschaulicht:

Eine Person X kommt für sich zur Einschätzung: *„Person Y findet meinen Beitrag schlecht. Sie mag mich nicht."* Sie generalisiert irrational: *„Niemand mag mich und meine Arbeit."* Diese unbewusst aktivierte Überzeugung kann auf eine Forderung von Y an sich selber zurückgehen, die lautet: *„Es ist mir wichtig, von anderen akzeptiert und gemocht zu werden."* Im Antreiber-Modell würde das dem Typ „Sei beliebt" und dem Wunsch zur Erfüllung des Grundbedürfnisses nach Bindung und Zugehörigkeit entsprechen. Der Antreiber „Sei beliebt" kann sich auf das Erleben und Verhalten der Person so auswirken, dass sie die Bedürfnisse von anderen über ihre eigenen stellt. Gleichzeitig sind mit bestimmten Antreibern auch Stärken verbunden. So wird der durch „Sei beliebt" motivierte Typ vermutlich ein guter Teamplayer sein, weil ihm befriedigend gute Beziehungen mit anderen ein großes Bedürfnis sind. Im guten Miteinander ergänzen sich die „Inneren Antreiber" hervorragend, sie können jedoch auch zu Konflikten führen.

Die Inneren Antreiber haben einen großen Einfluss auf die Art zu arbeiten und werden häufig in unterschiedlichen Arbeitsstilen unterscheidbar und erlebbar. In besonderen Situationen, also zum Beispiel unter großen Belastungen oder im Stress, können Personen mit verschiedenen Arbeitsstilen in Konflikte geraten, die durch den Blick auf die unterschiedlichen Antreiber verständlicher werden. Nehmen wir beispielsweise einen Konflikt zwischen einer Person mit dem Antreiber „Sei beliebt" und einer Person mit dem Antreiber „Sei stark". Die Person mit dem Antreiber „Sei beliebt" legt großen Wert darauf, dass die Zusammenarbeit im Team gut funktioniert und fühlt sich in andere Teammitglieder ein. Eine Person mit dem Antreiber „Sei stark" strebt dagegen nach Autonomie und Selbstbestimmung. Durch ihr Verhalten könnte sich die Person mit dem Antreiber „Sei beliebt" zurückgewiesen fühlen, da sie nach Bindung und Anerkennung strebt. Das Verständnis über den Inneren Antreiber und das zugrundeliegende Bedürfnis des Gegenübers kann da zu einem beidseitigen besseren Verständnis führen.

Der Psychotherapeut Gert Kaluza (2004) arbeitet ebenfalls mit den Antreibern, die er „persönliche Stressverschärfer" nennt. Sie sind insbesondere in der Arbeit mit dem Thema Stress relevant: Er nutzt dabei die fünf Antreiber nach Kahler und ergänzt diese durch zwei weitere Antreibertypen: „Sei vorsichtig" und „Ich kann nicht". Die Tabelle gibt einen Überblick über alle sieben Antreiber – die fünf aus der Transaktionsanalyse und die zwei von Kaluza – und das damit verbundene Grundbedürfnis, die persönlichen Stärken und kritischen Arbeitsstile von Personen diesen Antreibertyps.

Tab.: Innere Antreiber (nach T. Kahler und G. Kaluza)

Innerer Antreiber/Grundbedürfnis	Stärke einer Person	Kritischer Arbeitsstil unter Stress	Ursprung/ Wo werden sie noch verwendet?
Beeil dich! Kompetenz & Leistung	sofort Ergebnislieferung, bearbeitet gleichzeitig mehrere Aufgaben, immerzu beschäftigt	hohes Redetempo, unterbricht Personen, verliert Übersicht, Fehler, Handeln ohne genügende Vorbereitung	Transaktionsanalyse
Sei perfekt! Kompetenz & Leistung	Fehler beseitigend und exakt, sehr vorausschauend, hohe Planungskompetenz, Blick fürs Detail	verzögerte Entscheidungen aufgrund von Details und Fehlersuche, hoher Informationsbedarf/-weitergabe, redet sehr lange	Transaktionsanalyse/ auch bei Kaluza
Sei beliebt! Bindung & Anerkennung	gutes Einfühlen in Personen und Stimmungen, Intuition in Gruppendynamik, sucht Harmonie	ständig Sorgen um andere, wenig Konzentration auf die Sache, Kritik persönlich nehmend, schnell zustimmen ohne Prüfen	Transaktionsanalyse/ auch bei Kaluza
Streng dich an! Kompetenz & Leistung	hoher Enthusiasmus, Begeisterung für Neues, kreativ, sehr engagiert, eigene Leistung stets verbessernd	startet immer wieder Neues, ohne Altes zu beenden, verliert eigentliches Ziel aus dem Auge, überfordert sich häufig	Transaktionsanalyse
Sei stark! Autonomie & Selbstbestimmung	hohes Durchhaltevermögen, sehr belastbar, Ruhe im Notfall, strukturiert-logisches Denken, konstruktiv	programmatisches Agieren, Probleme, sich in Neues zu denken, sachorientiert stoisch, Einzelgänger, Probleme mit Komplexität	Transaktionsanalyse/ auch bei Kaluza
Sei vorsichtig! Kontrolle & Orientierung	sehr planvoll, strukturiert, Risiken abwägend, vorausschauend, Folgen abschätzend, Blick aufs Ganze	Ergebnisverzögerung, Probleme zu delegieren, Nacharbeiten und -kontrollieren, Feinsteuern, Irritation bei Planänderung	Kaluza
Ich kann nicht! Lustgewinn & Unlustvermeidung	eigenes Wohlbefinden beachtend, vermeidet Überforderung für sich und andere, nimmt Hilfe positiv an	schnelle Frustration, Resignation und Rückzug bei Überlastung, Hilflosigkeit, wenig Orientierung für Problembewältigung	Kaluza

Mit Bezug auf das persönliche Stressmanagement liegt die Bedeutung und Anwendung der Inneren Antreiber darin, zu reflektieren, was uns ausmacht – mit unseren persönlichen Stärken sowie Stressverstärkern. Unter Stress geraten wir demnach, wenn unsere Grundbedürfnisse nicht befriedigt oder bedroht sind.

Anwendung

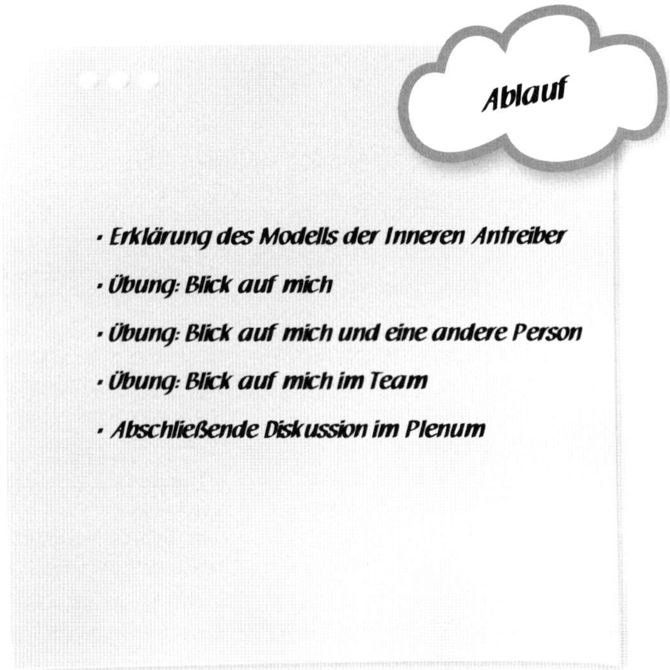

Erklärung des Modells der Inneren Antreiber

Das Modell der Inneren Antreiber können Sie mit einer Selbstanalyse der Teilnehmer mithilfe eines Fragebogens einführen. Im Internet finden sich verschiedene Versionen, zum Beispiel zu den fünf Antreibern nach Kahler unter: *kibnet.org/fix/lpb/content/05_der_lernende/Test-Antreiber.pdf*. Wer mit den fünf Antreibern nach Kaluza arbeiten möchte, findet einen Fragenbogen in seinem Buch (2004).

Anschließend führen Sie in das Modell ein. Dabei erklären Sie die Antreiber mit ihren zugrunde liegenden Grundbedürfnissen und führen ihre persönlichen Stärken, die Umstände, unter denen sie eher in Stress geraten und die damit verbundenen, kritischen Arbeitsstile aus. Das Modell sollten Sie erst nach der Auswertung des Fragebogens erläutern, da eine vorherige Einführung Einfluss auf das Antwortverhalten haben kann. Hilfreich zur Erläuterung sind Beispiele zu Stresssituationen aus dem Arbeitsalltag, wie hoher Kundenandrang, Krankenstand in der Belegschaft, Endterminhektik in Projekten oder Konflikte im Team. Im Plenumsgespräch wird den Teilnehmern bewusst, welche Vorteile Personen mit den jeweiligen Treibern haben, welche Schwierigkeiten aber auch aus ihnen resultieren können. Von einer karikierenden und übertreibenden Beschreibung sollten Sie absehen, da damit auch Abwertungen von Personen im Plenum verbunden sein können, die sich diesem Treiber zuordnen.

Abb.: Erklärung der Inneren Antreiber am Flipchart

Alternativ können Sie in das Modell ohne Test direkt im Plenum einführen und die Identifikation der eigenen Antreiber zu zweit im Austausch stattfinden lassen.

Übung: Blick auf mich

Im nächsten Schritt beschäftigen sich die Teilnehmenden intensiver mit ihren eigenen Antreibern. Lassen Sie sie Lerntandems bilden, welche während des Seminars in einen wiederkehrenden persönlichen Austausch gehen (jeweils 20–30 Minuten). Präsentieren Sie die folgende Aufgabe auf einem Flipchart und teilen Sie sie auf Arbeitsblättern aus.

„Wenn ich an Arbeitssituationen denke, die mit Belastungen verbunden sind:

1. *Was ist mir besonders wichtig und was brauche ich?*
2. *Welche Stärken bringe ich mit?*
3. *In welchen Antreibern finde ich mich insbesondere wieder?*
4. *Mit welchen Arbeitsstilen komme ich immer wieder in Konflikt?"*

Durch den vertraulichen Austausch unter vier Augen fördert das Lerntandem die intensive Reflexion.

Die abschließende Auswertung im Plenum konzentriert sich auf die Diskussion zur Methodik mit Fragen wie:

- *„Welchen Nutzen sehen Sie im Modell der Inneren Antreiber?"*
- *„Was ist Ihnen aufgefallen in der Arbeit mit diesem Modell?"*
- *„Worauf ist zu achten, wenn Sie mit dem Modell arbeiten?"*

Übung: Blick auf mich und eine andere Person

Nun werden die Inneren Antreiber zur Lösung zwischenmenschlicher Konflikte herangezogen, die auf unterschiedlichen Arbeitsstilen beruhen. Die Teilnehmer betrachten, wie verschiedene Antreiber zusam-

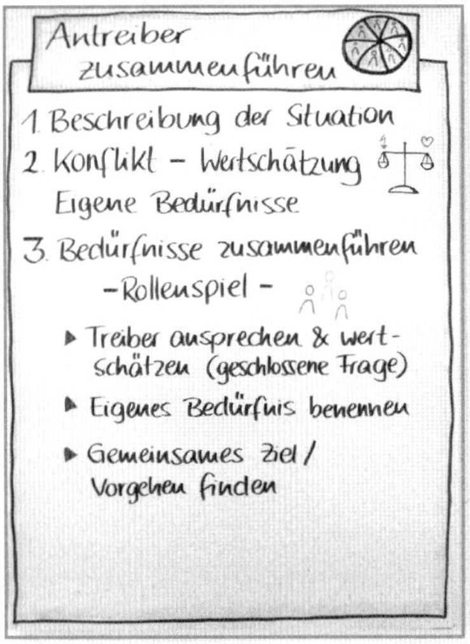

Abb.: Flipchart zur Übung „Blick auf mich und eine andere Person"

mengeführt werden können. Sie analysieren dafür eine spezifische Situation als Fall und führen den Fall in ein Rollenspiel über.

Im Plenum werden die Teilnehmenden gebeten, sich an eine Situation aus den letzten zwei bis drei Wochen zu erinnern, in der sie in einen zwischenmenschlichen Konflikt geraten sind, den sie auf einen anderen Arbeitsstil zurückführen. Wenn einige Personen eine Situation im Kopf haben, fragen Sie nach, wer sich vorstellen kann, seine Situation als Beispiel im Plenum einzubringen und gemeinsam mit allen an ihr zu arbeiten. Ziel ist es, die Aufmerksamkeit von den Reibungspunkten hin zu den Chancen in der Zusammenarbeit zu lenken.

Situation: Der Fallgebende beschreibt die Situation kurz und knapp für die Gruppe.

Konflikt: In der anschließenden gemeinsamen Betrachtung der Situation reflektiert der Fallgebende, was an und im Umgang mit der anderen Person für ihn schwierig ist und was ihn konkret stört. Diese Erkenntnisse werden von Ihnen am Flipchart mitgeschrieben – als Überschrift dient ein Blitz. Auch die anderen Teilnehmenden dürfen Vermutungen äußern, die der Falleigner aufnehmen kann.

Wertschätzung: Nachdem einige Punkte gesammelt wurden, laden Sie den Falleigner ein, sich die Stärken der anderen Person bewusst zu machen:

- *„Was kann sie wirklich gut?"*
- *„Was ist das Schätzenswerte an ihr?"*

Der Einstieg in die Stärken der anderen Person braucht in manchen Fällen etwas Zeit. Falls dem Fallgebenden hierzu nichts einfällt, hilft es, die Dinge, die mit der anderen Person schwierig sind, aus anderer Perspektive zu betrachten. Den Fallgebenden stört an einer anderen Person beispielsweise ihr Drängen, dass er sich sofort um ihr Anliegen kümmern soll, sie erscheint ihm deswegen egoistisch. Andererseits kann im Umkehrschluss die Stärke der Person darin liegen, dass sie besonders gut für ihre Anliegen eintreten und sich durchsetzen kann. Zur Wertschätzung notieren Sie in etwa ähnlich viele Punkte in einer zweiten Spalte – als Überschrift dient ein Herz. Anhand einer Waage können Sie verdeutlichen, wie wichtig es ist, die negativen und die positiven Aspekte, die wir mit anderen Personen verbinden, ins Gleichgewicht zu bringen.

Bedürfnis: Nun überlegt die Gruppe, welchen Antreiber und welches zugrundeliegende Bedürfnis die beschriebene Person haben könnte. Dabei können in der Gruppe natürlich nur Eigenschaften aus dem vermuteten Antreiber beschrieben werden, da sie als Außenstehende nicht wissen, welche Antreiber die andere Person tatsächlich prägen. Um nun auch den Fallgebenden mit seinen Bedürfnissen zu integrieren, wird er befragt, was ihm wichtig ist in dieser Situation, was er konkret braucht. Hierbei geht es nicht darum, seinen Antreiber zu benennen, sondern darum, das tiefere Bedürfnis (z.B. nach Anerkennung oder Kontrolle) zu erkennen, welches in der Situation nicht befriedigt wird.

Lösungsszenario und Rollenspiel: Nachdem nun die Bedürfnisse beider Parteien deutlich wurden, gilt es, ein gemeinsames Verständnis füreinander zu finden und die Bedürfnisse zusammenzuführen. Der Falleigner entwickelt gemeinsam mit der Gruppe eine Kommunikationsstrategie für seine Fallsituation und erprobt sie anschließend im Rollenspiel. Zunächst spricht der Fallgebende den Treiber des anderen mit einer geschlossenen Frage an und schenkt ihm hierdurch Wertschätzung. Wenn das Gegenüber zum Beispiel den Treiber „Beeil dich!" hat, könnte die Aussage lauten: *„Dir ist wichtig, dass wir das jetzt sofort und schnell erledigen, oder?"* Im Rollenspiel bzw. in einer Alltagssituation wird die andere Person dies wahrscheinlich bestätigen, wenn sie sich durch die Aussage verstanden fühlt. Falls sie die Aussage jedoch als nicht passend empfindet, wird sie sie vermutlich korrigieren. Dies kann eine sehr hilfreiche Rückkopplung sein, die einander besser verstehen lässt.

Dann äußert der Fallgebende sein eigenes Bedürfnis: So könnte zum Beispiel beim Antreiber „Sei perfekt!" die Aussage lauten: *„Mir ist außerdem wichtig, dass wir zu einem qualitativ sehr guten Ergebnis kommen."* Nachdem nun die Bedürfnisse beider Personen verdeutlicht wurden, können sie versuchen, sich auf ein gemeinsames Ziel oder einen gemeinsamen Weg zu verständigen. Dies kann sowohl durch einen Vorschlag oder eine Frage geschehen. Anschließend üben die Teilnehmenden in Kleingruppen an ihren persönlichen Beispielen weiter. Hierfür bieten sich Dreiergruppen an, sodass es einen Fallgeber, ein Gegenüber und einen Beobachter gibt.

Übung: Blick auf mich im Team

Das Modell eignet sich auch zur Arbeit im Team, z.B. im Rahmen einer Teamentwicklung. Nachdem die Teilnehmenden ihre Antreiber identifiziert haben, ordnen sie sich in Gruppen ihrem Hauptantreiber zu. Falls eine Person mehrere Hauptantreiber besitzt, kann die Zuordnung nach

Interesse oder Gruppengröße stattfinden. Gemeinsam erarbeitet die Gruppe auf einem Flipchart folgende Fragestellungen:

- *„Was ist mir in der Zusammenarbeit wichtig?"*
- *„Welche Rückmeldungen habe ich von anderen zu meinem Verhalten bekommen?"*

Anschließend stellen die Gruppen ihre Ergebnisse im Plenum vor und erhalten Feedback durch die anderen Teammitglieder. Dies bringt das Team in den Austausch über Wahrnehmung und Bedürfnisse, die mit den verschiedenen Antreibern einhergehen. Auf diese Weise entsteht eine neue Ebene für gemeinsames Verständnis und Kooperation, insbesondere für das gemeinsame Agieren in schwierigen Situationen.

Kommentar

Das Modell der Inneren Antreiber wird unserer Erfahrung nach in der Praxis gut angenommen. Die Teilnehmenden erkennen sich selbst und andere in den Typen wieder und entwickeln dadurch ein neues Verständnis für den eigenen und fremden Umgang mit Belastungssituationen.

Technische Hinweise

- Einführung: Vorbereitetes Flipchart mit Überblick über die Antreiber
- ggf. Fragebögen für die Teilnehmenden
- „Blick auf mich": Flipchart und Handout mit der Aufgabenstellung
- „Blick auf mich und eine andere Person": Flipchart mit der Aufgabenstellung, ggf. in mehrfacher Ausführung, wenn die Kleingruppen die Übung nicht im gleichen Raum durchführen
- „Blick auf mich im Team": Vorbereitete Flipcharts zu den Antreibern mit Fragestellung

Querverweise

- Hier sei auf die beiden Beiträge „Einführung in das Thema „Stress und Burnout" sowie „Der Burnout-Teufelskreis" verwiesen (S. 189/S. 200). Diese Grundsatzbeiträge erklären die Zusammenhänge von Stress und Burnout, während das Antreiber-Modell zu verstehen hilft, woher es kommen kann, dass ich mich selbst immer wieder in Stresssituationen bringe und dem Kreislauf nicht entkommen kann.
- Auch der Beitrag „Wertequadrat" kann eine spannende Ergänzung darstellen. Bei der Arbeit mit dem Wertequadrat (vgl. S. 260) ist jedoch zu beachten, dass es nicht darum geht, die eigenen Antreiber zu verändern, geschweige denn abzuschaffen, sondern darum, sie zu integrieren und sie wertzuschätzen.

Weiterführende Literatur

- Berne, E.: Was sagen Sie, nachdem Sie „Guten Tag" gesagt haben? Psychologie des menschlichen Verhaltens, Frankfurt am Main: Fischer Taschenbuch Verlag 1983.
- Deci, E. L. & Ryan, R. M.: The "What" and "Why" of Goal Pursuits. Human Needs and the Self-Determination of Behavior. In: Psychological Inquiry, 11(4) 2000, S. 227–268.
- Dehner, U. & Dehner, R.: Transaktionsanalyse im Coaching. Bonn: managerSeminare Verlag 2013.
- Ellis, A.: Reason and emotion in psychotherapie, New York: Lyle Stuart 1962.
- Ellis, A.: Die Rational-emotive Therapie. Das innere Selbstgespräch bei seelischen Veränderungen, München: Pfeiffer 1977.
- Epstein, S.: Cognitive-experiental self-theory. In: L. A. Pervin (Hrsg.), Handbook of personality. Theory and research, New York: Guilford 1990.
- Grawe, K.: Neuropsychotherapie, Göttingen: Hogrefe 2004.
- Hay, J.: Transactional Analysis for Trainers. Your Guide to Potent and Competent Aplications of TA in Organisations, Watford Herts: Sherwood Publishing 1996.
- Hofmann, M.: Hurry up, Mr. Perfect! Führungskräfte motivieren ihre Mitarbeiter. In: A. Leão & H. Sass-Schreiber (Hrsg.): EQ-Tools. Die 42 besten Führungswerkzeuge zur Entwicklung von Emotionaler Intelligenz, Bonn: managerSeminare Verlag 2011.
- Kahler, T.: The Miniscript. In: Transactional Analysis Journal, Januar 1974, S. 26–42.
- Kaluza, G.: Stressbewältigung, Berlin, Heidelberg: Springer-Verlag 2004.
- Meichenbaum, D.: Intervention bei Stress – Anwendung und Wirkung des Stressimpfungstrainings, Bern: Huber 2002.
- Pracht, G.: Stressbewältigung durch Blended Training – Entwicklung und Evaluation eines ressourcenorientierten Online-Coachings, Dissertation, Fernuniversität in Hagen 2013. *www.deposit.fernuni-hagen.de/2924/* (Aufruf 14.09.2013).

Hintergrund

Dr. Eric Berne (1910-1970) war promovierter Psychiater. Er ließ sich zum Psychoanalytiker weiterbilden und arbeitete viele Jahre als Psychotherapeut. Trotzdem wurde sein Antrag zur offiziellen Anerkennung als „Psychoanalytiker" 1956 von der psychoanalytischen Vereinigung in San Francisco abgelehnt. Die Ablehnung soll ihn in seinem Anliegen bestärkt haben, eine eigene psychotherapeutische Methode zu entwickeln, die auch für Laien verständlich ist. Erste Ideen zur Theorie entwickelte er jedoch bereits davor und veröffentlichte sie in einer Artikelserie zwischen 1949 und 1962. 1964 gründete er die „International Transactional Analysis Association (ITAA)". Insgesamt publizierte Berne 75 Artikel und Bücher.

Dr. Thomas A. Harris (1910-1995) war promovierter Psychiater. Er begeisterte sich für Bernes erste Ideen zur Transaktionsanalyse und begann 1960 eine enge Kollaboration mit ihm. Gemeinsam gaben sie 1964 den Bestseller „Games People Play" heraus, in welchem sie die Transaktionsanalyse einem breiten Publikum vorstellten. Harris wollte die Transaktionsanalyse noch verständlicher für die Allgemeinheit machen und schrieb 1969 das Buch „I'm OK, You're OK", womit er an den großen Erfolg anschloss.

Dr. Taibi Kahler (*1943) ist klinischer Psychologe und studierte englische Literatur. Für seinen Artikel „The Miniscript", in dem er das Konzept der „Inneren Antreiber" beschrieb, erhielt er 1977 den Eric Berne Memorial Scientific Award von der interanationalen Assoziation für Transaktionsanalyse. Er entwickelte außerdem das „Process Therapy Model" und das „Process Communication Model". Kahler brachte bisher vier Bücher und mehr als 80 Artikel und andere Publikationen heraus.

Prof. Gert Kaluza (*1955) ist psychologischer Psychotherapeut. Er arbeitete viele Jahre an verschiedenen Universitäten und gründete 2002 das Fortbildungs- und Trainingsinstitut GKM-Institut für Gesundheitspsychologie. Kaluza schrieb eine Vielzahl an Publikationen zum Thema Stress und Stressmanagement.

Positive Psychologie oder auch Glücksforschung

von Dr. Julia Milner

Ziel

Positive Psychologie fokussiert sich auf die Erforschung von Lebenszufriedenheit und die Anwendung von Stärken. Studien zeigen, dass es verschiedene Komponenten von Lebenszufriedenheit gibt und ein großer Teil davon selbst beeinflussbar ist. Der Schwerpunkt eines Seminars zur Positiven Psychologie sollte auf den Faktoren liegen, die wir ändern können. Strategien der Positiven Psychologie können am Arbeitsplatz zur Anwendung kommen oder generell in verschiedenen Lebensbereichen eingesetzt werden. Wie Sie als Seminarleitung den Ansatz der Positiven Psychologie vorstellen und Strategien in einem Seminar vermitteln können, lesen Sie im Folgenden.

Kontext

- Change
- Coaching
- Motivation
- Führung
- Kreativität

Theorie

Die Positive Psychologie widmet sich der Erforschung von Lebenszufriedenheit und wird im Deutschen deswegen oft als Glücksforschung übersetzt. In diesem Zusammenhang geht es darum, herauszufinden, was optimale Bedingungen und Prozesse in Bezug auf Menschen, Gruppen und Institutionen sind (Gable und Haidt, 2005).

> *„Als ein neuer Zweig der Psychologie konzentriert sich die positive Psychologie auf das, was gut funktioniert, anstatt auf das, was nicht richtig ist bei Menschen."* – Biswas-Diener & Dean, 2007 –

Die Basis der Positiven Psychologie beruht vor allem auf zwei Aspekten,

- Lebenszufriedenheit erforschen: Wie wird man glücklich(er)?
- Beschäftigung mit Stärken: Wie können Individuen mehr auf ihre persönlichen Stärken setzen und diese ausbauen, anstatt zu versuchen, Schwächen zu verringern oder auszugleichen?

Das Streben nach Glück

Warum strebt man überhaupt danach, glücklich zu sein? Lebenszufriedenheit ist verknüpfbar mit einem besseren Gesundheitszustand, mehr Kreativität, höherem Einkommen, einem besseren Abschneiden am Arbeitsplatz sowie erfüllenden sozialen Bindungen (Seligman et. al, 2005). Konkret auf die Arbeitssituation bezogen, zeigen Studien (Biswas-Diener & Dean, 2007), dass glückliche Menschen ...

- weniger Krankheitstage vorweisen,
- länger loyal für einen Arbeitgeber arbeiten,
- bessere Beurteilungen von ihren Vorgesetzten sowie Kunden erhalten,
- kreativer sind und
- andere stärker unterstützen.

Oder wie es Shawn Achor (2010), einer der führenden Forscher im Gebiet der Positiven Psychologie, ausdrückt: Wir können mehr leisten, wenn wir glücklicher sind. Unser erhöhtes Leistungsvermögen bezieht sich z.B. auf Faktoren wie Energie oder Widerstandsfähigkeit.

Die Glücksformel

Der Psychologe Martin Seligman hat eine „Glücksformel" aufgestellt. Er meint damit Komponenten, die nach Studien für den Grad der Lebenszufriedenheit ausschlaggebend sind.

Nachhaltige Lebenszufriedenheit =
Vererbung + Lebensumstände + Beeinflussbare Faktoren/Wille

– Seligman, 2002 –

Die Psychologen Kennon Sheldon und Sonja Lyubomirsky (2004) teilen den „Determinanten des Glücks" auch das Ausmaß des Einflusses auf die Lebenszufriedenheit zu:

1. äußere Umstände (zehn Prozent),
2. eine genetisch vererbte, feststehende Spanne (50 Prozent)
3. sowie Aktivitäten, die man bewusst unternehmen kann, um die Lebenszufriedenheit zu steigern (40 Prozent).

Es gibt somit eine feststehende Spanne, die wir nicht beeinflussen können. Darunter fallen vor allem genetische Faktoren. Lebensumstände können zum Teil geändert werden, zum Teil können sie aber auch außerhalb unserer Kontrolle liegen.

Faktor	Kommentar
Geld	Extrem wohlhabende Menschen sind nur geringfügig glücklicher als Normalverdiener. Extrem wohlhabende Menschen berichten, dass sie mehr Geld nicht glücklicher macht und für manche sogar mehr Probleme mit sich bringt.
Alter	Mit zunehmendem Alter sind wir glücklicher – 65 Jahre ist der Höhepunkt.
Heirat	Verheiratete Paare sind nur geringfügig glücklicher als Singles.
Religion	Religiösität wird mit einer Erhöhung von Zufriedenheit in Verbindung gebracht.

Tab. 1: Was macht uns glücklich? (Lyubomirsky, 2008)

Es gibt Faktoren, die wir selbst beeinflussen können, um unsere Lebenszufriedenheit zu steigern. Sheldon und Lyubormisky (2004) sprechen bei den beeinflussbaren Faktoren von Lebenzufriedenheit auf mehreren Ebenen – Kognition, Verhalten, Willen.

Beeinflussbare Faktoren	Beispiel
Kognition	Optimistische Sichtweise einnehmen (siehe Übung 2)
Verhalten	Regelmäßig körperliche Aktivität ausüben
Willen	Persönlich wichtige Ziele setzen. Das Setzen von sogenannten SMARTen Zielen (specific, measurable, attainable, realistic and timelined) wird als ein wichtiger Ansatz von Lebenszufriedenheit in Untersuchungen genannt (Biswas-Diener & Dean, 2007)

Tab. 2: Beeinflussbare Faktoren (Sheldon & Lyubomirsky, 2004)

Stärken

Ein zweiter Schwerpunkt im Bereich der positiven Psychologie gilt der Erforschung von Stärken. Perterson und Seligman haben 2004 eine Klassifikation von Charakterstärken aufgestellt (siehe VIA-Test, S.228), die in sechs Oberkategorien eingeteilt werden können.

Tab. 3: Charakterstärken (Basierend auf der Arbeit von Seligman et al., 2005, deutsche Übersetzung vom Institut für Persönlichkeitspsychologie und Diagnostik, Universität Zürich, 2006)

Oberkategorie	Charakterstärken
Weisheit und Wissen	Kreativität, Neugier, Urteilsvermögen, Liebe zum Lernen, Weisheit
Mut	Authentizität, Tapferkeit, Ausdauer, Enthusiasmus
Menschlichkeit	Freundlichkeit, Bindungsfähigkeit, Soziale Intelligenz
Gerechtigkeit	Fairness, Leadership, Teamwork, Fairness, Führungsvermögen
Mäßigung	Bereitschaft zur Vergebung, Bescheidenheit, Vorsicht, Selbstregulation
Transzendenz	Sinn für das Schöne, Dankbarkeit, Hoffnung, Humor, Spiritualität

Wenn man seine Hauptstärken gefunden hat (siehe Übung „Stärken identifizieren", S. 228), sollte man überprüfen, ob folgende Kriterien anwendbar sind:

- eigene Stärken geben einem Energie,
- es fühlt sich authentisch an
- und die Anwendung von Stärken führt in der Regel zu besserer Leistung (Grenville-Cleave, 2012).

Anhand der Kriterien können vermeintliche Stärken identifiziert werden, die vielleicht auch andere in einem sehen, die einem sogar leicht fallen, aber nicht wirklich Freude bereiten (Seligman, 2002). Beispielsweise könnte jemand sehr gut im Übersetzen sein und andere bewundern diese Fähigkeit, sie erzeugt aber keine eigene Freude und fühlt sich anstrengend an. Dauerhaft ist es am hiflreichsten, sich auf echte Stärken zu konzentrieren.

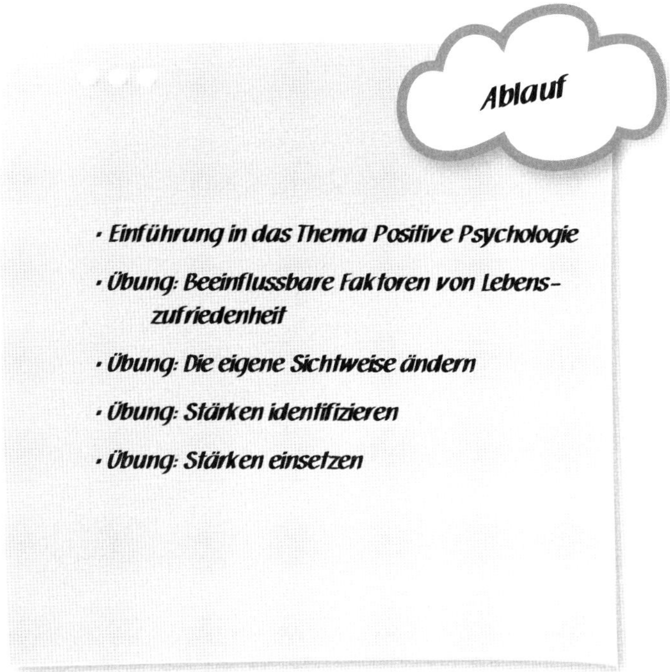

Anwendung

Einführung in das Thema

Leiten Sie ein Seminar zur Positiven Psychologie, empfiehlt es sich, zunächst mit einer Einführung ins Thema zu beginnen und die eingangs beschriebene „Glücksformel" Seligmans vorzustellen: Nachhaltige Lebenszufriedenheit = Feststehende Spanne + Lebensumstände + beeinflussbare Faktoren.

Es ist hilfreich, den Schwerpunkt auf die beeinflussbaren Faktoren von Lebenszufriedenheit sowie auf die Erkundung und den Einsatz von Stärken zu legen. Je nachdem, ob der Fokus des Seminars auf der Anwendung der Positiven Psychologie im Rahmen von Organisation und Arbeitsplatz liegt oder auch auf andere Lebensbereiche angewendet werden soll, können die Übungen und Fragen leicht abgewandelt werden. Gegebenenfalls ist es sinnvoll, die Fragen zu Übungen eher auf den Arbeitskontext umzuschreiben.

Übung: Beeinflussbare Faktoren von Lebenszufriedenheit

Zum Einstieg sammeln Sie gemeinsam mit Teilnehmern einer Seminarveranstaltung Beispiele von beeinflussbaren Faktoren von Lebenszufriedenheit. Schreiben Sie die Tabelle 2 (S. 223) auf das Flipchart und befüllen Sie die zweite Spalte mit den Teilnehmern durch Zuruf von

Ideen. Leitfragen könnten sein: *„Was setzen Sie bereits erfolgreich ein? Womit haben Sie bereits hilfreiche Erfahrungen gemacht?"*

Beeinflussbare Faktoren von Lebenszufriedenheit

Faktoren:	Beispiele:
Denken	→ halbvolles statt halbleeres Glas sehen → sich erinnern an eine erfolgreich bewältigte schwierige Situation in Vergangenheit → …

Abb.: Flipchart zur Übung „Beeinflussbare Faktoren von Lebenszufriedenheit"

Übung: Die eigene Sichtweise ändern

Unter Faktoren von Lebenszufriedenheit, die von uns beeinflussbar sind, fallen positive Emotionen wie Zufriedenheit, Freude, Hoffnung, die Seligman aufteilt mit dem Blick auf die Vergangenheit, die Gegenwart und die Zukunft. Eine Strategie, die wir anwenden können, um unsere Lebenszufriedenheit zu beeinflussen, ist, uns zu fragen, für was wir in der Vergangenheit dankbar sind, anstatt uns im Schwerpunkt auf die negativen Aspekte zu konzentrieren. Die drei Zeitfenster hängen nicht unbedingt miteinander zusammen. Man kann beispielsweise zufrieden mit der Vergangenheit sein, sich jedoch in der Gegenwart unglücklich fühlen.

Richten Sie drei Bereiche im Seminarraum ein, um die drei beschriebenen Zeitfenster darzustellen: Vergangenheit, Gegenwart, Zukunft. Ihre Teilnehmer können sich der zeitlichen Perspektive zuordnen, welche momentan eher eine Herausforderung darstellt.

Positive Emotionen und mögliche Strategien können in der Kleingruppe diskutiert und auf Flipchart aufgeschrieben werden. Hierzu können Sie die Tabelle 4 (S. 227 f.) als Handout vorbereiten, ohne die rechte Spalte „Hilfreiche Fragen" auszufüllen. Alternativ können Ihre Teilnehmer auch alle drei Stationen in Kleingruppen durchlaufen und jeweils auf Flipchart Ergänzungen notieren. Anschließend können die Ergebnisse in der Großgruppe besprochen werden. Danach können die Teilnehmer in Einzelarbeit oder zu zweit Antworten zu den Fragen aus der rechten Spalte der Tabelle individuell aufschreiben.

Da es sich hier um zum Teil persönliche Einsichten handelt, ist es sinnvoll, die Ergebnisse anschließend auf einer Meta-Ebene in der Gruppe zu diskutieren, also anstatt individuelle Antworten zu erläutern, sich eher auf allgemeine Strategien zu konzentrieren, die möglicherweise auch anderen weiterhelfen.

Um positive Emotionen zu erlangen, sind beispielsweise folgende Strategien hilfreich.

Perspektive	Positive Emotionen	Mögliche Strategien	Hilfreiche Fragen
Vergangenheit	Zufriedenheit, Erfüllung, Stolz und Gelassenheit	Sich auf positive Emotionen fokussieren.	▶ Wie kann ich mehr Zufriedenheit, Erfüllung, Stolz und Gelassenheit in mein Leben bringen?
		Realisieren, dass die Vergangenheit nicht die Zukunft bestimmt.	▶ Welche Dinge will ich in Zukunft anders machen? Wie kann ich das angehen?
		Fokus auf das Positive legen, auf das, wofür man in der Vergangenheit dankbar ist, anstatt sich im Schwerpunkt auf die negativen Aspekte zu konzentrieren.	▶ Für was bin ich dankbar? Wie kann ich mich mehr auf positive Aspekte konzentrieren?
Gegenwart	Freude, Ruhe, Vergnügen und „Flow“	Sich auf positive Emotionen fokussieren.	▶ Wie kann ich mehr Freude, Ruhe, Vergnügen in mein Leben bringen?
		Aufbrechen von Routinen.	▶ Wie kann ich meine Routinen aufbrechen? Welche neuen „Wege“ kann ich erkunden?
		Den Augenblick genießen – Fokus auf das „Hier und Jetzt“ sowie Achtsamkeitsübungen praktizieren lernen.	▶ Wie kann ich mich mehr auf das Hier und Jetzt fokussieren?
		Mehr „Flow“-Tätigkeiten in den Alltag aufnehmen. Laut Csíkszentmihályi (1999) bringt eine Beschäftigung einen Flow-Zustand, wenn sie fordernd und den Einsatz von Fähigkeiten verlangt, man sich konzentrieren muss, es klare Ziele gibt, man direktes Feedback bekommt, man sehr involviert ist, man das Gefühl von Kontrolle hat sowie das Gefühl, die Zeit würde stehen bleiben.	▶ Welche Tätigkeiten versetzen mich in einen „Flow“-Zustand? (siehe Übung 6)

		Permanent versus vorübergehend: Pessimisten nehmen schnell Verallgemeinerungen vor und befürchten, dass diese dauerhaft anhalten werden (*„Du sagst nie etwas Positives zu mir"* anstatt *„Heute hast du noch nichts Positives zu mir gesagt"*).	▶ Wie kann ich eher Generalisierungen von positiven Einzelereignissen ziehen?
Zukunft	Optimismus, Hoffnung und Vertrauen	**Spezifisch versus universell:** Pessimisten treffen Generalisierungen für negative Ereignisse, Optimisten beziehen sich auf eine spezifische Situation („Alle Callcenter-Angestellten sind unfreundlich" anstatt „Dieser Callcenter-Mitarbeiter war eben unfreundlich zu mir"), umgedreht bei positiven Ereignissen sind Optimisten in der Lage, Generalisierungen zu ziehen (*„Ich habe viel Glück im Leben"* anstatt *„Heute hatte ich ausnahmsweise mal Glück"*).	▶ Wie kann ich eine typische negative Generalisierung als Einzelphänomen formulieren?

Tab.: Positive Emotionen und hilfreiche Strategien, die Tabelle ist auch als Handout einzusetzen (Seligman 2002, mit eigenen Ergänzungen)

Übung: Stärken identifizieren

Führen Sie in die Thematik von Stärken über einen Selbsttest ein. Es gibt Tests, die online verfügbar sind und z.B. vor dem Seminar von den Teilnehmern durchgeführt werden können. Kostenlos ist u.a. der „VIA character strenghts Test" *(www.viame.org/survey)* oder kostenpflichtig ist der „StrengthsFinder-Test" *(www.gallupstrengthscenter.com)*. Es empfiehlt sich, die Tests vorher selbst anzuwenden, um sicherzustellen, dass die Art der Fragen auch zur jeweiligen Gruppe passt.

Alternativ können Sie auch eine Stärken-Liste als Handout austeilen. Eine Übersicht der VIA-Stärken auf Deutsch bietet z.B. das Institut für Persönlichkeitspsychologie und Diagnostik, Universität Zürich (2006). Oder Sie lassen Ihre Teilnehmer zunächst mit einem Partner folgende Fragen diskutieren, um sich der eigenen Stärken bewusst zu werden:

„Welche persönlichen Eigenschaften …

- *geben mir Energie?*
- *fühlen sich authentisch an?*
- *erlauben es mir, gute Leistungen zu zeigen? Was kann ich gut?"*
- *„Wann war ich in Hochform? Welche Stärken habe ich in der Situation eingesetzt?"*

Übung: Stärken einsetzen

Nachdem die eigenen Stärken identifiziert worden sind, können sich die Teilnehmer nun überlegen, wie sie diese verstärkt im Alltag einsetzen möchten. Hierfür bietet sich vor allem folgende Übung an:

Stärken auf neue Weise nutzen (Kaufman, 2006):
Schritt 1: *„In welchen Situationen setze ich meine Stärken bereits ein?"*
Schritt 2: *„Ideensammlung: Wie setze ich meine Stärken auf neue Weise oder noch verstärkter ein und wie kann ich sie auf andere Situationen übertragen?"*

Hilfreiche Fragen sind:
- *„Wie kann ich meine Stärken mehr nutzen?"*
- *„Wie kann ich Stärken auf neue Weise einsetzen?"*
- *„Wie kann ich meine Stärken einsetzen, um die Lösung für eine schwierige Situation zu finden?"*

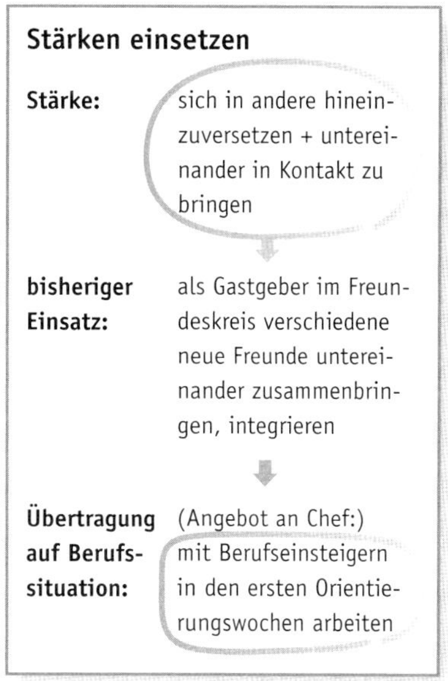

Abb.: Flipchart mit Hervorhebung

Kommentar

Die hier vorgestellten Übungen können hilfreich sein, das Thema „Positive Psychologie" näherzubringen, allerdings sei darauf hingewiesen, dass es sich hier nicht um eine Therapiesitzung handelt. Ein Fokus auf das Positive kann einen neuen Blickwinkel erzeugen, allerdings gehören auch negative Emotionen zum Leben dazu und sind keineswegs zu verdammen. Fredrickson und Losada sprechen von einer optimalen Ratio von 3:1 für positive Emotionen.

Technische Hinweise

Keine, außer gängige Seminarausstattung: Flipcharts, Pinnwände, Moderationsmaterialien.

Querverweise

An dieser Stelle sei auf folgende Beiträge hingewiesen, die in Kombination zum vorliegenden hilfreich sein können: „Leadership by Coaching Principles" (S. 65), „Transformationale Führung" (S. 135), „Grundhaltungen nach Berne" (S. 241), sowie auch die Beiträge zum Thema „Stressmanagement" als Pendant zum hier beschriebenen Beitrag.

Weiterführende Literatur

- Achor, S.: The Happiness Advantage. Crown Business, New York 2010.
- Abbe, A.; Tkach, C.; Lyubomirsky, S.: The Art of Living by Dispositionally Happy People. In: Journal of Happiness Studies, 4/2003, S. 385–404.

- Grenville-Cleave, B.: Introducing Positive Psychology. A Practical Guide, Iconbooks, London 2012.
- Csíkszentmihályi, M.: Lebe gut! Wie Sie das Beste aus Ihrem Leben machen, Klett-Cotta: Stuttgart 1999.
- Gable, S. L. & Haidt, J.: What and (Why) is Positive Psychology. In: Review of General Psychology, vol.9, no.2 2005, S. 103–110.
- Gilbert, D.: Ins Glück stolpern, Riemann 2006.
- Fredrickson, B. L. & Losada, M.: Positive affect and the complex dynamics of human flourishing, American Psychologist, 60(7) 2005, S. 678–686.
- Lyubomirsky, S.: The How of Happiness, New York: Penguin Press 2008.
- Lyubomirsky, S.; King, L. & Diener, E.: The benefits of frequent positive affect. Does happiness lead to success? Psychologial Bulletin, 131/2005, S. 803–855.
- Seligman, M.: Authentic Happiness. Using the New Positive Psychology to Realize Your Potential for Lasting Fulfillment, Sydney: Random House 2002.
- Seligman, M.: Der Glücks-Faktor. Warum Optimisten länger leben, Bergisch Gladbach: Bastei-Lübbe 2003.
- Seligman, M.; Steen, T. A., Park, N. & Peterson, C.: Positive Psychology Progress. Empirical Validation of Intervention, American Psychologist, vol. 60, 5/2005, S. 410–421.
- Sheldon, K. M. & Lyubomirsky, S.: Achieving Sustainable New Happiness. Prospects, Practices and Prescriptions. In: P. A. Linley, & S. Joseph (Hrsg.): Positive Psychology in Practice, Hoboken, NJ: Wiley 2004.

Hintergrund

Martin Seligman gilt als Begründer der Positiven Psychologie. Er ist Professor an der University of Pennsylvania, an der ein Master in Positive Psychology angeboten wird. Als Präsident der American Psychological Association machte er die Positive Psychologie zum Thema seiner Eröffnungsrede. Hintergrund für Seligman war die Tatsache, dass sich das Fach Psychologie bislang vor allem auf das fokussiert hatte, was nicht „richtig" mit dem Menschen funktioniert und er wollte nun einen postiven Fokus legen. Forscher haben jedoch schon früher zu Themen gearbeitet, die heute in der Positiven Psychologie gebündelt dargestellt werden. Selbst Philosophen wie Aristoteles haben sich bereits mit Aspekten wie Glück und Lebenszufriedenheit befasst. Die Positive Psychologie ist somit nicht neu, jedoch tritt dieser Forschungszweig nun organisiert auf und es werden mittlerweile verstärkt Studien durchgeführt (Gable & Haid, 2005). Man könnte somit auch von einer „Wiederentdeckung" der Positiven Psychologie sprechen.

Kapitel V

Konfliktklärung

Folgende Beiträge finden Sie im Kapitel *Konfliktklärung*

Die vier Schritte der Gewaltfreien Kommunikation

von Louisa Reisert

Ziel

Die „Gewaltfreie Kommunikation“ dient Teilnehmenden als Werkzeug, um schwierige Themen gezielt, ehrlich und klar anzusprechen. Dabei begegnen sie anderen mit Wertschätzung und Respekt. Durch Kooperation und Kommunikation werden Verständnis geweckt und Konflikte gelöst. Die Teilnehmenden üben, Störungen genau zu beobachten und präzise zu beschreiben. Sie lernen, ihre eigenen Gefühle und zugrunde liegenden Bedürfnisse zu identifizieren und klar zu formulieren, was sie in der Situation konkret brauchen. In der Erweiterung reflektieren sie auch die Gefühle und Bedürfnisse ihres Gegenübers.

Kontext

- Konflikt
- Coaching
- Stress
- Führung
- Kommunikation
- Gesprächsführung

Theorie

Der Urheber des Modells, Marshall Rosenberg, erlebte in seiner Kindheit in Detroit einen Rassenkonflikt in seinem Viertel, bei dem mehr als 40 Menschen starben und der ihn und seine Familie dazu zwang, mehrere Tage das Haus nicht zu verlassen. Kurz danach verprügelten ihn Mitschüler aufgrund seines jüdischen Nachnamens. Weil er trotzdem davon überzeugt war, dass *„die Freude am einfühlsamen Geben und Nehmen unserem natürlichen Wesen entspricht“* (Rosenberg, 2001), brachten ihn diese Ereignisse 1943 dazu, sich mit zwei Fragen zu beschäftigen:

> *„Was geschieht genau, wenn wir die Verbindung zu unserer einfühlsamen Natur verlieren und uns schließlich gewalttätig und ausbeuterisch verhalten? Und umgekehrt, was macht es manchen Menschen möglich, selbst unter den schwierigsten Bedingungen mit ihrem einfühlsamen Wesen in Kontakt zu bleiben?“*
>
> – Marshall Rosenberg –

Zentral erscheint Rosenberg hierbei die Kommunikation, da unsere Sprache häufig dazu führt, uns selbst oder andere zu verletzen. Rosenberg wählt in Anlehnung an Gandhi den Begriff der „Gewaltfreiheit“ und bezieht sich auf einen Zustand, in dem die Bedürfnisse aller beteiligten Personen gehört und ernst genommen werden. Die „Gewaltfreie Kommunikation“ (GFK) ist darauf angelegt, sich in andere einzufühlen und Verletzungen durch Sprache zu vermeiden.

Rosenberg war Schüler von Carl Rogers, dem Begründer der klientenzentrierten Gesprächstherapie, deren zentrale Technik das aktive Zuhören ist. Auch die „Gewaltfreie Kommunikation“ soll intensives Zuhören fördern. Indem Menschen intensiv zuhören und dabei ihre Aufmerksamkeit auf sich selbst und ihr Gegenüber richten, wird laut Rosenberg Wertschätzung und Einfühlung unterstützt.

Rosenbergs Gewaltfreie Kommunikation basiert auf vier Kommunikationsschritten:

Abb.: Die vier Kommunikationsschritte der GfK

1. **Beobachtung:** Ich beschreibe meinem Gegenüber die Situation an wahrnehmbaren Tatsachen möglichst objektiv und konkret. Welche Situation hat ausgelöst, dass ich mich in meinem Wohlbefinden eingeschränkt fühle? Was höre oder sehe ich genau? Wichtig ist es hierbei, die Situation nicht zu interpretieren, zu bewerten oder zu beurteilen.

2. **Gefühl:** Anschließend benenne ich, was ich in dieser Situation fühle und spiegle meinem Gegenüber meine Emotionen. Wie geht es mir mit der Situation? Der Fokus liegt hierbei auf dem Gefühl, nicht auf Gedanken. An dieser Stelle ist es wichtig, die Situation nicht zu analysieren.

3. **Bedürfnis:** Im dritten Schritt spreche ich an, was mein zugrunde liegendes Bedürfnis in dieser Situation ist und was ich genau brauche. Welches Bedürfnis kommt zu kurz? Damit beschreibe ich die Ursache für meine Gefühle. Denn die Situation kann zwar Auslöser

für die Gefühle sein, Ursache für die Gefühle sind jedoch die zugrundeliegenden Bedürfnisse, die in der Situation nicht erfüllt oder bedroht werden. Beim Gegenüber wird hierdurch oft Bereitschaft zur Unterstützung geweckt – anders als wenn er kritisiert oder angegriffen wird.

4. **Bitte:** Dann äußere ich eine Bitte und formuliere eine positive und konkrete Handlung. Ich spreche aus, worum ich mein Gegenüber konkret bitte und nicht, was es nicht tun soll, wie es in der Alltagssprache häufig passiert. Die Bitte zielt auf ein Verhalten ab – und nicht auf eine Art zu denken, zu fühlen oder zu sein (Rosenberg, 2004). Gegenstand kann auch eine Frage sein, um in einem gemeinsamen Gespräch zu klären, wie der Bitte nachgekommen werden kann.

Insbesondere in Konfliktsituationen unterstützt die Gewaltfreie Kommunikation einen Reflexionsprozess: Was genau hat das Wohlbefinden eingeschränkt, was hat die Situation emotional ausgelöst und warum? Es wird eine wertschätzende Rückmeldung formuliert, die hilft, Konflikte zu lösen.

Anwendung

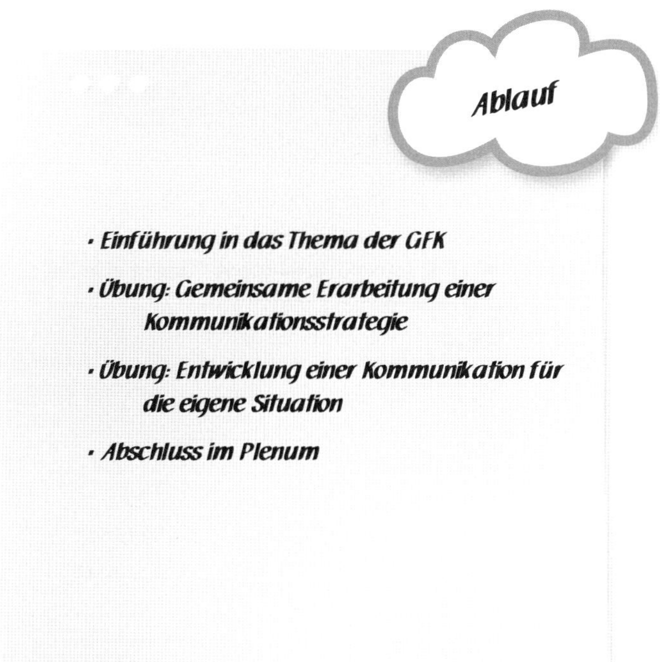

Einführung

Zur Einführung des Modells bietet es sich im Training an, zu erläutern, warum sich Rosenberg mit dem Thema der Gewaltfreien Kommunikation beschäftigt hat, worauf die Methodik abzielt und wozu sie eingesetzt werden kann. Anschließend werden die vier Schritte an einem Flipchart erklärt:

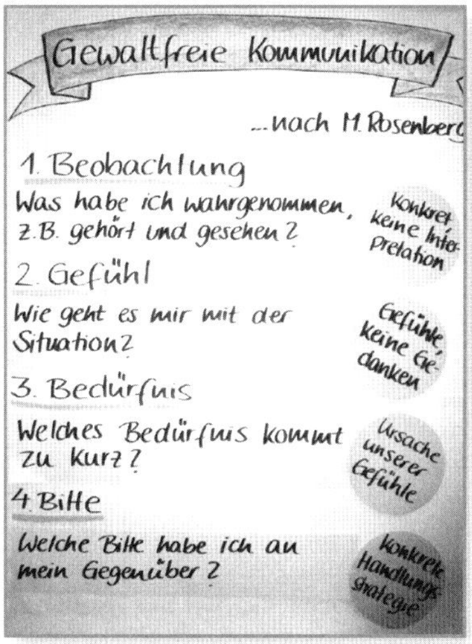

Abb.: Flipchart zur Erklärung der vier Kommunikationsschritte

Um die Präsentation abwechslungsreich zu gestalten, können die Moderationskarten mit den Fragen und Besonderheiten beim Erzählen ergänzt werden.

Bei Bedarf kann die Diskussion von Beispielsätzen zu den vier Kommunikationsschritten verdeutlichen, worauf bei welchem Schritt zu achten ist. Am Beispiel verschiedener Beobachtungen diskutieren die Teilnehmenden, ob diese objektiv und frei von Interpretation und Bewertungen beschrieben sind und formulieren die Beobachtungen gegebenenfalls um. Zur Diskussion eignen sich z.B. folgende Beobachtungen:

- *„Herr Müller ist unzuverlässig."* In diesem Fall handelt es sich um eine Bewertung. Wertfrei ausgedrückt könnte der Satz heißen: *„Herr Müller hat mir in der letzten Woche drei Mal angekündigt, die Ergebnisse unverzüglich schriftlich einzureichen. Bis heute habe ich sie nicht erhalten."*
- *„Meine Kollegin hat mich am Freitag auf dem Flur nicht begrüßt."* Hierbei handelt es sich um eine Beobachtung ohne eine Bewertung.
- *„Der Kunde ist gestern völlig grundlos ausgeflippt."* Das ist eine Bewertung. Eine wertfreie Beschreibung könnte sein: *„Der Kunde hat seine Stimme erhoben und mit der Faust auf den Tisch geschlagen."*

Zur Auseinandersetzung mit Gefühlsausdrücken (Rosenberg bietet einen Überblick über verschiedene Gefühlsausdrücke) tauschen sich die Teilnehmenden z.B. zu folgenden Sätzen aus:

- *„Ich fühle mich nicht ernst genommen."* Hier wird das Verhalten einer anderen Person interpretiert und kein eigenes Gefühl benannt. Das Gefühl könnte z.B. sein *„ich bin traurig"* oder *„frustriert"*.
- *„Ich bin wütend."* Hier wird ein Gefühl klar und deutlich beschrieben.
- *„Ich habe das Gefühl, du gehst mir aus dem Weg."* Hier wird eine Interpretation der Situation anstelle eines echten Gefühls ausgedrückt. Das Gefühl könnte z.B. sein *„ich bin besorgt"*.

Um zu diskutieren, welche Bedürfnisse eine Person hat (Rosenberg bietet einen Überblick über unterschiedliche Bedürfnisse), können Sie folgende Aussagen besprechen lassen:

- *„Ich möchte, dass mein Chef sieht, wie viel Mühe ich mir gebe."* Bedürfnis: Anerkennung, gesehen werden, Wertschätzung
- *„Mir ist es wichtig, mich darauf verlassen zu können, dass Absprachen eingehalten werden."* Bedürfnis: Zuverlässigkeit
- *„Ich bin in Sorge, weil mein Vertrag in zwei Monaten ausläuft."* Bedürfnis: Sicherheit, Klarheit

Am Beispiel folgender Bitten lässt sich diskutieren, ob diese klar formuliert sind:

- *„Ich möchte, dass du dir mehr Mühe gibst."* Hierbei handelt es sich um eine vage Formulierung, die sich nicht konkret in eine Handlung übersetzen lässt. Konkreter könnte die Bitte heißen: „Ich bitte dich, mir bis Montag zurückzumelden, welche nächsten Schritte du im Projekt wann erledigen wirst."
- *„Ich bitte dich, das Radio leiser zu machen."* Hierbei handelt es sich um eine klare Bitte.
- *„Hör mir doch einfach mal zu!"* Diese Bitte lässt sich nicht konkret in eine Handlung übersetzen. Eine deutlichere Formulierung lautet: *„Bitte lass mich ausreden und schau mich an, während ich mit dir rede."*

Dann können Sie die vier Schritte an einem Alltagsbeispiel durchgehen, wie das folgende Flipchart demonstriert. Danach sollten Sie offene Fragen klären.

Übung: Gemeinsame Erarbeitung einer Kommunikationsstrategie

Teilen Sie die Teilnehmenden in drei Kleingruppen von drei bis vier Personen ein. Jede Gruppe erhält einen anderen vorbereiteten Fall, für den sie die vier Kommunikationsschritte erarbeitet. Bei den Fällen könnte es sich beispielsweise um folgende Situationen handeln:

- Eine Kollegin unterhält sich im gemeinsamen Büro mit jemand anderem über ihren nächsten Urlaub, während ich selbst konzentriert arbeiten möchte.
- Eine Person kommt zu gemeinsamen Terminen regelmäßig zu spät.
- Ein Kollege leitet sein Telefon und seine E-Mails für drei Tage ungefragt an mich weiter.

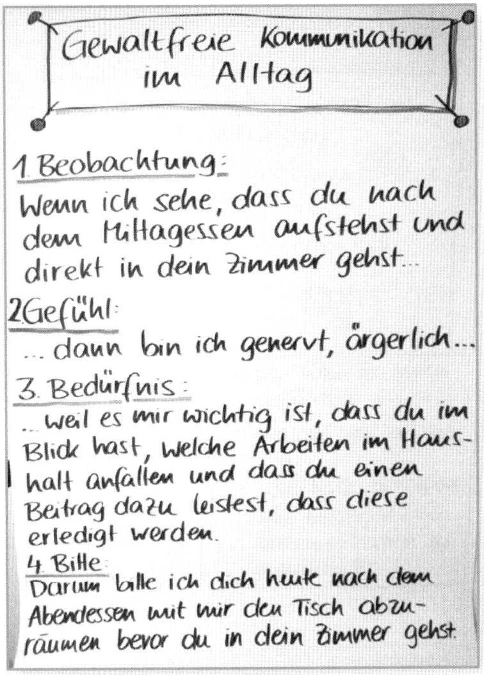

Abb.: Flipcharts zur Übung „Gemeinsame Erarbeitung einer Kommunikationsstrategie

Nachdem die Gruppen die Kommunikationsschritte für ihren Fall entwickelt haben, teilen Sie die Teilnehmenden in neue Kleingruppen von drei Personen ein. Dabei werden die Teilnehmenden so durchmischt, dass in jeder Gruppe alle drei Fälle abgedeckt sind.

In einer Kommunikationsübung wenden die Gruppen die Gewaltfreie Kommunikation für alle drei Fälle an. Dabei gibt es jeweils einen Sprechenden, einen Zuhörenden und einen Beobachtenden. Nach jeder Runde tauschen sich die Gruppenmitglieder aus und geben sich gegenseitig Feedback. Wenn der Sprechende einverstanden ist, beginnt der Zuhörer und beantwortet folgende Fragen:

1. *„Wie hat die Kommunikation auf dich gewirkt? Wie geht es dir? Was fühlst du?"*
2. *„Wo hast du einen möglichen Konflikt bemerkt?"*
3. *„Was würdest du gerne antworten?"*

Im Anschluss teilt der Beobachter mit:
1. *„Wie hast du die Situation wahrgenommen?"*
2. *„Was ist dir aufgefallen?"*

Abschließend äußert sich der Sprecher:
1. *„Wie ist es dir ergangen?“*
2. *„Was ist dir gut gelungen?“*
3. *„Was würdest du beim nächsten Mal anders machen?“*

Nachdem eine Runde beendet ist, tauschen die Gruppenmitglieder die Rollen und üben den nächsten Fall, bis alle drei Fälle durchgesprochen wurden.

Übung: Entwicklung einer Kommunikation für eine eigene Situation

Die GfK kann nun für eigene Situationen der Teilnehmenden eingesetzt werden. In Selbstreflexion überlegen die Teilnehmenden, an welcher Situation sie die Gewaltfreie Kommunikation ausprobieren möchten. Anschließend notieren sie, was sie in dieser Situation konkret zu den vier Schritten sagen möchten. Hilfreich ist hierfür ein Arbeitsblatt mit den vier Schritten und Platz zum Schreiben. Anschließend werden die Teilnehmenden in Gruppen von drei Personen aufgeteilt. In diesen üben sie ihre eigenen Situationen, wie in Übung 1.

Abschluss: Zusammenführung im Plenum

Die Teilnehmenden berichten von ihren Erfahrungen im Plenum:
1. *Wie hat die Arbeit mit der Gewaltfreien Kommunikation geklappt?*
2. *Was war hilfreich an der Arbeit mit der Gewaltfreien Kommunikation?*
3. *Wo sehen sie Grenzen?*

Kommentar

Der Begriff der Gewaltfreien Kommunikation stößt bei manchen Gruppen zunächst auf Fragen. Alternativ bietet sich der Name „Einfühlsame Kommunikation“ (Rosenberg, 2001) oder „Wertschätzende Kommunikation“ (Lindemann & Heim, 2010) an. Die Grundidee der Gewaltfreien Kommunikation verstehen Teilnehmende in der Regel schnell. Beim Ausprobieren stellen sie häufig fest, dass Übung nötig ist, um eine Situation möglichst objektiv zu beschreiben, bei seinen Gefühlen zu bleiben und seine Bedürfnisse zu benennen.

Technische Hinweise

- Einführung: vorbereitetes Flipchart zu den vier Schritten, Moderationskarten mit Fragen und Besonderheiten und Flipchart mit Alltagsbeispiel.
- Schritt 1: vorbereitete Fälle und Flipchart mit Arbeitsanweisung für die Kommunikationsübung.
- Schritt 2: Handout zum Eintragen eines Beispiels und Flipchart mit Arbeitsanweisung für die Kommunikationsübung.

Querverweise

„Grundannahmend es NLP" (S. 267) erklärt das innere Grundgerüst, welches hilfreich ist, um in Themen der Konfliktklärung gut zu arbeiten und ist daher für Mediatoren und ähnliche Professionen ebenso gut nutzbar wie für Führungskräfte. Ein vertiefendes Modell zum Verständnis von möglichen Konfliktursprüngen sind die „Systemischen Gesetzmäßigkeiten". (S. 250) Das „Wertequadrat" (S. 260) ist eine spannende Querverbindung, denn es kann Beteiligten helfen, die eigene Perspektive zu wechseln in der Bewertung von Werten und Verhaltensweisen und somit einen Paradigmenwechsel erzeugen, der für Konfliktsituationen klärend wirken kann.

Weiterführende Literatur

- Holler, I.: Trainingsbuch Gewaltfreie Kommunikation. Abwechslungsreiche Übungen für Selbststudium, Seminare und Übungsgruppen, Paderborn: Junfermann, 5. Aufl. 2008.
- Rosenberg, M. B.: Konflikte lösen durch Gewaltfreie Kommunikation. Ein Gespräch mit Gabriele Seils, Freiburg im Breisgau: Verlag Herder, 15. Aufl. 2004.
- Rosenberg, M. B.: Gewaltfreie Kommunikation. Aufrichtig und einfühlsam miteinander sprechen, Paderborn: Junfermann, 4. Aufl. 2001.
- Lindemann, G. & Heim, V.: Erfolgsfaktor Menschlichkeit: Wertschätzend führen – wirksam kommunizieren, Paderborn: Junfermann, 2. Aufl. 2010.

Hintergrund

Dr. Marshall B. Rosenberg (*1934) ist klinischer Psychologe. Er entwickelte die gewaltfreie Kommunikation aus dem Wunsch heraus, Fähigkeiten zu verbreiten, die helfen, Differenzen beizulegen und damit friedensstiftend sind. 1984 gründete er das internationale, gemeinnützige Center for Nonviolent Communication und leitet dort die Ausbildung. Seit Gründung des Zentrums hat Rosenberg die Gewaltfreie Kommunikation in 60 Ländern u.a. an Ausbilder, Manager und Studenten weitergegeben. Auch in Kriegsgebieten und wirtschaftlich benachteiligten Ländern setzt sich Rosenberg für eine friedliche Beilegung der Differenzen ein.

Die Grundhaltungen nach Berne

von Mike Michels

Ziel

Vorgestellt wird das Modell der Grundhaltungen. Der Entwickler des Modells, Eric Berne, bezeichnet sie auch als „Life Positions“. Es generiert ein gutes Verständnis darüber, mit welcher Haltung wir anderen Menschen in (Konflikt-)Situationen gegenübertreten. Durch das erzeugte Bewusstsein können destruktive Gedanken, Verhaltensweisen und Gefühle hinterfragt und in ein produktives Miteinander umgewandelt werden.

Kontext

- Konflikt
- Persönlichkeitsentwicklung
- Coaching
- Führung
- Change

Theorie

Das Modell der Grundhaltungen wurde von Eric Berne, dem Begründer der Transaktionsanalyse, Anfang der 1960er-Jahre entwickelt. Die von ihm geschilderten Positionen beschreiben dabei, wie der Mensch sich selbst, anderen und der Welt gegenübersteht.

Eine nicht bestätigte Quelle besagt, dass Berne das Modell der Grundhaltungen aus den Erfahrungen mit seiner Haltung seinen eigenen Patienten gegenüber entwickelt habe. Seine Hypothese war, dass manche Therapeuten ihren Klienten in einer (+/-)-Position (Ich bin OK, du bist nicht OK) begegnen, es aber für einen Behandlungserfolg eine (+/+)-Position (Ich bin OK, du bist OK) benötigt.

Die folgenden Grundhaltungen können bei einer Person je nach Situation oder Kontext (beruflicher/privater Rolle) unterschiedlich sein. Besonders in Stress- oder Konfliktsituationen neigen Menschen jedoch zu einer der vier Einstellungen:

- *„Ich bin nicht OK, du bist OK (oder ihr seid, die anderen sind OK)“* (-/+)

- *„Ich bin OK, du bist nicht OK (oder ihr seid, die anderen sind nicht OK)" (+/-)*
- *„Ich bin nicht OK, du bist nicht OK (oder ihr seid, die anderen sind nicht OK)" (-/-)*
- *„Ich bin OK, du bist OK* (oder ihr seid, die anderen sind OK)" (+/+)

Der Ausdruck „OK" bedeutet „in Ordnung sein". Das heißt, sich selbst und andere mit den dazugehörigen Stärken und Schwächen zu akzeptieren und somit anderen weder über- noch unterlegen zu begegnen.

„Was soll ich jetzt nur tun?" (-/+)

Menschen mit dieser Grundeinstellung stellen ihr Wissen, ihre Kompetenz und ihren Beitrag für eine (Konflikt-)Lösung eher zurück. Statt selbst aktiv zu werden, lassen sie lieber anderen den Vortritt. In der Beziehung mit anderen verhalten sie sich angepasst bis hin zu überangepasst. Werden sie von anderen angegriffen oder abgewertet, entschuldigen sie sich eher, statt sich zu verteidigen. Auf andere wirken sie tendenziell unsicher.

Typische Aussagen:
- *„Ich brauche mal deinen Rat!"*
- *„Was soll ich jetzt nur machen?"*
- *„Ich kann so was nicht. Wollen Sie das nicht übernehmen?"*

„Das ist doch ganz einfach!" (+/-)

Menschen mit dieser Grundeinstellung wissen meist (vermeintlich!), was zu tun ist. Selbst, wenn sie noch keine Daten und Fakten für eine gute Entscheidungsgrundlage gehört haben, kennen sie bereits die Lösung. In der Beziehung mit anderen suchen sie eher die Schuld beim Gegenüber und hinterfragen sich selbst eher wenig. Auf andere wirken sie oft arrogant und überheblich und können mit ihrem Überangebot an Hilfe auch erdrückend sein.

Typische Aussagen:
- *„Sie müssen nur Folgendes tun und Ihr Problem ist gelöst."*
- *„Das kann doch nicht so schwer sein!"*
- *„Das soll mein Fehler sein? Niemals!"*

„Was soll das schon bringen?" (-/-)

Menschen mit dieser Grundeinstellung gestehen weder sich selbst noch anderen einen Wert zu. Dabei glauben sie, dass sie ihre Probleme nicht selbst lösen können, aber auch, dass andere sie bei der Problemlösung nicht unterstützen können. Im Austausch mit anderen fällt es ihnen schwer, Anerkennung für ihre Leistung anzunehmen sowie Lob und Anerkennung zu geben. Auf andere wirken sie häufig problematisierend und können beim Gegenüber eher eine gewisse „Schwere“ bis hin zu Wut erzeugen. Menschen mit einer Grundhaltung von (+/-) verfallen manchmal in die Haltung von (-/-), wenn sie das Gefühl haben, selbst versagt zu haben. Von einer (-/+)-Einstellung verfallen Menschen in eine (-/-)-Grundhaltung, wenn sie z.B. jemand enttäuscht hat, auf den sie sich immer verlassen konnten.

Typische Aussagen:
- *„Das bringt doch eh nichts.“*
- *„Jeder ist sich selbst der Nächste.“*
- *„Es hat alles nichts gebracht und sagen Sie mir bitte nicht, was ich noch alles probieren könnte!“*

„Was werden wir jetzt tun?“ (+/+)

Menschen mit dieser Grundeinstellung halten weder sich selbst noch andere für unter- bzw. überlegen. Sie begegnen Menschen in einer wertschätzenden Weise, unabhängig von deren Herkunft, Geschlecht oder beruflicher Position. Das bedeutet jedoch nicht, dass sie sich über das Verhalten von anderen nicht ärgern oder nicht nachtragend sind. Sie verhalten sich dabei allerdings so, dass sie das problematische Verhalten konfrontieren, ohne die andere Person dabei abzuwerten. Auf andere Menschen wirken sie kooperativ und wahren in Beziehungen eine gute Balance von Nähe und Distanz.

Typische Aussagen:
- *„Ich bin interessiert daran, was Sie dazu sagen.“*
- *„Stimmt. Es war mein Fehler.“*
- *„Wollen wir es trotz der schwierigen Bedingungen noch einmal probieren?“*
- *„Obwohl ich eine andere Meinung zu diesem Thema habe, werde ich Sie unterstützen.“*

Nach der Psychotherapeutin Fanita English müssen wir die positive Grundhaltung „Ich bin OK, du bist OK“ im Laufe unseres Lebens immer wieder neu erwerben, weil die Erwartungen, die damit verknüpft sind, auch enttäuscht werden können. Sie spricht in diesem Zusammenhang von „Ich bin OK, du bist OK – realistisch.“ Mit realistischer Einstellung sind trotz Frustrationserlebnissen alle Menschen OK, da jeder Mensch Stärken und Schwächen hat (Schlegel, 1993).

Der Psychiater und Transaktionsanalytiker Franklin Ernst hat zu den vier Grundhaltungen ein Schema entworfen, das er „OK Corral“ oder „OK-Gitter“ nennt (Ernst, 1971). In den vier Quadranten beschreibt er, mit welcher Haltung und Einstellung die Menschen anderen Menschen, Problemen und Situationen begegnen.

Das OK-Gitter

DER/DIE ANDERE IST		ICH: **bin OK**	ICH: **bin nicht OK**
	OK	**+/+** **konstruktiv umgehen** ▶ mit den anderen ▶ mit der Situation ▶ mit dem Problem Kooperation	**-/+** **zurückziehen** ▶ von den anderen ▶ von der Situation ▶ von dem Problem Unterlegenheitsgefühl
	nicht OK	**+/-** **loswerden** ▶ den anderen ▶ die Situation ▶ das Problem Überlegenheitsgefühl	**-/-** **stecken bleiben** ▶ im Umgang mit den anderen ▶ in der Situation ▶ im Problem Sinnlos

Abb.: Das OK-Gitter (nach F. Ernst, 1971)

Aus dem Schaubild können wir entnehmen, wie sich eine Person wohl in den unterschiedlichen Grundhaltungen in Stress- oder Konfliktsituationen im Alltag verhalten wird. Eine Person mit der Einstellung (-/+) wird ihre Kompetenz zur Problemlösung möglicherweise nicht ausschöpfen und versuchen, sich der Situation zu entziehen. Während eine Person mit der Einstellung (+/-) wahrscheinlich versuchen wird, schnell die Situation oder das Problem zu lösen, um damit ihre Überlegenheit zu bewahren.

Anwendung

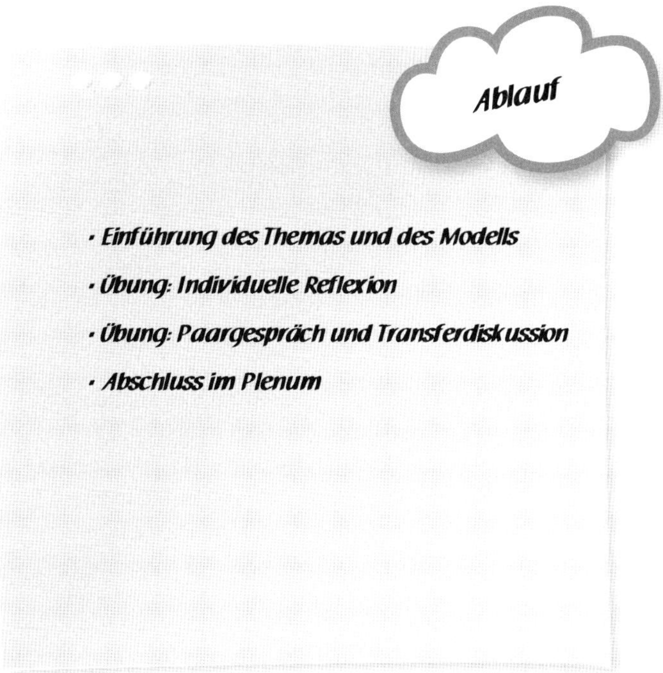

Einführung

Sobald Sie das Modell der Grundhaltungen und das OK-Gitter hinreichend erläutert haben, lässt sich beides hervorragend zur Reflexion der eigenen Haltung in einer Konfliktsituation einsetzen. Sie können auch mit der Übung starten und die Modellinformation dort integrieren.

Übung: Individuelle Reflexion

Bitten Sie die Teilnehmer, über eine aktuelle oder über eine in der Vergangenheit liegende Konfliktsituation nachzudenken. Dabei laden Sie sie gedanklich noch einmal ein, in die Konfliktsituation einzusteigen. Folgende Sätze können dafür hilfreich sein:

- *„Erinnern Sie sich an eine Konfliktsituation aus der Vergangenheit oder an einen Konflikt, in dem Sie sich gerade befinden?"*
- *„Was hat die andere Person zu Ihnen gesagt?"*
- *„Wie hat sie sich Ihnen gegenüber verhalten?"*
- *„Was haben Sie zu dieser Person gesagt?"*
- *„Mit welchem Gefühl sind Sie in das Gespräch eingestiegen?"*
- *„Mit welchem Gefühl haben Sie die Situation verlassen?"*
- *„Was haben Sie am Ende über die andere Person gedacht?"*

Anschließend bitten Sie die Teilnehmer, der Konfliktsituation einen „Namen“ zu geben und diesen auf eine Moderationskarte zu schreiben. Beispiele können sein: „unerträglich“, „Besserwisser“, „ausgenutzt“, „Dickkopf“, „hinterhältig“, „Lügner“, „Verweigerer“.

Nachdem die Teilnehmer ihr Stichwort auf die Karten geschrieben haben, bitten Sie sie, die Karten verdeckt neben sich auf den Boden zu legen. Im Anschluss daran erklären Sie die vier Grundhaltungen mithilfe einer Moderationswand, die Sie im Vorfeld bereits visualisiert haben.

Anschließend bitten Sie die Teilnehmer, in Bezug auf ihre Konfliktsituation zu überlegen, in welcher der Grundhaltungen sie in den Konflikt eingestiegen sind und in welcher der Grundhaltungen sie geendet sind. Fordern Sie die Teilnehmer dazu auf, ihre Moderationskarten in einer der vier Grundhaltungen aufzuhängen, wo sie sich am Ende des Gesprächs befunden haben. In einem gemeinsamen Dialog laden Sie die Teilnehmer dazu ein, etwas über ihre Situation zu erzählen. Folgende Reflexionsfragen können hilfreich sein:

- *„Wie hat die Situation begonnen?“*
- *„In welcher Grundhaltung sind Sie gestartet und in welcher geendet?“*
- *„An welcher Stelle (durch welches Wort, Verhalten) ist es zu einem Wechsel gekommen?“*
- *„In welcher der Grundhaltungen beginnen Sie am ehesten und in welcher enden Sie am häufigsten?“*
- *„Was können Sie tun, um wieder in eine Haltung von (+/+) zu kommen?“*

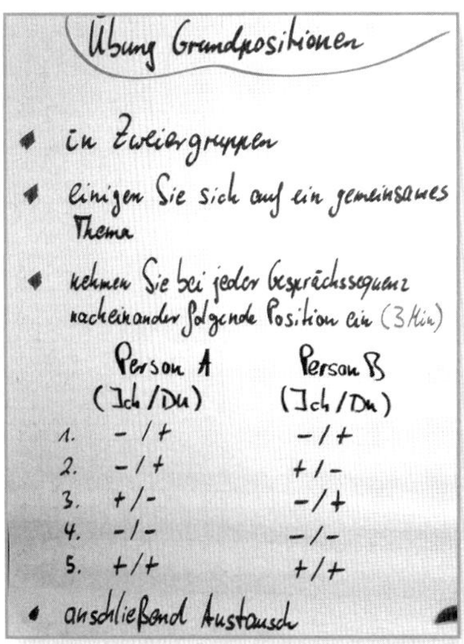

Abb.: Flipchart zur Übung „Paargespräch und Transferdiskussion“

Die letzte Frage kann alternativ auch gut in Zweiergruppen besprochen werden. Anhand einer Zurufliste notieren Sie im Anschluss daran die erarbeiteten Ausstiegsmöglichkeiten bzw. wie es gelingen kann, wieder in eine Grundhaltung von Kooperation zu wechseln.

Übung: Paargespräch und Transferdiskussion

Um die positive Grundeinstellung von (+/+) erlebbar zu machen, lassen Sie die Teilnehmer in Zweiergruppen die verschiedenen Grundhaltungen in einem Gespräch ausprobieren. Zunächst bitten Sie die beiden Gesprächspartner, sich auf ein gemeinsames Thema (z.B. Politik, Firmenkultur, Führungskultur, Firmenprodukte, Mitarbeitermotivation) zu einigen.

Anschließend lassen Sie die Teilnehmer das entsprechende Gespräch je zwei bis drei Minuten aus den verschiedenen Grundhaltungen heraus führen.

Am Ende jeder Gesprächssequenz fordern Sie die Teilnehmer dazu auf, sich zu folgenden Punkten austauschen (vgl. Hagehülsmann, 2001):

- *„Wie hat sich diese Grundhaltung auf unser Gespräch ausgewirkt?"*
- *„Wie leicht oder schwierig ist es für Sie gewesen, aus dieser Grundhaltung heraus das Gespräch zu führen?"*
- *„Ist es im Gespräch zu einem unerwarteten Wechsel der Grundhaltungen gekommen? Wenn ja, in welche Grundhaltung sind Sie gewechselt?"*

Zum Abschluss bringen Sie die Teilnehmer noch einmal im Plenum zusammen und enden mit einem Austausch über die gemachten Erlebnisse und zusammengetragenen Erkenntnisse.

Kommentar

Da sich die erste Übung direkt an die Haltung der Teilnehmer wendet, erfordert sie ein behutsames Vorgehen. Es kann sein, dass einige Teilnehmer sich aus ihrer Sicht dem Feld von Kooperation (+/+) zuordnen, obwohl sich ihre Haltung in einem der anderen Felder ausdrückt. Durch behutsames Nachfragen und Konfrontieren lässt sich das Bewusstsein der Teilnehmer an dieser Stelle erhöhen. Oft erkennen sie selbst, dass sie sich zwar Kooperation wünschen, sich jedoch in einer der anderen drei Grundhaltungen befinden. Hier ist deutlich zu empfehlen, nur Fragen zu stellen, die sich an die Reflexionsfähigkeit der Teilnehmer wenden und nicht als Trainer jemanden in eine der anderen Grundhaltungen einzuordnen. Hier besteht schnell die Gefahr, als Trainer selbst dem Teilnehmer gegenüber in eine (+/-) Haltung zu verfallen.

Technische Hinweise

Schreiben Sie das OK-Gitter bereits vor der Übung auf eine Moderationswand und ergänzen Sie es während der Erklärung. Darüber hinaus bedarf es genügender Stifte und Moderationskarten für die Teilnehmer. Alternativ kann man das OK-Gitter mit einem Klebeband auf den Boden kleben. Die Teilnehmer können sich dann im OK-Gitter aufstellen und dabei etwas zur Konfliktsituation sagen.

Querverweise

- Die Gewaltfreie Kommunikation (S. 233) ist ein sehr guter Ergänzungsbeitrag zu den Grundhaltungen, da sie methodisches

Werkzeug liefert, mit einer veränderten Grundhaltung in einer kritischen Situation zu kommunizieren.

- „Das Wertequadrat“ (S. 260) kann helfen, die Perspektive zu verändern, um herauszufinden, wieso einen bestimmte Verhaltensweisen bei dem anderen so umtreiben.

Weiterführende Literatur

- Berne, E.: Struktur und Dynamik von Organisationen und Gruppen, Frankfurt am Main: Fischer 1986.
- Berne, E.: Was sagen Sie, nachdem Sie Guten Tag gesagt haben? Psychologie des menschlichen Verhaltens, Frankfurt am Main: Fischer 2002.
- Berne, E.: Spiele der Erwachsenen. Psychologie der menschlichen Beziehungen, Hamburg: Rowolth 2003.
- Ernst, F. H.: The OK Corral: The Grid for Get-On-With, Transactional Analysis Journal 1, 4/1971, S. 231–240.
- Hagehülsmann, U. et al.: Der Mensch im Spannungsfeld seiner Organisation, Paderborn: Junfermann 2001.
- English, F.: Es ging doch gut, was ging denn schief? Beziehungen in Partnerschaft, Familie und Beruf, Gütersloh: Christian Kaiser 1982.
- Gührs, M. (Hrsg.): Das konstruktive Gespräch. Ein Leitfaden für Beratung, Unterricht und Mitarbeiterführung mit Konzepten der Transaktionsanalyse, Meezen: Limmer, 5. Aufl. 2002.
- Mohr, G.: Workbook Coaching und Organisationsentwicklung, Bergisch Gladbach: EHP 2010.
- Schlegel, L.: Handwörterbuch der Transaktionsanalyse, Freiburg im Breisgau: Herder 1993.
- Stewart, I. (Hrsg.): Die Transaktionsanalyse. Eine Einführung, Freiburg im Breisgau: Herder 2000.

Hintergrund

Eric Berne (1910–1970) wurde in Montreal als Sohn eines Arztes geboren. Im Jahr 1935 wurde er Bürger der USA. 1941 begann er eine Lehranalyse bei Paul Federn sowie eine Ausbildung zum Psychoanalytiker. Von 1943 bis 1946 war er als Psychiater in der US-Armee tätig. Nach dem Krieg setzte er seine Weiterbildung in der Psychoanalyse in San Francisco sowie auch seine Lehranalyse bei E. Erikson fort. Die von ihm entwickelte Transaktionsanalyse rückte vor allem Mitte der 1960er-Jahre durch seinen Bestseller „Spiele der Erwachsenen“ in den Mittelpunkt des öffentlichen Interesses. Zu seinen wichtigsten Veröffentlichungen zählen u.a.: „Transactional Analysis in Psychotherapy“; „Structure and Dynamics of Organizations and Groups“; „Games People Play“ (übersetzt in 15 Sprachen); „Principles of Group Treatment“ und „What do You Say After You Say Hello?“.

Dr. Franklin H. Ernst, geboren in Glendale 1924, studierte an der medizinischen Fakultät der Universität von Carlifornien, an der er 1946 graduierte, spezialisiert auf Psychiatrie. Er arbeitete im Koreakrieg in der U.S. Airforce im Rang eines Captains und war verantwortlich für die psychiatrische Behandlung der rückkehrenden Veteranen aus Korea. Nach Ende des Koreakriegs arbeitete er sowohl als Arzt im Krankenhausdienst sowie in eigener Praxis. Er zertifizierte sich 1958 bei Eric Berne in der Transaktionsanalyse und wurde bald ein Gründungsmitglied und Lehrer der TA-Association. Er trug maßgeblich zu Bernes Buch „Games people play" bei und schrieb selbst weitere, wie „The Handbook of Listening, Transactional Analysis of the Listening Activity", „The Game Diagram", „The OK Corral: Grid for What's Happening." Dr. Ernst prägte einst den Satz: *„Die Meisterschaft des Universums ist proportional zu den Symbolen zu verstehen, die der Mensch benutzt, um seine Sicht des Universums zu repräsentieren."*

Fanita English (geboren 1916) ist eine international bekannte Psychotherapeutin und lehrende Transaktionsanalytikerin. Durch ihre verschiedenen Beiträge und Werke hat sie maßgeblich zur Weiterentwicklung und Verbreitung der Transaktionsanalyse beigetragen.

Systemische Gesetzmäßigkeiten

von Martina Lüttringhaus

Ziel

Systemische Gesetzmäßigkeiten sind psychologische Wirkungsgesetze. Es handelt sich um Dynamiken, deren Wirkung oft spürbar ist, auch wenn die Ursachen nicht direkt bekannt sind. Das Wissen um systemische Gesetzmäßigkeiten ist eine wichtige Grundlage während der Bestandsaufnahme bzw. Analysephase – insbesondere bei Krisen und Konflikten. Dabei wird aufgedeckt, was den wahrnehmbaren Symptomen eines Konflikts zugrunde liegen kann. Die Informationen dienen der schnellen und vor allem nachhaltigen Lösungsfindung und sorgen oft dafür, dass wieder „Bewegung" ins System kommt und festgefahrene Konflikte konstruktiv bearbeitbar werden.

Kontext

- Konflikt
- Change-Prozesse
- Krise
- Integration
- Coaching
- Team

Theorie

Es ist vor allem der Arbeit von Virginia Satir, Bert Hellinger und Matthias Varga von Kibéd zu verdanken, dass systemische Gesetzmäßigkeiten erkannt und benannt worden sind. Sie stellten wiederkehrende Wirkungsdynamiken fest. Ihr zugrunde liegendes Vorgehen ist es, Systeme zu betrachten, deren einzelne Elemente sich durch gegenseitige Beeinflussung und Wechselwirkung auszeichnen. Das kann beispielsweise eine Familie sein, aber auch ein Unternehmen mit allen zugehörigen Bereichen, Abteilungen, Projekt-Teams – erweitert um externe Partner wie Zulieferer und Kunden.

Die Gesetzmäßigkeiten, die sich in den Wechselwirkungen abzeichnen, spiegeln die funktionalen Sozial- und Überlebensmuster einer Gruppe wider. Vermutlich haben sich schon unsere steinzeitlichen Vorfahren an ihnen unbewusst orientiert, um als Gruppe zu funktionieren. Sie bilden in ihrer Gesamtheit eine Art von sozialem Gewissen, mit dem Ziel, Ordnung, Vertrauen und Leistungsfähigkeit innerhalb einer Lebensgemeinschaft herzustellen und aufrechtzuerhalten. Die systemischen Gesetze sind nicht von Menschen erfunden, sondern beschreiben Formen eines erfolgreichen Zusammenwirkens.

Vergleichbar mit dem menschlichen Organismus, bei dem es auch um Wechselwirkung und Zusammenspiel von Ursache und Wirkung zwischen Organen geht, die wiederum durch Umwelt (Nahrung, Lebensgewohnheiten) beeinflusst werden, wird das Augenmerk bei einem Konflikt kontextbezogen auf das gesamte umgebende System gerichtet. Systeme haben ihre eigenen Regeln, nach denen sie funktionieren. Es geht daher zunächst darum, die dahinter stehenden Regeln bewusst zu machen und zu verstehen. Verstößt ein System gegen seine Regeln, entstehen Konflikte. Das System befindet sich in Disharmonie, die sich in unterschiedlichen Symptomen ausdrückt.

Hier die wichtigsten fünf systemischen Gesetzmäßigkeiten im Überblick:

Ursachen – Harmonie		Symptome – Disharmonie
1. Anerkennen, was ist	→	Verleugnen von Tatsachen
2. Recht auf Zugehörigkeit	→	Ausklammern von Beteiligten
3. Balance Geben/Nehmen	→	Ungleichgewicht Geben/Nehmen
4. Anerkenung des Früheren	→	Anmaßung der Späteren/Nichtwürdigen
5. Vorrang der höheren Verantwortung	→	Pseudo-demokratisches Verhalten

Abb.: Die fünf systemischen Gesetzmäßigkeiten

Als Ursache für die erlebbaren Symptome gilt die Verletzung einer oder mehrerer systemischen Gesetzmäßigkeiten. So „verletzen" beispielsweise neue Führungskräfte oft das Gesetz des Vorrangs des Älteren vor dem Jüngeren. Zu schnell wollen sie verändern und gestalten. Dabei wird das Know-how der „Alten" nicht berücksichtigt. Der Konflikt entsteht.

1. **Anerkennen, was ist:** Die Wirklichkeit mit all ihren Facetten muss gesehen und darf nicht verleugnet werden. Relevante Zahlen, Daten, Fakten, Rahmendaten müssen auf den Tisch und erfordern die notwendige Beachtung. Beispiel: Stark rückläufige Umsatzzahlen.

2. **Recht auf Zugehörigkeit:** Das systemrelevante Recht auf Zugehörigkeit betrifft insbesondere ausgeschiedene und evtl. nicht mehr offiziell zum System dazugehörende Personen oder Gruppen. Beispiel: Outgesourcte IT-Abteilung eines Konzerns.

3. **Balance von Geben und Nehmen**: Menschen haben die Tendenz, ein unausgesprochenes Konto zu führen – die Bewertung des Kontostandes ist dabei subjektiv und wird meist nicht kommuniziert, äußert sich aber im konkreten Verhalten und Emotionen. Beispiel: Die Mitarbeiterin, die ständig und viele Überstunden macht, aber bei der nächsten Beförderung bzw. Gehaltsverhandlung leer ausgeht.

4. **Anerkennung des Früheren:** Erreichtes in der Vergangenheit, Erfahrungen haben einen besonderen Stellenwert. Konflikte können entstehen, wenn diese nicht gewürdigt oder im schlimmsten Fall sogar schlechtgeredet werden. Beispiel: Der Firmengründer wird von der neuen Unternehmensleitung bei wichtigen Entscheidungen außen vor gelassen. Man „übersieht" die Kernkompetenz des Unternehmens, um neue Geschäftsfelder zu erschließen. Dem Unternehmen wird damit „die Seele" geraubt.

5. **Vorrang der höheren Verantwortung:** Hierarchien in Unternehmen regeln das Maß der Verantwortung in Entscheidung und Handeln. Werden diese Hierarchien ignoriert, entsteht möglicherweise Widerstand. Beispiel: Der Abteilungsleiter wird damit beauftragt, wichtige Geschäftsleitungsentscheidungen in seiner Abteilung umzusetzen – unabhängig von seiner eigenen Meinung. Die Verantwortung der Geschäftsleitung für das Erreichen der Unternehmensziele hat hier Vorrang.

Möchte man als Berater, Trainer oder Coach mit einem System arbeiten, in dem ein Konflikt besteht, so kann dies immer nur Hilfe zur Selbsthilfe sein, da Systeme immer selbstbestimmt reagieren. Der Berater verfolgt das Ziel, die Betroffenen dabei zu unterstützen, eine Balance im System (wieder) herzustellen. Dies geschieht idealerweise über die folgenden drei Schritte:

Schritt 1: Bestandsaufnahme und Visualisierung

Über die Bestandsaufnahme sollen die Konfliktsymptome identifiziert und eingeordnet werden. Wichtige Kernfragen der Bestandsaufnahme sind:

- *Worum geht es, was ist das Kernproblem?*
- *Welcher Konflikt soll gelöst werden?*
- *Situation benennen: Wie kann eine Überschrift lauten? Wie würde ein Film- oder Buchtitel lauten?*

Parallel zur Bestandsaufnahme werden alle relevanten Informationen zum besseren Erkennen der Zusammenhänge visualisiert. Wichtige Fragen lauten:

- *Welche Beteiligten gibt es (Einzelpersonen, Gruppen, Teams)?*
- *Welche Zugehörigkeiten gibt es?*
- *Welche Abhängigkeiten?*
- *Was sind mögliche Kernaussagen, Absichten, Wünsche, Ziele der beteiligten Einzelpersonen oder Gruppen?*

So können Beziehungen visualisiert werden:

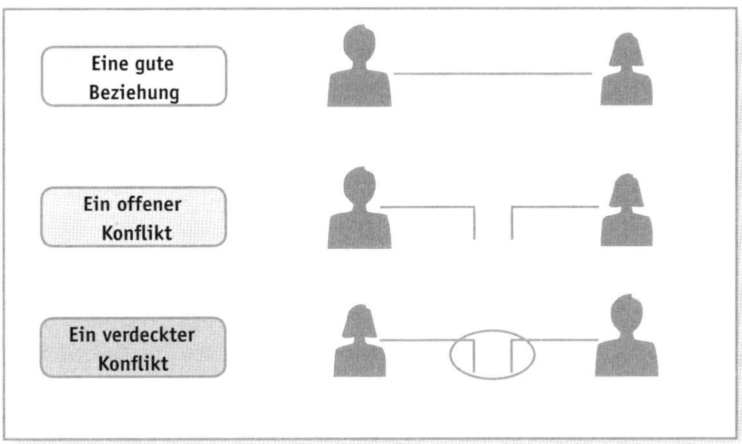

Abb.: Ein Modell zur Visualisierung von Beziehungen

Schritt 2: Systemische Gesetzmäßigkeiten anwenden

Nach erbrachter Bestandsaufnahme und Visualisierung folgt die Überprüfung der systemischen Gesetzmäßigkeiten im Hinblick auf den Konflikt. Hilfreiche Fragen sind beispielsweise:

- *Welche Symptome weisen auf die Verletzung eines oder mehrerer Gesetze hin?*
- *Was versuchen Konfliktbeteiligte zu beschützen/verteidigen?*
- *Wonach strebt das Gesamtsystem?*
- *Symptome und Ursachen möglichst konkret benennen!*

- *Selbst, wenn das Symptom für einige vermeintlich kritisch wahrgenommen wird, welcher positive Grund kann dahinter stecken, der ggf. ebenfalls systemisch begründet, aber nicht allen bekannt ist? Oder anders gefragt: Was ist die positive Absicht?*
- *Wenn wir davon ausgehen, dass Systeme immer ein Gleichgewicht anstreben, was wird ggf. durch das Symptom wieder ins Gleichgewicht gebracht?*

Schritt 3: Konfliktbearbeitung

In einem dritten Schritt werden mögliche Maßnahmen zur Lösung des Konfliktfalls erarbeitet.

Anwendung

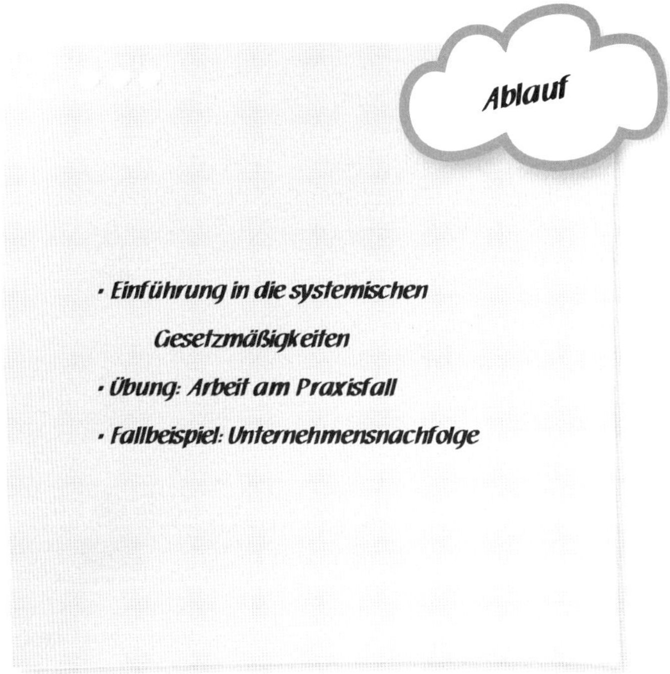

Sie können mit den Gesetzmäßigkeiten im Rahmen eines Konfliktseminares oder auch in einem Coaching zur Konfliktklärung arbeiten.

Einführung in die systemischen Gesetzmäßigkeiten

Erläutern Sie mithilfe eines Flipcharts die systemischen Gesetzmäßigkeiten und erarbeiten Sie anhand von Beispielen, wie sich eine Verletzung der Regeln auswirken kann.

Übung: Arbeit am Praxisfall

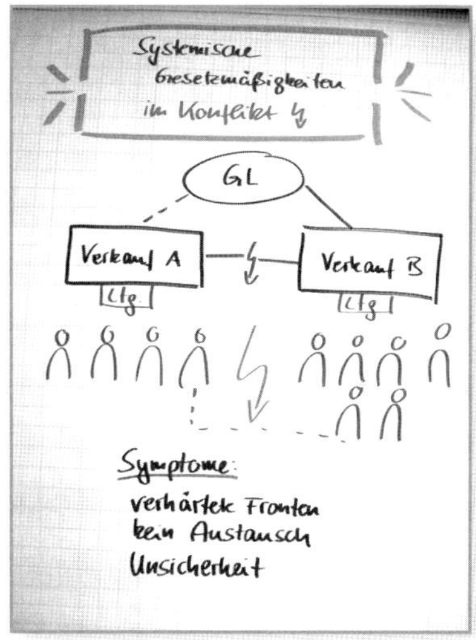

Abb.: Systemische Gesetzmäßigkeiten im Konflikt

Nehmen Sie anschließend eine visualisierte Bestandsaufnahme anhand eines konkreten Beispiels der Teilnehmer auf – je nach Gruppengröße kann dies gemeinsam im Plenum oder in Kleingruppen erarbeitet werden. Handelt es sich um eine Coaching-Sitzung, entwickeln Sie das Szenario gemeinsam am Flipchart.

Überprüfen Sie dann anhand der systemischen Gesetzmäßigkeiten den konkreten Praxisfall. Bei einer Kleingruppenarbeit sollte jeder Gruppe ein Fragenkatalog zur Verfügung stehen. Mögliche Fragen sind:

1. Anerkennen, was ist
- *Welche wirtschaftlichen Kennzahlen sind relevant und wem sind diese bekannt?*
- *Sind drohende Veränderungen im Markt oder auf Kundenseite bekannt und wird darüber gesprochen?*
- *Werden mögliche Fehler der Vergangenheit thematisiert?*
- *Ist der Kern* (was ist der wichtigste Beitrag des Unternehmens – welchen Sinn hat das Unternehmen) *des Unternehmens benannt und wird entsprechend gewürdigt?*

2. Balance zwischen Geben und Nehmen
- *Werden Mitarbeiter oder auch leitende Angestellte angemessen vergütet?*
- *Wird Engagement und Leistung gewürdigt und anerkannt?*
- *Machen Mitarbeiter Dienst nach Vorschrift?*
- *Sind Mitarbeiter am Unternehmenserfolg beteiligt?*
- *Welcher Führungsstil herrscht in der Unternehmenskultur vor, autoritär oder kooperativ, und wie wirkt sich dieser aus?*

3. Recht auf Zugehörigkeit
- *Welche ehemaligen Mitarbeiter waren maßgeblich am Wohl des Unternehmens beteiligt?*
- *Gibt es Tabu-Themen wie z.B. fristlose Kündigung oder Tod eines Mitarbeiters/Chefs)?*
- *Wer ist loyal dem Unternehmen gegenüber – wer nicht und warum?*
- *Womit identifizieren sich die Mitarbeiter (guter Kern)?*

4. Anerkennung des Früheren
- *Welche Traditionen sind von Bedeutung und werden diese beachtet?*
- *Gibt es Anerkennung für lange Zugehörigkeit, z.B. Jubiläen, Ehrungen?*

- *Werden Erfolge der Vergangenheit gewürdigt und bei Modernisierungen/Veränderungen berücksichtigt?*
- *Lernt man aus der Vergangenheit?*
- *Greifen neue Führungskräfte auf bestehendes Wissen und Erfahrungen von älteren Kollegen zurück?*

5. Vorrang der höheren Verantwortung

- *Sind sich die beteiligten Führungskräfte ihrer Führungsaufgabe und -Verantwortung vollkommen bewusst und setzen diese um?*
- *Werden Entscheidungen auf der richtigen Hierarchie-Ebene getroffen und von den Mitarbeitern akzeptiert und umgesetzt?*
- *Wissen alle Beteiligten, was sie verantworten und entscheiden dürfen/müssen?*
- *Verstehen sich die Führungskräfte als „Dienstleister" der Unternehmung, seines Sinnes, der Kunden und Mitarbeiter?*

Je nach Seminar- oder Workshop-Situation sind die Fragen ggf. weiter zu konkretisieren, wenn Sie als Trainer oder Coach bereits über Hintergrundwissen über die Situation verfügen.

Nachdem die Wirkungsweise der systemischen Gesetzmäßigkeiten hinterfragt wurde, werden im Plenum oder in der Kleingruppe mögliche Maßnahmen zur Lösung des Konfliktes abgeleitet.

Achtung: Jeder, der in ein System eingreift, ist auch gleichzeitig Beteiligter des Systems und tut gut daran, seine Rolle und seinen Handlungsspielraum bewusst zu wählen. Machen Sie sich also vorher klar, was Ihre Rolle ist und insbesondere auch, wo Ihre Verantwortung beginnt und wo sie endet. Achten Sie darauf, dass Sie nicht instrumentalisiert werden, etwas zu „tun". Im Zweifel nutzen Sie die Möglichkeiten der Supervision.

Fallbeispiel: Unternehmensnachfolge

Wie sich die Missachtung der systemischen Gesetzmäßigkeiten auswirken kann, beschreibt das folgende Fallbeispiel, das Sie als Musterfall zur Abrundung des Themas heranziehen können.

Die Ausgangssituation: Eine kleine Kommunikations-Agentur (ca. 30 Pers.) steckt in einer schweren Krise. Der Auslöser ist, dass die Gründerin und jahrelange Geschäftsführerin vor zwei Jahren einen potenziellen Nachfolger ausgewählt und gleichberechtigt in die Geschäftsleitung berufen hat. Die Nachfolge ist in Gefahr, weil beide einen so ernsten Konflikt haben, dass alle in der Agentur davon betroffen sind.

Die Vorgehensweise – Anwendung der systemischen Gesetzmäßigkeiten: Der Konflikt und seine Beteiligten wurden in einer gemeinsamen Coaching-Sitzung visualisiert und benannt. Die Überprüfung der systemischen Gesetzmäßigkeiten ergab relativ schnell, dass die Ursachen für den Konflikt auf mehreren Ebenen zu finden waren:

- Der Nachfolger würdigte die Gründerin und ihre Erfolge nicht und wollte die Agentur anhand von Kennzahlen sanieren (Gesetz 4).
- Die aktuellen Umsatzzahlen waren stark rückläufig, dies wurde aber unter den Tisch gekehrt (Gesetz 1).
- Obwohl sich die Gründerin im letzten Jahr mehr und mehr aus dem Geschäft zurückgezogen hat, bekamen beide Geschäftsleiter die gleiche Vergütung (Gesetz 2).

Die Lösung: Durch das Aufdecken der verborgenen Wirkungsmechanismen konnten konstruktive Lösungen für die sichere Agenturnachfolge mit den Beteiligten entwickelt werden:

- Erarbeitung und Kommunikation des Unternehmensleitbildes basierend auf den Erfolgen der Vergangenheit.
- Maßnahmen zur Neukundengewinnung, bei gleichzeitiger Kostenreduzierung.
- Anpassung der Vergütungen entsprechend der tatsächlichen Leistung.

Das Klima in der Agentur und vor allem die Zusammenarbeit der Geschäftsführer verbesserten sich spürbar, nachdem die Konfliktgründe offenbar und die Konfliktherde beseitigt wurden. Oft kann eine kleine Verletzung einer systemischen Gesetzmäßigkeit große Kreise ziehen. Dies hat den Vorteil, dass auch eine schnelle Verbesserung durch Auflösen der Ursache möglich ist.

Kommentar

Es ist zu empfehlen, diese Intervention am Ende eines Konfliktseminares anzuwenden, da sie eher für „Fortgeschrittene“ sinnvoll ist, die bereits über ein gewisses Grundwissen über Konflikte verfügen.
Beim Praxisteil ist es wichtig, auf Vertraulichkeit zu achten, da wahrscheinlich über Personen gesprochen wird, die nicht dabei sind. Es geht nicht darum, den „Schuldigen“ zu nennen, sondern herauszufinden, wie sich das System verhält und nach welchen Prinzipien es funktioniert. Hilfreich ist hier die Grundannahme, dass Systeme grundsätzlich eine positive Absicht haben, unabhängig vom tatsächlichen Ergebnis.

Technische Hinweise

Bestandsaufnahme und Visualisierung am Flipchart oder der Moderationswand mit unterschiedlich farbigen Stiften.

Arbeitsblatt mit den Erklärungen der systemischen Gesetzmäßigkeiten. Diese können gleichzeitig auf einem Flipchart entwickelt werden, bereits vorbereitet sein oder als PowerPoint-Präsentation erklärt werden.

Querverweise

Die systemischen Gesetzmäßigkeiten können als Modell zur Analyse für jede Konfliktsituation genutzt werden und sind daher Inspirationen für alle Themen, die in diesem Bereich liegen.

Weiterführende Literatur

- Horn, K. P. & Brick, R.: Das verborgene Netzwerk der Macht. Systemische Aufstellung in Unternehmen und Organisationen, Offenbach: Gabal, 4. Aufl. 2001.
- V.I.E.L.: Coaching-Letter, Nr. 61, Thema: Systemisches Coaching 2008.
- Daimler, R.; Sparrer, I. & Varga von Kibéd, M.: Das unsichtbare Netz, München: Kösel, 3. Aufl. 2003.

Hintergrund

Virginia Satir (1916–1988) gilt als eine der bedeutendsten Familientherapeutinnen unserer Zeit und wird auch als Mutter der Familientherapie bezeichnet. Sie studierte an der Universität von Chicago Sozialarbeit mit psychoanalytischem Schwerpunkt. Sie war Gründungsmitglied des Mental Research Institute in Palo Alto und unter ihrer Leitung entstand das erste familientherapeutische Ausbildungsprogramm in den USA. Sie entwickelte die Familienskulptur und gilt auch als erste Begründerin der Arbeit mit Familienaufstellungen. Sie glaubte daran, dass (psychische) Probleme in einer Familie oder in einem System nicht isoliert betrachtet werden können, sondern nur durch die Integration des Verhaltens aller Beteiligter des Systems. Sie versuchte als Erste ihrer Zeit, die inneren Prozesse des Familiensystems, seine verborgenen Strukturen, Bindungen und Verstrickungen zu erkennen und mit einer Vielzahl kreativer Methoden zu entwirren.

Bert Hellinger, geboren 1925 in Deutschland, ist Psychotherapeut und weltweit bekannt geworden durch seine Arbeit mit Familienaufstellungen und Systemaufstellungen. Er war lange Jahre als Priester in Südafrika tätig und lernte dort die „Phänomenologie" kennen (Being present with „what is" is essential – nicht die Bewertung, nicht Vorurteile, keine vorgefertigte Meinung, sondern lediglich, was sich gerade im Moment zeigt, denn es eröffnet in dem Moment die pure menschliche Begegnung auf einer tieferen Ebene). Er war tief beeindruckt durch diese Methode, denn sie half auch Gegnern, auf einer Ebene des gegenseitigen Respekts wieder zueinander zu finden. Die damaligen Erlebnisse trugen final u.a. dazu bei, dass er aus dem Pristertum ausstieg und zurück nach Deutschland kehrte und auch heiratete. Bert Hellinger hat im Rahmen seiner Pionierarbeit in Familienaufstellungen ganz neue Erkenntnisse und Methoden erzeugt und entwickelt, ist jedoch in späteren Jahren aufgrund seiner Art im Umgang mit Klienten in die Kritik geraten. Viele Kollegen, die lange Jahre mit ihm verbunden und durch ihn beeinflusst waren, wandten sich von ihm und seinem neueren Verständnis der Aufstellungsarbeit ab.

Matthias Varga von Kibéd, geboren 1950 in Bremen, studierte Philosophie, Logik und Wirtschaftswissenschaften an der Universität München und habilitierte 1987. Er arbeitete als Professor an mehreren Universitäten und gründete 1996 zusammen mit seiner Ehefrau Insa Sparrer das SySt-Institut für systemische Aus- und Fortbildung in München. Sein Schwerpunkt sind die systemischen Strukturaufstellungen. Sie sind beide außerdem vielfache Buchautoren.

Das Wertequadrat

von Kirsten Schröder

Ziel

Die Auseinandersetzung mit dem „Wertequadrat" kann wichtige Hinweise auf den Umgang mit den uns eigenen „Tugenden" und „Untugenden" liefern. Wie kommen bestimmte Verhaltensweisen bei unserem Gegenüber an? Vielfach liegt dies an der Ausprägung des jeweiligen Persönlichkeitsmerkmals, aber auch an dem Werteverständnis unseres Gegenübers. Das Modell bietet Erklärungshilfen zur Selbsterkundung, aber auch zur Einschätzung von Mitarbeitern, Kollegen und Vorgesetzten.

Kontext

- Konflikt
- Change
- Führung
- Coaching
- Team

Theorie

Das ursprünglich von Paul Helwig (1893-1963, deutscher Psychologe und Mitbegründer des Behaviorismus) entwickelte Wertequadrat hat der Kommunikationswissenschaftler Friedemann Schulz von Thun 1989 auf die zwischenmenschliche Kommunikation und die Persönlichkeitsentwicklung mit dem Entwicklungsgedanken nutzbar gemacht. Mithilfe dieses Werte- und Entwicklungsquadrates kann es gelingen, Wertvorstellungen und persönliche Maßstäbe in dynamischer Balance zu halten und in konstruktiver Weise wirksam werden zu lassen. Insbesondere kann damit für uns selbst und für andere die anstehende Entwicklungsrichtung entdeckt werden.

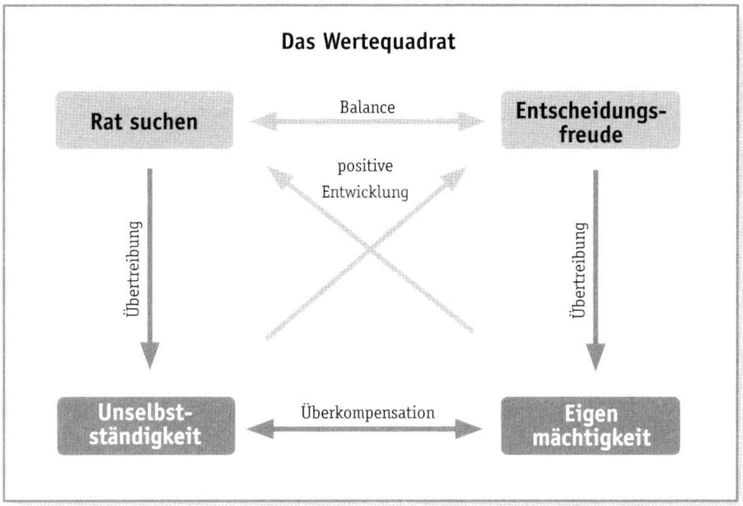

Abb.: Das Wertequadrat anhand eines Beispiels

Die Grundannahme des Wertequadrates ist laut Schulz von Thun, dass jedes unserer Persönlichkeitsmerkmale sowohl positiv als auch negativ bewertet werden kann, je nachdem, wie ausgeprägt es auftritt. Diese Bewertung erfolgt nach den Grundwerten und Einstellungen desjenigen, der die Bewertung vornimmt. Um den strukturierten Daseinsanforderungen zu entsprechen, kann jedes Persönlichkeitsmerkmal nur dann zu einer konstruktiven Wirkung gelangen, wenn es sich in ausgehaltener Spannung zu einem positiven Gegenwert, einer „Schwestertugend", befindet. Alle Werte und Maßstäbe sollen in einer dynamischen Balance gehalten werden. Ohne die Balance verkommt ein positiver Wert zu seiner entwertenden Übertreibung.

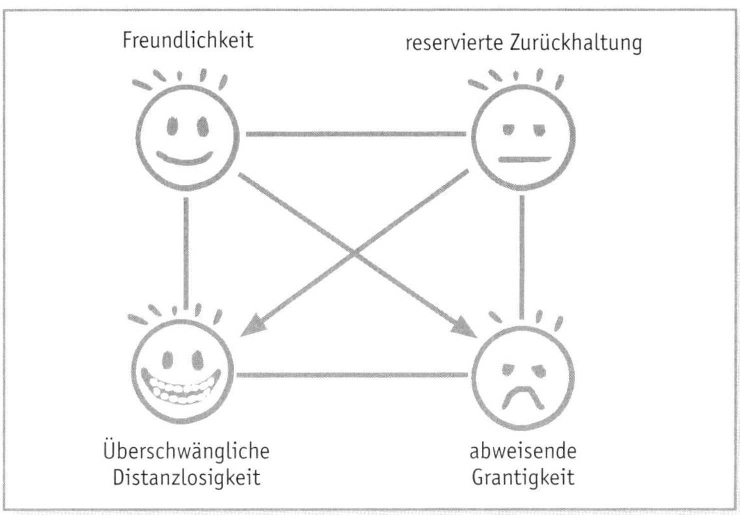

Abb.: Das Wertequadrat nach F. Schulz von Thun

Anwendung

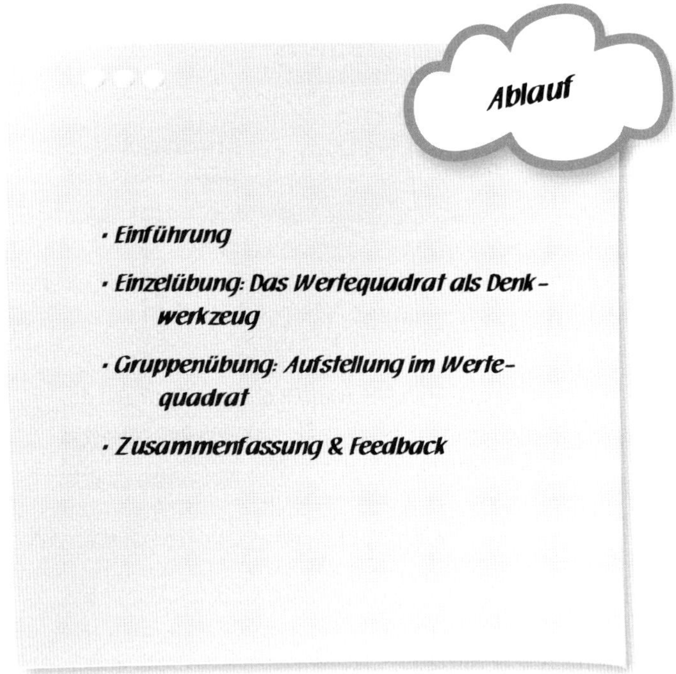

In der Praxis eignet sich das Modell für den Einsatz in allen Phasen des Coaching- Prozesses, sowohl im Einzelcoaching als auch im Team- oder Gruppencoaching. Speziell in Konfliktsituationen zeigt sich häufig, dass viele Irritationen durch gegenseitige unpassende Zuschreibungen entstehen und komplexe Sachverhalte in einer „Schwarz-Weiß-Sichtweise" dargestellt werden. Dies verhindert oft den Blick aus anderen Perspektiven. Daher eignet sich das Modell besonders dafür, Konfliktsituationen zu entschärfen, indem es die Selbst-und Fremderkundung erleichtert und Feedback-Situationen transparenter macht.

Ein Beispiel: Sparsamkeit und Großzügigkeit sind grundsätzlich positive Werte, die in Balance zu halten sind. Übertriebene Sparsamkeit jedoch wird zu Geiz (die entsprechende übertreibende Entwertung). Übertriebene Großzügigkeit dagegen wird zu Verschwendung (die entsprechende übertreibende Entwertung). Je nachdem, wie sparsam oder großzügig der „Bewerter" sich selbst sieht, beurteilt er die Ausprägung der Werte bei anderen positiv oder eben negativ.

Einführung

Sie stellen den Inhalt der Theorie auf einem vorbereiteten Flipchart oder einer Folie vor. Dann skizzieren Sie eine Beispielsituation, wie etwa: *„Ihr Chef wirft Ihnen häufig Naivität im Umgang mit Kunden vor. Sie bezeichnen Ihren Chef als ‚über-misstrauisch'. Nun können Sie anhand des Wertequadrats herausarbeiten, was genau sich hinter ‚naiv' und ‚über-misstrauisch' verbirgt ...“*

Einzelübung: Das Wertequadrat als Denkwerkzeug

Lassen Sie zunächst Ihren Klienten ein persönliches Wertequadrat auf ein Flipchart oder Blatt Papier aufzeichnen und führen Sie ein Coaching-Gespräch. Darin lassen Sie den Coachee zunächst sein Werteverständnis zu einer bestimmten Situation/Problematik anhand des Wertequadrats erarbeiten. Wichtig ist, dass Sie während des Prozesses viel mit offenen Fragen arbeiten:

- *„Inwieweit verändert die Reflexion über das Wertequadrat die Einstellung von Ihnen zur vorhandenen Situation?“*
- *„Welche Erkenntnis ergibt sich aus der Gegenüberstellung der einzelnen Werte?“*

Beispiel: Der Coachee ärgert sich über seinen Chef. Dieser führe sich dem Coachee gegenüber auf wie ein Diktator. Nun soll der Coachee ein leeres Wertequadrat malen und unten links oder rechts das Wort *Diktator* schreiben.

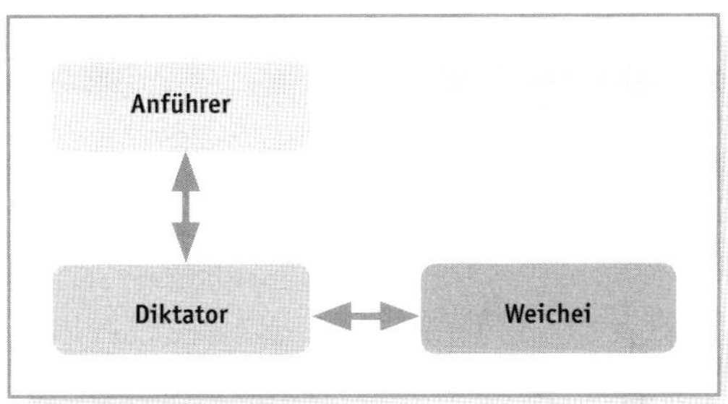

Als Nächstes soll der Coachee seine Bezeichnungen finden und darüber bzw. daneben schreiben. Der positive Wert eines Diktators ist für ihn z.B. ein *Anführer* und das andere übertriebene Ende ist ein *Weichei*. Also trägt er beides in die passenden Felder dafür ein. Als letzten Schritt sucht der Coachee noch den positiven Gegenwert. Also die positive Form eines Weicheis und den Gegenwert eines Anführers. Das könnte z.B. ein *Demokrat* sein. Ein Mensch, dem die Meinungen anderer wichtig sind und der die Beteiligten einbezieht.

Abb.: Vom Diktator zum Demokrat?

Eine Frage, die Sie nun stellen könnten, wäre: *„Wird sich dieser Chef durch den Coaching-Prozess ändern?“*

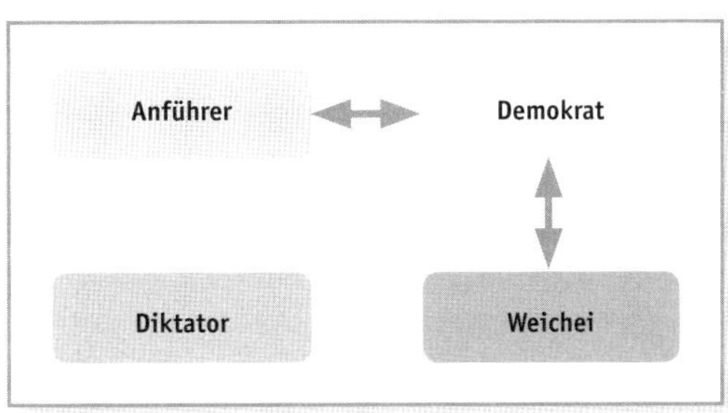

Wohl kaum, da er nicht am Coaching beteiligt ist und auch ansonsten aufgrund seines ihm eigenen Werteverständnisses wahrscheinlich auf seinem Standpunkt beharren würde.

Durch den Prozess findet der Coachee mehr über seine eigenen Werte heraus und ist in der Lage, sich und seine Mitmenschen besser zu reflektieren. Der Coachee ist somit zwar nicht in der Lage, seinen Chef zu ändern, aber er kann seine Sichtweise darauf ändern und sein eigenes Verhalten anpassen oder, falls er zu der Erkenntnis kommt, dass er mit der Situation so nicht leben kann, über Alternativen nachdenken. Das Wertequadrat hilft hier bei der Verständniserweiterung oder ggf. auch Entscheidungsfindung. Die größten Feinde sind im Grunde die besten Trainingspartner. Was für eine Umdeutung!

Abb.: Das Wertequadrat hilft bei der Verständniserweiterung. Ein Beispiel

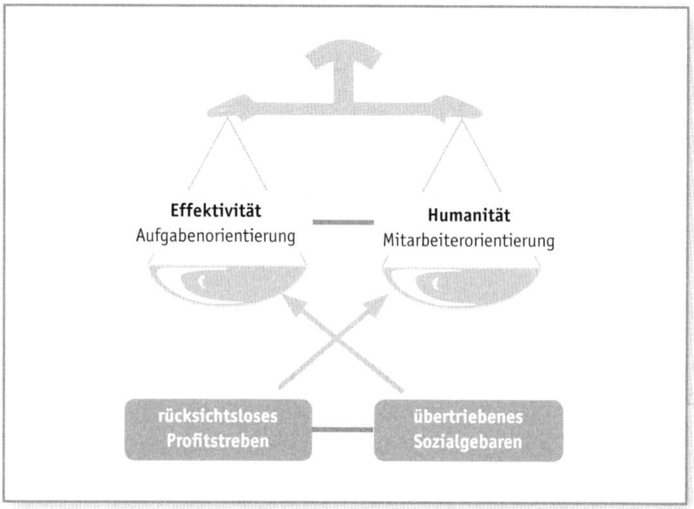

Gruppenübung: Aufstellung im Wertequadrat

Das Wertequadrat lässt sich auch sehr gut in die Arbeit mit Gruppen integrieren, z.B., um verschiedene Wertvorstellungen der einzelnen Gruppenmitglieder in bestimmten Konfliktsituationen transparent zu machen. Lassen Sie dazu die Gruppe zunächst die (Konflikt-)Situation beschreiben. Dann entwickeln Sie mit der Gruppe im Coaching-Gespräch die vier verschiedenen Positionen des Wertequadrats. Skizzieren Sie das Wertequadrat mit Kreppklebeband und Moderationskarten auf dem Boden und lassen Sie die einzelnen Gruppenmitglieder aufstellen.

Beispiel: Zwei Kolleginnen werden vom Rest der Gruppe als extrem pedantisch wahrgenommen. Eine Position wäre dann *Pedanterie*. Der Coach schreibt dies auf eine Moderationskarte und legt sie an die entsprechende Stelle des Bodenquadrats. Die beiden betroffenen Kolleginnen sollen nun ihren Wert benennen: z.B. *Genauigkeit*, der daneben gelegt wird. Die Gruppe bestimmt dann gemeinsam den übertriebenen Gegenwert: z.B. *Schlamperei*. Auch diese Karte wird an ihren Platz im

Bodenquadrat gelegt. Letztendlich soll die Gruppe wieder gemeinsam dafür den positiven Gegenwert entwickeln: z.B. *Flexibilität*. Mit der letzten Karte ist das Bodenwertequadrat nun komplett.

Allein schon die gemeinsame Entwicklung der verschiedenen Wertvorstellungen auf der Meta-Ebene, losgelöst von der aktuellen Konfliktsituation, kann das Gruppenklima entscheidend verbessern, indem es den einzelnen Mitgliedern das Verständnis für die jeweils anderen Sichtweisen eröffnet. Weiterführend kann dann mit der Aufstellungsarbeit begonnen werden: Nacheinander werden die einzelnen Teammitglieder gebeten, sich auf den Platz im Bodenquadrat zu stellen, der dem eigenen Verständnis am nächsten kommt und seine Position zu erläutern. Die restlichen Gruppenmitglieder geben Feedback.

Zusammenfassung

Fassen Sie am Ende noch einmal die Ergebnisse zusammen. Danach können Feedback-Methoden gelehrt und eingesetzt und Maßnahmen zur besseren Zusammenarbeit entwickelt werden.

Kommentar

Speziell bei der Arbeit mit Gruppen sollte der Coach bereits über fundierte Erfahrungen im Bereich Konfliktmanagement und systemische Aufstellungsarbeit verfügen, damit das Coaching-Gespräch konstruktiv und wertschätzend abläuft und sich bei der Aufstellung durch gute Fragestellungen seitens des Coachs verhärtete, unterschiedliche Wertvorstellungen annähern lassen.

Technische Hinweise

Gebraucht werden Stifte, Papier, Kreppklebeband, farbige Karten, ein Flipchart und/oder Flipchart-Papier und ein ausreichend großer Raum.

Querverweise

Das Einführungsmodell der „4 Seiten einer Nachricht", dargestellt in Trainer-Kit (2006), ist das Basismodell der Kommunikation überhaupt und hilfreiche Grundlage für das Wertequadrat.

Weiterführende Literatur

- Helwig, P.: Charakterologie, Freiburg: Herder Verlag 1968.
- Helwig, P.: Psychologie ohne Magie. Der Mensch im Spannungsgefüge der Lebensdramatik, München: Reinhardt Verlag 1961.
- Schulz von Thun, F.: Miteinander reden 1. Störungen und Klärungen, Reinbek: Rowohlt, 48. Aufl. 1981.

- Schulz von Thun, F.: Miteinander reden 2 – Stile, Werte und Persönlichkeitsentwicklung, Reinbek: Rowohlt, 34. Aufl. 1989.
- Schulz von Thun, F.: Miteinander reden 3 - Das Innere Team und situationsgerechte Kommunikation, Reinbek: Rowohlt, 22. Aufl. 1998.
- Große Boes, S. & Kaseric, T.: Trainer-Kit, Bonn: managerSeminare Verlag, 6. Aufl. 2006.

Hintergrund

Friedemann Schulz von Thun (*1944) studierte in Hamburg Psychologie, Pädagogik und Philosophie und promovierte bei Reinhard Tausch und Inghard Langer über Verständlichkeit bei der Wissensvermittlung. Die Erkenntnisse aus dieser Forschung haben sich auf seine Art, Vorlesungen zu halten und Bücher zu schreiben, stark ausgewirkt. Sein weiterer beruflicher Werdegang ist durch zwei parallele Wege gekennzeichnet. Der wissenschaftliche Weg führte über die Habilitation (1975) zu der Berufung auf eine Professur für Pädagogische Psychologie in Hamburg (1976–2009). Der praktische Weg bestand in der Konzeption und Durchführung von Kommunikationstrainings für Lehrer und Führungskräfte, später für Angehörige aller Berufsgruppen, angefangen 1971. Schulz von Thun gilt als einer der führenden Kommunikationsforscher unserer Zeit und seine Theorie des Vier-Ohren-Modells kennt mittlerweile jedes Schulkind, da sie in den Lehrplänen des Deutschunterrichts aller weiterführenden Schulen zu finden ist. Für Trainer und Berater gehört seine Trilogie „Miteinander reden 1-3" zur Pflichtlektüre. Oft wird er in einem Atemzug mit Paul Watzlawick genannt. Seine Forschung im Bereich der Kommunikationstheorie kann als bahnbrechend bezeichnet werden und er vertiefte damit das Verständnis für zwischenmenschliche Vorgänge.

Grundannahmen des NLP

von Anja Leão

Ziel

Als Mediator Konfliktsituationen auszuhalten und durchzustehen, emotional nach- und mitzuempfinden und dabei selbst balanciert zu bleiben, ist sehr herausfordernd. Zur Sicherstellung der qualifizierten Mediationsarbeit ist es hilfreich, ein Grundgerüst der eigenen inneren Haltung zu besitzen, um mit Themen der Eskalation und der starken Emotionen gut umgehen zu können. Hier können die Grundannahmen aus dem NLP, die eine sehr humanistische Sicht auf die Welt vermitteln, ein inneres Wertegerüst bieten.

Kontext

- Konflikt
- Mediation
- Führung
- Coaching
- Team
- Change

Theorie

Konkret werden hier die Grundannahmen aus dem NLP vorgestellt, die eine Orientierungshilfe sein können für eine respektvolle und wertschätzende innere Lebenseinstellung. Diese Grundannahmen, hinter denen sich gleichzeitig Werte verbergen, können gerade in der Mediationsarbeit ein inneres „Halte- oder Wertegerüst" darstellen.

> *„Wenn etwas hilft, tue mehr davon! Wenn etwas nicht funktioniert, tue etwas anderes, bis du den gewünschten Erfolg erzielst."*
>
> – Steve de Shazer –

Die wichtigsten Grundannahmen (Axiome) im NLP:

1. Die Ressourcen und Stärken, die ein Mensch benötigt, um Veränderungen zu bewirken, liegen in ihm – mit anderen Worten: *„Alle Ressourcen, Stärken, Fähigkeiten sind bereits vorhanden, manchmal sind sie dem Betroffenen nicht bekannt oder in Vergessenheit geraten."*

Die wichtigsten Grundannahmen (Axiome) im NLP		
1.		Die Ressourcen und Stärken, die ein Mensch benötigt, um Veränderungen zu bewirken, liegen in ihm
2.		Die Bedeutung unserer Kommunikation liegt in der Reaktion, die wir erhalten
3.		Die Landkarte ist nicht das Land und sie zeigt auch nicht das ganze Land
4.		Der positive Wert des Individuums bleibt gleich, der Wert oder die Angemessenheit des Verhaltens kann jedoch infrage gestellt werden.
5.		Hinter jedem Verhalten steckt eine positive Absicht und es gibt in den meisten Fällen auch einen Kontext, in dem dieses Verhalten nützlich ist
6.		Alle Ergebnisse und Verhaltensweisen sind etwas Erreichtes, unabhängig davon, ob die Ergebnisse in Bezug auf das gegebene Ziel oder den Kontext gewünscht waren oder nicht
7.		Die Fähigkeit, den Prozess zu verändern, mit dem wir die Realität wahrnehmen, ist oft wertvoller, als den eigentlichen Inhalt einer Erfahrung zu verändern
8.		Alle Unterscheidungen, die wir Menschen in Bezug auf unsere Umwelt und unser Verhalten vornehmen können, können nützlicherweise durch unsere Sinne (visuell, auditiv, kinästhetisch, olfaktorisch, gustatorisch) repräsentiert werden
9.		Was ein Mensch lernen kann, kann er auch neu lernen
10.		Der Widerstand von A ist eine Aussage über B
11.		Es gibt kein Versagen, es gibt nur Feedback und: In gelungener Kommunikation gibt es nur Gewinner

Tab.: Zusammenfassung der zentralen Grundannahmen des NLP

2. Die Bedeutung unserer Kommunikation liegt in der Reaktion, die wir erhalten – mit anderen Worten: *„Entscheidend ist, was beim anderen ankommt, die Qualität der Nachricht hängt von der Achtsamkeit des Senders ab und dem, was der Empfänger tatsächlich verstanden hat. Wichtig ist zu ergänzen, dass auch nonverbale Signale Teil der Kommunikation darstellen und oft viel stärker wirken als verbale und damit auch Inkongruenzen erzeugen können."*

3. Die Landkarte ist nicht das Land und sie zeigt auch nicht das ganze Land – mit anderen Worten: *„Wir haben alle eine Sicht auf die Welt (ein Modell von der Welt) bzw. eine Landkarte, aber diese bildet immer nur einen Teil der gesamten Realität ab, nie die ganze. Im Konfliktfall ist es hilfreich, die verschiedenen Sichtweisen zunächst einmal kennenzulernen, um zu erkennen, wo die Ähnlichkeiten und die Unterschiede liegen. Außerdem ist ein guter Rapport erforderlich, damit wir dem anderen in seiner Sicht der Welt begegnen können."*

4. Der positive Wert des Individuums bleibt gleich, der Wert oder die Angemessenheit des Verhaltens kann jedoch infrage gestellt werden. Hierin enthalten ist eine ergänzende NLP-Annahme: Wenn man grundsätzlich vom Positiven im Menschen ausgeht, dann hat der Mensch vermutlich die bestmögliche Handlung vorgenommen, die ihm zu diesem Zeitpunkt möglich war – mit anderen Worten: *„Der Mensch an sich ist wertvoll, sein Verhalten nicht immer hilfreich – und es war das Maximale, was gerade jetzt und hier möglich war."*

5. Hinter jedem Verhalten steckt eine positive Absicht und es gibt in den meisten Fällen auch einen Kontext, in dem dieses Verhalten nützlich ist – mit anderen Worten: *„Es ist absolut in Ordnung, in Rage zu geraten, wenn ich von einem Fall von Kindesmisshandlung lese und mich beim Kinderschutzbund anmelde, um dort ehrenamtlich mitzuarbeiten – die gleiche Rage ist jedoch eher unangemessen, wenn mir ein Teller herunterfällt."*

6. Alle Ergebnisse und Verhaltensweisen sind etwas Erreichtes, unabhängig davon, ob die Ergebnisse in Bezug auf das gegebene Ziel oder den Kontext gewünscht waren oder nicht – mit anderen Worten: *„Ein Kollege hat sich in einem Meeting maßlos aufgeregt und ist in der Art der Äußerungen unangemessen geworden, weil er so wütend war. Erreicht hat er vermutlich, dass er sich abreagiert hat, auch wenn das vielleicht nicht das Ziel war. Erreicht hat er aber auch, dass in seiner Kritik vielleicht ein wahrer Kern enthalten war, auch wenn er zunächst den Kollegen vor den Kopf gestoßen hat und gegebenenfalls auch das nicht sein Ziel war (und viele weitere Alternativen sind möglich)."*

7. Die Fähigkeit, den Prozess zu verändern, mit dem wir die Realität wahrnehmen, ist oft wertvoller, als den eigentlichen Inhalt einer Erfahrung zu verändern – mit anderen Worten: *„Es ist hilfreich zu ergründen, wie es kommt, dass ich bestimmte Situationen, Themen, Menschen immer wieder in einer bestimmten Form wahrnehme und mich z.B. darüber ärgere – und zu prüfen, inwieweit ich den Prozess*

der Wahrnehmung verändern kann, indem ich den Menschen von einer anderen Perspektive betrachte, statt die Einzelerfahrung zu diesem Menschen zu verändern."

8. Alle Unterscheidungen, die wir Menschen in Bezug auf unsere Umwelt und unser Verhalten vornehmen können, können nützlicherweise durch unsere Sinne (visuell, auditiv, kinästhetisch, olfaktorisch, gustatorisch) repräsentiert werden – mit anderen Worten: *„Die Äußerung ‚Er hat sich total unangemessen verhalten' kann auch durch konkret erlebtes und gesehenes Verhalten und/oder gehörte Worte und ggf. auch damit verbundene Gefühle, die man dabei gehabt hat, beschrieben werden. Damit erst wird eine Beschreibung so klar, dass sie eine Chance für Veränderung anbietet."*

9. Was ein Mensch lernen kann, kann er auch neu lernen – mit anderen Worten: *„Veränderung ist immer möglich, manchmal ist es notwendig, die Aufgabe in genügend kleine Schritte zu zerlegen"* (Basis für die Methode des Modellings).

10. Der Widerstand von A ist eine Aussage über B – mit anderen Worten: *„Der Widerstand eines Beteiligten ist eine Aussage über den Mediator – und: Widerstand ist ein ungewöhnlich formulierter Hilferuf! Diese Entdeckungsreise ist spannend."*

11. Es gibt kein Versagen, es gibt nur Feedback – und: In gelungener Kommunikation gibt es nur Gewinner, mit anderen Worten: *„Wie kann ich als Mediator in der Konfliktsituation helfen, dass sich Parteien qualifiziertes Feedback geben, das hilft, die Bedürfnisse hinter dem Ärgernis zu verstehen und die Wünsche, die ich als Betroffener zur Verhaltensänderung des anderen habe?"*

Betrachtet man diese Grundannahmen, dann lässt sich der Perspektivenreichtum erkennen, wenn es darum geht, entweder im Coaching, im Zweier-Konflikt oder auch innerhalb eines Teams eine Konfliktsituation zu begleiten.

Es ist eine wichtige Voraussetzung als Mediator, die eigene innere Haltung für sich zu klären. Welche Grundannahmen bzw. Glaubenssätze sind es, die ich als Mediator tragen und zu meiner eigenen, inneren Haltung annehmen kann? Die innere Haltung ist sozusagen das „inneres Halte- oder Wertegerüst", das wie ein Kompass zur eigenen Ausrichtung dient.

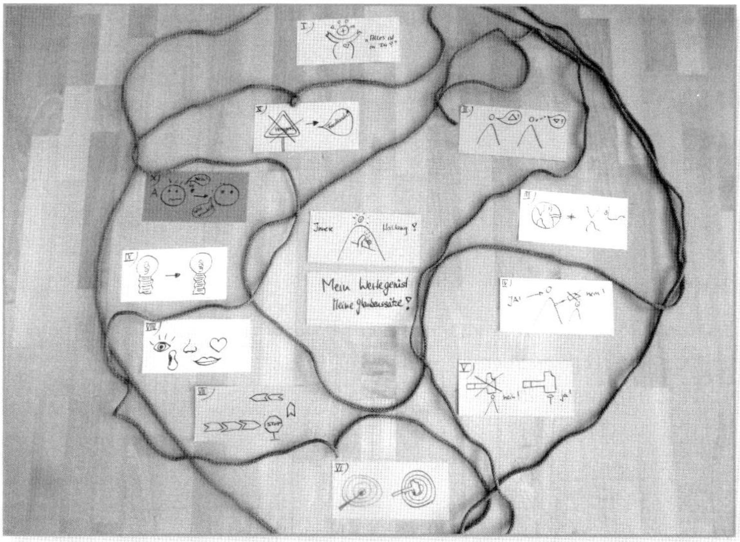

Abb.: Darlegung der Grundannahmen des NLP

Die Grundannahmen, auf deren Basis NLP arbeitet, sind nicht abschließend und nicht allumfassend. Als Coach und Mediator können sie jedoch die Basis für eine wertschätzende und respektvolle Arbeitsweise mit Klienten liefern und als Reflexionsplattform dienen, wenn eigene Vorurteile das Gedanken- und Gefühlsfeld doch einmal kreuzen sollten.

Anwendung

Ablauf

- **Erklärung der Grundannahmen und der inneren Haltung**
- **Gedankenaustausch**
- **Gruppenarbeit & Präsentation**
- **Lerntagebuch führen**
- **Gründung von Lernpartnerschaften und Fallarbeit**
- **Lernpartner-Feedback**
- **Wrap-up**

Grundannahmen und innere Haltung

Sofern es sich um ein Seminar handelt, in dem das Thema „Mediation oder Konfliktklärung“ ein Bestandteil ist, dann stellen Sie die Grundannahmen auf einem vorbereiteten Flipchart oder auf einer Pinnwand vor und führen idealerweise mit Beispielen aus der eigenen Coaching-, Moderations- oder Mediationspraxis in diese ein (30–45 Minuten).

Gedankenaustausch

Im Anschluss daran ist ein erster Gedankenaustausch mit den Beteiligten sinnvoll (15 Minuten):

- *Wo gibt es Verständnisfragen?*
- *Was denken Sie über diese Grundannahmen?*
- *Welche halten Sie für besonders hilfreich?*
- *Welche für eher schwierig?*
- *Wo sind Ihnen diese vielleicht schon selbst begegnet?*
- *Welche glauben Sie, sind für einen Konfliktklärungsprozess besonders hilfreich?*

Gruppenarbeit und Präsentation

In einer Gruppenarbeit bitten Sie jeweils drei Teilnehmer, ein bis zwei Grundannahmen zu diskutieren und zu überlegen:

- *Wobei hilft mir diese Grundannahme innerlich – wieso ist sie für die eigene, innere Haltung hilfreich oder auch nicht?*
- *Wie kann ich diese einsetzen, wenn ich als Mediator einen Konfliktklärungsprozess begleite?*

Danach stellen sich die Beteiligten die Ergebnisse gegenseitig vor (insgesamt ca. eine Stunde).

Lerntagebuch führen

Parallel dazu bietet es sich an, sogenannte „Lerntagebücher“ einzuführen, in denen die Erkenntnisse zum Lernprozess als Mediator bzw. im Mediationsprozess festgehalten werden. Diese können Sie entweder vor der Veranstaltung besorgen oder die Teilnehmer bitten, sich ein schönes Schreibheft oder Buch mitzubringen, im dem sie ihre Lernerkenntnisse festhalten können.

Lernpartnerschaften gründen und Fallarbeit

Wenn die Lernpartnerschaften geknüpft sind und der gegenseitige Feedback-Wunsch formuliert ist, führen Sie die Teilnehmer in eine konkrete Fallarbeit ein und lassen sie diese durchführen (ca. zwei Stunden).

Beispielfälle könnten sein:

- Coaching-Fall
- Zweier-Fall
- Team-Fall
- Großgruppenmoderation über ein heikles Thema
- Hervorragend eignen sich auch Fälle der Teilnehmer selbst, da das Lösungsinteresse, die besondere Betroffenheit und auch das Erleben darüber, wie es mir als Coachee geht, wenn ich meine eigene Fallbegleitung erlebe, für den eigenen Lernprozess hilfreich sind.
- Lassen Sie die Fallbearbeitung immer zu dritt durchführen, und bitten Sie die Beobachter, die Wahrnehmung und das Feedback darauf zu richten, inwieweit sie die innere Haltung des Coachs in seiner Anwendung erlebt haben.

Lernpartner-Feedback

Im Anschluss an jede erlebte Übung und Fallarbeit ist es wichtig, Feedback-Schleifen einzubauen. Zunächst bitten Sie die Teilnehmer, in ihren Lernpartnerschaften zusammenzukommen und sich gegenseitig Feedback über das Erlebte zu geben. Dazu sollte jeder ca. 10–15 Minuten Rückmeldung bekommen und sich persönliche Notizen machen, worauf der Einzelne beim nächsten Mal achten möchte.

Abb.: Flipchart zur Übung „Lernpartner-Feedback“

Wrap-up

Wenn diese Feedback-Runde abgeschlossen ist, dann ist es wichtig, auch als Seminarleiter noch einmal eine Abrundung je Fall und Gruppenarbeit zu machen, ein sogenanntes „Wrap-up“. In diesem klären Sie in der großen Runde,

- wo noch Fragen offen sind,
- wer eine Erkenntnis zu dem Thema „innere Haltung“ teilen möchte,
- wo noch ein Erleben geteilt oder eine Erfahrung reflektiert werden möchte.

Stellen Sie als Seminarleiter sicher, dass die Teilnehmer nach jeder Runde gut abgeholt sind und vor allem die Reflexion über Erkenntnisse zur inneren Haltung ausreichend Raum bekommt. Denn in der Fähigkeit zur Selbstreflexion der inneren Haltung und der Nutzung der eigenen Fähigkeiten wird zukünftig die Stärke im Wirkungsgrad des guten Mediators liegen (20–30 Minuten).

Kommentar

Die Kritik, die an NLP formuliert wird, ist, dass NLP und die Grundannahmen der Denkschule dem wissenschaftlichen Anspruch, der an Axiome gestellt wird, nicht standhalten können. Ähnliches gilt für viele Methoden aus dem NLP, deren wissenschaftliche Wirksamkeit nicht hinreichend belegt ist. Dennoch gelten die Modelle und Werkzeuge des NLP als in der Praxis bewährt.

Weiterführende Literatur

- Bähner, C., Oboth, M. & Schmidt, J.: Konfliktklärung in Teams und Gruppen. Praktische Anleitung und Methoden zur Mediation in Gruppen. Paderborn: Jungfermann 2008.
- Große Boes, S. & Kaseric, T.: Trainer Kit. Dort: Das Modell der Welt, Harward-Konzept. Bonn: managerSeminare, 6. Aufl. 2006.
- Knapp, P. (Hrsg.): Konfliktlösungs-Tools. Bonn: managerSeminare, 2. Aufl. 2012.
- www.synapse-web.com/Konfliktklärung – Übungen zur Konfliktklärung sind hier käuflich zu erwerben.

Hintergrund

Richard Bandler, geboren 1950 in den USA, ist zusammen mit **John Grinder** Mitbegründer des NLP (Neurolinguistisches Programmieren) und Autor einer Vielzahl von auch weltweit bekannt gewordenen Buchveröffentlichungen. Er ist Entwickler vieler der heute bekannten Modelle aus dem NLP, wie das Meta-Modell der Sprache, das Milton-Modell, das Modelling, das Ankern, das Reframing, Veränderung von Glaubenssätzen, der Submodalitäten und der Timeline. Weitere Veränderungsmodelle, die er später entwickelte, sind das Design Human Engineering, Shamanistic Engineering und das Neuro Hypnotic Repatterning. Er prägte außerdem maßgeblich die NLP-Grundannahmen mit.

Kapitel VI

Team

Folgende Beiträge finden Sie im Kapitel *Team*

Die **Teamentwicklungsuhr** ist ein Phasenmodell, das **Heinz-Peter Brenner** dastellt. Das Modell erlaubt es, Teamentwicklungsprozesse bildhaft darzustellen und damit verbundene Teamentwicklungsstände zu visualisieren. Darauf aufbauend besteht die Möglichkeit, ein Team weiterzuentwickeln, die Zusammenarbeit zu optimieren, Synergien zu erkennen und zu nutzen. Ziel ist es auch, Neigungen und Fähigkeiten der Teammitglieder optimal zu nutzen und ein gutes, motivierendes Arbeitsklima zu schaffen. Wie man mit diesem Modell arbeiten kann, wird hier beschrieben. .... **S. 277**

Das Modell des **Inneren Teams** macht deutlich, dass Individuen oft den gleichen gruppendynamischen Problematiken und Situationen ausgesetzt sind wie reale Teams. Zusätzlich zeigt es die Komplexität von Gruppen-/Teamsituationen, in denen nicht nur die Pluralität der Personen, sondern auch die mögliche „innere Zerrissenheit" der einzelnen Mitglieder der Gruppe oder des Teams zu beachten ist. **Kirsten Schröder** beschreibt neben dem Modell auch Interventionen und Übungen, die dies offenlegen können und bearbeitbar machen. .... **S. 287**

Das **Reflecting Team**, erklärt von **Anja Leão**, ist eine Methode, die ursprünglich der Familientherapie entstammt und heute als eine systemische Interventionsmethode verwendet wird. Im Reflecting Team geht es darum, dass Arbeit und Verhalten eines Teams in einem Workshop von einem Teil der Gruppe beobachtet und in einem strukturierten Feedback-Prozess die Beobachtungen und Erkenntnisse rückgemeldet werden. Das Besondere an der Methode ist, dass hier zunächst kein Dialog entsteht, sondern es sich um einen Beobachtungs- und Reflexionsprozess handelt, in dem Handlungen, Aussagen, Stärken und Optimierungspotenziale und auch bisher Ungesagtes lediglich benannt werden. Perspektivenerweiterung entsteht, Kreativität wird erzeugt und Muster werden durch Bewusstmachung durchbrochen.............. **S. 298**

Teamentwicklungsuhr

von Heinz-Peter Brenner

Ziel

Die „Teamentwicklungsuhr" geht auf Bruce Wayne Tuckmans Phasenmodell für die Teamentwicklung zurück. Mit ihr können Teamentwicklungsprozesse bildhaft dargestellt und damit verbundene Teamentwicklungsstände visualisiert werden. Darauf aufbauend besteht die Möglichkeit, ein Team weiterzuentwickeln, die Zusammenarbeit zu optimieren, Synergien zu erkennen und zu nutzen. Ziel ist es weiter, die Zusammenarbeit im Team so angenehm wie möglich zu gestalten, Neigungen und Fähigkeiten der Teammitglieder optimal zu nutzen, ein gutes Arbeitsklima zu etablieren und damit auf der Basis eines motivierten Miteinanders beste Arbeitsergebnisse zu schaffen.

Kontext

- Konflikt
- Team
- Führung
- Problemlösung
- Synergien
- Einarbeitung
- Motivation
- Effizienz & Effektivität
- Fluktuation

Theorie

Der amerikanische Psychologe Bruce Wayne Tuckman entwickelte 1965 ein Phasenmodell für die Teamentwicklung. Dieses Modell fasst die Teamentwicklung in zunächst vier Phasen zusammen, die in unterschiedlicher Intensität und Dauer in allen Teams zu finden sind. Teams durchlaufen diese Gruppenphasen/Teamentwicklungsphasen bewusst oder unbewusst. Der Durchlauf durch diese Phasen verläuft auch nicht immer linear. Es können in jeder Phase immer wieder auch Rückschritte unterschiedlicher Intensität passieren, z.B. aufgrund von Mitarbeitern, Teammitgliedern oder Führungskräften, die neu ins Team kommen oder die das Team verlassen. Dadurch kann ein wiederholter Durchlauf einzelner Phasen der Teamentwicklungsuhr ausgelöst werden. Außerdem ist nicht gesagt, dass alle Teams bis in die letzten Phasen der Teamentwicklungsuhr vordringen.

Tuckmann benannte diese Gruppenphasen wie folgt:
1. **Forming** – Orientierungs- oder Kennenlernphase
2. **Storming** – Rangordungs- oder Konfrontationsphase
3. **Norming** – Organisations- oder Konsensphase
4. **Performing** – Kooperations- oder Verschmelzungsphase

Tuckman erweiterte sein Phasenmodell 1973 um eine fünfte Phase:
5. **Adjouring** – Auflösungsphase

In Deutschland wurde das Modell in den 1970er-Jahren bekannt und übersetzt. Klaus Vopel hat das Modell u.a. in einer Publikation 1975 für Gruppenleiter veröffentlicht, allerdings ebenfalls nur in tabellarischer, nicht in grafischer Form. Später gewann die bildliche Darstellung als Kreisverlauf – wie bei einer Uhr – an Prominenz. Sie ist im Internet vielfach als deutsche, visualisierte Form zu finden und sehr hilfreich für die Darstellung der Stadien der Teamentwicklung von Teams.

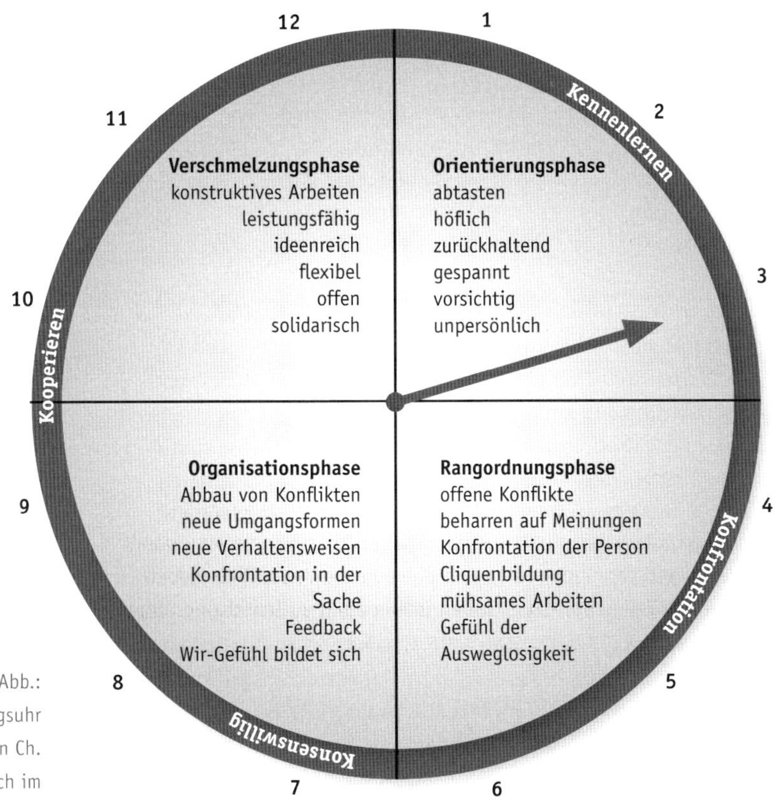

Abb.: Teamentwicklungsuhr (in Anlehnung an Ch. Haug, Erfolgreich im Team, 1994)

Im weiteren Verlauf wird der Darstellung als „Uhr“ weiter gefolgt und zur Vereinfachung auf die fünfte Phase, die der Auflösung, verzichtet. Das Modell der Teamentwicklungsuhr bietet die Möglichkeit, Gruppenprozesse bildhaft darzustellen, zu messen und darauf basierend gezielt Einfluss zu nehmen. Ein optimales Ergebnis ist die Zusammenarbeit nach dem Motto *„ein gut funktionierendes Team ist besser als der beste Einzelne oder als ein schlechtes Team“*. Dies liegt in der vierten Phase „Performing“ vor. Daher ist es für jedes Team erstrebenswert, möglichst schnell in diese vierte Phase zu gelangen.

Als Uhr benennt man dieses Modell der besseren Zuordnung und Unterteilung wegen. Das heißt, man hinterlegt ein Ziffernblatt mit der Einteilung von eins bis zwölf, entsprechend der Uhr: ein bis drei Uhr = Phase 1, vier bis sechs Uhr = Phase 2, sieben bis neun Uhr = Phase 3 und in der eben genannten, vierten Phase spricht man dann von zehn bis zwölf Uhr.

- In der **ersten Phase**, der Orientierungsphase, findet das erste Kennenlernen der Beteiligten im Team statt, man tauscht sich höflich aus, nähert sich an, versucht einander besser kennenzulernen. Dies ist die Phase vorsichtigen Abtastens, wenn sich die Teammitglieder untereinander fremd sind. Man weiß noch nicht, wie man zueinander stehen wird und was man voneinander zu halten hat. Wenn sich Einzelne kennen, erkennt man gleich, welche Grüppchen sich zunächst bilden.

- Die **zweite Phase**, auch Rangordnungsphase genannt, tritt ein, wenn Regeln im Umgang miteinander, Feedback-Qualitäten, die bei irritierenden Situationen oder Krisen erforderlich sind, nicht bekannt sind oder nicht angewandt werden. Ebenso dann, wenn gemeinsame Ziele, zugeteilte Aufgaben etc. unklar sind. Cliquenbildung oder Rangordnungskonflikte sind ebenfalls dieser Phase zuzuordnen sowie auch die Frage nach dem Platz bzw. der Zugehörigkeit Einzelner zum Team. Im Idealfall verweilt ein Team nur kurze Zeit in dieser Phase bis Kommunikationsregeln und der Umgang mit kritischen Situationen besprochen und geklärt sind und angewandt werden. Ganz vermeiden lässt sich diese Phase vermutlich jedoch nicht, da es bei neuen Situationen immer auch zu Irritationen und Konfrontationen kommen kann, die zu klären sind.

- Die darauffolgende **dritte Phase** ist die der Klärung von Aufgaben, Arbeitsaufträgen, Prozessen, Vorgehensweisen, Rollen und der Entwicklung eines Team- oder Wir-Gefühls. Sie wird auch Orientierungsphase genannt. In der Regel verbleiben Teams eine längere Zeit in dieser Phase, insbesonders dann, wenn die Themen des Teams komplex sind, viele zusätzliche Regelpartner involviert sind und ggf. internationale und interkulturelle Komponenten und eine sprachliche Herausforderung dazukommen.

- In der **vierten Phase** dann, der Verschmelzungsphase, befindet sich das Team im Stadium der maximalen Leistungsfähigkeit, da die gesamte Konzentration auf die umzusetzenden Aufgaben gelegt werden kann und keine Synergieverluste mehr durch Streitigkeiten, Unklarheiten, Machtgeplänkel etc. entstehen. Das Team hat hohes Vertrauen zueinander aufgebaut. Es nutzt seine unterschiedlichen Stärken und zeichnet sich meist durch viel Kreativität und eine positive Teamstimmung aus.

Wichtig ist, sich bewusst zu machen, dass jedes Team bei jedem neuen Teammitglied erneut durch diese Phasen gehen kann. Es ist abhängig vom Reifegrad des Teams, wie schnell es diese Phasen durchschreitet, um wieder in die Phase 4 zu gelangen.

Einflussgrößen, die auf die Teamentwicklung einwirken, sind

- die Aufgabenstellung des Teams und der einzelnen Mitarbeiter,
- Rollenklärung,
- Führungsperson und Führungsverhalten,
- Einbindung in die Organisation,
- die Mitarbeiter mit ihrer individuellen Persönlichkeit, Know-how und Qualitäten,
- die Gruppengröße,
- die räumliche Zuordnung und
- die Möglichkeiten der Kommunikation untereinander.

Aus dem beschriebenen theoretischen Ansatz heraus ergibt sich die Fragestellung: *„Wie kann man das Phasenmodell von Tuckman für die Praxis nutzen?“* Dies soll im Folgenden dargestellt werden.

Anwendung

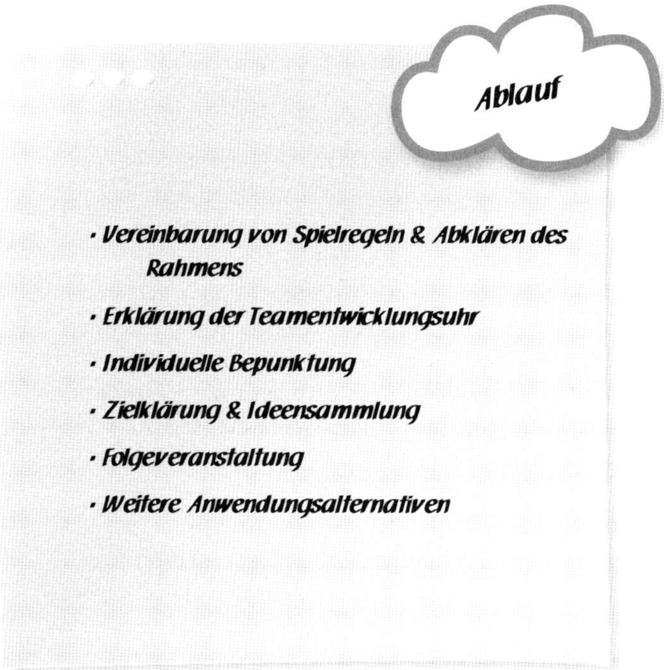

In der Praxis ergibt sich häufig folgende Auftragssituation bzw. Aufgabenstellung *„In unserem Team läuft es nicht ‚rund'"*, oder *„Es liegen Konflikte vor!"*.

Hier empfiehlt sich die Durchführung eines Teamworkshops zur Optimierung der Zusammenarbeit im Team. Das heißt, die Teammitglieder werden zu einem Teamworkshop (Dauer zwischen vier und acht Stunden) eingeladen. Es sollten möglichst alle Teammitglieder teilnehmen. Eine neutrale, ggf. externe Moderation sollte ebenfalls sichergestellt sein. Vorher ist noch zu klären, ob die Führungskraft teilnimmt oder zu einer Zusammenfassung zum Abschluss dazukommt. Dies hängt von der konkreten Ausgangssituation und den beteiligten Personen ab.

Spielregeln und Abklären des Rahmens

Zu Beginn der Veranstaltung sind einige Spielregeln mit den Teilnehmern zu klären:

- **Vertraulichkeit** – alles, was in dieser Veranstaltung besprochen und dokumentiert wird, bleibt im Teilnehmerkreis und es werden keine Informationen an Dritte weitergegeben, es sei denn, alle Teilnehmer beschließen im Verlauf der Veranstaltung etwas anderes. Dies ist gleichzeitig die wichtigste Spielregel, weshalb es erforderlich ist, ein eindeutiges Einverständnis von allen Teilnehmern abzufragen und sich selbst als Moderator/in einzuschließen!

- **Eigenverantwortung und Eigeninitiative** – die Teilnehmer haben in dieser Veranstaltung die Möglichkeit, alles einzubringen, was ihnen wichtig ist und können damit die Situation im Team und ggf. die eigene Situation verbessern. *„Wenn also etwas stört, dann sagen Sie es heute"* – als Aufforderung.
- **Offenheit und Ehrlichkeit** – als Basis für eine wertschätzende Zusammenarbeit im Workshop und zur Erreichung von optimalen Ergebnissen.
- **Mut** – ist erforderlich, um Dinge anzusprechen, die ggf. auch unangenehm sind. Mut ist die Voraussetzung, etwas zu verändern. Veränderungen ergeben sich in der Regel in den seltensten Fällen von allein.

Diese Spielregeln können in Abhängigkeit von der konkreten Ausgangssituation erweitert werden, die genannten empfehle ich auf jeden Fall anzusprechen.

Um gegebenenfalls vorhandene Spannungen offenzulegen, empfiehlt sich zu Beginn, die Zielsetzung, den Zeitrahmen, den Ablauf und die Vorgehensweise zu kommunizieren und anschließend die Teilnehmer nach ihren Erwartungen und Befürchtungen zu befragen. Die Antworten der Teilnehmer werden auf einem Flipchart notiert. Nun kann es richtig losgehen!

Erklärung der Teamentwicklungsuhr

Projizieren Sie mit einem Beamer die gezeigte Teamentwicklungsuhr auf eine mit Papier bespannte Pinnwand und erläutern Sie die Grafik.

Individuelle Bepunktung

Nachdem Sie sich bestätigen ließen, dass Ihre Teilnehmer das Modell verstanden haben, händigen Sie jedem einen Moderationspunkt aus. Bitten Sie die Teilnehmer, den Moderationspunkt an die Stelle der Teamentwicklungsuhr zu kleben, an dem sie das Team zurzeit sehen.

Es ist auch hilfreich, zu erwähnen, dass es um die persönliche, individuelle Wahrnehmung jedes Einzelnen geht. Es geht nicht um richtig oder falsch. Die Antwort ist immer richtig. Ist die Ausgangssituation im Team schwierig und der Moderator hat das Gefühl, es ist noch nicht das nötige Vertrauen/Offenheit vorhanden, besteht auch die Möglichkeit, die Punkte mit einem Umschlag einzusammeln und anschließend anonym aufzukleben. Dazu müssen die Teilnehmer die Phase, in der sie das Team vermuten, vorher auf die Punkte notieren. Diese Vorgehensweise stellt sicher, dass Sie eine realistische und möglichst ehrliche Antwort von den Teilnehmern bekommen. Sie verhindert, dass unsichere oder nicht selbstbewusste Teilnehmer sich an den anderen Punkten orientieren, nach dem Motto, „Ich warte bis die ersten Punkte geklebt sind und da klebe ich auch hin".

Ist dies geschehen, fragen Sie die Teilnehmer nach ihrer Einschätzung des Ergebnisses. Bitten Sie die Teilnehmer ggf., den eigenen, geklebten Punkt zu erläutern oder das Gesamtbild zu beschreiben. Die Ergebnisse werden am Flipchart visualisiert.

Zielklärung und Ideensammlung

Nun stellen Sie bitte die Frage an das Team: *„Welchen Teamentwicklungsstand möchten Sie erreichen, um die an Sie gestellten Aufgaben in Ihrem Team optimal erfüllen zu können?"* Bitte visualisieren Sie auch hier die Ergebnisse.

Nun bearbeiten Sie die folgenden beiden Fragen mit entsprechender Visualisierung:

- *„Woran liegt es, dass wir dieses Ergebnis erzielt haben?"*
- *„Was können wir tun, um den angestrebten Teamentwicklungsstand zu erreichen?"*

Basierend auf dem Ergebnis der Antworten erarbeiten Sie mit dem Team konkrete Maßnahmen und Aktivitäten (wer? was? mit wem? bis wann?) zur Zielerreichung.

Die Vorteile dieser Vorgehensweise: In der Praxis ergeben sich gerade zu Beginn einer Teamveranstaltung zur Verbesserung der Zusammenarbeit erhebliche Schwierigkeiten, einen Zugang zum Team zu erlangen. Einwände, Vorwände und Killerphrasen stehen im Weg, die Notwendigkeit sich mit diesem Thema zu beschäftigen, ist nicht vorhanden. Eine weitere Problematik ist bei der Beschreibung des Teamentwicklungsstandes, dass Begriffe missverständlich sein können.

Beispiel: Auf die Frage: *„Wie fühlst du dich im Team?"* sagen zwei Personen, *„ganz gut"*. Aber was heißt das nun genau? Jeder kann etwas anderes damit meinen und ausdrücken wollen. Ordne ich meine Aussage aber in die Teamentwicklungsuhr ein, muss ich sie bewerten, zuordnen und man kann ganz anders darüber in den Austausch gehen.

In der Praxis ist immer wieder festzustellen, dass Teams auch nach langjähriger Zusammenarbeit in der Teamentwicklungsuhr zwischen fünf und sieben Uhr stehen bleiben. Die Teilnehmer sind dann zunächst erschrocken, dass dies so ist, erkennen aber auch die Notwendigkeit, etwas zu verändern und haben ein Erklärungsmodell für viele Wahrnehmungen und Störungen. Daraus entsteht dann auch die Motivation, an den Maßnahmen aktiv mitzuarbeiten. Ein weiterer, großer Vorteil ist, dass durch die Visualisierung und Messbarkeit der Teamentwicklung, auch, wenn dies subjektive Eindrücke sind, eine Wiederholung und Vergleichbarkeit gegeben ist.

Damit kommen wir zu einem weiteren, wichtigen Schritt, bei dem die Teamentwicklungsuhr behilflich ist.

Folgeveranstaltung

Legen Sie gemeinsam mit dem Team einen Folgetermin fest, je nach den vereinbarten Aktivitäten nach drei bis sechs Monaten. Bewerten Sie bei diesem Termin die Teamentwicklung durch das Team neu, wie beschrieben.

Verwenden Sie bitte dieselbe Pinnwand, auf der die erste Bewertung durchgeführt wurde. Nutzen Sie dazu Klebepunkte in einer anderen Farbe. Nun können sie gemeinsam mit dem Team vergleichen, ob eine Veränderung im Positiven oder Negativen erreicht wurde und Sie können das Ergebnis mit dem Team gemeinsam analysieren.

Abb.: Erstes Beispiel, Teamentwicklungsuhr mit einfachen und mit farblich markierten Klebepunkten

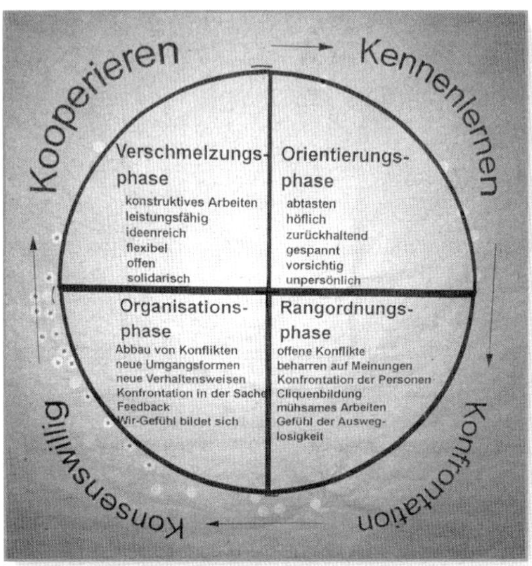

Es besteht auch die Möglichkeit, dass jeder Teilnehmer die Veränderung seines Punktes zwischen der ersten und zweiten Abfrage mit einem Pfeil, der die beiden Punkte verbindet, deutlich macht. Damit ergibt sich ein Bewegungsbild zwischen den beiden Erfassungen. Sie haben mit diesem Instrument/dieser Methode eine hervorragende Möglichkeit, eine Erfolgskontrolle durchzuführen.

Zwei Beispiele aus durchgeführten Workshops: Im ersten Beispiel ist die Veränderung zwischen zwei Terminen zu erkennen. Die blauen Punkte ohne Mittelpunkt war die erste Befragung. Die blauen Punkte mit

Mittelpunkt stellen das Ergebnis der zweiten Befragung dar. Besser ist es, eine andere Farbe bei der Wiederholung zu nutzen, in diesem Fall waren keine anderen Farben vorhanden, es war Improvisation gefragt.

Im zweiten Beispiel hat das Team mit den Punkten bewertet und anschließend gemeinsam das angestrebte Ziel definiert und in der Teamentwicklungsuhr visualisiert.

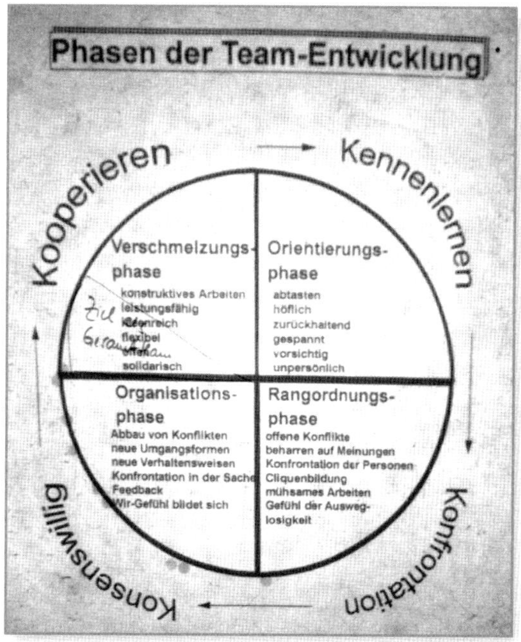

Abb.: Zweites Beispiel mit eingezeichnetem Ziel

Weitere Anwendungsalternativen

Auf der Basis der genannten Vorgehensweise, die sehr breit und offen ausgelegt ist, besteht nun die Möglichkeit, die Teamentwicklungsuhr in konkreten Kontexten einzusetzen, bzw. sie je nach Ausgangssituation einzugrenzen.

Folgende Fragestellungen für die Führungskraft sind denkbar:

- *„Was kann ich als Führungskraft tun, um die Teamentwicklung zu unterstützen?"*
- *„Wo stehen wir als Team im Rahmen unseres Change-Prozesses?"*
- *„Wie können wir unsere Einarbeitung von neuen Mitarbeitern optimieren, um Rückschritte in der Teamentwicklung zu vermeiden oder möglichst gering zu halten?"*

Kommentar

Zur Erfolgssicherung der beschriebenen Vorgehensweise ist der erläuterte Einstieg, das heißt die „Schaffung eines Vertrauensverhältnisses zum Moderator und unter den Teilnehmern", wesentlich. Hierzu gehört auch eine offene Ansprache und Klärung, ob die Führungskraft des Teams teilnimmt. Varianten hierbei sind: Am gesamten Workshop teilnehmen, teilweise teilnehmen lassen oder zur Begrüßung und zum Abschluss teilnehmen lassen.

Ein weiterer Vorteil der genannten Vorgehensweise ist, dass das Ergebnis der Bewertung dem Vorgesetzten auch ohne die Kommentare zur Verfügung gestellt werden kann. Das bedeutet, dass die Führungskraft eingebunden ist, die Notwendigkeit der Maßnahmen nachvollziehen kann, Erfolge und ggf. Misserfolge sichtbar werden und sie sich mit dem Teamprozess identifizieren kann. Sind mit den erforderlichen Maßnahmen finanzielle Aufwendungen verbunden, die von der Führungskraft zu genehmigen sind, lassen sich diese aufgrund der Transparenz aus der Teamentwicklungsuhr ebenfalls leichter genehmigen.

Es handelt sich insgesamt um eine sehr teilnehmeraktive Vorgehensweise. Alle sind eingebunden, niemand ist ausgegrenzt. Damit ist in der Regel sichergestellt, dass sich alle mit den Ergebnissen identifizieren und aktiv an der Umsetzung beteiligen. Moderationserfahrung als Moderator ist bei der Durchführung sehr empfehlenswert.

Technische Hinweise

Benötigt wird ein Raum von angemessener Größe, in dem die Teilnehmer ungestört arbeiten können. Die räumliche Ausstattung sollte ausreichendes Moderationsmaterial, zwei Flipcharts, zwei bis drei Pinnwände und einen Beamer bieten. Die Veranstaltung lässt sich mit einer normalen Konferenzraumausstattung durchführen. Empfehlenswert ist eine Durchführung in einem offenen Stuhlkreis.

Querverweise

- Das „Reflecting Team“ (S. 298) ist sehr gut als Ergänzung einsetzbar, da es dem Team hilft, neue Perspektiven oder unangesprochene Themen aufzudecken, aber auch Stärkung zuzusprechen.
- Der Leonardo-da-Vinci-Prozess kann helfen, eine vorliegende Konfliktsituation strukturiert zu lösen und auch die Befindlichkeiten hinter den Themen besser zu verstehen. Dasselbe gilt für die Methode der Gewaltfreien Kommunikation (vgl S. 233).

Weiterführende Literatur

Die sehr umfangreiche Publikationsliste und der Lebenslauf Tuckmans sind hier abrufbar: (*www.dennisleamingcenter.osu.edu/all-tour/tuckmanvita.htm*) Zu seinen wichtigsten Werken gehören:

- Tuckman, B. W.: Developmental sequences in small groups, Psychological Bulletin 63/1965, S.348–399
- Tuckman, B. W. & Jensen, M. A.: Stages of small-group development revisited, Group Org. Studies 1977.
- Vopel, K., Handbuch für Gruppenleiter, ISKO Press, Hamburg 1975

Hintergrund

Bruce Wayne Tuckman (*1938) erwarb 1962 einen Master in Psychologie an der Princeton University. Von 1983 bis 1998 war er als Psychologieprofessor an der Florida State University tätig. Er entwickelte das Phasenmodell für Gruppenentwicklung in den Sechzigerjahren. Heute ist er als Leiter des Akademischen Lernlabors an der Ohio State University tätig.

Das Innere Team und seine Anwendung im Riemann-Thomann-Kreuz

von Kirsten Schröder

Ziel

Individuen sind oft den gleichen „gruppendynamischen" Problematiken und Situationen ausgesetzt wie reale Teams. Dies macht das Modell des „Inneren Teams" deutlich. Zusätzlich zeigt das Modell die Komplexität von realen Gruppensituationen, in denen nicht nur die Pluralität der Personen, sondern auch die mögliche „innere Zerrissenheit" der einzelnen Mitglieder der Gruppe zu beachten ist. Durch Übungen kann dies offengelegt und bearbeitet werden. Die Teilnehmer sind so in der Lage, sowohl ihre eigene innere Haltung als auch die der anderen zu reflektieren und Gruppensituationen differenzierter zu erleben.
Das Innere Team lässt sich hervorragend mit dem Modell des Riemann-Thomann-Kreuzes kombinieren, welches durch die Darstellung von Polaritäten in besonderer Weise Konfliktpotenzial offenlegt.

Kontext

- Konflikt
- Team
- Coaching
- Motivation
- Change
- Führung

Theorie

Jeder von uns kennt es und hat es schon einmal erlebt: gemischte und unklare Gefühle in Bezug auf eine Person, ein Ereignis, eine Situation oder eine Entscheidung, die gefällt werden muss. Eine Gefühlslage, die Goethes Faust als „zwei Seelen in einer Brust" beschreibt. Wir Menschen tragen viele verschiedene Persönlichkeitsanteile in uns, die sowohl angeboren als auch im Laufe unseres Lebens erworben sind. Sie kommen je nach Situation mehr oder weniger stark zum Ausdruck. Wir empfinden das häufig als unangenehme Komplikation bei unserer Lebensplanung, im Berufsleben und im privaten Alltag. Unsere sonst so klare Vorstellung vom Leben wird durch diffuse Emotionen und Gedanken behindert. Ein innerer Dialog entsteht. Dabei gibt es laute und leise, dominante und zurückhaltende Stimmen. Es gibt „Stammspieler", Stimmen, die uns oft begleiten und großen Anteil an unserem Handeln haben und Stimmen, die selten in Erscheinung treten.

Der Kommunikationsforscher Friedemann Schulz von Thun entwickelte die Metapher des Inneren Teams, um dies zu verdeutlichen.

Oft ist uns nicht bewusst, warum wir so reagieren und nicht anders. Manchmal sind wir hin- und hergerissen und können uns nicht entscheiden. Hier kann es helfen, sich mit diesem Inneren Team auseinanderzusetzen und es sichtbar zu machen. Es ist hilfreich, sich den inneren Dialog bewusst zu machen bzw. ihn bewusst zu führen, damit aus dem zerstrittenen Haufen tatsächlich ein Team wird. Nur dann ist der Mensch mit sich selbst im Reinen und kann nach außen hin klar, authentisch und situationsgemäß reagieren.

Abb.: Das Innere Team stellt verschiedene Persönlichkeitsanteile dar

Das Riemann-Thomann-Kreuz

Das Kreuz ist ein Modell zur Beschreibung der Unterschiedlichkeit von Menschen. Dabei werden zwei Dimensionen als Präferenzachsen genutzt: Die eine Dimension beschreibt die Präferenzen Nähe (bevorzugt Orientierung an Menschen) versus Distanz (bevorzugt Orientierung an Zahlen, Daten, Fakten), während die zweite Dimension die Präferenzen Dauer (bevorzugt das Bewahrende) versus Wechsel (bevorzugt Veränderung) beschreibt (siehe detailliert auch Müller-Niedenzu, 2009).

Dieses Modell ist nicht als Stigmatisierungsmodell zu verstehen! Kein Mensch ist ausschließlich mit einer Präferenzausprägung ausgestattet, sondern jeder hat in der Regel ein Heimatfeld, welches mehrere Quadranten abdeckt. Außerdem bildet ein Modell verständlicherweise immer nur einen kleinen Ausschnitt einer gesamten Realität oder in diesem Fall von Präferenzen eines Menschen ab. Die Dimensionen, die für das Riemann-Thomann-Kreuz gewählt wurden, sind sehr hilfreich, da sie deutlich machen, wo Spannungsfelder liegen können zwischen Menschen mit sehr unterschiedlichen Ausprägungen bzw. auch, wo innere Zerrissenheit bestehen kann, wenn sich Innere Teammitglieder in unterschiedlichen Quadranten befinden.

Wenn das Modell des Inneren Teams mit dem Riemann-Thomann-Kreuz verknüpft wird, dann ist es hilfreich, ein Modell nach dem anderen zu erläutern und auch in Zwischenschritten mit Praxisübungen (siehe unten) zu arbeiten.

Das R.-T.-Kreuz lässt sich am besten an einer Plakatwand erläutern, auf der die vier Quadranten bereits eingetragen sind. An der Grafik wird ein Quadrant nach dem anderen mit seinen jeweiligen Sonnen- und dann Schattenseiten erklärt. Danach macht es Sinn, als Beispiel eine bekannte Person mit ihrem Heimatfeld einzuzeichnen. (Siehe Grafik unten) Gegebenenfalls kann diese Person auch der Trainer selbst sein, der vom Team bzw. in einer Coaching-Einzelsituation vom Coachee eingeschätzt werden kann. Danach kann man zur ersten Vertiefung gemeinsam versuchen, bekannte Personen oder Persönlichkeiten auf dem R.-T.-Kreuz darzustellen. Man geht dazu von Achse zu Achse und schaut, wie weit man die jeweilige Person in Richtung Mittelpunkt oder in Richtung Außenwand auf der jeweiligen Achse ankreuzen würde. Dann werden die Markierungen miteinander zu einem Heimatfeld verbunden (einem auf der Spitze stehenden Diamanten). In der Regel ergeben sich damit auch Schwerpunkte in einem der Quadranten, das muss jedoch nicht zwangsläufig so sein.

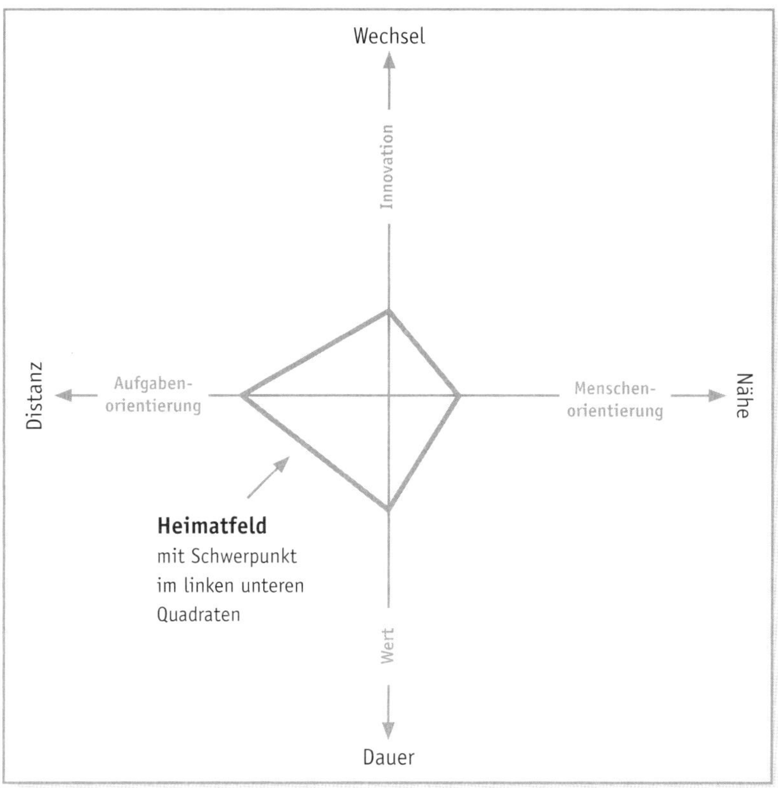

Abb.: Ein Beispiel für die Visualisierung des Riemann-Thomann-Kreuzes

Anwendung

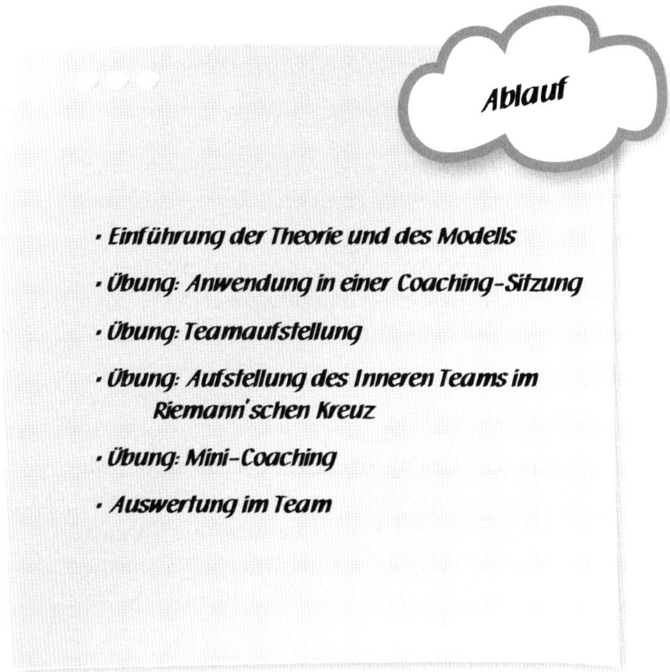

Einführung

Sie stellen den Inhalt der Theorie des Inneren Teams auf einem vorbereiteten Flipchart oder einer Folie vor. Dann skizzieren Sie eine Beispielsituation, etwa Prüfung, Gespräch mit dem Chef, Teamsituation, etc. Erläutern Sie beispielhaft mehrere Innere Teamspieler und deren inneren Dialog. Dadurch führen Sie in die Theorie ein und bereiten die Teilnehmer vor, ohne sie zu überrumpeln. Notieren Sie weitere mögliche Teamspieler auf dem Flipchart.

Beziehen wir dies auf eine konkrete Beispielsituation: Die Nachbarin fragt zum wiederholten Mal, ob man ihre Kinder beaufsichtigen kann, da sie einen Friseurtermin hat. Sie nimmt generell sehr gerne unentgeltliche Dienstleistungen, wie z.B. Kinderbeaufsichtigung, Taxidienste für die Kinder, Ausleihdienste und Hilfsarbeiten aller Art in Anspruch. Möchte man selbst von ihr eine Hilfsleistung erbitten, hat sie meist keine Zeit. Ein möglicher, innerer Dialog könnte sich so abspielen:

- Der Hilfsbereite: *„Ja, natürlich hilfst du ihr, wenn sie in der Klemme steckt! Du hast doch heute etwas Zeit! Außerdem ist sie alleinerziehend und berufstätig und ohne jegliche Hilfe."*
- Der Egoistische: *„Und wer hilft mir? Wenn ich mal ihre Hilfe brauche ist sie nicht da!"*

- Der Mitleidsvolle: *„Ach, die Arme arbeitet doch so viel, hat drei Kinder und niemand, der hilft! Und man kann Hilfe ja auch nicht immer gleich aufrechnen!"*
- Der Controller: *„Das hat sie ja so haben wollen. Ich hab ihr schon zehn Mal geholfen und sie mir nur einmal!"*
- Der Harmoniebedürftige: *„Nun stell dich doch nicht so an, schließlich haben wir so eine nette Nachbarschaft, da willst du ja wohl keinen Streit vom Zaun brechen wegen so einer Kleinigkeit!"*
- Der Gerechte: *„Lass dich nicht ausnutzen, es soll ja ein Geben und Nehmen sein!"*
- usw.

Das Modell eignet sich für Coaching-Sitzungen, um z.B. durch Reflexionsprozesse Entscheidungssituationen zu erleichtern. In Teamseminaren und Workshops kann mithilfe des Modells leichter Feedback gegeben werden, Zwischenauswertungen können transparent gestaltet werden oder Konflikte bearbeitet werden. Typische Vertreter und ihre Kernaussagen können beispielsweise sein:

- der innere Antreiber: *„Los, das schaffst Du!"*
- der kühle Kopf: *„Denk an die Fakten und die Vor- und Nachteile!"*
- der Selbstzweifler: *„Schaffst du das?"*
- der Vorsichtige: *„Geh lieber auf Nummer sicher!"*
- der Kommunikative: *„Ich muss erst einmal mit den anderen sprechen."*
- der kreative Kopf: *„Da bieten sich aber tolle neue Möglichkeiten!"*
- der Abenteurer: *„Ich bin neugierig, was alles passiert!"*
- der Bequeme: *„Ich möchte alles so beibehalten, bloß keine Entscheidungen treffen!"*

Übung: Anwendung in einer Coaching-Sitzung (Einzelübung)

Nachdem Sie in die Theorie eingeführt haben, bitten Sie Ihren Coachee, sein Inneres Team zu einem bestimmten Thema auf ein Flipchart oder auf einem DIN-A4-Papier aufzuzeichnen. Weisen Sie ihn darauf hin, dass es hilfreich ist, in sich hineinzuhorchen und die Teammitglieder aufzuzeichnen, die aktuell tatsächlich vorhanden sind. Ein Teilnehmer soll keine Wunschkandidaten auflisten, wie z.B. den Souveränen, wenn er eigentlich den Unsicheren hört. Geben Sie ihm dazu die Zeit, die er benötigt. Manchmal können ergänzende Fragen hilfreich sein, wie z.B.: *„Gibt es außerdem noch eine Stimme, die Sie vielleicht überhört haben?"*, *„Was würde Ihnen helfen, um alle Ihre Stimmen zu identifizieren?"* Lassen Sie ihn dazu erläutern, welche einzelnen Teamspieler er aufgestellt hat. Dann starten Sie das Coaching-Gespräch zuerst mit Klärungsfragen und setzen es mit zirkulären Fragen fort.

Mögliche Klärungsfragen

- *Wer aus Ihrem Team hat die lauteste/leiseste Stimme?*
- *Wer hat die dominanteste/devoteste Einstellung?*
- *Wen kennen Sie bereits aus anderen/ähnlichen Situationen?*
- *Wer ist einer Ihrer Stammspieler?*
- *Wer ist der Teamleiter dieses Inneren Teams, wer orchestriert diese innere Band?*
- *Wer fehlt Ihnen im Team?*
- *Wen würden Sie gerne im Team/im Vordergrund sehen?*
- *Wie zufrieden sind Sie mit Ihrem Inneren Team?*

Mögliche zirkuläre Fragen

- *Was glauben Sie, denkt Spieler A über Spieler B?*
- *Was glauben Sie, wünscht sich Spieler A von seinen Teammitgliedern?*
- *Was glauben Sie, was Ihr/e...* [Person aus dem realen Umfeld] *tun/denken würde, wenn sie/er wüsste, wie es in Ihnen aussieht/wie Ihr Inneres Team aufgestellt ist?*
- *Was glauben Sie, wie das Innere Team von Ihrer/m ...* [Person aus dem realen Umfeld] *aufgestellt ist?*

Mögliche lösungsorientierte Fragen

- *Wenn Sie sich ein ideales Inneres Team zusammenstellen könnten, welches wäre das?*
- *Gibt es Situationen in denen Ihr Inneres Team so oder ähnlich aufgestellt war?*
- *Was könnten Sie tun/verändern, um Ihr Team neu aufzustellen?*
- *Wen würden Sie gerne noch aufstellen, wer fehlt Ihnen in Ihrem Inneren Team?*
- *Wen sollten Sie mit aufstellen, damit was Gutes passieren kann?*
- *Wen möchten Sie auf der Reservebank lassen?*
- *Wie könnten Sie Spieler B stärken?*

Nachdem der Coachee sein Inneres Team aufgestellt hat, sollte lösungsorientiert gearbeitet werden. Stellen Sie beispielsweise das SMART-Modell vor (siehe S. 29) und vergeben Sie eine Hausaufgabe für die nächste Sitzung: Der Coachee soll nach den SMART-Kriterien Lösungsmöglichkeiten für seine Fragestellung entwickeln und diese zur nächste Sitzung mitbringen. Dann arbeiten Sie daran weiter.

Übung: Teamaufstellung (2/3er-Übung)

Im Sinne von Jacob Levy Moreno, dem Begründer der Soziometrie, der mit seinem Blick auf Beziehungen gleichzeitig drei Ebenen (das Individuum, den Beziehungen zwischen Individuen und den verschiedenen

Netzwerken als Ganzes) darstellte, ist es durchaus möglich, die Übung auch im Team anzuwenden. Bei der Arbeit mit einem Team stehen die Bereiche „Kennenlernen", „Feedback", „Standortbestimmung" und „Abgleich Selbstbild-Fremdbild" im Fokus. In Konfliktsituationen können die Übungen möglicherweise ebenfalls Anwendung finden, allerdings sollte der Trainer hier äußerst sensibel vorgehen und bereits über fundierte Kompetenzen im Bereich Konfliktmanagement verfügen. Bei konfliktträchtigen Themen sollte der Trainer zur Stelle sein, damit die Situation nicht eskaliert.

Nach Einführung der Theorie des Inneren Teams am Flipchart oder auf einer Folie lassen Sie Paare (alternativ Dreiergruppen) bilden. Die Partner versuchen nun, das Innere Team des/der jeweils anderen zu einem bestimmten Thema entweder auf einem Flipchart-Papier oder DIN-A4-Papier darzustellen. Nachdem Sie dies getan haben, stellen alle Partner einander ihr Ergebnis der Aufstellung des Inneren Teams des/der jeweils anderen vor. Nun ist Gelegenheit zum gegenseitigen Austausch. Die Dreiersituation regt noch mehr zur Diskussion an. Durch die Mutmaßungen bei der Aufstellung des Inneren Teams des jeweils anderen Partners bietet sich die Möglichkeit, Vorbehalte und verdeckte Vorurteile offenzulegen. Hier sollte auf jeden Fall vorher das Thema Feedback-Theorie ausführlich behandelt worden sein. Bei erfahrenen Teilnehmern ist diese Übung sehr ergebnisreich.

Das Modell des Inneren Teams hilft hier vor allem, zu verstehen, welche Teammitglieder bei den einzelnen Personen vorhanden sind (*„Bei wem spricht wer?"*). Es zeigt auch, ob das Selbstbild der einzelnen Personen mit dem Fremdbild übereinstimmt. Feedback-Prozesse werden so spielerisch eingeleitet. Ziel ist eine größtmögliche Reflexion der einzelnen Personen in Bezug auf sich selbst, die anderen in der Gruppe und die Gesamtsituation. In diesem Zusammenhang macht es möglicherweise Sinn, die Ergebnisse auch der Gesamtgruppe vorzustellen.

Übung: Aufstellung des Inneren Teams im Riemann'schen Kreuz (Einzelübung)

Sehr spannend und plastisch ist die Kombination des Inneren Teams mit dem Riemann-Thomann-Kreuz (vgl. Müller-Niedenzu, 2009).

Vorbereitung: Kleben Sie auf dem Boden mit Kreppklebeband ein mindestens zwei mal zwei Meter großes Kreuz, der Raum sollte dafür groß genug sein.

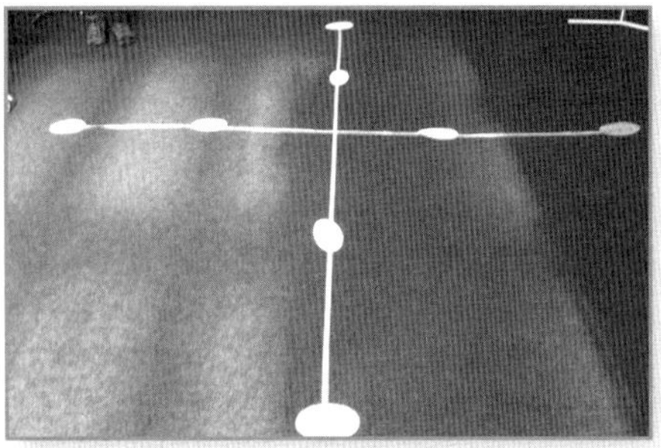

Legen Sie an die jeweiligen vier Enden der Linien je eine Moderationskarte, die mit einem der Achsenbegriffe „Nähe“ – „Distanz“ und „Wechsel“ – „Dauer“ beschriftet ist.

Abb.: Vorbereitung für die Aufstellung des Inneren Teams im Riemann'schen Kreuz

Nach Einführung der Theorie am Flipchart oder auf einer Folie lassen Sie die einzelnen Inneren Teammitglieder vom Coachee auf Moderationskarten schreiben (Name oder möglicher, typischer Ausspruch, siehe Beispiele oben im Text). Hat der Coachee alle Karten beschriftet, bitten Sie ihn, jedes Innere Teammitglied kurz zu erläutern und auf einer von ihm selbst gewählten Position im Riemann-Thomann-Kreuz abzulegen. Nachdem er alle Karten verteilt hat, stellen Sie zunächst Klärungsfragen, zirkuläre und abschließend lösungsorientierte Fragen. Die Vorteile dieser Variante sind:

1. Die Situation wird plastisch/körperlich/kinästhetisch fühlbar dargestellt und der Coachee hat die Möglichkeit, seine gegenwärtige, innere Haltung zu reflektierenden, hemmende Faktoren zu identifizieren und daraus Lösungen zu entwickeln.

2. Eine mögliche innere Zerrissenheit wird durch die Positionierung am Riemann-Thomann-Kreuz plastisch dargestellt, weil der Coachee die Spieler den unterschiedlichen Tangenten/Polen zuordnet.

3. Die visuelle Darstellung hilft, zu erkennen, welche Inneren Teammitglieder ggf. besonders hadern, sich abkämpfen oder auch sehr weit entfernt von anderen stehen. Durch die Visualisierung wird manchmal auch die Herkunft dieser Inneren Teammitglieder deutlich. Es zeigt sich, mit welchem Inneren Teammitglied ein Klärungsdialog besonders hilfreich oder notwendig ist.

Im weiterführenden Coaching-Gespräch lässt sich nun z.B. entwickeln, ob ein Klient in ähnlichen Situationen genauso oder anders handelt und welches die möglichen Gründe dafür sind. Es kann z.B. herausgearbeitet werden, inwieweit er bestimmte, Innere Stamm-Teammitglieder in vergleichbaren Situationen immer wieder aufstellt und damit auch stereotype Verhaltensweisen an den Tag legt. In der Regel hilft dem Coachee diese Erkenntnis dabei, hinderliche Innere Teammitglieder zu erkennen und auszutauschen.

Übung: Mini-Coaching (Teamübung)

In der Gruppe bietet sich ebenfalls die Möglichkeit, mit dem Riemann-Thomann-Kreuz zu arbeiten. Empfehlenswert ist, zumindest bei eher

Abb.: Ein Team arbeitet mit dem Riemann-Thomann-Kreuz

unerfahrener Anwendung mit nicht mehr als fünf Personen zu arbeiten, um die Übersichtlichkeit zu erhalten. Das auf den Boden geklebte Riemann-Thomann-Kreuz sollte bei einer Gruppe mindestens drei mal drei Meter groß sein. Thematisieren Sie dazu eine spezielle Situation aus dem Seminar und/oder dem Arbeitskontext oder nutzen Sie das Modell in der Kennenlernsituation.

Jeder Teilnehmer bekommt vier Karten einer Farbe zugewiesen, um die Karten später besser identifizieren und den einzelnen Personen zuordnen zu können. Jeder schreibt die Namen seiner Inneren Teammitglieder, die ihm zu der eingangs geschilderten Situation einfallen, auf seine Karten. Es werden aufgrund der Übersichtlichkeit nicht mehr als vier Karten pro Person empfohlen. Wenn alle Personen ihre vier Inneren Teammitglieder auf ihre vier Karten geschrieben haben, werden alle Karten von den Personen selbst innerhalb des Kreuzes auf dem Boden positioniert.

Jeder erkennt seine Karte sofort an der Farbe wieder und auch die anderen Personen sehen sofort an der Farbe, wie sich z.B. das Innere Team von Person A auf dem R.-T.-Kreuz positioniert. Interessant ist es für die Teilnehmer, zu sehen, wo sich das eigene Innere Team im Gegensatz dazu positioniert. Das bringt häufig bereits Klarheit und Verständnis in unklare Beziehungssituationen zwischen den Teilnehmern.

Auswertung im Team

Danach wird ausgewertet: Jede Person erläutert ihre Inneren Teammitglieder und warum sie für sie diese Position auf dem R.-T.-Kreuz gewählt hat. Danach folgt unter Anleitung des Moderators die Diskussion in der Gruppe. Die Übung eignet sich besonders für sehr stille Gruppen und zur Ideenfindung, Teambildung und Konfliktbearbeitung. Eventuell verdeckte Vorbehalte werden hier aufgedeckt.

Kommentar

Das Modell des Inneren Teams eignet sich sowohl für den Einsatz im Einzelcoaching als auch als Gruppenintervention für offene Seminare/ Workshops und für Inhouse-Seminare. Während die thematischen Einsatzbereiche im Einzelsetting sehr breit gefächert sein können, sollte man den Einsatz in der Gruppe davon abhängig machen, wie vertrauensvoll die einzelnen Gruppenmitglieder miteinander umgehen und sehr genau auf die Passung der Übung zum Thema schauen. Dies ist besonders bei Inhouse-Seminaren zu beachten, da hier oft Hierarchieebenen im Team vorhanden sind, die ein neutrales Feedback behindern.

Die Verbindung der beiden Modelle kann sowohl im Bereich des Einzelcoachings als auch im Bereich des Teamcoachings geschaffen werden. Der Vorteil liegt in erster Linie darin, sich in kurzer Zeit noch intensiver mit den einzelnen Teamspielern auseinanderzusetzen. Die vier Pole des Modells schaffen Transparenz und machen die möglicherweise unterschiedlichen „Meinungen" der unterschiedlichen Inneren Teamspieler optisch deutlich (z.B. im Einzelcoaching). Im Teamcoaching kann aus der Meta-Ebene sowohl das „Heimatgebiet" der eigenen Inneren Teamspieler als auch abgrenzend dazu das der anderen realen Gruppenmitglieder erkannt und besprochen werden. Dies kann sehr aufschlussreich sein, um die Kommunikation der realen Gruppe zu verbessern.

Technische Hinweise

Stifte, Papier, Kreppklebeband, farbige Karten, Flipchart/Flipchart-Papier und ausreichend großer Raum bei der zweiten und vierten Übung sind erforderlich.

Querverweise

- Zum einen sei hier verwiesen auf den Beitrag „Das Riemann'sche-Kreuz", in: Fit for Change II, 2009, S. 156) für diejenigen, die sich intensiver mit der Arbeit mit dem Riemann'schen Kreuz vertraut machen möchten. Zum anderen kann die „Teamentwicklungsuhr" (S. 277) gut in Kombination mit der Arbeit am Inneren Team genutzt werden, wenn man mit einem konkreten Team arbeitet.
- Zur Ergänzung eignet sich das SMART-Modell (S. 29).

Weiterführende Literatur

- Schulz von Thun, F.: Miteinander reden 1. Störungen und Klärungen, Reinbeck: Rowohlt Taschenbuchverlag 1981.
- Schulz von Thun, F. Miteinander reden 2. Stile, Werte und Persönlichkeitsentwicklung, Reinbeck: Rowohlt Taschenbuchverlag 1989.
- Schulz von Thun, F. Miteinander reden 3. Das „Innere Team" und situationsgerechte Kommunikation, Reinbeck: Rowohlt Taschenbuchverlag 1998.
- Thomann, C. & Schulz von Thun, F.: Klärungshilfe 1. Handbuch für Therapeuten, Gesprächshelfer und Moderatoren in schwierigen Gesprächen, Hamburg: rororo-Verlag 1988.
- Moreno, J. L.: Die Grundlagen der Soziometrie, Opladen: Verlag Leske und Budrich 1996.

- Müller-Niedenzu, B.: Das Riemnann'sche Kreuz im Change, in: A. Leão, M. Hofmann: Fit for Change 2, Bonn: managerSeminare Verlag 2009.
- Große Boes, S. & Kaseric, T.: Trainer Kit. 4 Seiten einer Nachricht, Bonn: managerSeminare Verlag 2006.

Hintergrund

Friedemann Schulz von Thun (*1944) studierte in Hamburg Psychologie, Pädagogik und Philosophie und promovierte über Verständlichkeit bei der Wissensvermittlung. Die Erkenntnisse aus dieser Forschung haben sich auf seine Art, Vorlesungen zu halten und Bücher zu schreiben, stark ausgewirkt. Sein weiterer beruflicher Werdegang ist durch zwei parallele Wege gekennzeichnet. Der wissenschaftliche Weg führte über die Habilitation (1975) zu der Berufung auf eine Professur für Pädagogische Psychologie in Hamburg (1976–2009). Der praktische Weg bestand in der Konzeption und Durchführung von Kommunikationstrainings für Lehrer und Führungskräfte, später für Angehörige aller Berufsgruppen. Er lehrt bis heute. Schulz von Thun gilt als einer der führenden Kommunikationsforscher unserer Zeit und seine Theorie des Vier-Ohren-Modells kennt mittlerweile jedes Schulkind, da sie in den Lehrplänen des Deutschunterrichts aller weiterführenden Schulen zu finden ist. Für Trainer und Berater gehört seine Trilogie „Miteinander reden 1–3" zur Pflichtlektüre. Oft wird er in einem Atemzug mit Paul Watzlawick genannt. Seine Forschung im Bereich der Kommunikationstheorie kann als bahnbrechend bezeichnet werden und er vertiefte damit das Verständnis für zwischenmenschliche Vorgänge.

Fritz Riemann (1902–1979) war ein deutscher Psychologe, Psychotherapeut und Analytiker, . Sein wohl bekanntestes Hauptwerk war das Buch „Grundformen der Angst" (1961). Es ist die Grundlage für das spätere Riemann'sche Kreuz, welches er 1975 mit seinen vier Grundausrichtungen entwickelte. Seine psychoanalytische Arbeit gründet auf der Arbeit von Sigmund Freud. Er war außerdem sehr von der Astrologie fasziniert und versuchte Zeit seiner beruflichen Laufbahn, die Astrologie mit der Psychoanalyse und der Psychotherapie zu verbinden.

Christoph Thomann, 1950 in Bern geboren, ist Psychologe und promovierte bei Schulz von Thun an der Universität Hamburg. In den 1980er-Jahren entwickelte er die Methode der Klärungshilfe. Er hat u.a. auch das Modell des Riemann'schen Kreuzes für den Umgang mit Konflikten aufgegriffen und speziell für die Arbeitswelt weiterentwickelt.

Reflecting Team

von Anja Leão

Ziel

Das „Reflecting Team" ist eine aus der Familientherapie entwickelte Methode, die in die systemische Organisationsentwicklung übernommen wurde. Im Reflecting Team geht es darum, dass die Arbeit des Teams in einem Workshop von einem Teil der Gruppe beobachtet und in einem strukturierten Feedback-Prozess die Beobachtungen und Erkenntnisse rückgemeldet werden. Während das Team, welches zunächst beobachtet hat, Feedback gibt, hört das Team, welches zunächst gearbeitet hat, zu und lässt die Rückmeldungen auf sich wirken. Das Besondere an der Methode ist die Tatsache, dass hier zunächst kein Dialog entsteht, sondern es sich um einen Beobachtungs- und Reflexionsprozess handelt, in dem Handlungen, Aussagen, Stärken und Optimierungspotenziale und auch Ungesagtes angedacht werden können. Damit wird ein Dialogprozess des Angriffs und der Verteidigung vermieden oder auch der Rechtfertigung über Themen und Situationen, das sogenannte „Ping-Pong-Spiel in der Kommunikation". Wie genau dieser Prozess funktioniert, wieso er hilfreich ist und welchen Hintergrund die Methode hat, wird im Folgenden beschrieben.

Kontext

- Konflikt
- Team
- Change
- Krisenbewältigung
- Coaching
- Projektarbeit
- Innovationsprozesse
- Führung

Theorie

Das Reflecting Team ist in der systemischen Familientherapie entstanden. Tom Andersen, ein norwegischer Psychotherapeut, hat die Methode entwickelt. Er suchte nach weiteren Wegen, einem Klienten oder auch ganzen Familien Feedback über ihre Stärken und Ressourcen zu geben – nach dem Prinzip, welches die Familientherapie leitet: *„Kein Problem besteht die ganze Zeit, was passiert im Rest der Zeit?"* Und *„Was funktioniert bereits und wo liegen Ressourcen, die der Klient oder das Klienten-System gerade aus eigener Kraft noch nicht erkennen kann?"*

Tom Andersen hinterfragte immer wieder die Art der Kommunikation und die Interventionsformen in der therapeutischen Arbeit und inwieweit diese dem Familiensystem hilfreich waren. Er meinte auch, dass die Sichtweise und Diagnose eines einzelnen Therapeuten, sei er auch noch so gut, nicht ausreichen könnten, das Familiensystem alleinig zu erkennen, zu begleiten und zu stärken. Er suchte daher nach Wegen, Therapiefehler zu reduzieren und einseitige Perspektiven durch lediglich eine Person zu erweitern.

Er und sein Team arbeiteten mit einem „Einweg-Spiegel", durch den ein Therapeutenteam die Familie beobachtete, mit der Andersen arbeitete (Mailänder Zwei-Kammern-System). Durch eine technische Panne wurde die Diskussion des Therapeutenteams versehentlich in den Sitzungsraum übertragen und die Klienten konnten das Gespräch der Therapeuten mit anhören. Zum Erstaunen der Therapeuten war der Effekt nicht Ärger oder Bestürzung, sondern Interesse und Motivation. Es hatte große Effekte, wenn Nichtbetroffene und außenstehende Experten Feedback gaben (vgl. von Schlippe & Schweizer, 2000). Auf diese Weise wurde eine Perspektive von außen erzeugt, die allein zwischen Therapeut und Klient nicht entstanden wäre. Hier entstand unter dem heute bekannten Begriff des „Reflecing Teams" eine Methode, die das Ziel des systemischen Ansatzes erfüllte, mehrere Perspektiven der Situation oder des Problems eines Systems in den Raum zu holen und damit bestmöglich bei der Problemanalyse zu unterstützen, ohne dabei bewerten zu müssen. Denn das beobachtete System, die Familie, nahm final die Bewertungen selbst vor, bzw. entschied, welche Beobachtungen besonders hilfreich waren. Wie funktionierte diese systemische Arbeit genau:

Eine Gruppe von Therapeuten, die hinter einem Spiegel die Session zwischen Therapeut und Klient oder Familie beobachteten, wechselte nach ca. drei Viertel der Sitzungszeit in den Raum der Sitzung, während Therapeut und Klient in den Beobachtungsraum wechselten (Schritte 1. und 2.). Der Klient oder die Familie war über die Methode informiert.

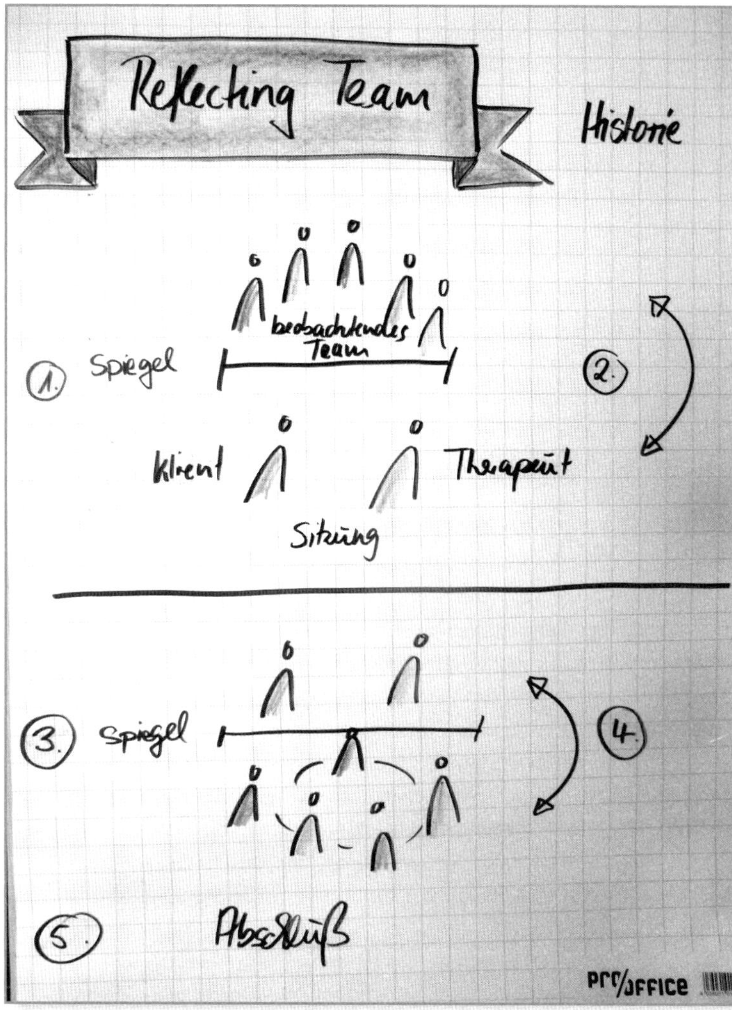

Abb.: Das Flipchart erläutert die Geschichte der Methode Reflecting Team

Dann gaben die Therapeuten, die die Sitzung bis dahin beobachtet hatten, zur erlebten Sitzung Feedback mit dem klaren Fokus auf Stärken, Großartiges, Begeisterungswürdiges oder auch Gedankenanregungen, um den Klienten oder der ganzen Familie etwas sichtbar zu machen, was sie selbst (noch) nicht sehen konnten. Als dritten Schritt besprachen sie auch mögliche Ideen für die Beteiligten innerhalb des Systems im stärkenden Sinne. Danach wechselten der Therapeut und sein Klient oder die Familie in einem vierten Schritt wieder in den ursprünglichen Gesprächsraum zurück. Sie diskutierten darüber, welche Gedanken und eigene Ideen durch das reflektierende Team entstanden waren. In der Regel entstanden damit Lösungsideen, die ohne dieses Setting weder für den Therapeuten noch für das Familiensystem zugänglich gewesen wären.

Beispiele für Rückmeldungen des Reflecting Teams:

- *„Ich bin tief beeindruckt von dem Willen des Klienten, bei aller Schwere für sich nach einer Lösung zu suchen* [seien die Schritte auch noch so klein]. *“*
- *„Ich bin tief bewegt von den kleinen Hoffnungsschimmern* [Ausschmücken der Hoffnungsschimmer], *die sie beschrieben hat und frage mich, wie sie an diese noch mehr anknüpfen kann.*
- *„Ich habe mich gefragt, ob der kleine Peter wohl auch weiß, wie unsagbar er von seinem Vater geliebt wird und wie es ihm damit gehen würde, wenn er es erführe.“*
- *„Ich habe mich gefragt, welche Menschen im weiteren Umfeld existieren, die mit tiefer Dankbarkeit gerne als Halt und zur Hilfe zur Verfügung stünden, weil sie dadurch für sie* [die Klientin] *wichtig sein dürfen.“*

An diesen Formulierungen merkt man die Achtsamkeit wie auch den Fokus auf das, was den Klienten/das Klientensystem stärken und ihm helfen kann, zu erkennen, was ihm selbst nicht möglich ist.
In einem abschließenden fünften Schritt wurde dann zwischen Therapeut und Klient/Familie besprochen, was bis zur kommenden Sitzung besonders hilfreich wäre. Gegegebenenfalls unterstützte der Therapeut mit sogenannten „Hausaufgabenverschreibungen“, die dem/den Beteiligten weiter helfen sollten, sich z.B. auch auf die allerkleinsten, positiven Veränderungen zu konzentrieren und diese Beobachtungen in die nächste Sitzung mitzubringen.

Die Weiterentwicklung der Methode war, dass Teile einer Familie gemeinsam mit einem oder einigen Therapeuten hinter dem Beobachtungsspiegel saßen, während z.B. die Kinder im Raum mit dem Therapeuten arbeiteten. Dann lief der Wechsel wie oben beschrieben. Die Therapeuten halfen den Eltern, den Fokus auf Stärken und Qualitäten zu richten, die sie selbst gegebenenfalls zu hause so gar nicht wahrnehmen und äußern würden oder auch Fragen in dieser Hinsicht zu beantworten. Der erhöhte Aufwand durch die Anzahl an beteiligten Therapeuten wurde durch den Erfolg, den diese Arbeit erzeugte, mehr als gerechtfertigt. Später wurde die Methode insofern modifiziert, indem das etwas künstliche Prozedere der beiden Räume und der Beobachtung hinter dem Spiegel durch eine Sitzordnung im Raum ersetzt wurde, die eine Beobachtung ohne Einmischung möglich machte – diese Form wurde als das **fokussierende Team** bezeichnet.

Nun zur Vorgehensweise heute

Die Idee der Beobachtung und Rückmeldung in Schritten, ohne zunächst einen Dialog zu erzeugen, wurde in die systemische Organisationsentwicklung aufgenommen. Ein „Arbeitsteam" im Innenkreis diskutiert, während ein „Beobachterteam" im Außenkreis zuhört. Beobachtungsschwerpunkte können vorher festgelegt werden. Gleichzeitig wird die Beobachtungsform- und hinterher die Art der Rückmeldung in wertschätzender Form besprochen.

Nach einer Arbeitsphase des Innenteams erfolgt eine Feedback-Phase, in der das Beobachterteam in den Innenkreis wechselt und das Arbeitsteam hören darf, was wahrgenommen wurde. Danach wird erneut gewechselt. Dieser Wechsel kann bei Bedarf auch mehrfach stattfinden, je nach Thema und Setting. Danach kann auch getauscht werden, sodass das andere Team als Arbeitsteam im Innenkreis beginnt.

Anwendung

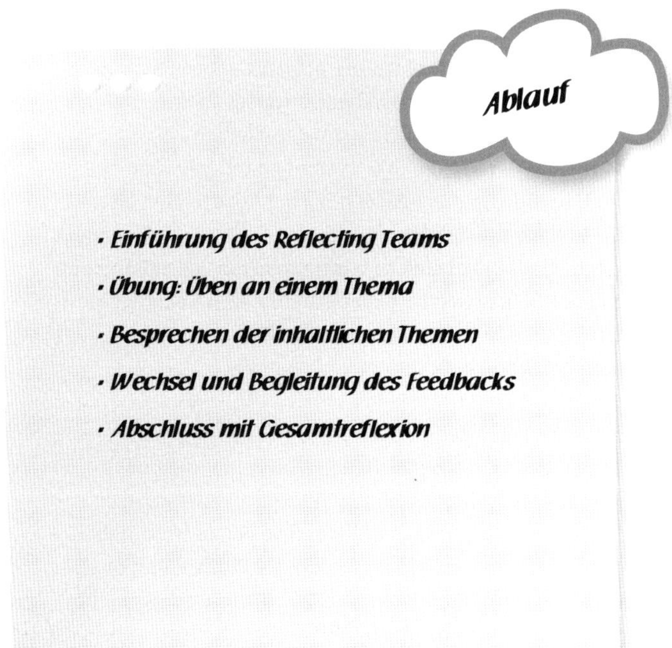

Sollten Sie ein Training haben, in einem Workshop, in einer Teamentwicklung oder in einer Konfliktklärung moderieren, dann bietet sich zur Anwendung des Reflecting Teams folgendes Vorgehen an.

Einführung des Reflecting Teams

Erläutern Sie den oben beschriebenen Hintergrund in angemessener Form. Wichtig ist, dass die Beteiligten eines Workshops oder Trainings nicht das Gefühl bekommen, dass sie therapiert werden, sondern verstehen, dass die Reflexionsform und die Art des Feedbacks hilfreich zur Perspektivenerweiterung für das gesamte Team und die vorliegenden Themen sind. Insbesondere der Aspekt der Wertschätzung und Stärkung des Arbeitsteams durch das beobachtende Team ist wichtig! Es geht im Reflecting Team nicht darum, durch die Beobachtungen das Arbeitsteam niederzumachen und zu eruieren, was sie alles falsch gemacht haben. Die Art des Feedbacks insbesondere bei kritischen Beobachtungen sollte explizit vom Trainer erklärt werden! (Feedback-Regeln oder 3W-Feedback)

Abb.: Erklärung des Vorgehens am Flipchart

Zur Erklärung der Methodik eignet sich am einfachsten ein Flipchart, an dem Sie den Innen- und den Außenkreis der beiden Teams darstellen. Ergänzen Sie es um die Art der Beobachtungen, auf die sich das Beobachtungsteam konzentrieren wird.

Übung: Üben an einem Thema

Es ist natürlich hilfreich, die Methode auszuprobieren und zu üben. Proben Sie an einem unkritischen, generellen bzw. kreativen Thema. Beispielsweise:

- Gestaltung des kommenden Sommerfests oder Tag der offenen Tür
- Stärkung von mehr Eigenverantwortung und unternehmerischem Denken und Handeln
- Andenken von neuen Schwerpunkten der Innovation für die eigene Organisation „Blue Sky Ideen"

Abb.: Flipchart als Hilfestellung für das Feedback

Besprechen Sie die inhaltlichen Themen

Wenn Sie das gesamte Team an einem Thema arbeiten lassen wollen, dann macht es Sinn, zu klären, wer sich auf welches Teilthema fokussiert, wie viel Zeit zur Arbeit und Beobachtung jeweils gegeben werden soll, wann der Wechsel und Reflexion stattfindet und wann der Wechsel der Arbeitsgruppen. Bei inhaltlichen Themen, die bearbeitet und beobachtet werden, macht es normalerweise Sinn, den Beobachtungsprozess noch einmal darauf zu unterteilen, wer ein inhaltliches Feedback gibt und wer ein Prozess- und Zusammenarbeits-Feedback.

Inhaltliches Feedback:

- *Welche Themen habt Ihr diskutiert, was daran hat mich beeindruckt?*
- *Was an der inhaltlichen Diskussion hat mich beeindruckt?*
- *Wo würde ich mir zu folgendem Thema noch eine fortgesetzte Diskussion wünschen?*
- *Was hätte ich gerne noch gehört?*
- *Ich habe mich gefragt, inwieweit Ihr daran … schon gedacht habt bzw. welche Gründe es geben kann, dass Ihr es nicht diskutiert oder wieder verworfen habt?*
- *Was habe ich selbst gelernt?*
- *Wo habe ich selbst noch eine Idee …*

Prozess- und Zusammenarbeits-Feedback:

- *Was hat mir an der Zusammenarbeit gut gefallen?*
- *Was an der methodischen Vorgehensweise?*
- *Was fand ich großartig?*
- *Was war ein besonderer Eye Opener oder ein Durchbruch?*
- *Wie habe ich Euch als Team erlebt, was war da besonders hilfreich?*
- *Wo hätte ich noch einen Wunsch?*
- *Ich habe mich gefragt, wie XY das wohl empfinden würde oder wen Ihr sonst noch andenken könntet, der für die Thematik hilfreich ist?*
- *Ich habe mich gefragt, was Euch noch helfen würde, als Ihr mit … gerungen habt?*
- *Wo habt Ihr etwas gemacht, was Euch wirklich vor anderen auszeichnet?*
- *Was habe ich selbst gelernt?*

Grundsätzlich sind der Gestaltung der Fragen keine Grenzen gesetzt, solange sie stärkend formuliert sind. Das heißt nicht, dass deswegen keine kritischen Themen formuliert werden dürfen! Ideal ist jedoch dann die „Wunsch-Form“, die „Hinweis-Form“, die „Frage-Form“.

Wechsel und Begleitung des Feedbacks

Nach der miteinander vereinbarten Zeit wechselt das Beobachterteam in den Innenkreis und berichtet im Dialog innerhalb des eigenen Teams, was erlebt worden ist. Das Arbeitsteam sitzt außen, hört dem Dialog zu und macht sich Notizen. Es findet kein Diskussionsaustausch statt. Der Moderator moderiert die Feedback-Runde und stellt sicher, dass die Form im Positiven gewahrt bleibt. Ist die Feedback-Runde beendet, kommt das Innenteam wieder in den Innenkreis, das Außen-team geht wieder auf seine ursprüngliche Außenposition und hört von außen zu, wie das Feedback bei dem Innenteam angekommen ist und was sie insbesondere von den Beobachtungen an „Stärkung“, als „Anregung zum Weiterdenken“ und als „Hinweise zur Zusammenarbeit“ bekommen haben. Dieser Wechsel kann ggf. mehrfach stattfinden, wenn es der Inhaltsarbeit dienlich ist. Auch ist es sinnvoll, dass ein Wechsel zwischen Beobachterteam und Innenteam in deren Rolle stattfindet, d.h., das Beobachterteam wird zum inhaltlich arbeitenden Innenteam, das Innenteam wird zu Beobachterteam.

Abb.: Flipchart für das Abschluss-Feedback

Abschluss mit Gesamtreflexion

Wenn der gesamte Arbeits- und Feedback-Prozess abgeschlossen ist, empfiehlt sich eine Abschlussrunde, in der alle die Chance haben, noch einmal Feedback darüber abzugeben, wie sie den Prozess des Reflecting Teams erlebt haben, wie es ihnen persönlich ergangen ist und was es aus der Methode grundsätzlich zu lernen gibt.

Kommentar

Aus vielfacher Anwendung kann ich sagen, dass die Perspektivenanreicherung für die Beteiligten inhaltlich wie im Prozess und in der Zusammenarbeit nützlich und gewinnbringend ist. „Unangedachtes“ kommt in den Raum, Wertschätzung trägt den gesamten Prozess, sofern er gut moderiert und begleitet ist.

Technische Hinweise

Ein ausreichend großer Raum, in dem ein Team im Innenraum gut arbeiten und das Beobachterteam im Außenkreis gut beobachten kann. Empfehlung: Bei zwölf Personen, darf der Raum gerne 100 qm groß sein. Außerdem ausreichend Moderationsmaterial, Flipchart, Pinnwände, damit das Arbeitsteam arbeiten kann.

Querverweise

Alternative Methoden zur Kreativität wie die „Disney-Strategie“ (S. 316), die „Denkhut-Methode“ (S. 309) oder das „Jigsaw-4-Ecken-Modell“ (S. 333) sind ebenfalls zur Ideenanreicherung und Perspektivenerweiterung zu empfehlen und können methodisch gut eingebaut werden.

Weiterführende Literatur

- Carr, A.: Family Therapy, concepts, processes and practices, West Sussex: Wiley 2000.

- Von Schlippe, A. & Schweitzer, J.: Lehrbuch der systemischen Therapie und Beratung, Göttingen: V&R 2000.
- Rauen, C.: Coaching-Handbuch, Osnabrück: Hogrefe, 3. Aufl. 2002.
- Andersen, T.: Das reflektierende Team. Dialoge und Dialoge über Dialoge, Dortmund: Modernes Lernen, 5. Aufl. 1990.
- Hargens, J. & von Schlippe, A. (Hrsg.): Das Spiel der Ideen. Reflektierendes Team und systemische Praxis, Dortmund: Borgmann 1998.
- *www.systemagazin.de/beitraege/nachrufe/andersen_tom.php*

Hintergrund

Tom Andersen (1936–2007) war ein norwegischer Psychiater und Psychotherapeut. Er begann, Interventionen des Therapeuten zu hinterfragen und suchte nach Möglichkeiten, dem Therapeuten ein „beobachtendes System" anzubieten. Ein Hauptfokus lag auf der Unterstützung der positiven Zukunftsausrichtung des Klienten und darauf, die Bewertungen und Urteile durch den Therapeuten zu reduzieren und um weitere Perspektiven anzureichern. Er entwickelte den Begriff des reflektierenden Teams und ist für seine besondere und sehr wertschätzende Art im Umgang mit Klienten im besonderen Maße gewürdigt worden.

Kapitel VII

Kreativität

Folgende Beiträge finden Sie im Kapitel *Kreativität*

Denkhut-Methode – Six Thinking Hats

von Anja Leão

Ziel

Die Denkhut-Methode ist von Edward de Bono entwickelt worden, um eine über die eigene Denkweise hinausgehende Perspektivenerweiterung zu erzeugen. Sie dient dazu, Gestaltungs- und Problemlöseprozesse von verschiedenen Perspektiven aus zu betrachten. Es werden sozusagen verschiedene Hüte aufgesetzt, um unter der Berücksichtigung einer breiteren Basis neue Ideen zu generieren, Kreativität anzukurbeln und gute Entscheidungen zu treffen.

Kontext

- Konflikt
- Problemlösung
- Change
- Zukunftsgestaltung
- Coaching
- Führung
- Motivation
- Kreativität

Theorie

Als Edward de Bono 1967 das Buch „The Use of Lateral Thinking" veröffentlichte, prägte er den Begriff des „lateralen Denkens". Laterales Denken leitet sich ab von „latus" = „die Seite" und stammt aus dem Lateinischen. Was er damit meinte, war die Fähigkeit, an die Seite oder um die Ecke denken zu können, wenn uns das lineare Denken bei der Lösung vorhandener Probleme nicht mehr weiterhilft. Umgangssprachlich sagt man auch querdenken oder eben auch nicht lineares Denken.

De Bono geht davon aus, dass unser Gehirn nicht nur Schritt für Schritt zur Lösung eines Problems gelangt, sondern verschiedene, im Leben gemachte Erfahrungen verknüpft, Muster ordnet und vergleicht und so, quasi vernetzt oder auch querdenkend, zu guten Lösungen kommt. Unser Verstand sucht nach vorhandenen Mustern, um Vorhandenes mit Neuem zu vergleichen. Er selbst sagte dazu: *„Neue Ideen müssen erst einmal mit alten kämpfen, bevor sie angenommen werden können."* Beim lateralen Denken geht es um Kreativität, denn aus dem Umgang mit Informationen können kreative Ideen gewonnen werden. Ich muss in der Lage und bereit sein, lateral zu denken, um eine über die eigene Denkweise hinausgehende Perspektivenerweiterung zu erzeugen. Sie dient dazu, neue Ideen zu entwickeln.

Laut de Bono ist das laterale Denken das Gegenteil vom vertikalen/logischen Denken. Denn dieses führt von einer richtigen Aussage zur nächsten, zur nächsten, bis es schließlich die richtige Lösung erzeugt, was in vielen Situationen auch sinnvoll ist. In schwierigen oder sehr komplexen Situationen, in denen Neues gefragt ist, versagt jedoch das vertikale/logische Denken, denn es verhindert Gedankensprünge, das Querdenken oder Verbinden von zunächst augenscheinlich Unverbundenem.

> *„Man kann ein Problem nicht mit derselben Art zu denken lösen, mit der es entstanden ist."*
>
> – Albert Einstein –

De Bono erklärt: *„Vertikales Denken wird benutzt, um dasselbe Loch noch tiefer zu graben. Laterales Denken benutzt man, um an anderer Stelle zu graben oder vielleicht auch noch etwas anderes zu tun, als zu graben."*

Der weiße Hut

Der gelbe Hut

Der blaue Hut

Der grüne Hut

Der rote Hut

Der schwarze Hut

Mit der Denkhut-Methode hat Edward de Bono eine Strategie entwickelt, die es Einzelnen, aber insbesondere auch Gruppen ermöglicht, verschiedene Denk- und Wahrnehmungsperspektiven strukturiert einzunehmen und so zu fundierten Lösungsmöglichkeiten zu gelangen.

Die sechs Hüte sind mit verschiedenen Farben belegt, die verschiedene Denkrichtungen symbolisieren:

1. **Der weiße Hut:** Zahlen, Daten, Fakten, Informationen
2. **Der gelbe Hut:** Optimismus, Vorteile, Chancen
3. **Der blaue Hut:** Die Moderation des Denkprozesses an sich sowie die Meta-Ebene
4. **Der grüne Hut:** Kreativität, neue Ideen, positive Provokation zur Lösungsfindung
5. **Der rote Hut:** Gefühle und Intuition
6. **Der schwarze Hut:** Risiken, Blockaden, Bewertung

Die Hüte lassen sich in verschiedener Form nutzen, sie können rein metaphorisch gesehen oder auch tatsächlich aufgesetzt werden (siehe auch Anwendung). Um strukturiert querzudenken, empfahl de Bono bei der Anwendung der Denkhut-Methode, dass jeder Hut nur für eine bestimmte Zeit aufgesetzt wird, denn es könnte

- ungewohnt,
- unkomfortabel sein,

- sich unnatürlich anfühlen oder im kritischen Fall
- auch unproduktiv sein, sollte sich ein Hut für eine Person so gar nicht stimmig anfühlen und abgelehnt werden.

Anwendung

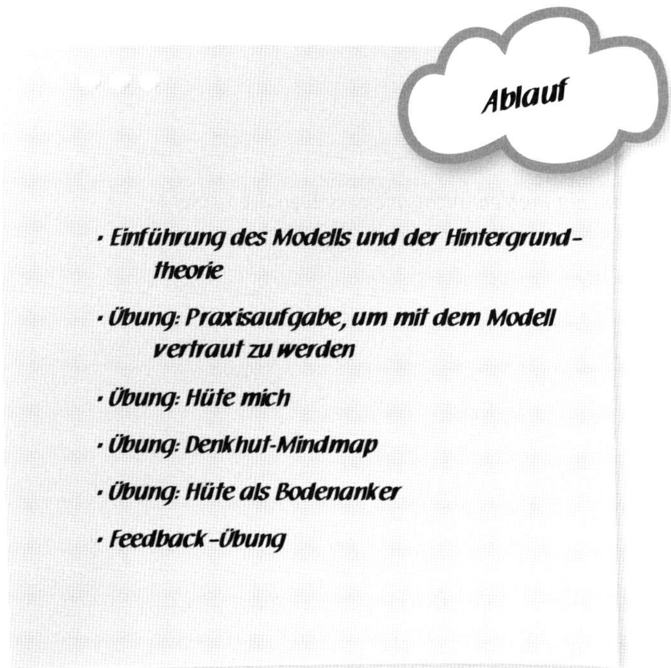

Einführung des Modells und der Hintergrundtheorie

Wenn Sie als Trainer diese Methode vermitteln und einsetzen möchten, ist es zunächst hilfreich, einen kurzen Hintergrundüberblick zu vermitteln sowie die sechs Hüte und ihre Bedeutung zu erklären. Dies kann in verschiedener Form stattfinden: Entweder Sie fassen die sechs Hüte auf einem Flipchart zusammen oder Sie erklären sie mithilfe von sechs mitgebrachten Hüten und dazu erstellten Karten oder Sie erläutern sie mit einer erstellten PowerPoint-Präsentation.

De Bono empfahl, die Methode nach einer bestimmten Abfolge oder Sequenz zu benutzen. Wenn z.B. ein Problem diskutiert werden soll, empfiehlt er, zunächst das Problem zu analysieren, dann verschiedenste Lösungen zu entwickeln und dann eine Entscheidung zu treffen, indem die verschiedenen Lösungen kritisch überprüft wurden. Diese Empfehlung wird hier in den Übungen ergänzt.

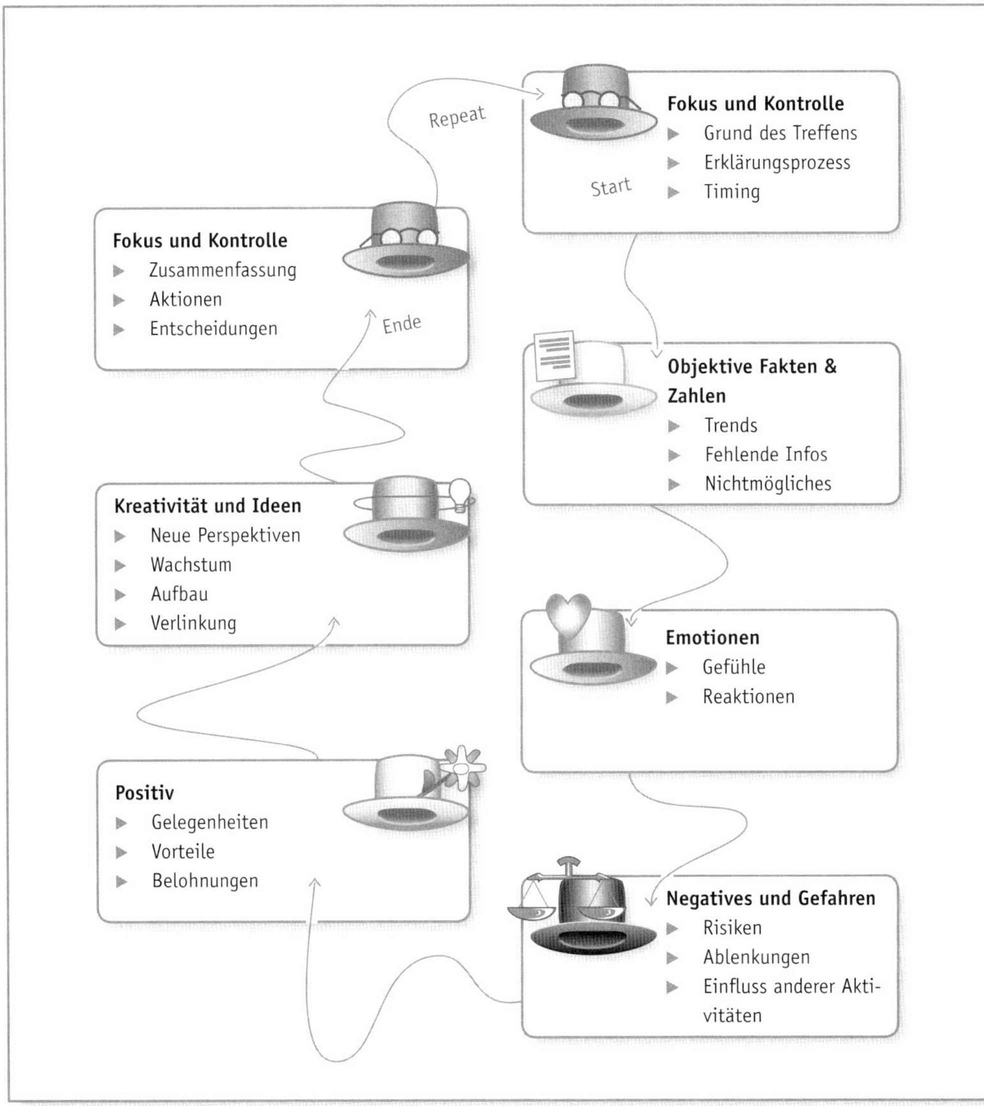

Abb.: Das Modell wird eingeführt

Übung: Praxisaufgabe

Stellen Sie folgende Aufgabe, um die Gruppe mit der Methode vertraut zu machen: *„Stellen Sie sich vor, Sie sind ein Team und Sie haben die Aufgabe, ein Teamevent zu überlegen, zu diskutieren und darüber zu entscheiden, was sie umsetzen möchten. Die Firma stellt Ihnen fünf Tage und die finanziellen Ressourcen zur Verfügung. Sie bekommen 20 Minuten Zeit, um zu einer gemeinsamen Lösung zu kommen. Bitte wählen Sie einen Moderator und benutzen Sie die Denkhut-Methode."*

Bei der Umsetzung gibt es z.B. folgende Möglichkeiten:

- Die Methode wird völlig frei ausprobiert, das Erlebte hinterher reflektiert.
- Eine Diskussion in der Runde, das Flipchart ist zu sehen, jeder wählt metaphorisch den oder die Hüte, die ihm hilfreich erscheinen.
- Richtige Hüte werden aufgesetzt. Es kann jeweils ein Hut an alle Teammitglieder durchgegeben werden, danach der nächste und sofort.
- Eine sehr fröhliche Alternative ist auch, die Hüte in einer Gruppe von sechs Personen aufsetzen zu lassen und dann wird je nach Hut die Aufgabe beantwortet – entweder alle nacheinander und dann werden die Hüte gewechselt oder alle sprechen durcheinander und „schmeißen sozusagen die Argumente laufend in den Kreis".

Übung: Hüte mich

Es sollte an einer konkreten Fragestellung gearbeitet werden, damit der Anwendernutzen für Beteiligte, insbesondere, wenn es sich um logisch Denkende handelt, schnell deutlich wird.

1. **Der weiße Hut:** Zahlen, Daten, Fakten, Informationen
2. **Der gelbe Hut:** Optimismus, Vorteile, Chancen
3. **Der blaue Hut:** Die Moderation des Denkprozesses an sich sowie die Meta-Ebene
4. **Der grüne Hut:** Kreativität, neue Ideen, positive Provokation zur Lösungsfindung
5. **Der rote Hut:** Gefühle und Intuition
6. **Der schwarze Hut:** Risiken, Blockaden, Bewertung

In dieser Variante wird zuerst der weiße Hut entweder metaphorisch oder physisch aufgesetzt und der Reihe nach von allen beantwortet und dann der nächste und der nächste, bis schließlich der schwarze Hut dran ist. Sollten dann noch Bedenken bzgl. der entstandenen Lösung bestehen, darf auch der rote Hut noch mal aufgesetzt werden und gegebenenfalls danach der grüne, um neue Alternativen zu finden.

Übung: Denkhut-Mindmap

Da die Ergebnisse, die zu den jeweiligen Hüten zusammengetragen werden, ja i.d.R. bei einer Fragestellung von Tragweite auch protokolliert werden müssen, kann es auch eine gute Idee sein, die sechs Hüte als Mindmap auf einer großen Plakatwand vorzubereiten und von der Gruppe bearbeiten zu lassen. Dann sind alle Ideen und kritischen

Punkte gleich protokolliert und visualisiert und so kann sich der Lösung gut angenähert werden.

Abb.: Hut-Bilder als Bodenanker

Übung: Hüte als Bodenanker

Eine sehr spannende Alternative ist die Arbeit mit Bodenankern: Diese Alternative sieht vor, die Hüte nicht als Hüte, sondern als Karten (idealerweise laminiert) im Raum zu verteilen und bei einer gegebenen Fragestellung dem jeweiligen Impuls für einen Hut zu folgen, sich dort hinzustellen und auf die Fragestellung Antworten zu geben.

Feedback-Übung

Man kann die Übung mit den Karten auf dem Boden auch als generelle Feedback-Übung benutzen, indem beispielsweise eine gerade zu Ende bearbeitete Thematik mit den sechs Hüten abgefragt wird. Das geht schnell, bringt Bewegung und auch noch einmal gute, oder auch zu beachtende Themen in den Raum.

Kommentar

Wie oben zu sehen, bietet sich die Denkhut-Methode in vielerlei verschiedenen Formen und Methoden an, die hier angebotenen sind nur ein Auszug. Wird die Methode gut eingeführt und erklärt, ist sie sehr effektiv und wird von Teilnehmern eines Workshops oder Seminars gut angenommen. Allerdings ist auch das die besondere Herausforderung im positiven Sinne. Denn die Idee, 6 Hüte – physisch oder auch gedanklich – aufzusetzen, kann zunächst auch zu Widerständen führen, da die Methode als Spielerei empfunden werden kann.

Technische Hinweise

Für die Denkhut-Methode werden je nach Anwendung einer Methode unterschiedliche Materialien benötigt wie Flipcharts oder Pinnwände, Hüte, laminierte farbige Karten usw. Das Wesentlichste ist die Darstellung der Bedeutungen der sechs Hüte inklusive ihrer Farben.

Querverweise

- Eine alternative, etwas weniger komplexe Methode zur Generierung von Vielfalt und Austausch ist das Jigsaw-Modell (S. 333).
- Das Reflecting Team (S. 298) kann eine Ergänzung sein, insbesondere, wenn ein Team an konkreten Themen arbeitet. Das Reflecting Team kann die Meta-Ebene noch einmal verstärkt einnehmen und/

oder ganz Ungesagtes in dem Raum holen. Das Reflecting Team wird damit sozusagen zu einem Sounding- oder Feedback-Board.
- Das Tetralemma (S. 325) ist sicher ebenfalls eine inspirierende Alternative, da durch diese Methode auch ein Paradigmenwechsel erzeugt werden kann.

Weiterführende Literatur

Folgende Bücher wurden von Edward de Bono verfasst und diese Übersicht ist noch nicht allumfassend:

- The Use of Lateral Thinking
- The Mechanism of Mind
- Six Thinking Hats
- Serious Creativity
- The 6 Value Medals
- How to Have a Beautiful Mind
- Der kluge Kopf
- De Bonos neue Denkschule
- Mindpack

- Luther, M.: Das große Handbuch der Kreativitätsmethoden, Bonn: managerSeminare Verlag 2013.
- Funke, A. & Havenith, E.: Moderations-Tools, Bonn: managerSeminare Verlag, 3. Aufl. 2013.

Hintergrund

Edward de Bono (*1933), studierte Medizin und Psychologie und promovierte später in Harvard. Er wurde bekannt als Schriftsteller, Autor und Lehrer. Weltberühmt wurde er als die führende Autorität im Bereich des kreativen Denkens und der Innovationen und als Begründer der Lehre, dass „Denken" als Fähigkeit trainiert werden kann. Er entwickelte das Konzept des lateralen Denkens oder auch Querdenkens und hat im Verlauf seiner beruflichen Laufbahn über 70 Bücher geschrieben. Das Konzept des lateralen Denkens und gleichzeitig sein Bedürfnis nach Einfachheit, Klarheit und Praktikabilität waren Ausgangskonzepte für seine im Folgenden entwickelten Methoden, die er in seinen Büchern veröffentlichte.

Unternehmen wie IBM, NTT, Nokia, Siemens, Bosch, Ericson, Total und viele weitere haben seine Methodik des lateralen Denkens, der Denkhut-Methodik und weitere Schwerpunkte seiner Arbeit in ihren Organisationen implementiert.

Walt-Disney-Strategie

von Heinz-Peter Brenner

Ziel

Das Ziel der Walt-Disney-Strategie ist es, kreative Prozesse in Bewegung zu setzen, sie zu unterstützen, die daraus resultierenden Lösungen kritisch zu prüfen, diese zu optimieren und in eine tatsächliche Umsetzung zu bringen. Dies geschieht auf individueller Ebene wie auch auf Teamebene. Aus diesem Prozess entstehen in der Regel effiziente, effektive und akzeptierte Ergebnisse. Die klassischen Problemfelder, die häufig in kreativen Prozessen auftreten, wie Zaudern, Verheddern, Verwerfen, in Killerphrasen denken u.s.w., werden mit dieser Strategie verhindert bzw. deutlich reduziert. Damit entsteht für die beteiligte(n) Person(en) eine strukturierte Vorgehensweise mit Freude, Lust und Motivation, am anstehenden Thema zu arbeiten. Das Ergebnis ist in der Regel eine realitäts- und umsetzungsnahe, von den Beteiligten getragene Ideen- und Lösungsfindung.

Kontext

- Konflikt
- Problemlösung
- Change
- Synergien
- Führung
- Projektplanung
- Konzeptentwicklung

Theorie

Graham Wallas hat 1926 in seinem Werk „The Art Of Thought" vermutlich als einer der Ersten ein systematisches Modell des kreativen Denkens entwickelt. Die von Wallas aufgeführten Phasen – **„Preparation"**, **„Incubation"**, **„Illumination"** und **„Verification"** – gelten heute allgemeingültig als die Phasen, die für einen kreativen Prozess hilfreich sind.

In der Phase der Vorbereitung geht es darum, zu definieren, was das Problem und das zu erreichende, motivierende Ziel ist. Es ist hilfreich, dies in schriftlicher Form zu tun. Der Mensch, der neue Ideen kreieren und Innovationen entwickeln möchte, muss sein Feld genau studieren und vom Grundsatz wissen, worum es geht. Wirklich innovative Ideen entstehen nicht im luftleeren Raum, sie stammen von Menschen, die sich mit der Thematik in der Regel lange beschäftigt, viele Informationen gesammelt und Recherchen betrieben haben. Kreativität fällt nicht vom Himmel.

Die nächste Phase bezeichnete Wallas als die **Inkubationsphase.** Er stellte fest, dass den meisten Menschen die finale Erkenntnis oder Eingebung in einem Moment der totalen Entspannung kam, in der das Problem für kurze Zeit komplett vergessen wurde und das Unterbewusstsein die Möglichkeit hatte, zu wirken. Diese Phase ist jedoch leichter gesagt als getan, denn bewusst abzuschalten und die Aktivitäten ruhen zu lassen, lässt sich nicht so leicht auf Knopfdruck erzeugen. Entspannungstechniken helfen, diese Phase zu kreieren.

Nach der Inkubationszeit kommt die Phase der **Illumination.** Neue Ideen kommen in dieser Phase unerwartet wie eine Erleuchtung, und die Ideen haben manches Mal auch nicht auf den ersten Blick mit dem Problem zu tun. Idealerweise werden diese Ansätze schriftlich festgehalten, damit nichts verloren gehen kann, auch wenn ein Vorschlag zunächst unsinnig oder unrealistisch zu sein scheint.

Die Prüfung auf Realität kommt erst danach, nämlich in der Phase der Überprüfung/**Verifikation.** Erst hier werden die Vorschläge auf ihre Machbarkeit und ihren Nutzen hin überprüft. Wallas empfahl, den Ideen eine realistische Chance zu geben und darauf zu vertrauen, dass die Intuition einen leitet, festzustellen, inwiefern es sich um eine wirklich gute Idee handelt. Und es sei wichtig, sich die Zeit zu geben, nicht zu früh aufzugeben und die Bewusstheit zu entwickeln, dass es diese Phasen auch braucht.

Als der Visionär und Perfektionist Walt Disney begann, seine ersten Filme zu drehen hat ihn vermutlich Graham Wallas inspiriert, insbesondere, als er sich 1926 verstärkt darauf konzentrierte, in die Produktion der Filme zu gehen. Die nach ihm benannte Walt-Disney-Strategie oder -Methode war allerdings in den Disney Studios gar nicht als solch eine Methode benannt oder bekannt, sondern lediglich die Arbeitsgepflogenheit, mit der viele der Filme aus der damaligen Zeit kreativ entstanden sind. Die Disney-Strategie ist von Robert Dilts Anfang der 1990er-Jahre publik gemacht worden, als er Walt Disney mit seiner Arbeitsmethode modelliert hat, um herauszufinden, wie man besondere Kreativität erlangt und **„das Träumen wiedererlernt".**

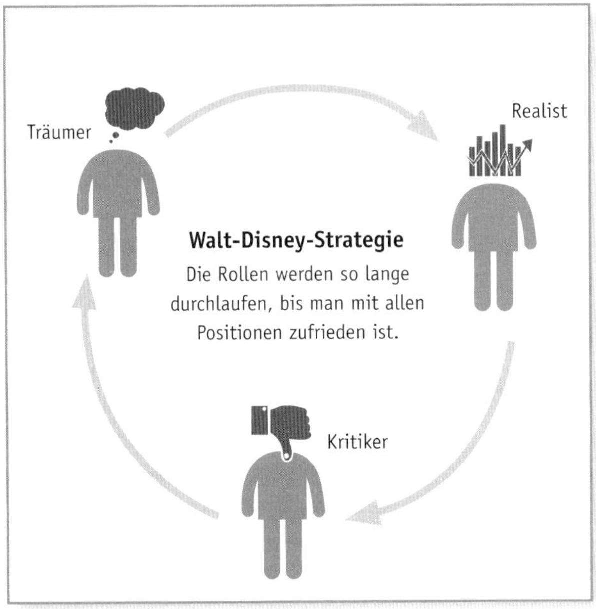

Die von Walt Disney praktizierte Arbeitsweise wurde auch unter dem Namen der **„Drei Denkstühle"** oder **„Drei Denkräume"** bekannt. Er benutzte drei verschiedene Perspektiven, die des **„Träumers"**, die des **„Realisten"** und die des **„Kritikers"**. Diese drei Rollen wurden von ihm auf drei unterschiedliche Stühle im Raum übertragen.

Saß er auf dem Stuhl des Träumers, war es nur erlaubt
- kreativ zu sein,
- Visionen zu entwickeln,
- Ideen und Lösungen zu sammeln,
- eine positive Grundhaltung einzunehmen und alles zuzulassen.

Abb.: Systematischer Perspektivenwechsel bei der Disney-Strategie

Hatte er diese Perspektive abgeschlossen, wechselte er auf den nächsten Stuhl. Nun saß er auf dem Stuhl des Realisten. In dieser Rolle war es nur erlaubt, auf der Basis der Ideen des Träumers mit Logik und Realismus
- konkrete Schritte zur Umsetzung zu entwickeln (Plan),
- zu sammeln, was zur Realisierung benötigt wurde,
- die Aufgabenverteilung vorzunehmen,
- die Kosten zur Realisierung zu ermitteln.

War auch diese Perspektive abgeschlossen, wechselte er auf den nächsten Stuhl, den Stuhl des Kritikers. Hier war es nur erlaubt, als Reaktion auf den Realisten
- Bewertungen durchzuführen,
- Risiken und Gefahren zu erfassen,
- Bedrohungen anzudenken,
- Schwachstellen zu suchen und
- Verbesserungsmöglichkeiten finden.

Er wechselte die Stühle und damit auch die Rollen so lange, bis er auf allen drei Stühlen zufrieden war. Die Abfolge war: Träumer, Realist, Kritiker, Träumer, Realist, Kritiker … Diese von ihm praktizierte Vorgehensweise stellte sicher, dass alle Sichtweisen „gut gehört zu Worte" kamen. Er führte eine räumliche und zeitliche Trennung durch, die verhinderte, dass die beschriebenen, möglichen Störungen auftraten, die ansonsten in der Praxis zu beobachten sind. Später entwickelte er sogar eigene Räume, die der jeweiligen Rolle/Perspektive zugeordnet waren, gestaltete sie farblich und architektonisch entsprechend und stellte sie den Kreativitätsteams für die jeweilige Phase des kreativen Denkens und Entwickelns zur Verfügung. So übertrug Walt Disney seine Vorgehensweise auf sein Team. Das Filmteam zog dann von einem Raum zum anderen, mit den gleichen Rahmenbedingungen, die zuvor mit den Stühlen beschrieben wurde.

In der Anwendung ergeben sich aus dem beschriebenen Ansatz drei Einsatzfelder, die hier dargelegt werden sollen.

Anwendung

Anwendungsbeispiel: „Einzelperson in Einzelarbeit" (Selbstcoaching)

Der Einsatz der Methode orientiert sich hierbei konkret an der Vorgehensweise von Walt Disney. Das bedeutet: Platzierung von drei Stühlen oder drei Plätzen, z.B. Raumecken oder Nutzung von drei verschiedenen Orten, wenn die Räumlichkeiten vorhanden sind. Wichtig ist, dass es drei deutlich getrennte „Örtlichkeiten" sind. In Abgrenzung zu den zu definierenden Stühlen oder Plätzen sollte ein „neutraler Platz" oder Stuhl/Raum vorhanden sein, der nicht belegt und dann auch geeignet ist, um einen Einstieg und/oder Ende des Prozesses möglich zu machen. Solch ein Platz kann auch als Meta-Position bezeichnet werden.

Ein wesentlicher Erfolgsfaktor für die optimale Nutzung der Methodik ist es, für die gewünschte Perspektive feste Plätze zu definieren. Dies nennt man auch Verankern. Das bedeutet, es muss ein Kontext geschaffen werden, sodass beispielsweise der Platz des „Träumers"

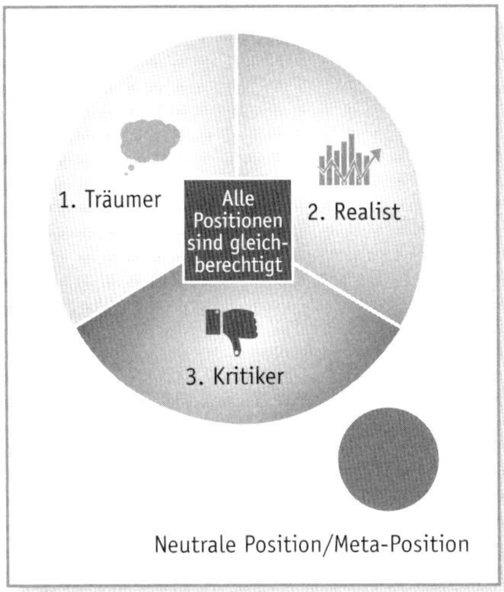

Abb.: Gleichberechtigung der Perspektiven. Die neutrale Position ist hilfreich zur Moderation

mit der Rolle – kreativ sein, Visionen entwickeln, Ideen und Lösungen sammeln, alles ist möglich, es gilt eine positive Grundhaltung – optimal zusammenpasst. Dies kann zum Beispiel die Leseecke im Wohnzimmer sein, das Bügelzimmer, die Werkstatt ... Ich begebe mich tatsächlich räumlich dorthin und bin damit im entsprechenden Zustand. Dies kann ich noch dadurch verstärken, indem ich an diesem Platz an eine konkrete Situation in der Vergangenheit denke, in der ich in der Position des „Träumers" besonders kreativ war. Das gleiche gilt für die Örtlichkeiten der beiden anderen Plätze, den Platz des Realisten und des Kritikers, und einer Ausstattung passend zu den entsprechenden Eigenschaften. Existieren solche passenden Plätze nicht, kann man sie trotzdem definieren. Zum Beispiel, indem man einen Stuhl als „Träumer" besetzt und sich dort gedanklich die Frage stellt: *„Wann und wo war ich sehr kreativ, wo ist es mir besonders gut gelungen, Visionen zu entwickeln, gute Ideen zu sammeln und wo habe eine positive Grundhaltung bei mir wahrgenommen?"* Lassen Sie im Rahmen des Selbstcoachings die Erinnerung und ihre Gedanken zu und erinnern sich möglichst konkret daran.

Diese Vorbereitung fester Plätze erfordert etwas Zeit, ist aber eine ganz entscheidende Komponente, um erfolgreich arbeiten zu können. Hilfreich und unterstützend kann es auch darüber hinaus sein, an den einzelnen Plätzen unterschiedliche, passende Körperhaltungen einzunehmen. Zum Beispiel auf dem Sofa liegend als Träumer, in der Werkstatt stehend als Realist und am Fenster rausschauend als Kritiker.

Nun erfolgt der nächste Schritt: Wenn Sie Ihr zu bearbeitendes Thema, wie z.B. das zu lösende Problem dargestellt und ein inspirierendes Ziel definiert haben, beginnen Sie Ihre Arbeit auf dem von Ihnen verankerten Platz des Träumers. Hier ist nun nur erlaubt, aus der Perspektive des Träumers zu agieren. Machen Sie sich bitte entsprechende Notizen, damit keine Informationen verloren gehen. Zur besseren Visualisierung und Nachvollziehbarkeit können Sie auch mit unterschiedlichen Farben, Blättern oder Formen (z.B. Moderationskarten) arbeiten.

Diese und folgende Fragen können auf der Position des **Träumers** bearbeitet werden:

- *Welcher optimale Zustand wird angestrebt?*
- *Welche Argumente sprechen dafür?*
- *Wie könnte eine Lösung aussehen?*

- *Welche Lösungsideen gibt es?*
- *Welche Vision nehmen Sie wahr?*
- *Welche Möglichkeiten gibt es?*

Danach erfolgt der Wechsel auf den Platz des **Realisten.** Hier erfolgt nun das gleiche Vorgehen mit dieser Position mit den entsprechenden beschriebenen Eigenschaften. Die folgenden Fragen können auf der Position des Realisten beispielweise bearbeitet und auch erweitert werden, je nach Anwendungsbedarf. Es ist jedoch wichtig, darauf zu achten, dass die Grundposition und die Perspektive – „Es geht um die Realisierung des Traumes" – eingehalten wird:

- *Was müsste geändert werden?*
- *Welche Ressourcen sind erforderlich?*
- *Was kostet es?*
- *Wer macht was, mit wem, bis wann?*
- *Wie sieht der Realisierungsplan aus?*
- *Was wäre hilfreich zur Umsetzung?*

Dann erfolgt der Wechsel auf den Platz des **Kritikers.** Hier gilt es, wieder den gleichen Ablauf mit den entsprechend beschriebenen Eigenschaften durchzuführen. Die folgenden Fragen können auf der Position des Kritikers bearbeitet werden:

- *Welche Konsequenzen hängen daran?*
- *Welche Risiken treten auf?*
- *Was fehlt?*
- *Was könnte verbessert werden?*
- *Welche Fehler/Schwachstellen sind zu erkennen?*

Nach dem ersten Durchgang erfolgt der zweite Durchgang, wieder beginnend mit der Träumerposition, dann der Realisten- und abschließend der Kritikerposition. Hierbei fließen die Erkenntnisse der jeweils anderen Positionen mit ein und werden so weiterentwickelt. Dieser Kreislauf setzt sich fort, bis alle Positionen zufrieden sind, d.h., dass keine neuen Erkenntnisse mehr in den einzelnen Positionen (Träumer, Realist, Kritiker) auftreten. Dies können dann zwei Runden mit allen Positionen oder mehr sein, bis das Ziel „Alle Positionen sind zufrieden" erreicht ist. Alle Perspektiven sind gleich wichtig. In jeder Position ist immer konstruktives Agieren gewünscht. Es geht nicht darum, Ideen, Gedanken, Lösungen zu zerstören, sondern positiv weiterzuentwickeln.

Zusammenfassend sind die folgenden Schritte zu realisieren:

1. Definition des Themas
2. Auswahl der *Arbeits*plätze

3. Ankern der Plätze mit den entsprechenden Rollen/Perspektiven/Zuständen
4. Durchlauf der Arbeitsplätze bis zum Abschluss mit den jeweiligen Notizen

Anwendungsbeispiel: „Ich coache eine andere Person"

Als Coach steht man häufig vor der Coaching-Anfrage eines Coachees, dem es nicht gelingt, für ein vorhandenes Problem eine Lösung zu finden. Oder er ist nicht in der Lage, eine Lösung in die Umsetzung zu bringen bzw. es fehlt ihm an der kritischen Auseinandersetzung mit einer Lösung. Anders formuliert, dem Coachee gelingt es nicht, vorhandene eigene Ressourcen zu erkennen bzw. vorhandene und erkannte Ressourcen zu strukturieren. Hier ist die beschriebene Methodik ein gutes Tool, um genau dies zu erreichen.

Die Vorgehensweise ist die gleiche, wie unter dem ersten Anwendungsbeispiel beschrieben. Der Coach übernimmt hierbei die Rolle des Begleiters im Ablaufprozess und stellt sicher, dass der Prozess, wie beschrieben, optimal abläuft.

Anwendungsbeispiel: „Ich begleite und coache ein Team"

Bei der Arbeit mit Teams unter Einsatz der genannten Methodik ist die Vorgehensweise identisch wie die beschriebene Vorgehensweise als Einzelperson. Wichtig ist hier, dass auf jeden Fall ein Moderator/Coach die Steuerung der Methode im Ablauf übernimmt. Er erklärt die Vorgehensweise, damit die Teilnehmer über den Ablauf und den Nutzen im Klaren sind. Ebenso muss geklärt sein, was mit den Ergebnissen geschieht, da es ansonsten zu Irritationen, Zweifeln an der Methode und, daraus resultierend, zu Diskussionen kommen kann, die vom eigentlichen Ziel der Veranstaltung wegführen.

Bei der Arbeit mit Teams bietet es sich an, in Abhängigkeit von der Gruppengröße unterschiedliche Räume zu nutzen. Es funktioniert aber auch, in einem großen Raum, unterschiedliche Ecken oder Plätze zu definieren.

Ergänzung:

Je nachdem, um welches Thema es sich handelt, kann zu Beginn eine moderierte Zeitreise durchgeführt werden. Sie ist ein guter Einstieg in die kreative Träumerphase. Eine Anleitung kann wie folgt aussehen:

„Stellen Sie sich vor, Sie sitzen in einer Zeitmaschine mit der Sie in die Zukunft reisen können. Schnallen Sie sich an, die Reise geht gleich los. Die Triebwerke werden gestartet, Sie werden in die Sitze gepresst, die Motoren heulen auf, Sie sehen, wie sich das Datum auf dem Kalender ändert, die Tage rauschen vorbei, die Monate rauschen vorbei, das Jahr xy ist vorbei ... usw. Ihre Zeitmaschine bremst langsam ab, das Jahr z ist erreicht. Sie schnallen sich ab und steigen aus der Zeitmaschine aus. Sie schauen sich um, betrachten alles ganz genau, was sehen Sie, was hat sich verändert oder ist gleichgeblieben, was hören Sie, welche Gespräche werden geführt? Nehmen Sie alles mit Ihren fünf Sinnen auf was es aufzunehmen gibt."

Stellen Sie in der Zeitreise einen Bezug zu Ihrem kreativen Thema her. Anschließend steigen die Teilnehmer in ihrer Zeitreise wieder in die Zeitmaschine ein und die Reise geht zurück in die Gegenwart, nach dem gleichen oder ähnlichem Reisemuster. Anschließend können sich alle Notizen zu den gewonnenen Eindrücken machen.

Kommentar

- Bei der Arbeit mit dem Walt-Disney-Modell ist bei der Moderation eine gewisse Kreativität und auch Mut zum Experiment gefordert.
- Der Einsatz des Modells im Rahmen eines Selbstcoachings (erstes Anwendungsbeispiel) ist anspruchsvoll, da der Anwender den Prozess sicher beherrschen muss und gleichzeitig inhaltlich arbeiten will.
- Das „Verankern" der Positionen/Zustände erfordert Kenntnisse dieser Technik und praktische Erfahrungen. „Verankern" als Technik ist auch im Rahmen anderer Coaching-Anwendungen sehr hilfreich und nützlich.
- Die Anleitung zur Zeitreise sollte vorher ausprobiert und geübt werden. Ebenfalls ist es sinnvoll, die Disney-Methode zu Beginn eines Einsatzes ausführlich zu erklären und die Teilnehmer einzuladen, mit Neuem zu experimentieren.

Technische Hinweise

Die Methode erfordert je nach Zielsetzung und Teilnehmerzahl eine intensivere Vorbereitung. Entsprechende Räume, ausreichende Sitzplätze bzw. Flächen müssen vorhanden sein. Flipcharts, Pinnwände, Notizblocks, Moderationsmaterial und ein digitaler Fotoapparat zum Festhalten von Ergebnissen sind ebenfalls sinnvoll.

Querverweise

- Die „Denkhut-Methode" (S. 309) ist eine ebenfalls strukturierte und differenzierende Methode der Kreativitätsentwicklung. Sie betrachtet einige Aspekte mehr, ist für manches Thema aber auch zu komplex.

- „Das Tetralemma“ (S. 325) ist ebenfalls eine spannende Alternative zur Disney-Strategie. Diese wirkt tiefer, allerdings ist die Disney-Strategie konkreter, daher kommt es auf die Themen an, die zur Anwendung kommen.

Weiterführende Literatur

- Dilts, R. B.; Dilts, R. W. & Eppstein, T.: Tools for Dreamers. Strategies for Creativity. Strategies for Creativity and the Structure of Innovation, Paderborn: Junfermann 1994.
- Dilts, R. B.; Dilts, R. W. & Eppstein, T.: Know-how für Träumer. Strategien der Kreativität, NLP & Modelling, Struktur der Innovation, Paderborn: Junfermann 1994.
- Dilts, R. B. : Strategius of Genius. Volume I. Aristotle, Sherlock Holmes, Walt Disney, Mozart, Capitalo: Meta Publications, 1994.
- Thomas, B.: Walt Disney. Die Original-Biographie, Stuttgart: Ehapa 1986.

Hintergrund

Walter Elias Disney, genannt „Walt“ (1901–1966) begann nach dem ersten Weltkrieg, erste Werbefilme zu zeichnen und produzierte mit seinem Bruder Roy eine Reihe von Kurzfilmen. Seit 1923 setzte er in Los Angeles seine Ideen in Trickfilme um, zusammen mit Ub Iwerks, der seit 1926 die Figuren konzipierte, und seinem Bruder, der für die Finanzen zuständig war. Seinen Durchbruch erzielte Walt Disney mit der Figur „Micky Maus“. Dafür erhielt er 1932 den Ehrenoscar, obwohl die Figur von Iwerks erfunden wurde. Er konzentrierte sich nun auf die Produktion von Filmen. Als Produzent von Kinofilmen, durch die Entwicklung von Fernsehshows und durch seine Auftritte als Moderator im Fernsehen machte er sich einen Namen und wurde zudem bekannt durch seine Vergnügungsparks. Mit 26 Oscars und über 800 Auszeichnungen gilt Walt Disney als eine der großen Persönlichkeiten des 20. Jahrhunderts.

Graham Wallas (1858–1932) war englischer Sozialist, Psychologe und Professor sowie Mitbegründer der London School of Economics. Wegweisend für die Kreativitätsforschung war sicherlich sein Werk „The Art Of Thought“.

Robert B. Dilts, geboren 1955, ist Autor, Trainer und Berater im Bereich des NLP. Er gehörte zur Gruppe der NLP-Begründer Grinder und Bandler und war selbst maßgeblich an der Weiterentwicklung von NLP und seiner Modelle und Methoden beteiligt, wie den Neuro-Logischen Ebenen der Veränderung, dem Meta-Spiegel und dem S.C.O.R.E Modell (Symptom, Cause, Outcome, Ressource, Effect).

Das Tetralemma

von Anja Leão

Ziel

Das „Tetralemma" von „Tetra" (Griechisch) = „vier" und „Lemma" = „Voraussetzung, Annahme" ist eine Technik zur Ideenfindung, zur Überwindung von Gegensätzen und Sichtbarmachung von Übersehenem, zur Klärung von inneren oder äußeren Konflikten, zur Lösung von Dilemmata und zur Erhöhung der Kreativität. Letztlich ist das Tetralemma eine Methode des „Reframings", einer Veränderung der Perspektive zum Ausgangszustand.

Kontext

- Kreativität
- Konfliktklärung
- Change
- Teamentwicklung
- Coaching
- Problemlösung
- Entscheidungsfindung

Theorie

Das Tetralemma diente schon im alten Griechenland dazu, vor Gericht alternative Lösungen und Entscheidungen zu finden. Der Richter konnte der ersten Partei recht geben, oder der zweiten Partei oder er fand eine Lösung, die beiden gerecht wurde oder etwas ganz anderes anbot. Bekanntheit hat das Tetralemma zum einen durch das NLP erhalten, in dem es in Form der Diamant-Technik eingesetzt wird, sowie dem „Meta-Mirror" von Robert Dilts, der seinem Modell die Positionen des Tetralemmas gedanklich zugrunde gelegt hat. Außerdem ist die Tetralemma-Aufstellung eine der bekanntesten Entwicklungen von Insa Sparrer und Matthias Varga von Kibéd. Das strukturierte Schema des Tetralemmas kann helfen, durch das schrittweise Durchlaufen von alternativen Abfolgen neue Gedanken zu entwickeln und damit das Querdenken zu befördern.

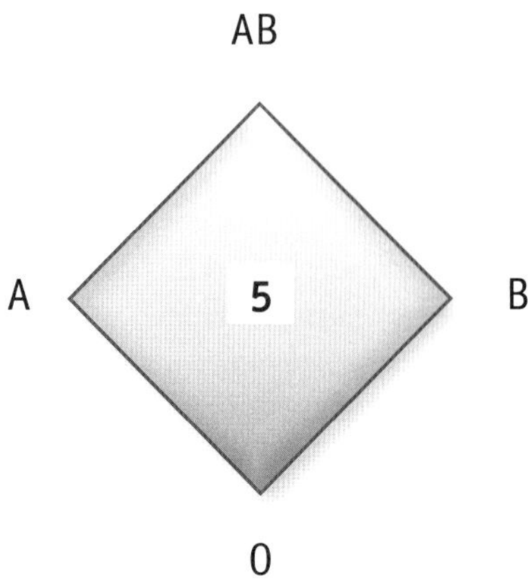

Abb.: Grundschema des Tetralemmas

	Die Positionen des Tetralemmas	Erläuterung
A	Das eine	Der Satz, das Thema oder das Problem, um das es geht.
B	Das andere	Der Gegen-Satz oder das Fehlen des Problems.
AB	Beides = „Sowohl als auch" – oder auch „die Fülle"	Ein Kompromiss/ein Konsens oder eine Synthese zwischen beiden ist eine erste Lösungsmöglichkeit auf einer höheren Ebene. Es wird hier schon etwas deutlich, was durch das „A oder B"/„entweder – oder" nicht sichtbar war. Es werden Gemeinsamkeiten gesucht und der Sinn in einer möglichen Kombination.
0	Keins von beiden = „Weder noch" oder auch „die Leere"	Dies ist eine sehr spannende Position, weil die Antwort dadurch erfolgt, dass ich mich innerlich von dem Problem entferne. Wenn in dem „Weder – noch" eine Lösungsidee liegen soll, dann geht das nur durch das Einnehmen einer Meta-Position. Interessant ist, dass es in dieser Position auch um den Kontext gehen kann, in dem das Dilemma zwischen A und B entstanden ist. Diese Perspektive kann der Situation einen ganz neuen Sinn geben.
5	Die **Fünfte Position** – „All dies nicht, all das nicht und selbst das nicht!", „Der Nicht-Standpunkt"	Die fünfte, die „Nicht-Position" erhalten wir, indem wir das ganze Tetralemma verneinen bzw. noch einmal nach einer ganz anderen Alternative auf einer höheren Ebene suchen. Hier wird ein ganzes Muster durchbrochen und eine ganz neue, kreative Perspektive erzeugt. Hilfreich ist hier, dass wir uns die Lösung auf der fünften Ebene eher als höhere Facette im Diamanten vorstellen, die über den anderen vier Ebenen steht.

Tab.: Erläuterung der Tetralemma-Positionen

Zur Position „Beides" hat Varga von Kibéd Untertypen der dritten Position angeboten, von denen hier die wichtigsten noch einmal zusammengefasst werden:

1. **Kompromiss**: Von beiden ist ein bisschen richtig. *„Mir wäre schon geholfen, wenn ich zwei bis drei Tage mehr Schlaf bekomme und am Wochenende mindestens ein Mal richtig ausschlafen kann."*

2. **Iteration**: Manchmal ist das eine, manchmal das andere richtig (sequenzielle Lösung). *„Im Winter gehe ich früher ins Bett und schlafe mehr, dafür gehe ich ab dem Frühjahr wieder laufen und komme mit weniger aus".*
3. **Scheingegensätze**: Die Alternative ist gar keine.
4. **Paradoxe Verbindung**: *„Indem ich weniger schlafe, erzeuge ich eine bessere Regeneration."*
5. **Ressourcentransfer**: Die Kraft des Nichtgewählten in das Gewählte einfließen lassen". *„Ich werde mir zwei Mal in der Woche eine kürzere Nacht gönnen, in der ich etwas Besonderes für mich tue und mich mit Zeit für mich belohne."*
6. **Übersummative Verbindung**: Die Synthese des Ganzen ist mehr als die Summe seiner Teile und kann zum Konsens zwischen beiden Polen führen. *„Wie kann die Lösung aus dem Positiven von beidem aussehen?"*

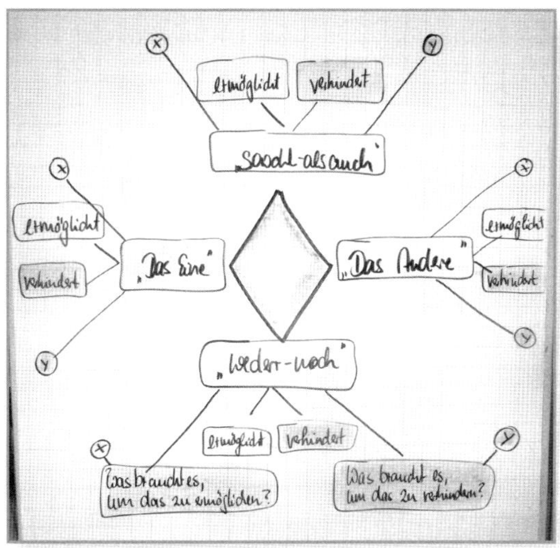

Abb.: Das Flipchart erläutert das Vorgehen beim Tetralemma

Diese Arten helfen noch einmal, in der dritten Position verschiedene Lösungsmöglichkeiten zu kombinieren. Interessant ist auch, dass das Tetralemma auch als Prozessschema oder Landkarte funktioniert – die Pole ergeben sich oft erst dadurch, dass wir „die Landschaft durchgehen". Und es ist manchmal wichtig, auch Ehrenrunden zu drehen, um sich nicht zu schnell zu verändern, denn für eine Veränderung ist auch der richtige Zeitpunkt wichtig.

Es kann sein, dass es Sinn macht, ein zweites Tetralemma zu erstellen, wenn sich das Problem durch die Entwicklung des ersten Tetralemmas verändert hat. In vielen Fällen ist dies jedoch nicht nötig. Es ist sogar häufig bereits so, dass schon die Aufforderung, überhaupt über die „Sowohl-als-auch-Frage" nachzudenken, ganz neue Ideen und Erkenntnisse erzeugt. Dieser „verbindende Raum" ist für viele Themenstellungen sehr erleichternd. Dadurch kann es passieren, dass ein Punkt (A+B=beides) plötzlich mehrere Bedeutungen bekommt (0), wenn man in die Richtungen nach oben und unten arbeitet. Also ein „Sowohl-als auch"-Punkt kann gleichzeitig ein „Weder-noch"-Punkt werden.

Die visuelle Darstellung der Technik als Landkarte ist bei hoher Komplexität nützlich und erzeugt einen deutlichen Perspektivwechsel in mehrere Richtungen. Denn Antworten relativieren sich immer mehr,

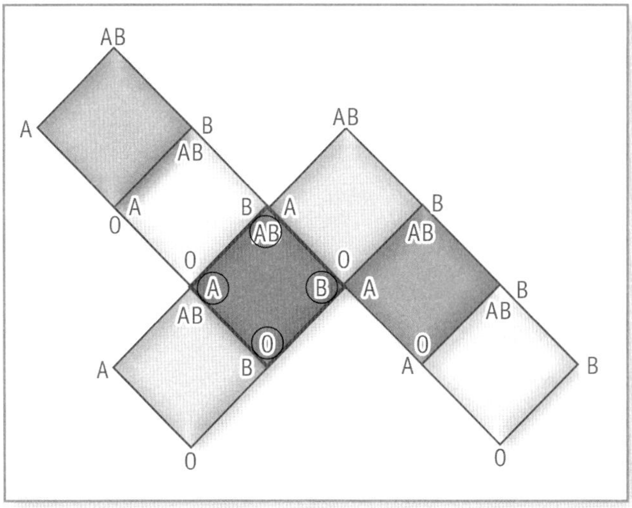

Abb.: Tetralemma-Prozess/Landkarte

es scheint nicht mehr nur ein Richtig zu geben, Gedanken stehen nicht mehr absolut für sich im Raum und ganz neue Gedanken und Ideen entstehen. Wenn man die Landkarte erstellt, kann es auch passieren, dass einem „ganz schwindelig im Kopf" wird. Es fühlt sich an, als ob im Gehirn andere Areale angezapft werden.

Beispiel: In einem Coaching überlegt ein Klient, wie es nach einer Restrukturierung des Konzerns, in dem er arbeitete, weitergehen könnte. Er hatte vor, sich im Rahmen eines Abfindungsprogramms auszahlen zu lassen, sein Bereich wurde komplett aufgelöst. Das Unternehmen hat ihm aktiv kein Angebot gemacht.

A: Das eine: Gönne ich mir ein Jahr Auszeit – oder

B: Nehme ich ein externes Angebot an, das mich zwar nicht über die Maßen motiviert, aber nicht nur die Existenz sichert, sondern sehr gut bezahlt wird?!

Beides: Gegebenenfalls könnte ich ja meine Leistung meinem Unternehmen auch als Dienstleistung anbieten und ein bisschen mehr Pause machen.

Keines von beiden: Ich könnte auch bleiben, wo ich bin. Oder: Ich könnte auch endlich meinem Traum folgen und Schiffe restaurieren. Oder: Ich hole mir jetzt nach der Restrukturierung den größeren Kuchen, warum sollte ich mich nicht mutig auf die Stelle meines Chefs bewerben?!

5. Position: „Worum geht es denn sonst noch?" – der größere Kontext – „Eigentlich wollte ich immer in meinem Leben den Dr. machen." Oder: „Eigentlich wollte ich endlich anfangen, mich mehr um mich zu kümmern, seit die Kids aus dem Haus sind."

Die weitere Exploration der verschiedenen Positionen erzeugte nach einiger Zeit die Lösung für ihn. Insgesamt kann man sagen, dass Kennzeichen für eine gute Lösung sind, wenn

- neue Sichtweisen auf das ursprüngliche Problem entstanden sind,
- der Beteiligte milder mit sich und oder dem Problem ist oder
- das Problem gar nicht mehr als solches wahrgenommen wird.

Anwendung

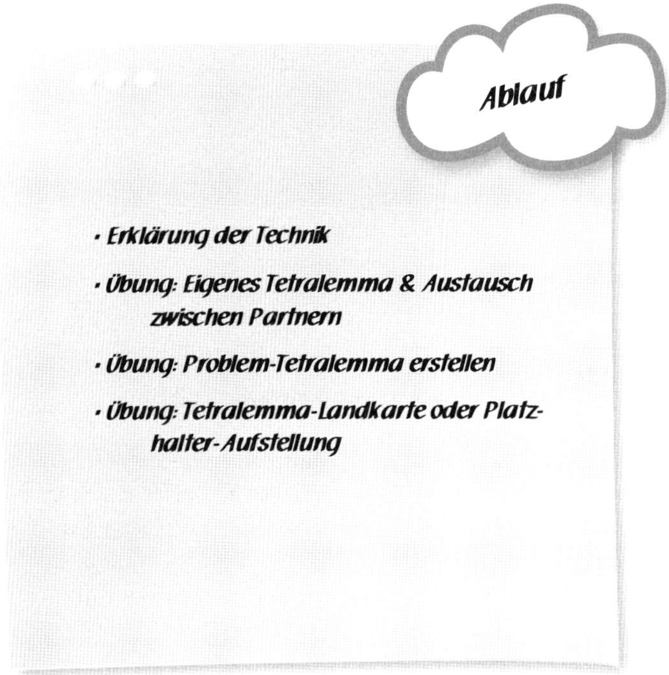

Erklärung der Technik

Das Tetralemma ist eine Methode, die als Bestandteil eines Seminars vermittelt und angewendet werden kann. Dazu erklären Sie zunächst das Modell. Geben Sie auch ein bis zwei Beispiele, damit das Modell praktisch verständlich wird.

Übung: Eigener Diamant und Austausch zwischen Partnern

Geben Sie den Teilnehmern die Aufgabe, ein eigenes Tetralemma zunächst eher mit einem grundsätzlichen Thema aufzubauen.

Beispiel: *„Ich esse viel und gerne Fleisch“* (A) versus *„Ich werde Vegetarier“* (B), oder *„Ich trinke gerne Abends ein Glas Wein oder zwei“* (A) versus „…“ (B) – oder ein eigenes gewähltes Beispiel oder Dilemma.

1. Benennen Sie das Problem
2. Bestimmen Sie das dazugehörige Ziel (Wohlgeformtheit).
3. Was ist der „einende Raum“ von Problem und Ziel, in dem „sowohl als auch“ möglich ist bzw. *„Was haben der Satz und der Gegensatz gemeinsam?“ „Was ist der gemeinsame Hintergrund von Satz und Gegensatz?“ „Was wollen beide gemeinsam sicherstellen?“*
4. Was ist, wenn weder das „Eine“ noch „das Andere“ ist, also etwas jenseits der davon oder „die Leere“? *„Was liegt jenseits von Satz und*

Gegensatz?", „Womit hat weder der Satz noch der Gegensatz etwas zu tun?"

5. Bestimmen Sie für die vier Positionen die „Ermöglichung" und die „Verhinderung".
6. Bestimmen Sie die fünfte Position – was könnte dieses „Dies nicht und das nicht und auch all jenes nicht" denn sein? Beziehungsweise auch die Antwort auf einer „höheren Ebene"?
7. Betrachten Sie das Problem und das angestrebte Ziel erneut – wo stehen Sie jetzt?
8. Machen Sie, sofern hilfreich, selbst bei einer bereits gefundenen Lösung noch einmal den **Ökologie-Check** für die gute Lösung:

> *a) „Was gibt es, das gegen die Lösung sprechen könnte?"*
> *b) „Welche möglichen negativen Auswirkungen könnten mit der Lösung verbunden sein?"*
> *c) „Wann wird die Lösung zum ersten Mal in welchem Kontext ausprobiert?"*

Zunächst ist es ausreichend, die Positionen zu befüllen. Das kann entweder auf einem Blatt Papier sein oder auch auf einem Flipchart oder Plakat gestaltet werden. Danach bitten Sie die Teilnehmer, sich zu zweit zusammenzufinden und sich über ihr Tetralemma auszutauschen und zu besprechen, welche Erkenntnisse sie daraus gewonnen haben.

Übung: Problem-Tetralemma erstellen

Lassen Sie eine Tetralemma-Landkarte darstellen. Hierbei gibt es mehrere Möglichkeiten. Die Teilnehmer können erneut an einem selbst gewählten Thema arbeiten oder sie können ein unternehmerisch herausforderndes Thema wählen.
Beispiel: *„Wir haben keine Vertrauenskultur in unserem Unternehmen"* (A) versus *„Wir tauschen uns offen aus, können Probleme besprechen und uns auf Vereinbarungen verlassen" (B)*. Sie können auch ein sozialkritisches Thema erarbeiten lassen, etwa Sterbehilfe, Frauenquote etc.

Übung: Tetralemma-Landkarte oder Platzhalter-Aufstellung

Sie können das Tetralemma auch mit Platzhaltern im Raum auf dem Fußboden aufbauen und als Kreativitäts- oder Problemlöseszenario nutzen. Dazu schreiben Sie auf je eine Karte eine der fünf Positionen und legen damit sozusagen einen Diamanten auf den Fußboden. Die fünfte Position können Sie entweder in die Mitte legen oder auch weiter außen erhöht. Zu dem Zweck bietet sich eine Empore an oder auch ein Stuhl, auf den die Teilnehmer steigen können.

Außerdem können Sie mit dem Tetralemma auch eine Aufstellung durchführen, indem jeweils für jede der fünf Positionen Vertreter benannt werden und sich im Raum aufstellen.

Kommentar

Eine Aufstellung sollte nur dann durchgeführt werden, wenn Sie als Seminarleiter hierzu Erfahrung mitbringen. Dies gilt insbesondere, wenn es sich bei dem inhaltlich gewählten Thema um ein heikles, persönliches oder emotional berührendes handelt. Außerdem empfiehlt sich immer eine Zusammenfassung, nachdem die Tetralemma-Technik in einem Seminar angewandt wurde. Es soll sichergestellt sein, dass alle Fragen zur Technik an sich beantwortet worden sind. Wenn die Technik genutzt wurde, um damit Problemlösungen zu entwickeln, ist es natürlich sinnvoll, diese auch in konkrete Aktionspläne zu überführen.

Technische Hinweise

Zur Erklärung des Tetralemmas ist entweder eine Plakatwand oder ein Flipchart erforderlich. Wenn man Teilnehmern eine visuelle Möglichkeit zur Entwicklung eines eigenen Tetralemmas anbieten will, dann ist es hilfreich, jedem eine Plakatwand oder ein Flipchart anzubieten mit Moderationskarten und Materialien.

Querverweise

Das Tetralemma ist sehr komplex. Wenn zur Generierung von neuen Ideen und Lösungen andere Alternativen gesucht werden, dann bieten sich die Disney-Strategie und die Denkhut-Methode an, beide sind auch allein bzw. im Coaching gut nutzbar.

Weiterführende Literatur

- Sparrer, I. & Varga von Kibéd, M.: Ganz im Gegenteil. Tetralemmaarbeit und andere Grundformen Systemischer Strukturaufstellungen – für Querdenker und solche, die es werden wollen, Heidelberg: Carl Auer, 6. Aufl. 2009.
- Simon, F. B. & Varga von Kibéd, M.: Wieslocher Dialog, Tetralemma, Konstruktivismus und Strukturaufstellungen, Aachen: Ferrari Media 2008.
- Leão, A. & Hofmann, M.: Fit for Change & Fit for Change II, Bonn: managerSeminare Verlag 2007 & 2009. Siehe insbesondere: Fit for Change: „Coach the Change", „Impulsionen", „Gut aufgestellt"; Fit for Change II: „Hypothesen-Constellation".

Hintergrund

Zum Tetralemma an sich lässt sich nicht der eine Urheber ermitteln, die Grundlage ist bereits aus dem alten Griechenland bekannt und wurde methodisch in der griechischen Gerichtsbarkeit eingesetzt.

Die Urheber der Tetralemma-Aufstellung sind **Matthias Varga von Kibéd** und **Insa Sparrer**. Das Ehepaar gründete 1996 gemeinsam das SySt-Institut für systemische Ausbildung, Fortbildung und Forschung in München. Schwerpunkt ihrer Arbeit am SySt ist die Entwicklung der Systemischen Strukturaufstellungen. Varga von Kibéd promovierte 1984 über Universalgrammatik und schrieb 1987 seine Habilitation über die Grundlagen der formalen Wahrheits- und Paradoxientheorie. Er arbeitete als Professor international an mehreren Universitäten. Insa Sparrer studierte Psychologie und ist seit 1989 als Psychotherapeutin in freier Praxis tätig. Ein Schwerpunkt ihrer Arbeit ist es, verschiedene, entgegengesetzte Therapierichtungen in Theorie und Praxis zu verbinden, wie z.B. die „Lösungsaufstellung", die zum einen aus der Lösungsorientierten Kurzzeitherapie von Steve de Shazer und zum anderen aus der Aufstellungsarbeit entstammt.

„Jigsaw" und das Modell der vier Ecken

von Kirsten Schröder

Ziel

Den Seminaralltag abwechslungsreich zu gestalten, ist das Bestreben der meisten Trainer, Moderatoren und Seminarleiter. Gerade bei Gruppenarbeiten fällt dies manchmal besonders schwer. Die „Jigsaw-Methode" bietet eine gute Möglichkeit, die klassischen, langweiligen Gruppenarbeiten interessant und kurzweilig zu gestalten und gleichzeitig Lernerfolg und Nachhaltigkeit zu unterstützen. Der Vorteil der Methode ist die Durchmischung der Gruppen (jeder arbeitet mit jedem an jedem Thema, was sowohl die Kreativität als auch das gegenseitige Verständnis steigert) und eine damit verbundene Perspektivenerweiterung. Ziel ist es, viel Input zu vielen (verschiedenen) Themen zu erhalten und Innovation voranzutreiben.

Kontext

- Kreativität
- Gruppencoaching
- Kommunikation
- Motivation
- Team

Theorie

Ausgangspunkt der Jigsaw-Methode ist das sogenannte **Vier-Ecken-Modell**, es stammt aus dem schulischen Kontext. Es ging darum, Schülern zu helfen, zu einem bestimmten Thema mit verschiedenen Antwortmöglichkeiten inhaltlich zu arbeiten. Sie sollten die verschiedenen Antwortalternativen gleichwertig nebeneinander gelten lassen können und auch lernen, aus verschiedenen Perspektiven heraus zu argumentieren. Dazu wurde ein Raum in seine vier Ecken aufgeteilt und vier Antwortalternativen, ihre Argumente und Begründungen in je einer Ecke entwickelt und diskutiert. Dann wurden die verschiedenen Sichtweisen präsentiert und besprochen. Ergänzend gab es die Möglichkeit, ein Schnittmengenfeld in der Mitte aufzubauen, in dem verbindende Argumente aus den vier Ecken zu einer weiteren Alternative zusammengetragen wurden. Nachdem die Informationen aus den verschiedenen Bereichen geteilt waren, baten die Lehrer die Schüler, sich entsprechend ihrer nun entwickelten Präferenz für eine Antwortalternative im Raum aufzustellen. Damit sollten die Kinder lernen, dass es für jedes Thema verschiedene, oftmals gleich gute Alternativen geben kann und dass es hilfreich sein kann, verschiedene Sichtweisen zu berücksichtigen bzw. sich aus verschiedenen „Paar Schuhen" heraus einer Thematik zu nähern.

Es gibt ein weiteres Vier-Ecken-Modell als Fortführung. Dabei gilt es, mit dem Akronym BILD verschiedene Schwerpunkte einer Thematik zu betrachten und zu erarbeiten. Die Buchstaben stehen für:

B = Beschreibung
I = Informationssammlung
L = Lösungsentwicklung
D = Durchsetzung (Umsetzung, Praxistransfer)

Das hinzugefügte **P** in der Mitte steht für „Problem" oder für „Parkplatz", sofern Themen auftauchen, die angrenzend sind. Themen, die nicht zur vorliegenden Lösungsfindung dienen, jedoch auch nicht verloren gehen sollen. Dieses P entstammt nicht dem Entwickler des BILD-Modells Timo Off, es hat sich in der Anwendung jedoch als hilfreich erwiesen, daher sei es der Vollständigkeit halber angeführt. Das inhaltliche Vorgehen ähnelt der Walt-Disney-Strategie.

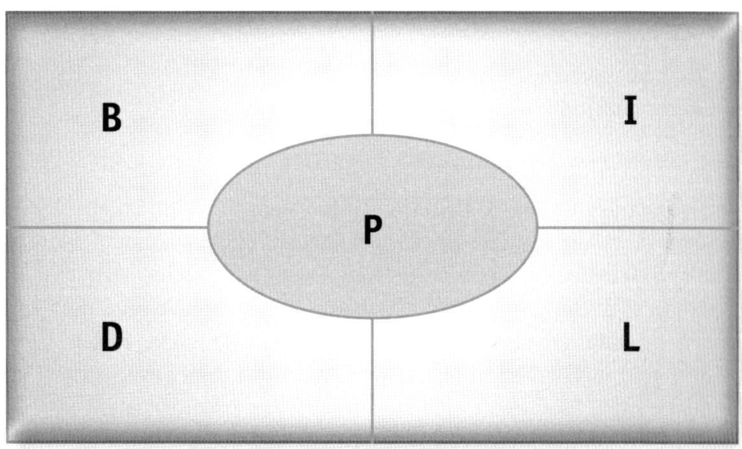

Abb.: BILD – eine erweiterte Fortführung des Vier-Ecken-Modells

Die **Jigsaw-Methode** („Jigsaw" = engl. Puzzle) wurde 1978 vom Sozialpsychologen Elliot Aronson in den USA entwickelt und wird auch als „Puzzle-Methode" oder „Gruppen-Puzzle" bezeichnet. Weiterhin sind Abwandlungen der Methode bekannt, z. B. „Markt der Möglichkeiten", „Marktplatz" oder auch „Galeriearbeit".

Dazu wird die (Groß-)Gruppe in gleich große Untergruppen geteilt. Jede Untergruppe bearbeitet von einem großen Themenkomplex einen kleineren Teil. Nach einer gewissen Zeitspanne werden die Gruppen aufgelöst und neue Gruppen gebildet. In den neuen Gruppen erklärt ein Gruppenmitglied den anderen, welche Inhalte es vorher in der ersten Gruppe gelernt hat. Dieser Puzzle-Unterricht ist eine Kombination von Gruppenarbeit und autonomem Lernen. Alle müssen Verantwortung übernehmen, auch den sonst eher Schwachen kommt eine wichtige Rolle zu. Ein Gruppenpuzzle besteht aus drei Phasen (vgl. Abb.) bzw. etwas stärker ausdifferenziert, aus fünf Phasen:

- Die Lehrperson bereitet das Lernmaterial vor
- Die Teilnehmer erarbeiten ihre Themen individuell im Rahmen der Stammgruppe

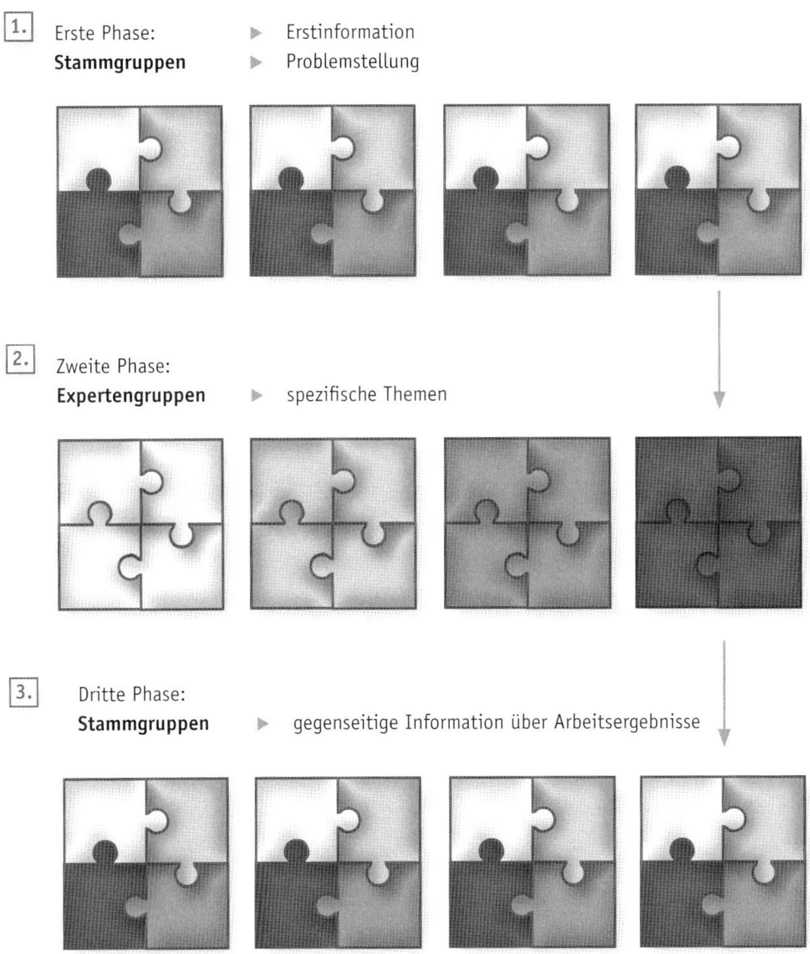

Abb.: Der Wechsel der Zusammensetzung bei Jigsaw (Quelle: www.lehrer-fortbildung-bw.de)

- Die Teilnehmer vertiefen und sichern das Gelernte in der Expertenrunde
- Didaktische Vorbereitung für die Vermittlung in der Stammrunde
- Seminarrunde

Die Jigsaw- Methode lässt sich in vielfachen Variationen weiterentwickeln und anwenden. In der Erwachsenenbildung bzw. im beruflichen Seminar- und Workshop-Umfeld eignet sie sich nicht nur, um Lerninhalte zu vermitteln, sondern vielmehr auch, um innovative Ideen zu neuen oder altbekannten Situationen zu generieren und die Kreativität zu steigern oder überhaupt erst zu wecken.

Anwendung

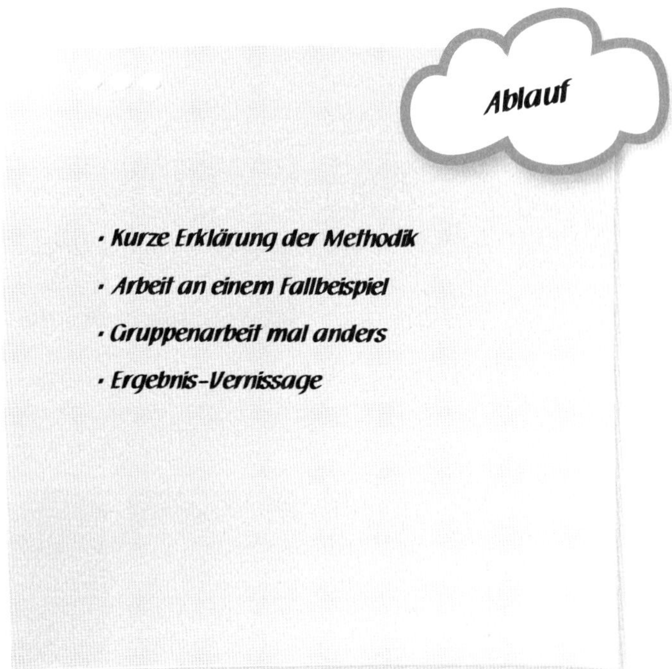

Erläutern Sie als Trainer zunächst die Methodik

Der Lehrende bereitet das Selbststudienmaterial, z.B. Texte, vor und gliedert die Inhalte in thematische Teilgebiete. Die Teilnehmer werden in mehrere Stammgruppen aufgeteilt. Jedes Gruppenmitglied erhält Materialien für jeweils ein Teilgebiet, d.h., in jeder Stammgruppe bekommt jeder Teilnehmer unterschiedliches Material.

Jeder Teilnehmer bearbeitet sein Teilgebiet in Einzelarbeit und tauscht sich mit seiner Stammgruppe über eventuelle Schnittstellen zwischen den Themen aus. Die Teilnehmer eines Teilgebiets verlassen die Stammgruppe und bilden Expertengruppen, in denen sie sich über das bearbeitete Material des jeweiligen Teilgebiets austauschen.

Innerhalb der Expertengruppe wird die Vermittlung der Inhalte didaktisch vorbereitet. Die Teilnehmer kehren zurück in die Stammgruppe und vermitteln sich gegenseitig reihum die erarbeiteten Teilgebiete.

Der Zeitbedarf liegt, je nach Umfang der zu bearbeitenden Themen, ab 60 Minuten bis über zwei Seminarsitzungen (2 x 90 Minuten). Die Gruppengröße kann ab acht Personen kalkuliert werden, das Szenario ist aber auch in großen Gruppen möglich.

Arbeit an einem Fallbeispiel

Eine geeignete Situation könnte sich im Unternehmenskontext folgendermaßen darstellen: Ein umfangreiches Thema soll gemeinsam erarbeitet werden. Beispielsweise möchte eine Abteilung im Rahmen eines Teamworkshops die internen Arbeitsbedingungen verbessern.

- Thema 1: Verbesserung der Ablauforganisation
- Thema 2: Verbesserung der internen Kommunikation
- Thema 3: Verbesserung des Zeitmanagements
- Thema 4: Verbesserung der Arbeitsbedingungen

Gruppenarbeit mal anders

Eine Vereinfachung der Ursprungsmethode ist es, vier gleich große Gruppen zu bilden, die jeweils zeitgleich an unterschiedlichen Themen arbeiten. Nach einer Zeitspanne (5–20 Minuten), die je nach Komplexität des Themas gewählt wird, wechseln alle Gruppenmitglieder bis auf ein Mitglied (der ernannte „Experte“) zum nächsten Thema. Nach dem nächsten Durchgang wechselt das „gebliebene“ Mitglied (der bisherige „Experte“) ebenfalls und jemand anderes bleibt stehen (und wird „Experte“). Durch die konstante Mischung der Gruppen entstehen immer neue Impulse und der Effekt, dass es keine „eingefahrenen“ Gruppen mit bestimmten Gruppenmustern und Gruppenrollen gibt, sondern jeder mit jedem jedes Thema bearbeitet. Insgesamt gibt es fünf Wechsel, damit auch die jeweils einmal stehen gebliebenen „Experten“ an allen Themen arbeiten können.

Stellen Sie dazu zunächst die Methode auf einem vorbereiteten Flipchart oder einer Folie vor. Es gibt:

- Vier Themen
- Vier Ecken
- Vier Gruppen à x Personen
- Ein Wechsel der Arbeitsgruppen findet nach zehn Minuten statt.

Ein „Experte" bleibt beim Wechsel jeweils an der Pinnwand und erläutert der „neuen" Kleingruppe die bisherigen Ergebnisse. Dann wird weitergearbeitet. Beim nächsten Wechsel wechselt der letzte „Experte" mit und wird wieder zum Teilnehmer. Jeder Teilnehmer ist nur einmal „Experte".

Ergebnis-Vernissage

Abb.: Arbeit an der Pinnwand bei der Übung „Gruppenarbeit mal anders"

Die Ergebnisse in einer Vernissage zusammenzutragen, dauert ca. eine Stunde. Gegebenenfalls wird ein Aktionsplan erstellt, sofern es sich um ein konkretes Team handelt, mit entsprechenden realen Themen. Außerdem bietet es sich an, mit einer gemeinsamen Plenumsdiskussion das Thema abzurunden und sicherzustellen, dass noch offene Enden verbunden werden.

Kommentar

Der Vorteil der Methode liegt in der Stärkung der Selbstlernkompetenz: Die Eigenaktivität und das selbstständige Erarbeiten von Inhalten werden gefördert. Zudem werden alle Teilnehmer einbezogen und sie können später mit den erarbeiteten Inhalten weiterarbeiten. Gefahren der Methode können darin liegen, dass Teilgebiete falsch vermittelt werden oder von einzelnen Teilnehmern zu wenig Beteiligung kommt. Daher sollte überprüft werden, ob die erarbeiteten Ergebnisse inhaltlich richtig sind, z.B. durch Nachbesprechung im Plenum. Sicherzustellen ist vorab außerdem, dass räumlich ausreichend Platz für die Gruppenarbeiten vorhanden ist.

Natürlich kann die Methoden auch als „Drei-Ecken-Modell“ oder „Sechs-Ecken-Modell“ durchgeführt werden. Es sollte nur darauf geachtet werden, dass die Themenbereiche nicht zu viele Überschneidungen bieten und die insgesamt benötigte Zeitspanne nicht zu lang wird. Das kann unter Umständen zu Langeweile unter den Teilnehmenden führen. Auch sollte der Moderator immer wieder für Impulse bei möglichem Stillstand sorgen! Anschließen an die Methode, bei der in erster Linie viele neue Ideen generiert werden, lässt sich eine gründliche Maßnahmenplanung.

Technische Hinweise

Sie benötigen Stifte, Brown Paper, vier Pinnwände, ein Flipchart und eine Eieruhr (zum Zeitnehmen: 5–20 Minuten). Der Seminarraum sollte eine entsprechende Größe für vier räumlich voneinander getrennte Pinnwände besitzen.

Querverweise

- Das SCARF-Modell (S. 102) ist hier als gutes Praxismodell zu nennen, welches hervorragend mit der Jigsaw-Methode konkretisiert werden könnte.
- Außerdem sind die Disney- und Denkhut-Methode (S. 316/S. 309) differenzierende Alternativen zur Jigsaw-Methode – immer zunächst betrachtend, um welche Themen es sich handelt. Die Jigsaw ist eine unkomplizierte und praxisnahe Anwendung.

Weiterführende Literatur

- Frey-Elling, A. & Frey, K.: Gruppenpuzzle, in: J. Wiechmann (Hrsg.): 12 Unterrichtsmethoden. Vielfalt für die Praxis, Beltz Verlag Weinheim, Erstausgabe 2006, S. 52–60.
- Rabenstein, R. & Reichel, R.: Großgruppen-Animation, Ökotopia Verlag, Münster, Erstausgabe 1981.
- Aronson, E.; Wilson, T. & Akert, R.: Sozialpsychologie (Pearson Studium - Psychologie), Addison-Wesley Verlag, 6 akt. Aufl. 2008.
- o.V. (2013) Universität Bielefeld Methodenpool, in: *www.elearning.uni-bielefeld.de/wikifarm/fields/ezw_methodenpool/field.php/Gruppenpuzzle/Gruppenpuzzle* (abgerufen am 11.09.2013).
- Off, T.: Der kreative Prozess - BILD, in: T. G. Baudson & M. Dresler (Hrsg.) Kreativität und Innovation, Stuttgart: Hirzel 2008, S. 136–141.

- *www.lehrerfortbildung-bw.de/bs/berufsbezogen/gesundheit/material/anaesthesie/didaktische_ueberlegungen/grppuzzle* (abgerufen am 11.09.2013).

Hintergrund

Den US-amerikanischen Psychologen **Elliot Aronson** (*1932) machten seine Beiträge zur Sozialpsychologie und Pädagogischen Psychologie weltweit bekannt. Insbesondere erlangte er Berühmtheit durch sein Standardlehrbuch „Sozialpsychologie", seine Forschung zur „kognitiven Dissonanz" und seine Gruppenpuzzle-Unterrichtsmethode (Jigsaw-Methode). Er ist emeritierter Professor der University of California in Santa Cruz. Ihm wurden als einzigem Psychologen der American Psychological Association alle drei ihrer großen Auszeichnungen verliehen: 1973 für seine hervorragenden Schriften, 1980 für hervorragende Lehre und 1999 der Preis für hervorragende Forschung, der „Nobelpreis für Psychologen". 2007 erhielt er für sein Lebenswerk den „William James Award for Distinguished Research" der Association for Psychological Science. Seine Berufskollegen erwählten ihn unter die 100 einflussreichsten Psychologen des 20. Jahrhunderts, er wurde in die American Academy of Arts and Sciences gewählt und erhielt den Forschungspreis der American Association for the Advancement of Science. Für seinen lebenslangen Einsatz gegen Vorurteile erhielt er den „Gordon Allport Prize".

Die Autorinnen und Autoren

Heinz-Peter Brenner
1957, Industriekaufmann, Betriebswirt (VWA), NLP-Trainerausbildung, 16 Jahre Tätigkeit im Personalbereich verschiedener Konzernunternehmen; davon 7 Jahre als Personalleiter, seit 1993 selbstständig tätig als Unternehmensberater, Personalentwickler und Personalleiter auf Zeit.
Schwerpunkte: Beratung, Prozessbegleitung und Training, Einzel- und Teamcoaching, Change Management, Führung und Teamentwicklung, Outdoortraining, Potenzialanalysen.
Und außerdem: Joggen, wandern, Berge, Motorrad fahren.

Heinz-Peter Brenner
Mathesenhofweg 42
D-50859 Köln

Tel.: 0221 - 9484831
Fax: 0221 - 9484832
hp.brenner@hpbrenner.de

Dr. Kai Haack
Dipl.-Volkswirt (Univ. Freiburg), Organisationsentwickler und Executive Coach seit 1990, Geschäftsführer von Spirit of Coaching, einem Coaching- und Beratungs-Netzwerk mit Schwerpunkt Organisationsentwicklung. Diverse Aus- und Weiterbildungen, z.B. Inner Game, Transaktionsanalyse, Transpersonale Psychologie. Keynote Speaker und Autor.
Schwerpunkte: Beratung von holistischen OE & PE Projekten, Executive- und Team Coaching, Führungskräfte Weiterbildung mit Fokus auf Potenzialentfaltung von Menschen und Organisationen und Nachhaltigkeit von Weiterbildungsmaßnahmen.

Dr. Kai Haack
Spirit of Coaching
Wörthseestraße 49
D-82229 Seefeld

Tel.: 08152 - 9989600
kh@spirit-of-coaching.de

Roland Hess

Dipl.-Ing. (Boku Wien), ausgebildeter Coach, langjährige Führungserfahrung in internationalen Konzernen, Partner in globalen Beratungsunternehmen, Transformationsmanager in globalen Veränderungsprojekten multinationaler Konzerne.

Schwerpunkte: Einzel-, Team- und Executive Coaching, globaler Lead der LEAN Transformation eines deutschen Großkonzerns, Business Change Management, Veränderungsmanagement, Visions- Strategie- und Innovationsprozesse, Trainer in Veränderungsprozessen internationaler Großkonzerne, Transformation globaler Konzerne in Krisensituationen.

Und außerdem: Verheiratet, zwei Söhne, Ausdauersport, Laufen, Mountainbiking, Kochen mit Kindern.

Roland Hess
Trauttmansdorffgasse 28/2
A-1130 Wien

Tel.: +49 - 1622930679
sustaining.advise@gmail.com

Mathias Hofmann

Dipl.-Pädagoge (Univ. Bielefeld), Master of Business Consulting (Hochschule Wismar) zertifizierter Coach (EASC) und Berater (FPI). Langjährige Projekt- und Führungserfahrung, Seit 2002 geschäftsführender Gesellschafter SHS CONSULT GmbH Bielefeld. Lehrbeauftragter verschiedener Universitäten und Dualen Hochschulen zu Change Management und Führung; Fachbuchautor und -herausgeber.

Schwerpunkte: Beratung und Steuerung in Change Prozessen, Change-Controlling, Führungskräftequalifizierung und Coaching von Führungskräften, Führen und managen komplexer Projekte, Teamentwicklung, Konfliktklärung und Konfliktmanagement, Stressmanagement. Tätig branchenübergreifend in Konzernen und mittelständischen Unternehmen.

Und außerdem: Verheiratet, analoge Fotografie, Musik und jede Bewegung an der frischen Luft.

SHS CONSULT GmbH
August-Bebel-Straße 58
D-33602 Bielefeld

Tel. 0521 - 32 99 5000
mh@shs-consult.de
www.shs-consult.de

Andrea Kahlenberg
Diplom-Wirtschaftsgeografin und Soziologin, langjährige Führungserfahrung mit internationalen Teams, Führungskräfte- und Personalentwicklerin, Organisationsentwicklerin, systemische Ausbildung, NLP-Master, Zertifiziert als TA-Coach (DVTA), Moderatorin und Prozessbegleiterin.
Schwerpunkte: Change Experte, Begleitung und Entwicklung von Change Konzepten gemeinsam mit dem Kunden „People support what they create" und Integration des „What" and „How" in komplexen Transformationsprozessen, Innovative Workshopkonzepte, Zusammenarbeit mit intern. Teams, Teamentwicklung, Kulturveränderungen, Business Coaching von Einzelpersonen und Teams auf TOP-Führungsebene.
Und außerdem: Verheiratet, eine Tochter, Yoga, Bergwandern, Reisen, gutes Essen genießen.

RWE Consulting GmbH
Lysegang 11
D-45139 Essen

andrea.kahlenberg@rwe.com
www.rweconsulting.com

Anja Machado de Sousa Leão
Dipl.Kff. (Univ. Köln), Dipl. Fam. Therapeutin (Swinburne Univ. Melbourne), ausgebildete Trainerin & Coach, NLP-Master, Reiki Master Teacher, langjährige Erfahrung als nat.& int. Personal- & Organisationsentwicklerin inkl. Führungsverantwortung PE/OE. Lehrbeauftragte verschiedener Universitäten & Dualen Hochschulen; Buchautorin mehrerer Werke.
Schwerpunkte: Einzel-, Team- und Business Coaching, Konfliktklärungs- und Krisenbegleitung, PE-& OE-Projektbegleitung, Begleitung von Change- Prozessen, Visions- Strategie- & Innovationsprozesse, Potenzialförderung, Multiplikatoren- & Trainerausbildungen für nationale & internationale Großkonzerne und Mittelständler.
Und außerdem: Verheiratet, zwei Söhne, laufen, malen, lesen, internationale Kinderhilfsprojekte.

Anja Leao
Coaching, Beratung, Training
Siebenbürger Straße 20
D-74343 Sachsenheim

Tel.: 07147 - 27 68 13
Fax: 0 7147 - 27 69 65
anja.leao@yahoo.de
www.anja-leao.de

Martina Lüttringhaus
Business Coach V.I.E.L. Coaching (dvct zertifiziert), Innovationstrainerin motiv Köln, therapeutische Yogalehrerin Institut für Yoga und Gesundheit, Industriekauffrau, Kommunikationswirtin.
Schwerpunkte: Executive Retreats zur gezielten Entwicklung von Führungspersönlichkeit, zukunftsorientierte Personal- und Unternehmens-Entwicklung, Workshop-Moderation, Teamentwicklung.
Und außerdem: Verheiratet, Fitness, Yoga, Meditation, laufen, kochen.

Martina Lüttringhaus
ON.DevelopmentGroup
Elisabeth-Treskow-Platz 6a
D-50678 Köln

Tel.: 0221 - 9929481

Mike Michels
(Diplom Angewandte Sozialwissenschaften) arbeitet seit dreizehn Jahren als Berater, Coach und Trainer für Organisationen im In- und Ausland. Als Mitarbeiter und Führungskraft hat er sich in verschiedenen Großkonzernen mit den Themen Personal- und Organisationsentwicklung intensiv beschäftigt.
Schwerpunkte: Er ist Experte für das Thema Führung und begleitet Führungskräfte und Executives bei der Professionalisierung im Kontext ihrer organisatorischen Rollen. Darüber hinaus begleitet er Organisationen bei Veränderungsprozessen sowie bei Team- und Bereichsentwicklungen.
Als lehrender Transaktionsanalytiker unter Supervision (PTSTA-O) bietet er Seminare mit dem Schwerpunkt Transaktionsanalyse an.
Und außerdem: Verheiratet, zwei Töchter und leidenschaftlicher Mountainbiker.

Mike Michels
Mensch & Organisation
Planstraße 28
D-56072 Koblenz

Tel: 0261 - 20377558
info@mikemichels.de
www.mikemichels.de

Dr. Julia Milner
Dr. phil., M.A. (Kommunikationswissenschaften, BWL), M.A. Business Coaching & Change Management, M.A. Professional Education and Training (vor. 2014), geprüfter Coach, Fernsehmoderation sowie diverse Aus-und Fortbildungen im Sport- und Ernährungsbereich. Business Coach und Consultant für internationale Unternehmen und Einzelpersonen in Europa und Australien. Auszeichnung mit dem Coaching Award 2010. Lecturer im Bereich Business Coaching, Leadership und Communication (University of Melbourne, Sydney Business School, Monash University, Universität Siegen, Collège des Ingénieurs).
Schwerpunkte: Coaching (für Individuen & Gruppen), Personalentwicklung, Change Management, Manager als Coaches.
Und außerdem: Verheiratet, Australien-Fan, Buchautorin.

Business Coaching International
(in Australien und Deutschland)
Sydney Business School (UoW)

Tel: 0061 (0) 415447173
julia@coaching-int.com
www.coaching-int.com

Brigitte Pajonk
Lehramt, 1. Staatsexamen, ausgebildete Trainerin und Moderatorin, Systemische Beraterin und Coach; Internationale Konzerne, Mittelständische Unternehmen, Versicherungen, Hochschulen und Kinderheime zählen zu meinen Kunden, Artikel- und Buchautorin.
Schwerpunkte: work-life-balance Seminare und Coaching, OE Beratung Betriebliches Gesundheitsmanangement, Begleitung von Change- Prozessen, Trainerausbildungen.
Und außerdem: Geschieden, eine Tochter, ein Sohn, die eigene work-life-balance hinbekommen, reisen, lesen, Yoga, Achtsamkeit, Interesse an Schamanismus.

Institut für work-life-balance
Brigitte Pajonk
Feldafingerstraße 14
D-82343 Pöcking

Pajonk@work-life-balance.de
www.work-life-balance.de

Dr. Gerlind Pracht
Dr. phil., Studium der Psychologie, Erziehungswissenschaften, Rechtswissenschaft, Arbeits- und Organisationspsychologin (M.A.), Trainerin (Deutsche Psychologen Akademie), Promotion zur Entwicklung von Stressmanagement-(online)-Interventionen 2013, (Online-)Coach und Beraterin seit 2007, Trainerin „Gelassen und sicher im Stress" (Kaluza), virtuelle Lehre und Präsenzlehre an der FernUniversität in Hagen.
Schwerpunkte: Stressmanagement und Betriebliche Gesundheitsförderung, Gesunde Führung, Stress im Team, Gesundheitskommunikation und -marketing, Ressourcenorientiertes Online-Coaching zur Stressbewältigung, (Großgruppen) Moderation, train-the-trainer, Evaluation und Prozessbegleitung.
Und außerdem: Verheiratet, zwei Söhne, laufen, Ballett, schreiben & lesen, wandern.

Pracht und Partner
Dr. Gerlind Pracht
Augustaweg 7
D-32427 Minden

Tel.: 0571-9419942
gp@pracht-und-partner.de
www.pracht-und-partner.de
www.gerlind-pracht.de
www.stressmanagement-e-coaching.de

Frank Pyko
Dipl.-Kfm. (TU-Berlin), seit 1990 Coach und Workshopleiter.
Eigener Erfahrungshintergrund als Geschäftsführer und Unternehmer. Verleger der Inner Game-Buchreihe. Fortbildungen in der Transaktionslehre, systemischer Organisationsberatung, Inner Game.
Schwerpunkte: Business Coaching, Führungskräfteentwicklung, Teamcoaching. Coachingausbildung für Führungskräfte, Trainer oder Coaches, mit dem Inner Game-Coachingansatz in Verbindung mit Golf.
Und außerdem: Vater von zwei Töchtern, golfen, wellenreiten, Natur, Genuss von „Slow Food" und guten Büchern.

imfluss – Coaching und Workshops
Frank Pyko
Am Schießrain 37
D-79219 Staufen

Tel.: 07633 - 933480
boot@imfluss.de
www.imfluss.com

Louisa Reisert
Dipl.-Soziologin (Universität Bielefeld und Instituto Superior de Ciências do Trabalho e da Empresa, Lissabon) - Schwerpunkte: Organisationssoziologie, Arbeits- und Wirtschaftssoziologie, Zusatzstudium Wirtschaft, Curso de formação pedagógica (IEFP, Portugal), Certificado de Aptidão profissional de Formador (Ministerio do trabalho e da solidariedade social, Portugal), seit 2012 Trainerin bei SHS CONSULT GmbH, Dozentin an der Fachhochschule des Mittelstandes.
Schwerpunkte: Training, Beratung, Coaching und Moderation zu den Schwerpunktthemen Führung, Stressmanagement, Veränderungsprozesse, Teamentwicklung, Zusammenarbeit, Performance, Mentoring in MINT-Berufen, Akquisition und interkulturelle Zusammenarbeit.
Und außerdem: Verheiratet, verhandlungssichere Sprachkenntnisse in Englisch und Portugiesisch.

SHS CONSULT GmbH
August-Bebel-Straße 58
D-33602 Bielefeld

Tel. 0521 - 32 99 5000
buero@shs-consult.de
www.shs-consult.de

Kirsten Schröder
Dipl.-Päd. (Univ. Bielefeld), zertifizierter Coach und Moderator (Univ. Bielefeld in Kooperation mit der Euro FH Hamburg), langjährige Vertriebs- und Schulungserfahrung bei internationalen Konzernen. Lehrbeauftragte verschiedener Universitäten und Fach-Hochschulen; (Mit-)Autorin mehrere Werke, u.a. „Management im OP" MEPS-Verlag 2009.
Schwerpunkte: Freiberufliche Trainerin für Einzel-, Team- und Gruppen-Coaching im Businesskontext und bei der Persönlichkeitsentwicklung, Trainings- und Seminare mit den Schwerpunktthemen Kommunikation, Zeit- und Organisationsmanagement, Bewerbungstraining und Teamentwicklung für eine Vielzahl nationaler und internationaler Großkonzerne und mittelständische Unternehmen.
Und außerdem: Zwei erwachsene Kinder, laufen, lesen, reiten, reisen und Katamaran-Segeln.

Kirsten Schröder
Lange Wiese 59
D-33758 Schloss Holte

Tel.: 05207 - 6393
Mobil: 0170 - 1805479
ki_schroeder@yahoo.de
www.vorsprung-tcc.de

Dr. Frank Strikker
Dr. phil, Studium Germanistik, Pädagogik, Sportwissenschaft, Promotion über Arbeitsmarktpolitik, seit über 20 Jahren Berater, Trainer, Coach, NLP-Lehrtrainer, systemischer Berater, Geschäftsführender Gesellschafter SHS CONSULT GmbH Bielefeld, 2002 – 2009 Vertretungsprofessor an der Universität Bielefeld, gestaltet derzeit den Masterstudiengang Business Coaching und Change Management an der Euro-FH Hamburg,
Schwerpunkte: Führungskräftequalifizierung, (Executive-)Coaching, Change Management, Verhandlungstrainings, Rhetorik, Begleitung bei Verhandlungen, Beratung im Human Ressource Management, deutsche und internationale Kunden in verschiedenen Branchen.
Und außerdem: Verheiratet, zwei Kinder, laufen, Ski fahren, Skihochtouren.

SHS CONSULT GmbH
August-Bebel-Straße 58
D-33602 Bielefeld

Tel. 0521 - 32 99 5000
buero@shs-consult.de
www.shs-consult.de

Heidrun Strikker
Geschäftsführende Gesellschafterin von SHS CONSULT GmbH, Bielefeld, Business Coach & Change-Beraterin, Leiterin der Coaching-Präsenzphase im Masterstudium „Business-Coaching & Change Management" an der Euro FH, Projektleiterin der Präsenzausbildung im Fernstudium „Coaching & Moderation" am ZWW, Uni Bielefeld; seit 1994 DVNLP-Lehrtrainerin; PE-Erfahrung in Zentraler Weiterbildung/Vorstandsstab & Leitung PE Medienbranche, Fachautorin.
Schwerpunkte: Beratung, Coaching & Begleitung von Führungskräften in Entscheidungssituationen & Veränderungsprozessen; didaktisch-methodische Expertise in Konzeption, Initiierung & Moderation von Beteiligungsprozessen; Führung im Change; regionale Bindung & Zugehörigkeit von Nachwuchskräften in KMUs; Cross-Mentoring von Frauen in MINT-Berufen; Karrierecoaching.
Und außerdem: Verheiratet, zwei Kinder.

SHS CONSULT GmbH
August-Bebel-Straße 58
D-33602 Bielefeld

Tel. 0521 - 32 99 5000
buero@shs-consult.de
www.shs-consult.de

Stichwortverzeichnis

G

H

I

J

K

L

M

N

O

P

Q

R